»Chaos« ist inzwischen eines der meistdiskutierten Phänomene der gegenwärtigen Mathematik und in zahlreichen wissenschaftlichen Arbeiten behandelt worden. Chaos entsteht bereits bei der wiederholten Ausführung von relativ einfachen Rechenschritten; die resultierenden Werte scheinen allein durch den Zufall bestimmt. Aus einer festgefügten Ordnung wird ein vermeintlich gesetzloses Durcheinander – und das nicht nur in der Mathematik. Dieses beunruhigende Phänomen kann in allen dynamischen Systemen der Natur beobachtet werden, von Unregelmäßigkeiten des menschlichen Herzschlages bis zum Fortpflanzungsverhalten von Insekten, vom Tropfen des Wasserhahns bis zur Veränderung des Wetters und zur Umlaufbahn von Himmelskörpern. Ian Stewart, prominenter Mathematiker und populärer Sachbuchautor, versucht in einfachen Worten und auf vergnügliche Weise dem Leser näherzubringen, was Chaos ist und wo es auftritt. Am Anfang steht ein historischer Überblick über die Lehre von beweglichen Systemen, von der Antike bis Galilei, von Newton bis Poincaré. Systematisch, aber mit leichter Hand demonstriert Stewart Entdeckungen und Probleme der Chaos-Forschung, referiert über »Seltsame Attraktoren«, »Feigenbaum-Mengen« und Mandelbrots »Fraktale«. Mit unzähligen Beispielen aus der Natur demonstriert er, daß dieser neuen Mathematik ein großer Teil der Natur entspricht, daß die Welt der Dynamik sich noch immer unseren Berechnungen entzieht und von den Launen des Zufalls bestimmt zu sein scheint.

Spielt Gott also Roulette mit unserer Welt – oder spielt er ein tiefsinnigeres Spiel, dessen Regeln wir nur noch nicht verstanden haben? Stewart ist überzeugt davon, und er erklärt die Grundregeln dieses Spieles.

Ian Stewart wurde 1945 in Folkestone geboren. Er hat in Cambridge Mathematik studiert und lehrte und forschte an renommierten Universitäten in Europa und den USA. Seine wissenschaftlichen Arbeitsgebiete sind die nichtlineare Dynamik und die Bifurkationstheorie. Gegenwärtig hält er mathematische Vorlesungen an der Universität von Warwick. Stewart ist Verfasser von zahlreichen mathematischen Aufsätzen und annähernd 100 Buchtiteln, die insgesamt in zwölf Sprachen übersetzt wurden, ferner der europäische Herausgeber des ›Mathematical Intelligencer‹ und Mitherausgeber zahlreicher weiterer wissenschaftlicher Zeitschriften und Buchreihen.

insel taschenbuch 1543

Ian Stewart

Spielt Gott Roulette?

Ian Stewart

Spielt Gott Roulette?

Uhrwerk oder Chaos

Mit Abbildungen

Aus dem Englischen
von Gisela Menzel

Insel Verlag

insel taschenbuch 1543
Erste Auflage 1993
Insel Verlag Frankfurt am Main und Leipzig

Lizenzausgabe mit freundlicher Genehmigung des Birkhäuser Verlags
Hinweise zu dieser Ausgabe am Schluß des Bandes
Vertrieb durch den Suhrkamp Taschenbuch Verlag
Umschlag nach Entwürfen von Hermann Michels
Druck: Nomos Verlagsgesellschaft, Baden-Baden
Printed in Germany

1 2 3 4 5 6 – 98 97 96 95 94 93

Inhalt

Prolog Uhrwerk oder Chaos?

Du glaubst an den würfelnden Gott und ich an volle Gesetzlichkeit.

Albert Einstein in einem Brief an Max Born

Es gibt eine Theorie, nach der sich die Geschichte in Kreisen bewegt. Aber es ist wie in einem Treppenhaus: Schließt sich der Kreislauf der menschlichen Ereignisse, ist er auf einem höheren Niveau angelangt. Das Pendel der kulturellen Veränderungen wiederholt nicht einfach nur die gleichen Ereignisse. Ob die Theorie nun stimmt oder nicht, sie dient als Methapher, um unsere Aufmerksamkeit auf das Thema dieses Buches zu lenken, denn unser Thema stellt einen solchen Kreislauf dar: Aus dem Chaos entsteht Ordnung, die wiederum Anlaß zu neuen Formen des Chaos liefert. Bei diesem Pendelschlag jedoch versuchen wir nicht, das Chaos zu zerstören, sondern es zu zähmen.

In der fernen Vergangenheit wurde die Natur für ein kapriziöses Wesen gehalten. Das Fehlen von Mustern in der Natur wurde den Launen der mächtigen und unbegreiflichen Gottheiten zugeschrieben, die sie regierten. Das Chaos herrschte und ein Gesetz war unvorstellbar.

Über einen Zeitraum von mehreren tausend Jahren erkannte die Menschheit langsam, daß die Natur viele Gesetzmäßigkeiten besitzt, die sich aufzeichnen, analysieren, vorhersagen und verwerten lassen. Im achtzehnten Jahrhundert legte die Wissenschaft die Gesetze der Natur so erfolgreich bloß, daß viele dachten, es bliebe nicht mehr viel zu entdecken. Unumstößliche Gesetze beschrieben die Bewegung eines jeden Teilchens im Universum, genau und für immer. Die Aufgabe eines Wissenschaftlers bestand nur noch darin, die Auswirkungen dieser Gesetze für spezielle Erscheinungen zu erklären. Das Chaos wich der Vorstellung von einer Welt als Uhrwerk.

Aber die Welt bewegte sich weiter und mit ihr auch unsere Vorstellung vom Universum. Heutzutage besitzen nicht einmal Uhren ein Uhrwerk, wieso sollte dann unsere Welt eines sein? Mit der Entstehung der Quantenmechanik wurde aus der Vorstellung von der Welt als Uhrwerk eine kosmische Lotterie. Von grundlegenden Ereignissen wie dem Zerfall eines radioaktiven Atoms nimmt man heute an, sie werden durch den Zufall und nicht durch Gesetze bestimmt. Trotz des spektakulären Erfolgs der Quantenmechanik finden ihre probabilistischen Eigenschaften nicht überall Anklang. Der berühmte Einwand von Albert Einstein in einem Brief an Max Born wird am Anfang dieses Kapitels zitiert. Einstein schrieb über Quantenmechanik, aber seine Philosophie beinhaltete auch die Haltung eines ganzen Zeitalters der klassischen Mechanik, in der die Quantenunschärfe nicht wirkt. Die Methapher von Würfeln für den Zufall wird überall angewendet. Bietet die Determiniertheit einen Raum für den Zufall?

Es wird sich zeigen, ob Einstein bezüglich der Quantenmechanik Recht behält. Wir wissen jedoch, daß die Welt der klassischen Mechanik geheimnisvoller ist, als sie sich selbst Einstein vorgestellt hat. Der Unterschied zwischen dem Zufall und der Determiniertheit von Gesetzen, den er betonen wollte, ist in Frage gestellt. Vielleicht würfelt Gott doch und erschafft dennoch im gleichen Atemzug ein Universum voller Gesetzlichkeit.

Der Kreis hat sich geschlossen, aber auf einem höheren Niveau. Denn wir beginnen zu entdecken, daß Systeme, die genaue und unveränderliche Gesetze befolgen, sich nicht immer auf regelmäßige und vorhersagbare Weise verhalten. Einfache Gesetze müssen nicht einfaches Verhalten hervorrufen. Deterministische Gesetze können Verhalten hervorbringen, das zufällig zu sein scheint. Ordnung kann ihre eigene Art von Chaos erzeugen. Die Frage ist nicht so sehr, ob Gott würfelt, sondern wie er würfelt.

Dies ist eine dramatische Entdeckung, deren Implikationen sich noch nicht vollständig auf unser wissenschaftliches Denken ausgewirkt haben. Der Begriff einer Vorhersage oder eines wiederholbaren Experiments erhält mit den Augen des Chaos gesehen neue Bedeutung. Was wir für einfach hielten, wird kompliziert, und es stellen sich beunruhigende neue Fragen über Meßmethoden, Vorhersehbarkeit und die Verifikation von Theorien.

Als Ausgleich kann das einfacher werden, was wir für kompliziert gehalten haben. Phänomene, die strukturlos und zufällig zu sein scheinen, können in Wirklichkeit einfache Gesetze befolgen. Das deterministische Chaos besitzt seine eigenen Gesetze und benötigt neue experimentelle Techniken. Es gibt in der Natur keinen Mangel an Unregelmäßigkeiten. Einige von ihnen können sich als materielle Manifestierung des mathematischen Chaos erweisen. Der turbulente Fluß einer Strömung, die Umkehr des Magnetfeldes der Erde, die Unregelmäßigkeit des Herzschlags, die Konvektionsmuster von flüssigem Helium, das Purzeln von Himmelskörpern, Lücken im Asteroidengürtel, das Wachstum von Insektenpopulationen, das Tropfen eines Wasserhahns, der Verlauf einer chemischen Reaktion, der Metabolismus von Zellen, Veränderungen des Wetters, die Fortpflanzung von Nervenimpulsen, Oszillationen in elektronischen Schaltkreisen, die Bewegung eines an einer Boje vertäuten Schiffes, der Anprall einer Billardkugel, die Zusammenstöße von Atomen in einem Gas, die der Quantenmechanik zugrundeliegende Unschärfe – dies sind nur einige der Probleme, auf die die Mathematik des Chaos angewendet wurde.

Uhrwerk oder Chaos?

Es ist eine vollständig neue Welt, eine neue Art von Mathematik, ein grundlegender Durchbruch im Verständnis der Unregelmäßigkeiten in der Natur. Wir sind Zeugen seiner Geburt.

Seine Zukunft muß sich noch offenbaren.

1 *Wie aus Ordnung Chaos entsteht*

Wann denn diese Zeichen das große Jahr verkündigen, wenn die dummen Sterne herum laufen, und wieder kommen, so müsse Finsterniß seyn! (wird die schröckliche Macht sagen) alles Finsterniß seyn, als wäre niemals Tag gewesen; die eitlen Geschöpfe, die Witzlinge werden in ihr erstes Chaos zurück fallen, und allgemeine Finsterniß wird alles decken.

Alexander Pope, The Dunciad

Die ewige Schlacht zwischen Ordnung und Unordnung, zwischen Harmonie und Chaos, muß eine tief empfundene menschliche Vorstellung vom Universum sein, da sie so vielen Schöpfungsmythen und Kulturen gemein ist. In der Kosmologie der alten Griechen verkörperte das Chaos sowohl die ursprüngliche Leere des Universums als auch die Unterwelt, in der die Toten gewohnt haben. Im Alten Testament steht: «Und die Erde war wüst und leer, und es war finster auf der Tiefe.» In einem frühen babylonischen Epos entsteht das Universum aus dem Chaos; das wiederum wurde geschaffen, als eine ungebärdige Familie von Göttern der Tiefe von ihrem eigenen Vater vernichtet wurde. Chaos ist die ursprünglich formlose Masse, aus der der Schöpfer das geordnete Universum modelliert hat (Abbildung 1). Ordnung steht für das Gute und Unordnung für das Böse. Ordnung und Chaos werden als Gegensatz gesehen, als Pole, um die sich unsere Interpretationen der Welt drehen.

Aus einem angeborenen Trieb heraus bemüht sich die Menschheit darum, die Gesetzmäßigkeiten der Natur zu verstehen, Gesetze hinter den launenhaften Komplexitäten des Universums zu suchen, im Chaos Ordnung zu schaffen. Selbst die frühesten Zivilisationen besaßen ausgeklügelte Kalender zur Bestimmung der Jahreszeiten und astronomische Regeln zur Vorhersage von Finsternissen. Sie sahen Bilder in den Sternen und woben um diese Bilder ihre Legenden. Sie erfanden Welten von Gottheiten, um die Launen einer sonst zufälligen und sinnlosen Welt zu erklären. Kreise, Formen, Zahlen. Mathematik.

Die unvorstellbare Effektivität

Der Physiker Eugene Wigner schrieb von der «unvorstellbaren Effektivität der Mathematik», als er die Struktur der materiellen Welt beschrieb. Die Mathematik entsteht aus Fragen über die materielle Welt, und sie verdient ihren Unterhalt,

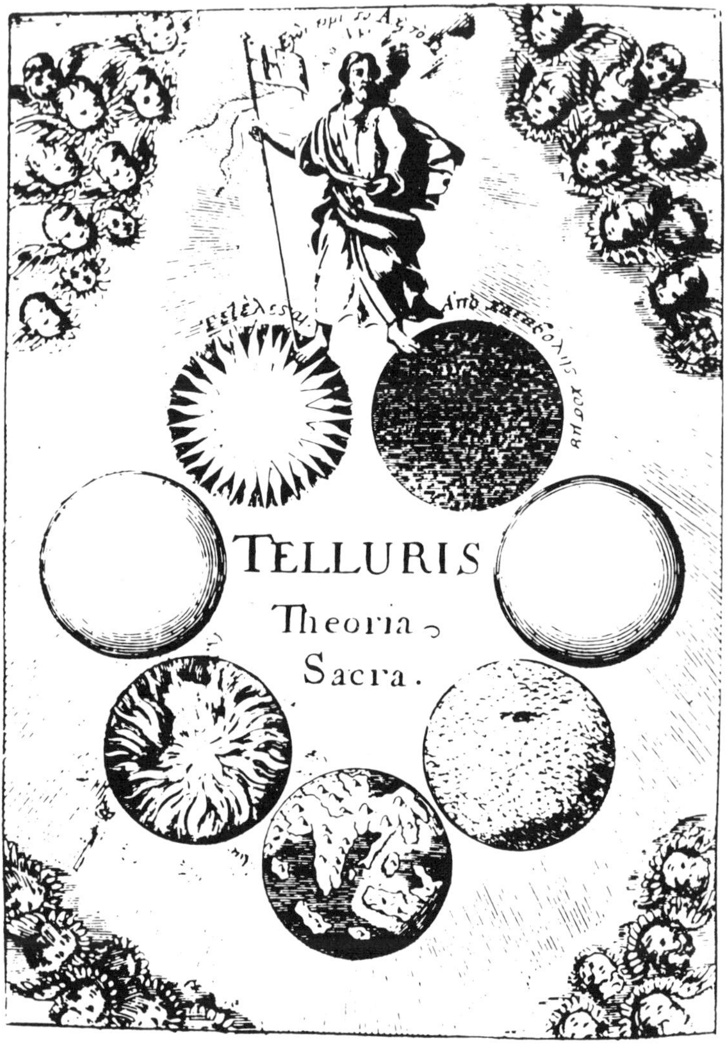

Abb. 1
Die Geschichte der Erde (im Uhrzeigersinn von oben rechts): die chaotische Flüssigkeit, die ursprüngliche Erde, die Erde während der Flut, die moderne Erde, die Erde während des zukünftigen Brandes, die Erde während des Tausendjährigen Reiches Christi und das endgültige Schicksal der Erde als Stern (aus Thomas Burnet: *Telluris theoria sacra*, 1681).

indem sie einige Antworten liefert. Aber dieser Prozeß ist selten direkt. Oft muß eine mathematische Idee ihr eigenes Leben entwickeln, muß leben, als wäre sie im Gefängnis. Sie wird nur um ihrer selbst willen entwickelt und wird als rein mathematisches Objekt diskutiert, bis ihre inneren Geheimnisse enthüllt werden und ihre praktische Bedeutung erkannt wird. Vielleicht ist die Mathematik effektiv, weil sie die dem menschlichen Gehirn zugrundeliegende Sprache darstellt. Vielleicht sind die einzigen Strukturen, die wir erkennen können, mathematische, denn die Mathematik ist das Instrument unserer Wahrnehmung. Vielleicht ist die Mathematik effektiv in der Organisation materieller Existenz, weil sie durch materielle Existenz inspiriert wird. Vielleicht ist ihr Erfolg eine kosmische Täuschung. Vielleicht gibt es keine wirklichen Strukturen, sondern nur solche, die wir uns schwachsinnigerweise einbilden. Dies sind Fragen für Philosophen. Die Realität ist, daß die Mathematik die effektivste und zuverlässigste Methode ist, die wir kennen, um zu verstehen, was wir um uns sehen.

In dem Jahr, in dem ich schreibe, 1987, liegt die Veröffentlichung eines Werkes ohne Parallele in der Geschichte dreihundert Jahre zurück – *Philosophiae naturalis principia mathematica* von Isaac Newton (Abbildung 2). Von diesem Buch werden noch heute jährlich über siebenhundert Exemplare verkauft – vor allem an Studenten der Philosophie, die die Lehrer anhand der Originalquellen studieren. Die Langlebigkeit des Buches ist erstaunlich, jedoch ist es nicht mehr ein Bestseller. Dafür gehört seine Botschaft zu den Grundlagen unserer Kultur.

Diese Botschaft lautet: Die Natur besitzt Gesetze, und wir können sie finden.

Das Gravitationsgesetz von Newton ist einfach zu verstehen. Je zwei Materieteilchen im Universum ziehen sich gegenseitig mit einer Kraft an, die genau und in einer einfachen Art von ihren Massen und ihrem Abstand abhängt. Sie ist proportional zum Produkt der beiden Massen, geteilt durch das Quadrat ihres Abstands. Das Gesetz kann durch eine kurze algebraische Formel beschrieben werden. Wenn es mit einem anderen der Newtonschen Gesetze, der Grundgleichung der Mechanik (die Beschleunigung eines Körpers ist proportional zu der auf ihn wirkenden Kraft) kombiniert wird, erklärt es eine Fülle von astronomischen Beobachtungen, wie die Wege der Planeten durch die Tierkreiszeichen oder die Schwankungen des Mondes auf seiner Achse. Es läßt den Widerhall, der die Planeten des Jupiter einschließt, ebenso verständlich werden wie die Lichtkurven von Doppelsternen, die Löcher in den Ringen des Saturn oder die Entstehung von Galaxien.

Einfach. Elegant. Exklusiv.

Die Ordnung aus dem Chaos.

Newton war ein ehrgeiziger Mann. Er suchte nicht mehr oder weniger als «das System der Welt». Die allumfassende Theorie.

Für die Begriffe seiner Zeit hatte er mehr Erfolg, als er sich in seinen kühnsten Träumen erhofft hatte.

Mehr als zwei Jahrhunderte lang galten die Newtonschen Gesetze als die

Abb. 2
Isaac Newton (Gravierung nach einem Gemälde von Godfrey Kneller).

endgültige Beschreibung der Natur. Nur in den mikroskopisch kleinen Bereichen des Atoms oder in den ungeheuer großen Bereichen des interstellaren Raumes machen sich minimale Diskrepanzen zwischen der Natur, wie sie nach Newton beschaffen sein müßte und der Natur, wie sie Mutter Natur tatsächlich angelegt hat, bemerkbar. In diesen Bereichen wurde Newtons Lehre durch die Quantenmechanik und die Relativitätstheorie ersetzt. Heute diskutieren die Physiker, einmal mehr auf der Suche nach dem heiligen Gral einer allumfassenden Theorie, über Supergravität und Superstrings, über Quarks und Chromodynamik, gebrochene Symmetrien und «Große Vereinheitlichte Theorien». Wir leben in einer Welt mit sechsundzwanzig Dimensionen (oder vielleicht auch nur mit zehn), von denen bis auf vier alle fest eingerollt sind wie ein erschrockenes Gürteltier und nur durch ihr Zittern entdeckt werden können. Eine vorübergehende Liebhaberei oder eine Vision unserer Zukunft? Wir können es noch nicht sagen. Aber während eine Theorie die andere verdrängt und ein Paradigma das andere umstürzt, bleibt eine Sache erhalten: die Bedeutung der Mathematik. Die Gesetze der Natur sind mathematisch strukturiert. Gott ist ein Geometer.

Die Welt als Uhrwerk

Die Revolution im wissenschaftlichen Gedankengut, die in Newtons Lehre gipfelte, führte zu der Vision, das Universum als gigantischen Mechanismus zu betrachten, der wie ein Uhrwerk funktioniert. Noch heute benutzen wir den Begriff Uhrwerk – wenn er auch im Zeitalter der Digitaluhr unpassend ist –, um das Äußerste an Zuverlässigkeit und mechanischer Perfektion zu bezeichnen. In einer solchen Vision ist eine Maschine vor allem vorhersagbar. Unter identischen Bedingungen wird sie identische Dinge tun. Ein Ingenieur, der die speziellen Eigenschaften der Maschine und ihren Zustand zu einem beliebigen Zeitpunkt kennt, kann im Prinzip exakt vorherbestimmen, was sie in der Zukunft tun wird. Lassen Sie uns zu einer zwar bekannten, aber bisher nicht verfolgten Frage kommen, zu der Frage nämlich, was in der Praxis und nicht nur in der Theorie möglich ist. Lassen Sie uns zu verstehen suchen, warum die Wissenschaftler des siebzehnten und achtzehnten Jahrhunderts zu dem geführt wurden, was auf den ersten Blick wie eine solch trockene und unfruchtbare Sicht dieses Universums voller Wunder und Überraschungen erscheint.

Newton kleidete seine Gesetze in die Form von mathematischen Gleichungen, die nicht nur mathematische Größen in Verbindung bringen, sondern auch die Raten, in denen sich diese Größen ändern. Wenn ein Körper bei konstanter Schwerkraft frei fällt, so ist es nicht seine Position, die konstant bleibt – wenn es so wäre, würde er als Ding der Unmöglichkeit ohne Stütze schweben. Es ist auch nicht seine Geschwindigkeit – die Veränderung der Position pro Zeiteinheit –, die konstant ist. Je länger der Körper fällt, desto schneller tut er dies. Aus diesem Grund ist es wesentlich gefährlicher, von einem hohen Gebäude zu fallen als von einem niedrigen. Nein, es ist seine Beschleunigung, die konstant bleibt – die Veränderung der Veränderung der Position pro Zeiteinheit. Vielleicht wissen wir nun, warum es so viele Jahrhunderte lang gedauert hat, bis diese dynamische Regelmäßigkeit bemerkt wurde: Das Gesetz ist nur für diejenigen einfach, die eine neue Vorstellung von der Einfachheit erhalten haben.

Gleichungen über Veränderungen von Größen werden Differentialgleichungen genannt. Die Veränderung einer Größe wird durch die Differenz ihrer Werte zu zwei nahe beieinanderliegenden Zeitpunkten beschrieben, und das Wort «Differential» durchdringt folglich die Mathematik: Differentialrechnung, Differentialquotient, Differentialgleichung oder einfach nur Differential. Wie die meisten von uns aus eigener Erfahrung wissen, ist es nicht immer einfach, algebraische Gleichungen zu lösen, die nicht Veränderungen von Größen beschreiben: Das Lösen von Differentialgleichungen ist eine weitaus schwierigere Aufgabe. Blicken wir am Ende des zwanzigsten Jahrhunderts zurück, so sehen wir zu unserer großen Überraschung, daß mit ein wenig Genialität viele bedeutende Differentialgleichungen gelöst werden können. Ganze Zweige der Mathematik entstanden aus der Notwendigkeit, eine einzige, entscheidende Differentialgleichung zu lösen.

Trotz der technischen Schwierigkeiten, einzelne Gleichungen zu lösen, können einige allgemeine Grundsätze aufgestellt werden. Eines der Hauptprinzipien ist, daß die Lösung von Gleichungen, die die Bewegung eines dynamischen Systems beschreiben, eindeutig ist, falls die Anfangspositionen und -geschwindigkeiten aller Komponenten des Systems bekannt sind. Ein Fahrrad besitzt ungefähr fünf oder sechs wesentliche Bewegungsteile: Wenn wir wissen, was jedes von ihnen tut, können wir die Bewegung des Fahrrads vorhersagen, und zwar von dem Augenblick an, in dem es auf die Straße gerollt wird, bis zu dem Moment, in dem es in den Straßengraben fällt. Anspruchsvoller formuliert: Falls wir zu einem bestimmten Zeitpunkt alle Positionen und Geschwindigkeiten jedes Materieteilchens des Sonnensystems kennen, sind alle nachfolgenden Bewegungen dieser Teilchen eindeutig bestimmt.

Bei dieser Aussage gehen wir der Einfachheit halber davon aus, daß die Bewegung des Sonnensystems keinen äußeren Einflüssen ausgesetzt ist. Solche Einflüsse ebenfalls zu berücksichtigen, führt zu der Interpretation, daß die Positionen und Geschwindigkeiten eines jeden Materieteilchens im gesamten Universum zu einem festen Zeitpunkt die zukünftige Entwicklung des Universums vollständig bestimmen. Das Universum folgt einem eindeutigen, vorherbestimmten dynamischen Weg. Es kann nur diese eine Sache tun. In den Worten von Pierre Simon de Laplace (Abbildung 3), einem der führenden Mathematiker des achtzehnten Jahrhunderts, klingt es im *Essai philosophique sur les probabilités* so:

> *Gäbe es einen Verstand, der für einen gegebenen Augenblick alle die Natur belebenden Kräfte und die gegenseitige Lage der sie zusammensetzenden Wesen kennte und zugleich umfassend genug wäre, diese*

Abb. 3
Pierre Simon de Laplace bei der Lektüre seiner *Mécanique céleste* (Lithographie aus dem neunzehnten Jahrhundert).

Data der Analysis zu unterwerfen, so würde ein solcher die Bewegungen der größten Weltkörper und des kleinsten Atoms durch eine und dieselbe Formel ausdrücken; für ihn wäre nichts ungewiß; vor seinen Augen ständen Zukunft und Vergangenheit.

Dies ist eher eine eindrucksvolle Behauptung, um einen direkten Eindeutigkeitssatz in der Mathematik zu umgehen. Wenn wir solche Aussagen wie die von Laplace betrachten, müssen wir uns die aufgeregte Atmosphäre vergegenwärtigen, die in der Wissenschaft dieser Zeit vorherrschte, denn Phänomen um Phänomen – Mechanik, Hitze, Wellen, Schall, Licht, Magnetismus, Elektrizität – wurde durch dieselbe Technik unter Kontrolle gebracht. Es muß wie der große Durchbruch zur letzten Wahrheit ausgesehen haben. Es funktionierte. Das Paradigma des klassischen Determinismus war geboren: Wenn die Gleichungen die Entwicklung des Systems eindeutig beschreiben und kein zufälliger äußerer Einfluß existiert, dann ist sein Verhalten für alle Zeit eindeutig festgelegt.

Eine Reise zu Hyperion

Wir gehen ein Jahrzehnt zurück, zum 5. September 1977. Eine gigantische Titan-III-E/Kentaur-Rakete wartet abschußbereit im Launch Complex 41, Air Force Eastern Test Range, Kennedy Space Center, Cape Canaveral, Florida. In ihrer obersten Stufe befindet sich ein Triumph des Ingenieurwesens, die Raumsonde Voyager 1 (Abbildung 4). Im Gegensatz zur Rakete wirkt sie zwergenhaft, doch sie ist der einzige Grund für deren Existenz.

Der Countdown erreicht seine letzte Phase. Zwei mit Aluminiumpuder und Ammoniumperchlorid gefüllte Triebwerke zünden mit einem Lärm, der noch in fünfzehn Kilometer Entfernung zu hören ist. Die Rakete, so groß wie ein fünfzehnstöckiges Gebäude und 700 Tonnen schwer, schleppt sich himmelwärts, weg von der Erde und ihrer Schwerkraft. Zuerst bewegt sie sich beängstigend langsam und verbrennt auf den ersten hundert Metern einen wesentlichen Teil ihres Treibstoffs. Aber innerhalb von zehn Stunden ist Voyager 1 weiter entfernt als der Mond, «en route» zu den entfernten Planeten Mars, Jupiter und Saturn (Abbildung 5).

Sechzehn Tage zuvor ist Voyager 2 gestartet, denn der Stapellauf von Voyager 1 hatte sich wegen technischer Mängel verzögert. Um dies auszugleichen, fliegt Voyager 1 auf einer schnelleren Bahn, so daß sie Jupiter vier Monate vor der zweiten Sonde erreicht. Voyager 1 hat ihre Mission erfüllt, wenn sie sich Saturn genähert hat; Voyager 2 wird jedoch die Möglichkeit besitzen – was ordnungsgemäß durchgeprobt wurde –, zu Uranus und Neptun weiterzureisen. Nur Pluto wird sich der genauen Prüfung entziehen, denn Pluto ist im falschen Teil seiner Umlaufbahn und die große Reise der beiden Sonden kann ihn nicht erreichen.

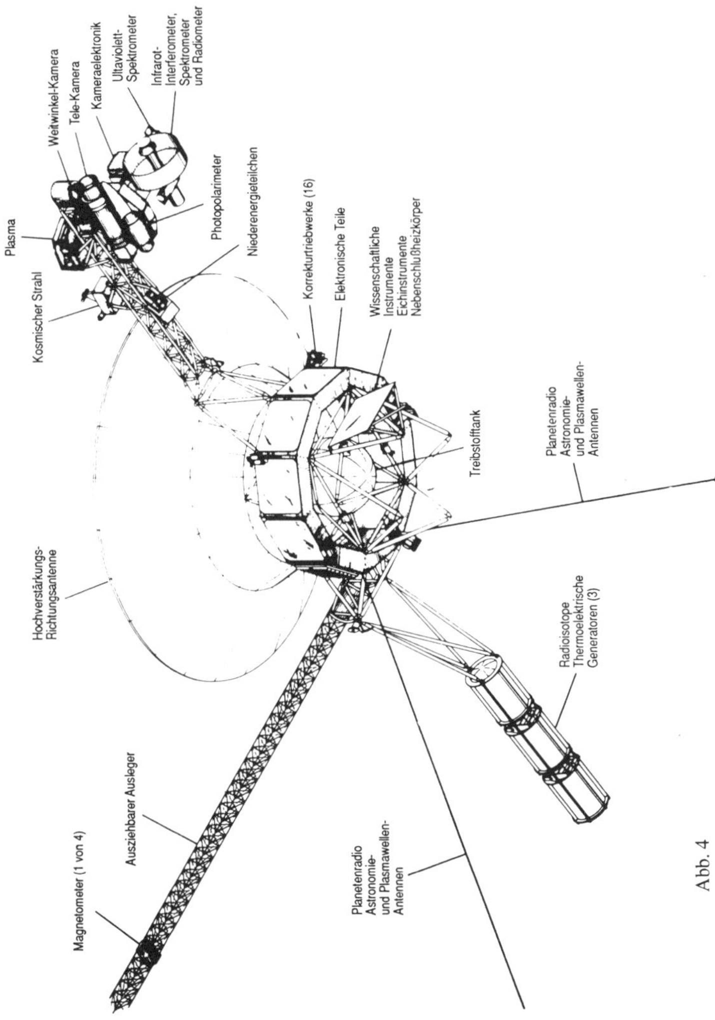

Abb. 4
Die Raumsonde Voyager.

Abb. 5

Die Reise der beiden Voyager ist ein Wunder der Technik. Sie ist ebenso ein Wunder der Mathematik, die hier ihre Rolle als Zuträgerin der Technologie spielt. Die Mathematik regiert die Konstruktion der Sonde und ihrer Trägerrakete. Die Mathematik berechnet die Belastungsfähigkeit ihres Metallrahmens, die Verbrennung ihres Treibstoffes und die Dynamik der Luft, die an der Hülle des Gefährts während seiner kurzen Durchquerung der Erdatmosphäre vorbeiströmt. Die Mathematik regiert die elektronischen Impulse, die durch die Computer jagen, während sie noch den kleinsten Schritt auf der großen Reise der Raumsonde bewachen. Die Mathematik entscheidet sogar über die Kodierung der Radiowellen, mit deren Hilfe die erdgebundenen Kontrolleure ihre Instruktionen zur Sonde senden, die im Laufe der Zeit atemberaubende Bilder unseres Sonnensystems zur Erde schicken wird.

Aber vor allem regiert die Mathematik den erhabenen Tanz der Planeten und ihrer Monde sowie die Wege der beiden Voyager-Sonden zu ihren himmlischen Rendezvous. Ein einziges, einfaches Gesetz ermöglicht dies – Newtons Gravitationsgesetz. Einsteins Verbesserungen sind gar nicht nötig, denn für die vergleichsweise langsamen Geschwindigkeiten, die im Sonnensystem maßgebend sind, reicht Newton aus. Würde das Sonnensystem nur aus der Sonne und der Erde bestehen, würde Newtons Gesetz besagen, daß sich die beiden in Ellipsen um ihren gemeinsamen Schwerkpunkt bewegen, ein Punkt, der tief in der Sonne begraben ist, denn der Stern ist sehr viel massenreicher als der Planet. Tatsächlich sollte sich die Erde auf einer Ellipse bewegen, in deren einem Brennpunkt die Sonne stillsteht. Aber die Erde ist nicht allein im Sonnensystem – warum sonst wurden die Voyager-Sonden losgeschickt? Jeder Planet reist auf seiner eigenen Ellipse – oder würde es, gäbe es die anderen nicht. Diese bringen ihn von seiner idealen Bahn ab und beschleunigen oder verlangsamen seine Bewegung. Der kosmische Tanz ist verwickelt und sorgfältig ausgearbeitet: Sarabande nach einer Partitur von Newton, «Largo con gravitá».

Das Gesetz beschreibt vollständig und exakt jeden Schritt dieses Tanzes. Die Berechnungen sind nicht einfach, können aber mit Beharrlichkeit und einem schnellen Computer für die Zwecke von Voyager genügend genau durchgeführt werden. Astronomen haben mit Hilfe der Gesetze von Newton die Bewegung des Sonnensystems für zweihundert Millionen Jahre vorausberechnet: Im Vergleich dazu sind wenige Jahre ein Kinderspiel.

Also rast Voyager 1 vorbei an Jupiter, ein gestreiftes, wirbelndes Rätsel. Auf zu Saturn, ein von Ringen beherrschter Planet. Aber Saturn besitzt andere interessante Eigenheiten, ganz besonders seine Monde. Durch Beobachtungen von der Erde aus war bekannt, daß er mindestens zehn Monde besitzt: Voyager 1 erhöhte die Anzahl auf fünfzehn.

Einer seiner Monde heißt Hyperion und ist sehr ungewöhnlich. Er besitzt eine unregelmäßige Form und sieht aus wie eine kosmische Kartoffel. Seine Bahn ist genau und regelmäßig, aber seine Haltung auf der Bahn ist es nicht. Hyperion purzelt. Aber nicht kopfüber, sondern auf eine komplizierte und ungleichmässige Art. Nichts an dieser Bewegung verletzt die Newtonschen Gesetze: Die Purzelbäume von Hyperion befolgen die Gesetze der Gravitation und der Dynamik.

Nun ist es Zeit für eine hypothetische Übung. Nehmen Sie an, Voyager 1 wäre fähig, die Drehungen von Hyperion auf zehn Dezimalstellen genau zu messen. Voyager 1 kann dies nicht, aber sehen wir großzügig darüber hinweg. Nehmen Sie weiter an, die Wissenschaftler auf der Erde würden mit diesen Grundlagen die zukünftige Bewegung gemäß Newtons Gesetz vorherbestimmen. Wenn dann Voyager 2 nur einige Monate später Hyperion erreicht, könnten sie ihre Berechnungen mit der Realität vergleichen. Und sie würden feststellen ...

... daß ihre Vorhersage vollständig falsch war. Ein Fehler in den Berechnungen? Nicht unbedingt. Ein Fehler in Newtons Gesetz? Nein. Gerade wegen Newtons Gesetz wäre die Vorhersage falsch.

Undeterminiertheit? Zufällige äußere Einflüsse wie Gaswolken, Magnetfelder oder der Sonnenwind?

Nein.

Es ist etwas viel Bemerkenswerteres, nämlich ein mathematischen Gleichungen in der Dynamik angeborener Charakterzug. Die Fähigkeit selbst von einfachen Gleichungen, so komplexe und empfindlich zu messende Bewegungen zu erzeugen, daß diese wie zufällig erscheinen. Passenderweise nennt man dies Chaos.

Chaos

Wie alle mathematischen Bezeichnungen hat auch diese nicht die gleiche Bedeutung wie im täglichen Sprachgebrauch. Vergleichen Sie mit dem Lexikon:

> **Chaos** [griech. k'a:os] bezeichnet erstens den ungeordneten Urstoff, aus dem nach den griech. Weltschöpfungssagen die Welt hervorgegangen ist, zweitens allgemein Unordnung, wirre Masse.

In Großbritannien müssen Herausgeber von Lexika demnächst noch die mathematische Definition hinzufügen. Auf einer angesehenen internationalen Tagung über Chaos, die die Royal Society 1986 in London veranstaltet hat, wurde nach einigem anfänglichen Unbehagen die untenstehende Definition vorgeschlagen. Obwohl jeder Teilnehmer wußte, was das Wort Chaos bedeutet – es war ihr Forschungsbereich, daher sollten sie es wirklich gewußt haben –, waren nur wenige bereit, eine genaue Definition anzubieten. Dies ist in einer «heißen» Phase der Forschung nicht ungewöhnlich – es ist schwierig, etwas zu definieren, von dem man glaubt, es noch nicht vollständig verstanden zu haben. Wie auch immer – die Definition lautet:

(Math.) Stochastisches Verhalten in einem deterministischen System.

In dieser Definition stecken zwei mathematische Begriffe – «stochastisch» und «deterministisch». Mit dem Laplaceschen Determinismus haben wir uns schon vertraut gemacht. Stochastisch bedeutet zufällig. Um das Phänomen Chaos zu verstehen, müssen wir diese beiden Begriffe weiter vertiefen, denn in der gegenwärtigen Form bildet die Definition ein Paradoxon. Deterministisches Verhalten wird von einem exakten und nicht zu brechendem Gesetz regiert. Stochastisches Verhalten meint das Gegenteil: Ohne Gesetz und unregelmäßig, vom Zufall regiert. So bedeutet Chaos gesetzloses Verhalten, das vollständig durch das Gesetz regiert wird.

Genau wie Hyperion.

Chaos im Taschenrechner

Warum verhält sich Hyperion auf diese Art? Wir sind noch nicht in der Lage, dies zu sagen, aber ich kann Ihnen ein leichter zugängliches Beispiel für Chaos geben, mit dem Sie selbst experimentieren können. Ein Taschenrechner ist alles, was Sie dazu benötigen. Falls Sie einen Computer besitzen, können Sie sich eine Menge Arbeit ersparen, indem Sie einfach ein Programm schreiben, das das gleiche leistet.

Die Bewegung von Hyperion wird durch eine Differentialgleichung beschrieben. Dies können Sie sich folgendermaßen vorstellen: Nehmen Sie an, daß Sie die Position und die Geschwindigkeit von Hyperion zu einem gegebenen Zeitpunkt kennen. Position und Geschwindigkeit zu einem kurz darauf folgenden Zeitpunkt lassen sich aus diesen Daten nach einer festen Regel bestimmen. Um Position und Geschwindigkeit zu einem beliebigen späteren Zeitpunkt zu erhalten, müssen Sie diese Regel immer wieder anwenden, bis Sie den gewünschten Zeitpunkt erreicht haben.

Sie mögen einwenden, daß die Zeit unendlich oft teilbar ist. Was ist dann ein kurz darauf folgender Zeitpunkt? Sie mögen recht haben, obwohl Ihnen Zeno von Elea und einige moderne Physiker nicht zustimmen würden. Mit Sicherheit nähmen Sie die konventionelle Haltung ein. Jedoch ist die oben gegebene Beschreibung moralisch korrekt in einem Sinn, der auf verschiedene Arten präzisiert werden kann. Insbesondere löst ein Computer eine Differentialgleichung genau auf die gleiche Art und Weise, nur bedeutet für ihn «kurz darauf folgender Zeitpunkt» die für die Berechnung benötigte Einteilung der Zeit in kleine Intervalle. Diese Methode funktioniert, denn sehr kleine Zeitintervalle bieten eine gute Näherung an die stetig verstreichende Zeit.

Die Gleichungen für Hyperion enthalten viele Variable – Position, Geschwindigkeit, Winkeldrehung. Sie könnten Sie in Ihren Taschenrechner bringen, aber das Leben ist kurz. Deshalb betrachten wir lieber eine wesentlich einfachere Gleichung. Ich möchte ausdrücklich betonen, daß diese rein gar nichts mit der Bewegung von Hyperion zu tun hat. Jedoch illustriert sie das Phänomen «Chaos».

Mein Taschenrechner besitzt eine Taste x^2 zum Quadrieren, ich nehme an, Ihrer auch. Wenn nicht, betätigen Sie × und dann = , dies hat die gleiche Wirkung. Tippen Sie eine Zahl zwischen 0 und 1 ein, z. B. 0.54321, und betätigen Sie die Taste x^2. Drücken Sie noch einmal x^2, und noch einmal, immer wieder, und beobachten Sie die Zahlen. Was passiert?

Die Zahlen werden immer kleiner. Wenn ich auf meinem Rechner neunmal x^2 eingebe, erhalte ich null. Und da $0^2 = 0$, ist es keine Überraschung, daß danach nichts Aufregendes mehr geschieht.

Dieses Verfahren nennt man Iteration. Es besteht darin, das gleiche immer und immer wieder zu tun. Versuchen Sie, andere Tasten Ihres Taschenrechners zu iterieren. In meinen Beispielen beginne ich immer mit 0.54321, aber wenn Sie möchten, können Sie auch andere Startwerte eingeben. Vermeiden Sie jedoch bitte 0. Wenn ich auf meinem Taschenrechner die Taste cos im Bogenmaß ungefähr vierzigmal betätige, erhalte ich die merkwürdige Zahl 0.739085133 und komme nicht mehr von ihr los. Können Sie sich vorstellen, welche seltsame Eigenschaft diese Zahl besitzt? Auf jeden Fall endet die Iteration wieder bei einem einzigen Wert, sie konvergiert zu einem festen Zustand.

Die Taste tan sieht so aus, als würde sie das gleiche leisten. Aber der Schein trügt. Ich habe tan dreihunderttausendmal auf einem Computer iteriert. Weder konvergierte die Iteration, noch wurde sie periodisch. Sie «stockte» jedoch an einigen Stellen, an denen die Werte sehr langsam zunahmen – ungefähr um 0.0000001 per Iteration. Dieser Effekt heißt Intermittenz. Durch ihn wird erklärt, warum die Werte auf den ersten Blick zu konvergieren scheinen.

Es gibt jedoch ebenso unendlich viele Ausgangswerte, für die die Iteration des Tangens immer und immer wieder den gleichen Wert annimmt. Das typische Verhalten allerdings ist Intermittenz.

Die Taste e^x vergrößert die Werte bis auf ungefähr 268 und bringt dann eine Fehlermeldung, weil die Werte zu groß weden. Sie laufen glücklich ins Unendliche. Die Taste √ konvergiert zu 1.

Die Taste $1/x$ ist viel interessanter. Der Wert springt von 0.54321 zu 1.840908673 und zurück. Die Iteration ist periodisch mit der Periode 2. Das bedeutet: Wenn Sie die Taste zweimal betätigen, sind Sie wieder bei dem Wert angelangt, von dem Sie ausgegangen sind. Sie wissen vielleicht, warum dies so ist.

Probieren Sie alle Tasten aus, die sich auf Ihrem Rechner befinden. Sie werden feststellen, daß die hier beschriebenen Verhaltensweisen die einzig möglichen zu sein scheinen.

Dies könnte so sein, weil die Tasten Ihres Rechners so konstruiert sind, daß sie nette Dinge tun. Um dies zu umgehen, können Sie neue Tasten erfinden. Wie steht es mit einer x^2-1-Taste? Um diese zu simulieren, betätigen Sie die Taste

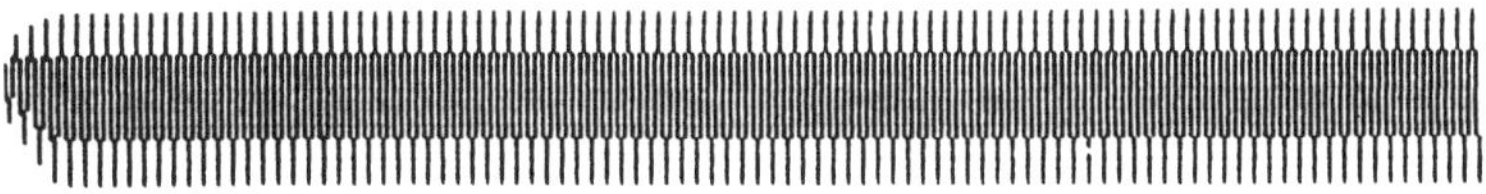

Abb. 6
Die Iteration von x^2-1 führt zu regelmäßigen Oszillationen. Die Werte von x sind vertikal und die Anzahl der Iterationen ist horizontal abgetragen.

x^2 und dann -1 =. Fahren Sie damit fort. Sie werden bald feststellen, daß Sie zwischen 0 und -1 hin und her pendeln (Abbildung 6). Dies ergibt einen Sinn, denn $0^2-1=-1$ und $(-1)^2-1=0$.

Aber Zyklen sind nichts Neues.

Ein letzter Versuch: Eine Taste $2x^2-1$. Beginnen Sie mit einem beliebigen Wert zwischen 0 und 1. Es sieht sehr harmlos aus, ich kann nicht erkennen, warum etwas Besonderes passieren sollte. Hmmm ... Der Wert schwankt doch sehr stark. Warten wir, bis er sich beruhigt ... Es dauert lange, finden Sie nicht auch? Ich kann nicht viel von einem Schema erkennen ... Es sieht sehr chaotisch aus (Abbildung 7).

Aha!

Wir haben eine einfache Gleichung. Sie müssen lediglich $2x^2-1$ iterieren. Doch das Ergebnis sieht nicht mehr so einfach aus. Es scheint durch den Zufall geprägt zu sein.

Versuchen Sie noch einmal die Taste $2x^2-1$, aber beginnen Sie jetzt mit 0.54322 anstatt mit 0.54321. Das Ergebnis scheint immer noch durch den Zufall bestimmt zu sein – und nach ungefähr fünfzig Iterationen erhalten wir für 0.54322 vollkommen andere Werte als für 0.54321.

Was Sie hier beobachten, ist eine Art von Hyperion im Mikrokosmos. Eine deterministische Gleichung mit einem strukturlosen Ergebnis. Eine kleine Veränderung des Anfangswertes, und Sie haben keine Ahnung, wohin die Reise geht. Dies ist sehr bemerkenswert, denn die Taste $2x^2-1$ verhält sich sehr

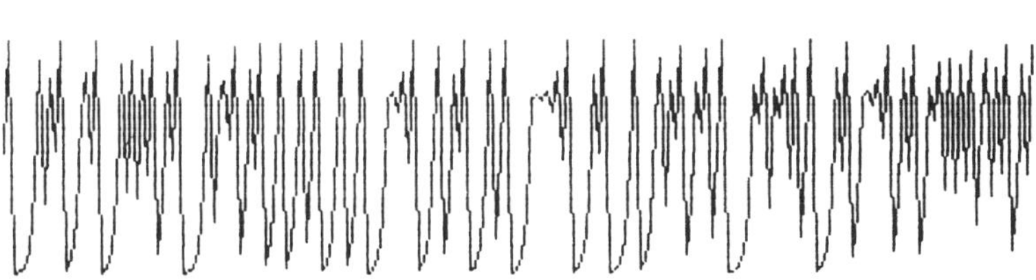

Abb. 7
Die Iteration von $2x^2-1$ führt zu Chaos.

seltsam, während sich die oberflächlich betrachtet ähnliche Taste $x^2{-}1$ sehr gut benimmt.

Ich schlage Ihnen nicht vor, das folgende Programm auf einem Taschenrechner zu versuchen, es sei denn, Sie lieben lange Rechnungen. Aber wenn Sie einen Computer besitzen, können Sie das Programm laufen lassen. Wenn Sie wollen, können Sie es noch verbessern. Computerfreaks kann es sogar helfen, eigene Programme zu schreiben, um mit anderen Aspekten des Chaos zu experimentieren.

```
10  INPUT k
20  x = 0.54321
30  FOR n = 1 TO 50
40  x = k*x*x–1
50  NEXT n
60  FOR n = 1 TO 100
70  x = k*x*x–1
80  PRINT x
90  NEXT n
100 STOP
```

Dieses Programm iteriert die Gleichung $kx^2{-}1$ für beliebiges k. Die Zeilen 30–50 lassen den Werten Zeit, sich einzupendeln, ohne daß sie ausgedruckt werden. Wenn Sie zum Beispiel k = 1.4 setzen, erhalten Sie die Gleichung $1.4x^2{-}1$. Das Ergebnis läuft in einem sehr komplizierten Zyklus durch sechzehn verschiedene Werte! Chaos beginnt bei k = 1.5. Je größer Sie dann k ansetzen, desto chaotischere Ergebnisse erhalten Sie.

Jedenfalls scheint es so; doch so einfach ist es nicht.

Bei k = 1.74 sehen Sie hochentwickeltes Chaos. Bei k = 1.75 sieht es am Anfang auch so aus. Aber nach ungefähr fünfzig Iterationen erhalten Sie einen Zyklus der Länge drei, mit Werten um

0.744 – 0.030 – 0.998.

Aus dem Chaos entsteht eine Struktur. Die beiden hängen unentwirrbar zusammen.

Ich hoffe, Sie finden dies mysteriös und anregend.

Falls ja, möchte ich Sie dazu ermutigen, das Verhalten zwischen k = 1, k = 1.40155 und außerhalb dieser Werte zu erforschen. Sie müssen vielleicht in Zeile 30 oder 60 eine längere Schleife einbauen, um ein Schema zu erkennen – falls es eines gibt.

In diesem Zusammenhang muß noch etwas über Computer und Chaos angemerkt werden. Wir sind geneigt, Berechnungen eines Computers für den Gipfel der Genauigkeit zu halten. Tatsächlich sind sie dies jedoch nicht. Der begrenzte Speicherplatz hält auch die Genauigkeit in Grenzen. In einem Computer können Zahlen nur bis auf acht oder zehn Dezimalstellen genau gespeichert werden. Darüber hinaus ist der «private» innere Code, in dem der Computer die Zahlen darstellt, verschieden von dem «öffentlichen» Code, in dem die Zahlen auf dem Bildschirm erscheinen. Hierdurch entstehen zwei Fehlerquellen: Rundungsfehler bei internen Berechnungen und Fehler beim Übersetzen vom privaten in den öffentlichen Code. Für gewöhnlich sind diese Fehler nicht weiter schlimm, aber eine charakteristische Eigenschaft des Chaos ist es, daß sich kleine Fehler fortpflanzen und dadurch wachsen.

Das Leben wäre etwas leichter, wenn alle Computer den gleichen Code benutzen würden. Aber selbstverständlich tun sie dies nicht. Dies bedeutet, daß ein und dasselbe Programm verschiedene Ergebnisse liefern kann, wenn es auf zwei unterschiedlichen Computerfabrikaten läuft. Gleiches gilt für einen Computer, wenn man ein Programm in zwei verschiedenen Versionen der gleichen Software ablaufen läßt. Gelegentlich werde ich in diesem Buch von numerischen Resultaten berichten, die ich auf meinem Computer erhalten habe. Seien Sie gewarnt! Ihr Computer liefert vielleicht nicht genau die gleichen Zahlen. Falls Sie jedoch Zahlen verwenden, die nahe bei den meinigen liegen, sollten Sie die gleiche Art von Verhalten feststellen können wie ich.

Was also hatten wir entdeckt?

Ein Wunder. Ordnung und Chaos, innig verbrüdert, sind aus einer so einfachen Formel wie kx^2-1 gewachsen. Einige Werte von k führen zu geordneten Iterationen, andere – nicht merklich verschiedene – führen zu Chaos. Doch um welche Werte handelt es sich? Mit dieser Frage betreten Sie den Bereich der Forschungsmathematik.

Am Anfang haben wir Hyperion nicht verstanden. Nun verstehen wir nicht einmal $2x^2-1$. Für mathematische Begriffe ist dies jedoch ein riesiger Fortschritt.

Es ist ein Fortschritt, weil wir zu verstehen beginnen, wo das Problem liegt. Bevor wir mit unserem Rechner gespielt haben, konnte uns verziehen werden, wenn wir Hyperion für etwas recht Kompliziertes hielten. Aber nun wissen wir, daß dies nicht stimmt. Kompliziertheit hat nur wenig damit zu tun. Es geht etwas sehr Subtiles, Elementares und äußerst Faszinierendes vor sich.

Von diesem Stand der Erkenntnis aus gesehen macht es mich sehr unglücklich, wenn uns Kosmologen erzählen, sie hätten die Ursprünge des Universums fast vollständig aufgedeckt, abgesehen vielleicht von der ersten Millisekunde des Urknalls. Oder wenn uns Politiker versichern, eine solide Dosis Monetarismus sei für uns gesund und sie davon so überzeugt sind, daß einige Millionen Arbeitslose nichts als ein kleiner Schnupfen des Systems sein können. Der mathematische Ökologe Robert May hat 1976 ähnliche Ansichten geäußert: «Nicht nur in der Forschung, sondern auch im täglichen Leben der Politik und der Wirtschaft wären wir alle besser dran, wenn mehr Leute erkennen würden, daß einfache Systeme nicht notwendigerweise auch einfache dynamische Eigenschaften besitzen.»

Der Hinduismus und die Kunst der mechanischen Erhaltung

Wir sollten im folgenden Kapitel kurz betrachten, wie die westliche Zivilisation dazu gekommen ist, das Universum für ein Uhrwerk zu halten und wie sie sich täuschte, indem sie dachte, deterministische Gleichungen führten immer zu regelmäßigem Verhalten. Die östliche Welt dagegen hat eine andere Philosophie. Die Hindus zum Beispiel weisen dem Chaos eine andere Rolle zu als nur die formloser Konfusion und wissen um die zugrundeliegende Einheit von Ordnung und Unordnung. In der klassischen hinduistischen Mythologie durchläuft der Kosmos drei Hauptphasen: Schöpfung, Erhaltung und Zerstörung. Dies spiegelt sich wider in Geburt, Leben und Tod. Brahma ist der Gott der Schöpfung, Wischnu der Gott der Erhaltung (Ordnung) und Schiwa der Gott der Zerstörung (Unordnung). Doch Schiwas Persönlichkeit besitzt viele Facetten. Schiwa ist eher destruktiv veranlagt. Er ist der einsame Jäger, der Tänzer, der Yogi, der sich von der menschlichen Gesellschaft zurückgezogen hat, der mit Asche bedeckte Asket. Er ist der Ungezähmte. Der Unterschied zwischen der Ordnung von Wischnu und der Unordnung von Schiwa ist nicht der gleiche wie zwischen Gut und Böse. Er stellt zwei verschiedene Seinsweisen dar, in denen sich die Gottheit manifestiert: Wohlwollen und Zorn, Harmonie und Mißklang.

Auf die gleiche Art und Weise fangen Mathematiker an, Ordnung und Chaos als zwei verschiedene Manifestationen eines zugrundeliegenden Determinismus zu sehen. Und keine von beiden existiert allein. Das typische System kann in verschiedenen Stadien existieren, einige geordnet, andere chaotisch. An die Stelle von zwei entgegengesetzten Polen tritt ein kontinuierliches Spektrum. Wie sich Harmonie und Mißklang in musikalischer Schönheit verbinden, so vereinen sich Ordnung und Chaos in mathematischer Schönheit.

2 *Allumfassende Gleichungen*

Deshalb dürfte man meines Erachtens überflüssiger Weise noch nach den Ursachen des freien Falls nach der Mitte forschen, nachdem ein für allemal auf dem dargelegten Wege aus den Erscheinungen selbst die Tatsache klargestellt ist, daß die Erde den Raum in der Mitte des Weltalls einnimmt, und daß alle schweren Körper auf sie fallen.

Ptolemäus, Almagest

Die Metapher von der Welt als Uhrwerk hat eine lange Geschichte, und es ist sehr wichtig, daß wir erkennen, wie tief verwurzelt sie ist. Bevor wir mit dem Chaos ringen, müssen wir zuerst das Gesetz studieren.

Einen guten Ausgangspunkt hierfür bildet Thales von Milet. Er lebte ungefähr 624–546 v. Chr. und ist dafür berühmt, eine Sonnenfinsternis vorausgesagt zu haben. Möglicherweise hat er die Methode von den Ägyptern oder den Chaldäern übernommen. Seine Vorhersage war bis auf ungefähr ein Jahr genau. Wie auch immer, die Sonnenfinsternis ereignete sich in einem günstigen Augenblick und brachte eine Schlacht zwischen den Lydiern und den Medäern zum Stillstand, denn die Sonne war fast vollständig verdunkelt. Diese glücklichen Umstände ließen keinen Zweifel an Thales Reputation als Astronom. Für Historiker ist es frustrierend, daß einige Ereignisse, meistens durch Zufall, genau datiert werden können, während der Zeitpunkt von anderen nur vermutet werden kann. Unsere Kenntnis des Geburtsdatums von Thales stützt sich auf Schriften des Apollodorus, die des Todesdatums auf Diogenes Laertius. Beide Daten sind nicht zuverlässig. Aber die Sonnenfinsternis fand ohne Zweifel am 28. Mai im Jahre 585 v. Chr. statt. Die kosmische Uhr tickt so zuverlässig, daß wir zweieinhalb Tausend Jahre später nicht nur den Zeitpunkt einer Sonnenfinsternis berechnen können, sondern auch die Stellen der Erde, von denen aus sie beobachtet werden konnte. Sonnenfinsternisse sind selten, und diese besondere war die einzige, die Thales miterleben konnte. Astronomische Ereignisse liefern den Historikern immer noch die besten Anhaltspunkte, geschichtliche Ereignisse zu datieren.

Es wird erzählt, daß Thales eines Nachts spazieren ging und so vertieft den nächtlichen Himmel betrachtete, daß er in einen Graben fiel. Seine weibliche Begleiterin bemerkte: «Wie kannst Du sagen, was am Himmel vorgeht, wenn Du nicht siehst, was vor Deinen eigenen Füßen liegt?» Auf gewisse Weise spiegelt diese Geschichte die Einstellung wider, die zur klassischen Mechanik geführt hat. Die Philosophen des alten Griechenland konnten die Bewegungen der Planeten mit atemberaubender Genauigkeit berechnen, aber sie glaubten, daß schwere Gegenstände schneller fallen würden als leichte.

Die Dynamik begann erst dann, Fortschritte zu machen, als die Mathematiker ihre Augen vom Kosmos abwendeten und genauer – und kritischer – auf das achteten, was vor ihren eigenen Füßen vorging. Ptolemäus stellte sich die Erde fest im Mittelpunkt aller Dinge vor, weil er seine eigenen Sinneswahrnehmungen zu ernst nahm und vergaß, deren Bedeutung zu hinterfragen. Aber die Kosmologie war der Ansporn, und wir können bezweifeln, ob mehr auf die Erde bezogene Fragestellungen genügend Inspiration geliefert hätten.

Die kosmische Revolution

Die frühe Kosmologie basiert auf mythologischen Vorstellungen und weniger auf wirklichen Inhalten. Wir begegnen Visionen von einer flachen Erde, die von einem Elefanten getragen wird, von einem Sonnengott, der seinen Wagen durch den Himmel lenkt und von Sternen, die – in Vorwegnahme des elektrischen Lichts – an Seilen hängen und während des Tages ausgeschaltet werden. Die Weisheit der Pythagoräer war nicht weniger mystisch. Jedoch waren sie von der mystischen Bedeutung der Zahlen überzeugt und brachten so versehentlich die Mathematik auf die Bühne. Plato schlug vor, daß die Erde im Zentrum des Universums liegt und alles andere sie auf hohlen Kugeln umkreist. Er glaubte auch, die Erde sei rund. Sein von Pythagoras inspirierter Glaube, alles, selbst die Bewegung der Himmel, sei eine Manifestation mathematischer Regelmäßigkeit, sollte sich als sehr folgenreich erweisen.

Eudoxus, ein fähiger Mathematiker, der die erste strenge Theorie über irrationale Zahlen aufgestellt hat, bemerkte, daß die beobachtete Bewegung der Planeten vor dem Hintergrund der Sterne nicht in das Ideal Platons paßte. Die Bahnen der Planeten sind geneigt und sie scheinen sich oft rückwärts zu bewegen. Eudoxus stellte eine mathematische Beschreibung auf, nach der die Planeten auf siebenundzwanzig konzentrischen Kugeln montiert waren, von denen sich jede um eine Achse drehte, die von der Nachbarkugel getragen wurde. Seine Nachfolger verbesserten das Modell gemäß ihren Beobachtungen und fügten weitere Kugeln hinzu. Um 230 v. Chr. ersetzte Apollonius dieses System durch eine Theorie von Epizyklen, in der sich die Planeten auf kleinen Kreisen bewegen, deren Mittelpunkte sich wiederum auf großen Kreisen drehen. Claudius Ptolemäus, der von 100–160 n. Chr. in Alexandria lebte, verfeinerte das System der Epizyklen, bis es so gut mit den Beobachtungen übereinstimmte, daß es 1'500 Jahre lang durch nichts Neues ersetzt wurde. Es war ein Triumph der empirischen Mathematik.

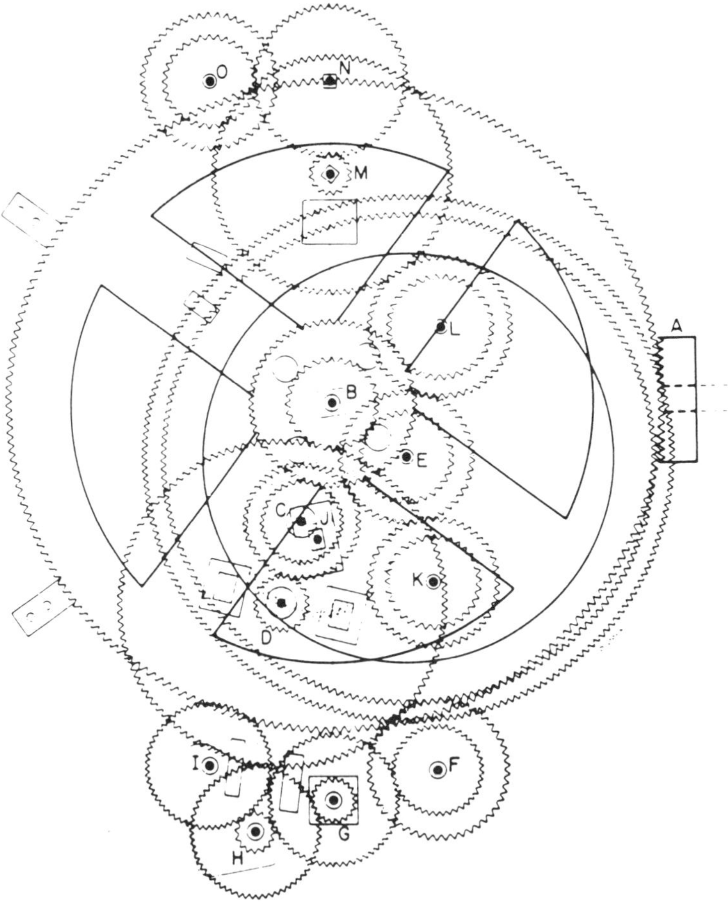

Abb. 8
Das Getriebe von Antikythera, ein griechischer Mechanismus zur Bestimmung der Planetenbewegung.

Das Getriebe der Griechen

Die Metapher von der Bewegung des Himmels als Uhrwerk mag durchaus eine wörtliche Grundlage besitzen. Unsere Vorstellungen von der Kultur der alten Griechen beruhen größtenteils auf dem theoretischen Bereich – Philosophie, Geometrie, Logik. Der Technik wurde weniger Aufmerksamkeit geschenkt. Teilweise läßt sich dies dadurch erklären, daß nur wenige Beispiele der griechischen Technik überliefert sind. Uns wurde erzählt, daß die Griechen die Logik – die intellektuelle Mathematik – höher bewerteten als die Logistik – die praktische Mathematik. Aber unsere Quellen für diese Ansicht sind nicht unvoreingenommen, und ähnliche Meinungen könnten heute in den Fluren der Institute für Mathematische Logik gehört werden. Die ganze Geschichte der griechischen Technik wird wahrscheinlich niemals bekannt, aber die Hinweise, die wir besitzen, machen neugierig.

Im Jahre 1900 suchten griechische Fischer vor der Küste der kleinen griechischen Insel Antikythera nach Schwämmen. Diese Insel liegt neben der größeren Insel Kythera zwischen dem griechischen Festland und Kreta. Sie fanden das Wrack eines Schiffes, das im Jahre 70 n. Chr. auf der Fahrt von Rhodos nach Rom in einem Sturm gesunken war. Ihr Fang enthielt Statuen, Töpfereien, Weinkrüge und Münzen sowie einen ziemlich stumpfen Klumpen aus verrostetem Metall. Als der Klumpen trocknete, zerbrach er in Stücke und enthüllte Spuren von Zahnrädern. Im Jahre 1972 untersuchte Derek de Solla Price den Klumpen mit Röntgenstrahlen und konnte eine ziemlich komplizierte Anordnung von zweiunddreißig Zahnrädern rekonstruieren (Abbildung 8). Aber wofür wurde sie benötigt? Er analysierte die Struktur und entschied, sie müsse zur Berechnung der Positionen von Sonne und Mond vor dem Hintergrund der Sterne benutzt worden sein.

Der Mechanismus von Antikythera hat viele interessante Eigenschaften, unter anderem ist er das erste bekannte Beispiel eines Differentialgetriebes. Solche Getriebe werden heutzutage in den Hinterachsen von Autos verwendet, damit sich die Räder in der Kurve mit verschiedenen Geschwindigkeiten bewegen können. Im Mechanismus von Antikythera wurde ein Differentialgetriebe benötigt, um die Mondphasen zu berechnen. Das Gerät ist relativ kompetent konstruiert und wurde mit beachtlicher Präzision hergestellt, was auf eine lange Tradition in der Herstellung von Zahnrädern und Zahnradmaschinen schließen läßt. Man hat bisher keine weiteren Maschinen dieser Art gefunden, vielleicht weil alte und kaputte Maschinen eingeschmolzen wurden, um ihr Metall wiederzuverweten.

In seinem Artikel *Gears from the Greeks* (Proceedings of the Royal Institution, Vol. 58 (1986)) hat der britische Mathematiker Christopher Zeeman Vermutungen über den Einfluß solcher Geräte auf die griechische Wissenschaft aufgestellt:

Zuerst kamen die Astronomen, die die Bewegungen der Himmelskörper beobachteten und darüber Daten sammelten. Zweitens kamen die Mathematiker, die mathematische Bezeichnungen einführten, um die Bewegungen zu beschreiben und die Daten zu analysieren. Drittens kamen die Techniker, die mechanische Modelle konstruierten, um die mathematischen Konstruktionen zu simulieren. Viertens kamen Generationen von Studenten, die ihre Astronomie mit Hilfe dieser Maschinen lernten. Fünftens kamen die Wissenschaftler, deren Vorstellungskraft durch Generationen solchen Lernens dermaßen eingeengt war, daß sie tatsächlich glaubten, der Himmel würde so funktionieren. Sechstens kamen die Autoritäten, die auf dem anerkannten Dogma bestanden. Und so wurde die Menschheit tausend Jahre lang zum Narren gehalten und glaubte an das Ptolemäische System.

Die Sonne im Mittelpunkt

Im Jahre 1473 bemerkte Nikolaus Kopernikus, daß die Theorie des Ptolemäus eine große Anzahl von identischen Epizyklen enthielt und fand heraus, daß diese nicht mehr benötigt werden, wenn angenommen wird, die Erde drehe sich um die Sonne. Die identischen Epizykel sind die Bahnen der Erde, überlagert durch die Bewegung der übrigen Planeten. Die heliozentrische Theorie reduzierte die Anzahl der Epizykel auf einen Schlag auf einunddreißig.

Johannes Kepler war mit der Revision der Ptolemäischen Theorie durch Kopernikus unzufrieden. Er hatte von Tycho Brahe eine Menge von neuen und sehr genauen astronomischen Beobachtungen geerbt und suchte nach dem dahinterstehenden mathematischen System. Er war offen für alles – so offen, daß einige seiner Ideen, wie die Beziehung zwischen den Planetenbahnen im Raum und den regulären Körpern (Abbildung 9), heute höchst lächerlich erscheinen. Als seine Theorie später nicht mehr mit den Beobachtungen übereinstimmte, gab Kepler sie auf; wir haben bis heute keine Theorie über die Anordnung der Planeten, die ihre Größen und Abstände voneinander korrekt beschreibt.

Am Ende wurde er fast gegen seinen Willen zu seinem ersten Gesetz gezwungen: Die Planeten bewegen sich auf elliptischen Bahnen um die Sonne. Sein Werk enthält zwei weitere Gesetze, die später entscheidende Bedeutung erhielten. Das zweite Gesetz besagt, daß der Fahrstrahl eines Planeten zu gleichen Zeiten gleiche Flächen überstreicht. Das dritte Gesetz sagt aus, daß die dritte Potenz des Abstands eines Planeten von der Sonne zum Quadrat seiner Umlaufzeit proportional ist. Keplers Theorie ist ästhetisch weitaus ansprechender als ein Durcheinander von Epizyklen, aber sie ist wie ihre Vorgänger rein deskriptiv. Sie beschreibt, was die Planeten tun, liefert jedoch keine einheitliche

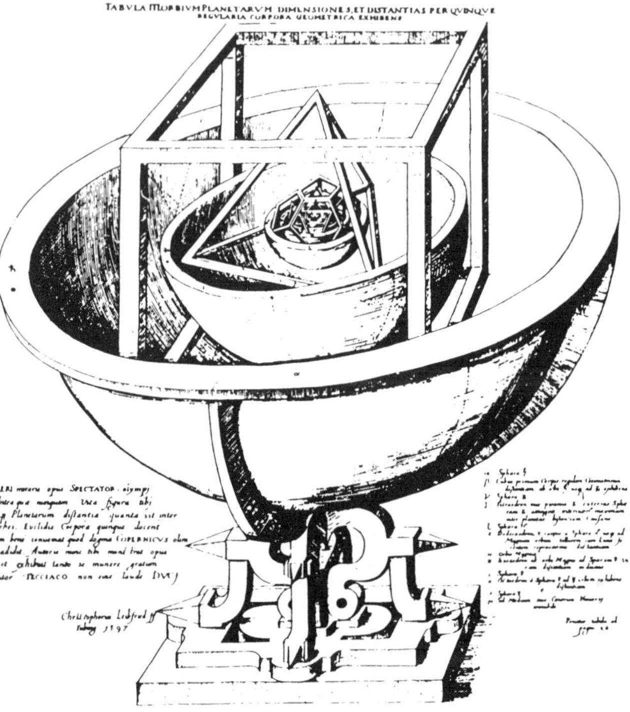

Abb. 9
Das Keplersche Modell von den Planetenbahnen. Es basiert auf den fünf regelmäßigen Körpern (veröffentlicht 1596).

Begründung. Ehe die Kosmologie über Kepler hinausgehen konnte, mußte sie sich zuerst auf die Erde zurückbringen.

Der Ausschlag des Pendels

Für einen Studenten der Universität von Pisa mußte das Leben in den achtziger Jahren des sechzehnten Jahrhunderts aufregend gewesen sein, denn das menschliche Wissen machte zu dieser Zeit gewaltige Fortschritte. Weniger aufregend hingegen muß für einen bestimmten Studenten die Messe gewesen sein, denn seine Aufmerksamkeit wanderte und er begann eine große Lampe zu beobach-

Abb. 10
Galileo Galilei, der Begründer der theoretischen und der experimentellen Mechanik (Reproduktion mit freundlicher Genehmigung von John Wiley & Sons Ltd.).

ten, die im Wind hin und her schwang. Sie schwang unregelmäßig, aber er bemerkte, daß ihre Geschwindigkeit bei großen Ausschlägen wuchs, so daß die benötigte Zeit konstant blieb. Genaugehende Uhren waren damals noch nicht erfunden, so maß er die Zeit mit Hilfe seines Pulses.

Der Student war Galileo Galilei (Abbildung 10). Er kam mit siebzehn an die

Universität, um Medizin zu studieren, und nahm Privatstunden in Mathematik. Galilei wurde 1564 in Florenz geboren und starb im Jahre 1642. Er war nicht nur ein erstklassiger Wissenschaftler, sondern auch ein bedeutender Literat, und seine Schriften sind elegant und gewandt. Er hatte eine mechanische Ader und baute sich seine eigenen Teleskope. Er entdeckte, daß Jupiter vier Monde besitzt – die ersten Himmelskörper von denen bekannt war, daß sie sich nicht um die Erde drehten. Er hatte ein großes Talent zum klaren Denken und zog einfache, logische Erklärungen blumenreichen und komplizierten Argumenten vor. Galilei lebte zu einer Zeit, in der religiöse Erklärungen für alle Ereignisse akzeptiert wurden. Zum Beispiel muß es der Sinn des Regens sein, Wasser auf die Erde zu bringen. Ein Stein, der in die Luft geworfen wird, fällt auf die Erde zurück, weil diese sein eigentlicher Ruheplatz ist.

Galilei stellte fest, daß die Suche nach dem Zweck der Dinge der Menschheit keine Erklärungen für Naturphänomene liefert. Er fragte nicht, warum ein Stein fällt, sondern suchte nach einer genauen Beschreibung über die Art seines Falls. Statt der Bewegung des Mondes, die er weder beinflussen noch regulieren konnte, studierte er Kugeln, die schiefe Ebenen hinunterrollten. In genialer Selbstbeschränkung richtete er seine Aufmerksamkeit auf einige wesentliche Größen – Zeit, Abstand, Geschwindigkeit, Beschleunigung, Impuls, Masse und Schwerpunkt. Seine Wahl zeigte einen bemerkenswerten Blick für das Wesentliche, besonders weil viele der von ihm gewählten Variablen sich nicht unmittelbar für quantitative Messungen eigneten.

Insbesondere die Zeit bereitete Galilei viel Kopfzerbrechen. Sie können nicht die Zeit messen, in der ein Stein fällt, indem sie beobachten, wie weit eine Kerze herunterbrennt. Galilei benutzte Wasseruhren und seinen eigenen Pulsschlag. Nach Stillman Drake summte er vielleicht vor sich hin, den Takt wie ein Musiker einteilend. Um dynamische Phänomene zu verlangsamen und die Genauigkeit seiner Zeitmessung zu beweisen, betrachtete er eine Kugel, die eine leichte Neigung hinunterrollt und nicht eine, die frei fällt. Durch eine Mischung von gedanklichen und wirklichen Experimenten kam er zu einer eleganten Beschreibung der Art, wie Körper unter dem Gesetz der Schwerkraft fallen.

In Übereinstimmung mit dem Geist der griechischen Geometrie – in der alle Objekte idealisiert sind, so daß eine Gerade keine Breite und eine Ebene keine Höhe besitzt – idealisierte Galilei die Mechanik, indem er Effekte wie den Luftwiderstand auf der Suche nach einer zugrundeliegenden Vereinfachung vernachlässigte. Um das Geflecht der weitverzweigten Einflüsse, die die Natur kontrollieren, zu entwirren, ist es das Beste, zuerst nur mit einer Strähne zu beginnen.

Im Mittelalter wurde angenommen, die Bahn eines Projektils bestehe aus drei Teilen: Zunächst bewegt es sich geradeaus, dann auf einem Kreis, zuletzt fällt es senkrecht nach unten (Abbildung 11). Galilei stellte fest, daß die Geschwindigkeit eines fallenden Körpers konstant zunimmt, das heißt, seine Beschleunigung ist konstant. Hieraus leitete er die korrekte Bahn eines Projek-

Abb. 11
Die mittelalterliche Theorie sieht die Bahn eines Projektils als Kombination von geraden und kreisförmigen Bewegungen. Die Zeichnung der Bahn geht auf Tartaglia zurück, hier wurde sie in der *Geometrischen Buchsenmeisterey* von Walter H. Ryff in eine Landschaft montiert.

tils ab, die bekanntlich eine Parabel ist. Ebenso zeigte er, daß eine Kanonenkugel die weiteste Strecke zurücklegt, wenn sie in einem Winkel von 45 Grad abgeschossen wird. Er fand Gesetze für die Zusammensetzung von Kräften. Er stellte fest, daß ein schwerer und ein leichter Körper ohne Luftwiderstand mit der gleichen Geschwindigkeit fallen. Heute mögen dies einfache Dinge sein, aber sie waren der erste solide Beweis dafür, daß die Regeln der Naturgesetze von der Menschheit gelesen werden können. Galilei, der einen sehr trockenen Humor besaß, rechtfertigte in seinem *Dialogo* seine heliozentrische Theorie wie folgt:

> *Ich sollte denken, daß jeder, der es für vorstellbar hält, das ganze Universum bewege sich und nur die Erde stehe still, sich unvernünftiger verhalte als jemand, der auf eine Kuppel steigt, um die Stadt und ihre Umgebung zu betrachten, und dann fordert, die ganze Landschaft solle sich um ihn drehen, damit er sich nicht die Mühe machen müsse, seinen Kopf zu wenden.*

Ein System von Naturgesetzen für die himmlischen Dinge, ein anderes für die irdischen. Kepler mit seinen Augen am Himmel und Galilei mit seinem Ohr auf dem Boden. Es war so gut wie unvorstellbar, daß zwischen diesen beiden Reichen ein Zusammenhang bestehen sollte. Der Himmel war rein und unbefleckt, die Heimat von Gott und seinen Engeln; die Erde war die Heimat der sündigen Menschen.

Ein einziger Schlag der Einsicht zerstörte dieses Weltbild für immer.

Gravitation und Geometrie

Einige große Wissenschaftler waren Wunderkinder, der junge Isaac Newton jedoch war ein verhältnismäßig gewöhnliches Kind. Er wurde 1642 im Dorf Woolsthorpe geboren. Als Kind war er kränklich und frühreif. Als Student am Trinity College in Cambridge fiel er nicht besonders auf. Aber als die Pest zuschlug, kehrte er in sein Heimatdorf zurück, weit weg vom akademischen Leben und schuf fast ohne Hilfe die Optik, die Mechanik und die Infinitesimalrechnung. Später wurde er königlicher Münzmeister und Präsident der Royal Society. Er starb im Jahre 1727.

Galilei hatte entdeckt, daß ein Körper unter dem Einfluß der Schwerkraft eine konstante Beschleunigung erfährt. Newton spielte ein größeres Spiel: Er suchte nach Gesetzen, die die Bewegung eines Körpers unter dem Einfluß von allen Kombinationen von Kräften regieren.

In gewissem Sinn war das Problem eher geometrisch als dynamisch. Wenn sich ein Körper mit einer gleichförmigen Geschwindigkeit bewegt, dann ist die Strecke, die er zurücklegt, das Produkt seiner Geschwindigkeit mit der verstrichenen Zeit. Wenn er sich nicht mit einer gleichförmigen Geschwindigkeit bewegt, gibt es keine solch einfache Formel. Die Mathematiker vor Newton hatten einen gewaltigen Fortschritt gemacht, indem sie zeigten, daß verschiedene grundlegende Fragen der Dynamik in eine geometrische Form gebracht werden konnten. Jedoch waren die geometrischen Probleme selten einfach zu lösen.

Ein Graph, der zeigt, wie sich die Geschwindigkeit eines Körpers mit der Zeit ändert, hat die Form einer Kurve. Mit geometrischen Argumenten kann gezeigt werden, daß die gesamte zurückgelegte Entfernung gleich der Fläche unter der Kurve ist. Ähnlich ist die Geschwindigkeit der Anstieg der Tangente an einen anderen Graphen, nämlich an den, in dem die zurückgelegte Entfernung gegen die Zeit abgetragen wird. Aber wie finden wir diese Flächen und Tangenten? Newton und unabhängig von ihm auch Gottfried Leibniz lösten diese Probleme, indem sie die Zeit in immer kleinere Intervalle teilten. Die Fläche unter der Kurve wird dann die Summe der Flächen einer großen Anzahl von schmalen vertikalen Streifen. Sie zeigten, daß der Fehler, der bei einer solchen Approximation gemacht wird, immer kleiner wird, wenn die Zeitintervalle kleiner und kleiner werden, und sie bewiesen, daß der Fehler beim Grenzübergang zu unendlich kleinen Intervallen verschwindet. Auf die gleiche Art kann die Steigung einer Tangente berechnet werden, indem man zwei nahe beieinanderliegende Zeitpunkte betrachtet und ihren Abstand immer kleiner werden läßt. Keiner der beiden Mathematiker konnte eine streng logische Berechtigung dieser Methode erbringen, aber beide waren davon überzeugt, daß sie korrekt ist. Leibniz sprach von «infinitesimalen» Änderungen der Zeit. Newton hatte ein eher physikalisches Bild von Dingen, die stetig fließen, und sprach von Fluxionen.

Diese Methoden der Berechnung sind heute als Integration und Differentiation bekannt. Sie lösten die praktischen Probleme, die in der Bestimmung von Entfernungen aus Geschwindigkeiten oder Geschwindigkeiten aus Entfernungen bestanden. Sie brachten eine Fülle von Naturphänomenen in den Bereich der mathematischen Analysis.

Das System der Welt

Die *Philosophiae naturalis principia mathematica* (Abbildung 12), in denen die Bewegungsgesetze enthalten sind, wurden in drei Bänden herausgegeben. Sie verdankten Galilei viel, wie Newton bereitwillig eingestand, und begründeten sich auf einer ähnlichen Philosophie der Wissenschaft. In ihnen reduziert er alle Bewegungen auf drei einfache Gesetze, die im ersten Band festgehalten sind:

- Wenn keine Kräfte auf einen Körper wirken, so verharrt er in Ruhe oder bewegt sich gleichförmig geradeaus.

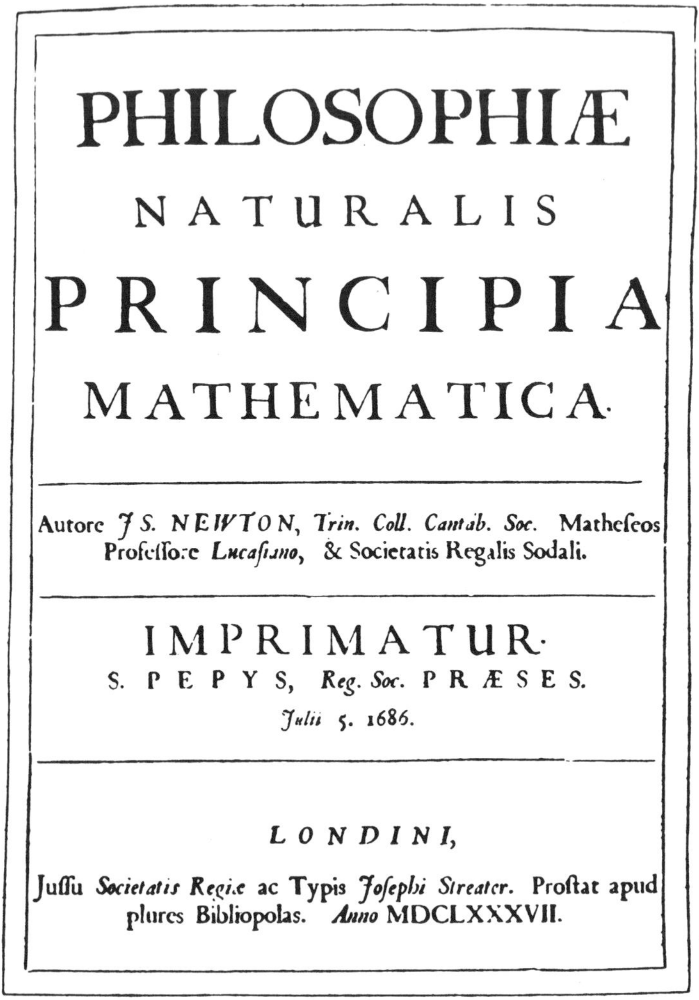

PHILOSOPHIÆ
NATURALIS
PRINCIPIA
MATHEMATICA.

Autore *J S.* NEWTON, *Trin. Coll. Cantab. Soc.* Matheſeos Profeſſore *Lucaſiano*, & Societatis Regalis Sodali.

IMPRIMATUR.
S. PEPYS, *Reg. Soc.* PRÆSES.
Julii 5. 1686.

LONDINI,

Juſſu *Societatis Regiæ* ac Typis *Joſephi Streater.* Proſtat apud plures Bibliopolas. *Anno* MDCLXXXVII.

Abb. 12
Das Titelbild von *Philosophiae naturalis principia mathematica* von Isaac Newton.

- Die Beschleunigung eines Körpers ist proportional zu der auf ihn wirkenden Kraft.
- Zu jeder Kraft gibt es immer eine gleichstarke und entgegengesetzt wirkende Gegenkraft.

Newton zeigte auch, daß die Keplerschen Gesetze über die Bewegung der Planeten aus diesen drei Gesetzen folgen, ebenso wie das Gravitationsgesetz. Aber die wahre Bedeutung von Newtons Begriff der Gravitation liegt nicht so sehr darin, daß er numerisch beschrieben werden kann. Newtons Gesetz ist universal. Jedes Materieteilchen im Universum zieht jedes andere Teilchen nach dem gleichen Gesetz an. Die Kreise des Jupiter und die Bahn einer Kanonenkugel sind zwei Manifestierungen des gleichen Gesetzes. Der Mensch ist in seinem Himmel und das Universum ist wieder eine Einheit.

Die Entdeckung wurde im dritten Band wieder aufgegriffen und ausgearbeitet. Newton sagte: «Ich werde nun das System der Welt darlegen.» Und er tat es. Er wendete seine Theorie der Gravitation auf die Bahnen der Planeten um die Sonne und die der Monde um die Planeten an. Er fand das Verhältnis der Massen der Planeten und der Sonne zur Masse der Erde. Er schätzte die Masse der Erde mit einer Genauigkeit von zehn Prozent. Er zeigte, daß die Erde an den Polen abgeflacht ist und gewann eine ziemlich genaue Schätzung für das Ausmaß dieser Abflachung. Er untersuchte die Veränderung der Schwerkraft an den verschiedenen Stellen der Erdoberfläche. Er berechnete die Unregelmäßigkeiten in der Mondbahn, die auf die Anziehungskraft der Sonne zurückzuführen sind, ebenso wie die Bahnen der Kometen – und zeigte, daß diese scheinbaren Vorboten kosmischer Mißbilligung denselben Gesetzen wie die Planeten gehorchten.

Aldous Huxley sagte einmal: «Vielleicht sind die Geistesmenschen die einzig wahren Menschen. In der ganzen Geschichte der Menschheit gab es nur einige tausend echte Menschen. Und der Rest von uns – was sind wir? Gelehrige Tiere. Ohne die Hilfe der echten Menschen hätten wir so gut wie nichts herausgefunden.» Es ist nicht nötig, mit Huxley übereinzustimmen um anzuerkennen, daß einige Menschen einen unverhältnismäßigen Einfluß auf die Geschichte haben. Newton war so ein «wahrer Mensch». Auf die gleiche Art ist die Infinitesimalrechnung «wahre Mathematik» und hatte gleichermaßen unverhältnismäßigen Einfluß. Aber für die meisten Zeitgenossen war die Bedeutung der Infinitesimalrechnung für die Dynamik von Newton nicht unmittelbar offensichtlich. Der Grund hierfür ist einfach: An keiner Stelle der *Philosophiae naturalis principia mathematica* wird davon explizit Gebrauch gemacht. Statt dessen faßte Newton seine Beweise in der Sprache der klassischen griechischen Geometrie ab. Aber die Infinitesimalrechnung kam schließlich doch ans Tageslicht. Sie verdankt dies dem Drängen der wissenschaftlichen Freunde Newtons. Am Ende des siebzehnten Jahrhunderts beherrschten die Mathematiker in ganz Europa die Methoden der Infinitesimalrechnung. Newton hatte ihnen gezeigt, daß die Schriften der Natur für jeden offen stehen, der den Verstand besitzt, sie zu lesen. Sie brauchten keine weitere Ermutigung.

Glocken und Pfeifen

Der Begriff «Analysis» wird heute gebraucht, um die Infinitesimalrechnung in ihrer strengeren Form zu bezeichnen: Die Analysis ist die Theorie und nicht so sehr die Technik der Berechnung. Sie erhielt diese Bedeutung während des achtzehnten Jahrhunderts, als die theoretische Seite der Infinitesimalrechnung wesentlich erweitert wurde. Der Hauptarchitekt dieser Entwicklung war Leonhard Euler, der profilierteste Mathematiker aller Zeiten. Euler war auch für weite Teile der Anwendung der Infinitesimalrechnung auf die mathematische Physik verantwortlich. Er wurde im Jahre 1707 in der Schweiz geboren und wurde zunächst in Religion ausgebildet. Aber bald wendete er sich der Mathematik zu und veröffentlichte seine ersten Schriften im Alter von achtzehn Jahren. Mit neunzehn gewann er einen bedeutenden mathematischen Preis, der von der Französischen Akademie der Wissenschaften gestiftet wurde. Es ging um ein Problem über Schiffsmasten. Im Jahre 1733 wurde er an die Akademie von Sankt Petersburg in Rußland berufen. 1741 zog er nach Berlin, kehrte jedoch 1766 auf Bitten von Katharina der Großen nach Rußland zurück. Als Folge dieser vielen Wechsel betrachtet ihn die Schweiz als großen schweizerischen Mathematiker, Rußland als großen russischen Mathematiker und Deutschland als großen deutschen Mathematiker. Sein Augenlicht begann zu schwinden und im Jahre 1766 war er total erblindet. Dies hatte jedoch keinen merklichen Einfluß auf seine ungeheure Produktion schöpferischer Schriften.

Seine erste Blüte fand der Newtonsche Samen in der analytischen Mechanik. Die Mechanik begründete sich voll und ganz in der Infinitesimalrechnung. Das Ziel war, zunächst die Differentialgleichungen zu finden, die die Bewegung eines betrachteten Systems bestimmen, und diese dann zu lösen. Aber bald taten sich vollständig neue Gebiete in der mathematischen Physik auf. Die alten Pythagoräer suchten die Harmonie in der Zahl oder genauer die Zahl in der Harmonie, denn die Zahlenverhältnisse in der Musik waren ihre größte Entdekkung. Viele Leute haben versucht, eine Verwandtschaft zwischen der Musik und der Mathematik zu entdecken. Wie auch immer, ein erstaunlicher Teil der bedeutenden Mathematik entstand aus dem Problem einer schwingenden Geigensaite. Es kann zum Beispiel bewiesen werden, daß wir ohne dies weder Radio noch Fernsehen besitzen würden.

Indem er eine geeignete Differentialgleichung löste, entdeckte Brook Taylor im Jahre 1713, daß die grundlegende Form einer schwingenden Saite eine Sinuskurve ist (Abbildung 13 (1)). Im Jahre 1746 bemerkte Jean Le Rond d'Alembert, daß auch andere Kurven möglich sind. D'Alembert war das uneheliche Kind der Madame de Tencin, einer berühmten Dame der oberen Gesell-

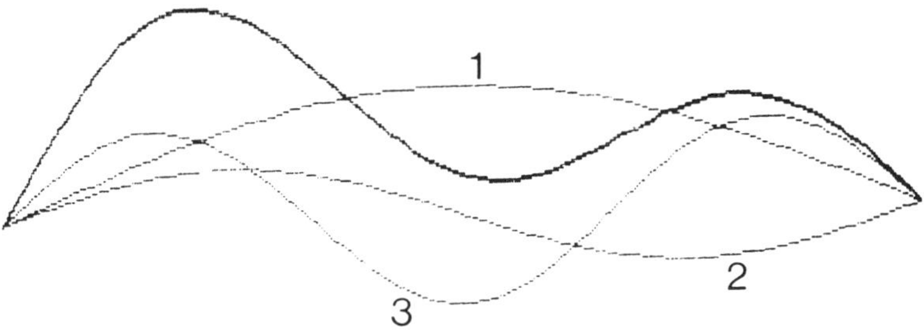

Abb. 13
Die Schwingungen einer Geigensaite: Die zugrundeliegende sinusförmige Schwingung (1) und ihre zweite und dritte Harmonische (2,3) überlagern sich und bilden eine kompliziertere Wellenform (dicke Linie).

schaftsschicht, und ihres Geliebten, des Chevalier Destouches. Die Frucht ihrer Leidenschaft wurde auf den Stufen der Kirche S. Jean-le-Rond in Paris ausgesetzt. So sind d'Alemberts unübliche Vornamen zu erklären.

D'Alembert führte eine allgemeine Analyse der schwingenden Saite durch. Unter der Annahme, die Amplitude (Größe) der Schwingung sei klein (um unerwünschte Terme aus den Gleichungen zu entfernen, ein Verfahren, auf das wir später zurückkommen werden), schrieb er eine Differentialgleichung nieder, die von der Saite erfüllt werden muß. Dies war eine neue Art von Gleichung, eine sogenannte partielle Differentialgleichung. Solche Gleichungen beinhalten die Veränderungen einer Größe bezüglich mehrerer verschiedener Variablen. Für die Geigensaite sind diese Variablen die Position eines Punktes auf der Saite und die Zeit. D'Alembert zeigte, daß die Gleichung durch eine Überlagerung von zwei Wellen beliebiger Form erfüllt wird, wobei sich die eine Welle nach links und die andere nach rechts bewegt.

Euler verfolgte diese Entdeckung schnell weiter. Er hatte den Einfall, daß Taylor's eine sinusförmige Welle mit ihren höheren Harmonischen – dies sind Wellen der gleichen Form, die jedoch mit der doppelten, dreifachen, vierfachen etc. Frequenz der Ausgangswelle schwingen – kombiniert werden kann (Abbildung 13 (2,3)). In *Tentamen novae theoriae musicae* analysierte er die Schwingungen von Glocken und Trommeln. Daniel Bernoulli erweiterte die Ergebnisse auf Orgelpfeifen.

Aus der Musik wurde Physik. Im Jahre 1759 wendete Joseph-Louis Lagrange, ein junger Mann, der sich gerade einen Namen machte, die Ideen auf Schallwellen an und innerhalb von zehn Jahren bahnte sich eine umfassende und erfolgreiche Theorie der Akustik ihren Weg.

Wind und Wellen

Das achtzehnte Jahrhundert war ein Jahrhundert der Seemächte. Es verlangte nach Kenntnissen über die Art und Weise, wie Wasser und andere Flüssigkeiten fließen. Im Jahre 1752 wandte Euler sein Interesse der Dynamik von Flüssigkeiten zu und stellte 1755 ein System von partiellen Differentialgleichungen auf, das die Bewegung einer Flüssigkeit ohne Viskosität (Zähflüssigkeit) beschrieb. Er betrachtete sowohl nicht zusammendrückbare Flüssigkeiten wie Wasser als auch zusammendrückbare wie Luft. Er beschrieb die Flüssigkeit durch ein Modell von einem stetigen, unendlich oft teilbarem Medium und beschrieb den Fluß durch stetige Variable, die von der Position der Flüssigkeitspartikel abhängen: Geschwindigkeit, Dichte, Druck.

Die verschiedenen Zweige der Physik kamen nach und nach unter den Einfluß der Mathematik. Joseph Fourier entwickelte eine Gleichung für den Wärmefluß und eine neue und wirkungsvolle Methode, sie zu lösen. Diese Methode ist heute als Fourier-Analysis bekannt. Die Hauptidee besteht darin, jede Welle als Überlagerung von Sinuskurven darzustellen. Es ist ähnlich wie in Abbildung 13, nur komplizierter.

Die Verformung eines Materials unter Druck ist grundlegend für das Ingenieurwesen und führte zu den Gleichungen über die Elastizität. Ein vertieftes Studium der Gravitation führte zu Gleichungen, die heute nach Pierre Simon de Laplace und Simeon-Denis Poisson benannt sind. Dieselben Gleichungen erschienen in der Hydrodynamik und in der Elektrostatik; es entstand eine als Potentialtheorie bekannte Verallgemeinerung. Die Potentialtheorie ließ die Mathematiker Probleme wie die Anziehungskraft eines Ellipsoids in Angriff nehmen. Dies wiederum ist von Bedeutung für die Astronomie, denn die meisten Planeten sind keine Kugeln – sie sind an den Polen abgeflacht. Das achtzehnte und das frühe neunzehnte Jahrhundert war die Zeit, in der die meisten großen Theorien der klassischen mathematischen Physik geschmiedet wurden. Ausgenommen sind die Navier-Stokes-Gleichungen für zähe Flüssigkeiten und die Gleichungen von James Clerk Maxwell für den Elektromagnetismus; beide kamen etwas später. Die Maxwellschen Gleichungen führten zur Entdeckung der Radiowellen. Ein überwältigendes Paradigma entstand. Die Welt wurde durch Differentialgleichungen nachgebildet.

Von der Analysis im Stich gelassen

Aber es gab einen Preis zu bezahlen. Die Mathematiker des achzehnten Jahrhunderts rannten kopfüber in ein Problem, das die theoretische Mechanik bis auf den heutigen Tag plagt. Die Gleichungen aufzustellen ist eine Sache, sie zu lösen ist eine ganz andere. Euler sagte selbst: «Es ist uns nicht gestattet, in die vollständige Kenntnis über die Bewegung von Flüssigkeiten einzudringen. Weder die Mechanik noch die Unzulänglichkeit der bekannten Prinzipien der

Bewegung bieten Grund zur Klage. Es ist die Analysis selbst, die uns hier im Stich läßt.» Die hauptsächlichen Leistungen des achtzehnten Jahrhunderts bestanden darin, Gleichungen für physikalische Erscheinungen aufzustellen. Es hatte weitaus weniger Erfolg, diese Gleichungen zu lösen.

Dessen ungeachtet bestand ein grenzenloser Optimismus und die allgemeine Ansicht, daß die Probleme der Natur so gut wie geknackt waren. Der Erfolg des Paradigmas der Differentialgleichungen war eindrucksvoll und ausgedehnt. Viele, auch grundlegende und bedeutende Probleme führten zu Gleichungen, die gelöst werden konnten. Ein Prozeß der Selbstselektion setzte ein, bei dem Gleichungen, die nicht gelöst werden konnten, automatisch von geringerem Interesse waren als solche, die gelöst werden konnten. Die Bücher, aus denen junge Generationen die Techniken lernten, enthielten selbstverständlich nur lösbare Probleme. Zeemans Bemerkungen über den Mechanismus von Antikythera erhalten auch für dieses Paradigma ihren Sinn: Modelle wie Uhrwerke, der Glaube an eine Welt als Uhrwerk. Deterministische mathematische Modelle, der Glaube an eine deterministische Welt.

Die Mathematik beim Pfandleiher

Der Prozeß war nicht universell. Einige unbeantwortete Fragen wie die nach der Bewegung dreier Körper unter der Anziehungskraft wurden wegen ihrer Undurchdringlichkeit berüchtigt. Aber irgendwie wurden solche Gleichungen

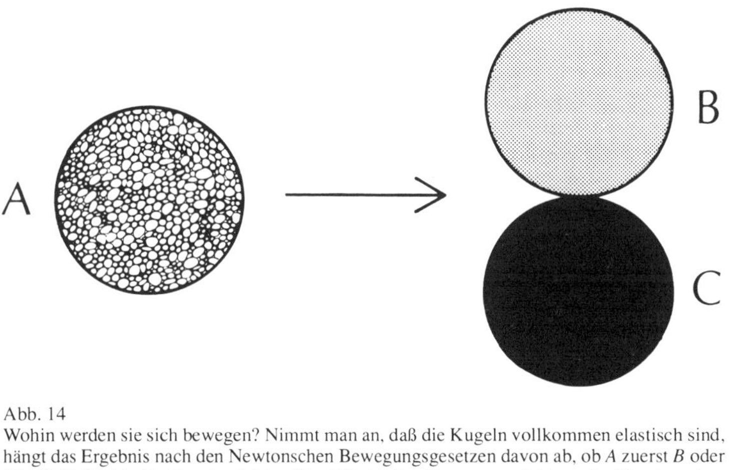

Abb. 14
Wohin werden sie sich bewegen? Nimmt man an, daß die Kugeln vollkommen elastisch sind, hängt das Ergebnis nach den Newtonschen Bewegungsgesetzen davon ab, ob *A* zuerst *B* oder *C* trifft. Trifft *A* beide Kugeln gleichzeitig, läßt sich ihre Bewegung nicht aus den Newtonschen Gesetzen herleiten.

als Ausnahme betrachtet, obwohl eine ehrlichere Einschätzung sie als Regel erkannt hätte.

Und in Wirklichkeit besaß sogar der mathematische Determinismus der Bewegungsgleichungen Schlupflöcher. Eine allgemeine Idealisierung der Newtonschen Mechanik ist es, harte elastische Objekte zu betrachten. Wenn zwei solche Objekte zusammenstoßen, bewegen sie sich in einem wohlbestimmten Winkel und in wohlbestimmten Geschwindigkeiten auseinander. Aber die Newtonschen Gesetze reichen nicht aus, das Ergebnis eines Zusammenstoßes dreier solcher Objekte zu bestimmen (Abbildung 14). Der Anspruch war großartig, aber das Ergebnis war mangelhaft, sogar auf dem Höhepunkt des Laplaceschen Determinismus. Wie Tim Poston und ich im *Analog* im November 1981 geschrieben haben:

> *So gab es die ‹unerbittlichen Gesetze der Physik›, die – zum Beispiel – Marx als Modell für seine Gesetze der Geschichte dienten, in Wirklichkeit niemals. Wenn Newton das Verhalten von drei Kugeln nicht vorhersagen konnte, konnte dann Marx das dreier Menschen vorherbestimmen? Jede Regelmäßigkeit im Verhalten großer Ansammlungen von Objekten oder Menschen ist notwendigerweise statistisch, und dies hat einen ganz anderen philosophischen Beigeschmack ... Rückblickend können wir sehen, daß der Determinismus der Vor-Quantenphysik sich nur vor dem ideologischen Bankrott bewahrt hat, indem er das Dreikörperproblem beim Pfandleiher versetzte.*

Auf jeden Fall dachte die Mathematik, sie hätte die Hauptader getroffen und sammelte fleißig alles Gold, desssen sie habhaft werden konnte. Von den erhabenen Höhen unseres zwanzigsten Jahrhunderts heraus wissen wir, daß einiges davon Narrengold war. Doch hinterher ist man immer klüger als vorher.

Die Periode der Umformulierung

Im Jahr 1750 griff Lagrange die Ideen von Euler auf und entwickelte aus ihnen eine elegante und weitreichende Neuformulierung der Dynamik. Zwei bedeutende Ideen kristallisierten sich aus seinem Werk heraus. Beide waren als halbgebackene Ideen schon Jahrzehnte lang vorhanden, aber Lagrange buk sie goldbraun, nahm sie aus dem Ofen und präsentierte sie auf der Theke der Bäckerei, damit sie jeder bewundern, kaufen und konsumieren konnte.

Die erste Idee war das Gesetz von der Erhaltung der Energie. Die klassische Mechanik kannte zwei Arten der Energie. Die potentielle Energie ist die Energie, die ein Körper vermöge seiner Position besitzt. Zum Beispiel ist in einem Gravitationsfeld die potentielle Energie eines Körpers proportional zu seiner Höhe. Ein Körper auf einem Berggipfel besitzt mehr potentielle Energie als einer in einem Tal. Aus diesem Grund ist eine Bergwanderung ermüdender als ein Spaziergang am Ufer eines Kanals. Die kinetische Energie ist die Energie, die ein Körper vermöge seiner Geschwindigkeit besitzt. Sie haben mehr Mühe, ein rennendes Pferd anzuhalten, als mit ihm über die Wiese zu traben.

Sind keine Reibungskräfte vorhanden, dann können diese beiden Arten der Energie während einer Bewegung ineinander übergeführt werden. Als Galilei seine berühmte Kanonenkugel vom schiefen Turm zu Pisa fallen ließ, besaß diese am Anfang eine Menge potentielle, aber keine kinetische Energie. Sie wandelte die potentielle Energie während des Fallens in kinetische Energie um. Das bedeutet, sie fiel und wurde dabei schneller. Mutter Natur führt gewissenhaft Buch: Die Bilanz auf ihrem Konto – die gesamte Energie, potentielle plus kinetische – bleibt unverändert. Wenn eine Kanonenkugel von einer Brüstung fällt, verliert sie potentielle Energie und muß daher kinetische Energie gewinnen. Sie wird also schneller. Das zweite Newtonsche Gesetz bringt dieses qualitative Argument in eine präzise quantitative Form.

Die zweite Idee von Lagrange bestand darin, verallgemeinerte Koordinaten einzuführen. Koordinaten sind ein Trick, die Geometrie in Algebra umzuwandeln, indem jedem Punkt eine Menge von Zahlen zugeordnet wird. Die Mathematiker fanden es angebracht, mit verschiedenen Koordinatensystemen zu arbeiten, je nach dem Problem, das in Angriff genommen wurde. Lagrange muß es als lästig empfunden haben, in einer mathematischen Theorie diese Art von Gepäck zur Berechnung mitzuschleppen. Er begann damit, ein beliebiges System von Koordinaten anzunehmen. Dann leitete er mit einer erstaunlichen Einfachheit die Bewegungsgleichungen in einer Form her, die nicht vom gewählten Koordinatensystem abhing. Lagranges Formulierung besitzt gegenüber der von Newton zahllose Vorteile. Viele davon sind technischer Natur. Sie ist einfacher anzuwenden, wenn die Bewegung Einflüssen unterliegt, und sie benötigt keine verwirrenden Koordinatentransformationen. Aber vor allem ist sie allgemeiner, abstrakter, eleganter und einfacher.

Diese Ideen wurden von dem großen irischen Mathematiker William Rowan Hamilton (1805-1865) aufgegriffen. Er formulierte die Dynamik wiederum neu, wieder mit größerer Allgemeinheit. In Hamiltons Version der Theorie wird der Zustand eines dynamischen Systems durch eine Menge von Koordinaten der Position (wie bei Lagrange) und eine zugehörige Menge von Koordinaten des Impulses beschrieben. Dies sind die zugehörigen Geschwindigkeiten, multipliziert mit der Masse. Eine einzige Funktion, heute die Hamilton-Funktion des Systems genannt, definiert die totale Energie als Gleichung in diesen Positionen und Impulsen. Die Veränderungen der Orts- und Impulskoordinaten während der Zeit werden dann in einem einfachen, eleganten und einheitlichem System von Gleichungen anhand der Hamilton-Funktion ausgedrückt. Fortgeschrittene Lehrbücher über Dynamik beginnen heute oft mit den Hamiltonschen Gleichungen.

Ärger auf dem Marktplatz

Auf dem Marktplatz der mathematischen Physik sind die Waren vom deterministischen Stand nun ausverkauft. Die Natur gehorcht einer verhältnismäßig kleinen Anzahl von grundlegenden Gesetzen. Die Gesetze bestehen aus Differentialgleichungen, und wir kennen sie. Ist der Zustand eines Systems in der Natur zu einer gegebenen Zeit bekannt, dann sind im Prinzip mit diesen Gesetzen auch sämtliche zukünftigen Bewegungen bekannt. In der Praxis können die Gleichungen in vielen Fällen gelöst werden. Für Wind und Wellen, Glocken und Pfeifen, für die Bewegung des Mondes.

Wenn der Standbesitzer aus dem neunzehnten Jahrhundert in die Zukunft sehen könnte, wäre er erstaunt über die technologischen Wunder, die von seinen Waren herrühren. Radio, Fernsehen, Elektronik, Automobile, Telephon, Radar, Jumbo-Jets, Digitaluhren, Computer, Staubsauger, Waschmaschinen, Stereoanlagen, Hängebrücken, Synthesizer, Hängegleiter, Fernsehsatelliten, Compact Discs. Und, um auf zwei Beinen zu stehen: Maschinengewehre, Panzer, Handgranaten, Cruise-Missiles, MIRV nukleare Sprengköpfe und Umweltverschmutzung. Lassen sie uns die Wirkung des klassischen deterministischen Paradigmas der mathematischen Physik auf unsere Gesellschaft nicht unterschätzen.

Allerdings ist die Technik unsere eigene Erfindung. Doch auch mit Hilfe der Technik verstehen wir das Universum noch lange nicht. Jedoch bauen wir uns eigene kleine Universen, die so einfach sind, daß sie das machen, was wir wollen. Der ganze Zweck der Technik besteht darin, unter gegebenen Umständen einen kontrollierten Effekt zu erzielen. Wir bauen unsere Maschinen so, daß sie sich deterministisch verhalten. Die Technik erschafft Systeme, auf die sich das klassische Paradigma anwenden läßt. Es macht nichts, daß wir die Gleichungen für die Bewegung des Sonnensystems nicht lösen können – wir bauen keine Maschinen, deren Funktion von diesen Antworten abhängt.

Unser Besitzer des Marktstandes aus dem neunzehnten Jahrhundert beachtet solche Dinge nicht. Er poliert seine blanken neuen Gleichungen und die Träume von einer glänzenden Zukunft. Die Kunden drängen sich schreiend um ihn und jagen nach einem Schnäppchen.

Aber was ist das? Dort ist noch ein Verkaufsstand, ein Stand mit Zufallswaren. Der Stadtrat muß verrückt sein, einen zweiten Stand auf dem Markt zuzulassen! Und was verkaufen sie?

Würfel?

Wenn Sie erlauben, auf dem Markt zu spielen, wird der ganze Platz ...

Oh. Sie sind nicht zum Spielen. Was haben Sie noch an diesem Zufallsstand? Lebensversicherungen? Die Kraft eines Gebets? Die Körpergrößen von Menschen? Die Größen von Krabben? Die Blätter von Butterblumen? Die Almosenempfänger pro Armenhaus? Die Scheidungsrate?

Dies ist ein Markt der Wissenschaft. Kann dieses Geschwätz vielleicht Wissenschaft sein? Oh ja.

3 *Die Fehlergesetze*

> Je größer der Mob wird und je offensichtlicher die Anarchie ist, desto perfekter wird seine Herrschaft. Das ist das oberste Gesetz der Unvernunft. Jedesmal, wenn eine große Stichprobe von chaotischen Elementen in Angriff genommen und der Größe nach geordnet wird, zeigt sich, daß eine unerwartete und schöne Form der Regelmäßigkeit die ganze Zeit latent vorhanden war. Die Spitzen der geordneten Reihe bilden eine fließende Kurve von unveränderlichen Verhältnissen; und wird ein Element an seinen Platz eingeordnet, findet es dort eine vorherbestimmte Nische, in die es genau hineinpaßt.
>
> *Francis Galton, Natural Inheritance*

Trotz aller eindrücklichen Verdienste, die sich die klassische mathematische Physik erworben hat, ließ sie ganze Gebiete der Natur unberührt. Die Mathematik konnte die Bewegung eines Jupitermondes erklären, aber nicht die einer Flocke in einem Schneesturm. Sie konnte das Wachstum einer Seifenblase beschreiben, jedoch nicht das eines Baumes. Würde ein Mann vom Eiffelturm springen, könnte die Mathematik voraussagen, wann er am Boden aufschlägt, jedoch nicht erklären, warum er gesprungen ist. Und trotz aller Beweise, daß prinzipiell eine kleine Anzahl von Gesetzen die ganze Zukunft des Weltalls vorhersagt, lagen Begriffe wie der Druck eines Gases oder die Temperatur eines Haufens brennender Kohle weit außerhalb der Grenzen dessen, was aus den tatsächlich bekannten Gesetzen streng hergeleitet werden konnte.

Die Mathematiker hatten es endlich geschafft, wenigstens einen Teil der Ordnung des Weltalls zu fassen und zu begründen, aber sie lebten immer noch in einer ungeordneten Welt. Sie glaubten mit einiger Berechtigung, daß der größte Teil der Unordnung den gleichen fundamentalen Gesetzen gehorchte; ihre Unfähigkeit, diese Gesetze anzuwenden, lag lediglich an der Komplexität. Die Bewegung zweier Massepunkte unter der Kraft der Wechselwirkung konnte exakt berechnet werden. Die Bewegung von dreien war bereits zu schwierig für eine vollständige Lösung, jedoch konnten für Spezialfälle Näherungsmethoden gefunden werden. Die Bewegung der schätzungsweise fünfzig wichtigen Körper des Sonnensystems wurde nicht in ihrer Gesamtheit begriffen. Jedes spezifische Merkmal konnte jedoch leidlich gut verstanden werden, indem genügend umfangreiche Berechnungen angestrengt wurden. Allerdings enthält ein Milligramm Gas ungefähr hundert Trillionen Partikel. Allein um die Bewegungsgleichungen aufzuschreiben, wäre ein Blatt Papier von der Fläche notwendig, die der Mond in seiner Bahn einschließt. Es ist lächerlich, auch nur daran zu denken, diese Gleichungen zu lösen.

Eine Methode, die in der Theorie alles lösen kann, aber in der Praxis so viel Wert ist wie ein Spinnennetz als Lawinenschutz, ist nicht dazu geeignet, viele Anhänger zu gewinnen, egal wie unfehlbar ihre philosophischen Grundlagen auch sein mögen. Die Wissenschaft hat wegen des Problems des Gases nicht voller Verzweiflung die Hände gerungen, nur weil es unmöglich war, die individuelle Bewegung jedes einzelnen Partikels zu beschreiben. Die komplizierten Eigenschaften einer großen Zahl von Partikeln mögen unvorstellbar sein; trotzdem lassen sich Fortschritte machen, wenn realistischere Ziele gesetzt werden. Experimente legen nahe, daß sich Gase ungeachtet ihrer Komplexität in einer ziemlich regelmäßigen Weise verhalten. Wenn es unmöglich ist, das detaillierte Verhalten großer Systeme zu kennen, können wir nicht Gesetzmäßigkeiten im groben, durchschnittlichen Verhalten finden? Die Antwort ist ja, und die benötigte Mathematik ist die Wahrscheinlichkeitstheorie und ihre angewandte Cousine, die Statistik.

Spielgewinne

Die Wahrscheinlichkeitstheorie hat ihren Ursprung in einem höchst praktischen Gebiet – dem Spiel. Jeder Spieler hat ein instinktives Gefühl für das Glück. Spieler wissen, daß auch der Zufall Gesetze besitzt – obwohl nicht jeder ihrer Glaubenssätze mathematischer Beweisführung standhält. Girolamo Cardano (Abbildung 15), der spielende Gelehrte, ein genialer Geist und unverbesserlicher Schelm, hat als erster über die Wahrscheinlichkeitstheorie geschrieben. Im Jahr 1654 stellte der Chevalier de Meré Blaise Pascal die Frage, wie die Einsätze in einem Glücksspiel, das vor seinem Ende abgebrochen wird, am gerechtesten verteilt würden. Die gleichen Namen, die in der Entwicklung der deterministischen Mathematik auftauchen, erscheinen auch in der Mathematik des Zufalls: Pascal schrieb an Fermat und gemeinsam fanden sie eine Antwort auf die Frage des Chevaliers. Diese Antwort wurde im ersten Buch, das ausschließlich der Wahrscheinlichkeitstheorie gewidmet war, abgedruckt. Es handelt sich um *De ratiociniis in ludo aleae* von Christian Huygens (1657).

Die Wahrscheinlichkeit begründet ihre Berechtigung als eigenständiges Thema in der Schrift *Théorie analytique des probabilités* von Laplace aus dem Jahr 1812. Nach Laplace ist die Wahrscheinlichkeit eines bestimmten Ereignisses die Anzahl der Arten, auf die es eintreten kann, geteilt durch die Anzahl aller Arten aller möglichen Ereignisse – vorausgesetzt, diese sind alle gleich wahrscheinlich. Zum Beispiel ist bei einer Familie mit sieben Kindern die Wahrscheinlichkeit, daß alle Kinder Mädchen sind, gleich 1:128. Denn bei sieben Kindern gibt es 128 mögliche Kombinationen von Jungen und Mädchen, und hiervon besteht nur eine aus sieben Mädchen. Dies setzt voraus, daß Geburten

Abb. 15
Girolamo Cardano, der spielende Gelehrte (Reproduktion mit freundlicher Genehmigung von John Wiley & Sons Ltd.).

von Jungen und Mädchen gleich wahrscheinlich sind; tatsächlich sind Jungen wahrscheinlicher als Mädchen. Es ist nicht schwierig, dies zu berücksichtigen.

Der Durchschnittsmensch

Die praktische Waffe der Wahrscheinlichkeitstheorie ist die Statistik. Das treffendste Merkmal in der Entwicklung der Statistik ist, daß die «harte» und die «weiche» Wissenschaft entscheidende Rollen spielten und wiederholt bedeutende Ideen und Methoden untereinander austauschten. Ein großer Teil der Statistik beschäftigt sich mit der sogenannten Normalverteilung (Abbildung 16). Dies ist eine glockenförmige Kurve, die annähernd die Verhältnisse einer Bevölkerung mit bestimmten Eigenschaften widerspiegelt. Würden zum Beispiel 1'000 Männer aus der Äußeren Mongolei zufällig ausgewählt und gemessen, so würde die Kurve, die angibt, wieviele von ihnen eine bestimmte Größe in Zentimetern besitzen, sehr nah bei der Glockenkurve der Normalverteilung liegen. Gleiches gilt für die Spannweiten der Flügel eines Entenvolkes, die Grabefähigkeit von Maulwürfen, die Größe von Haifischzähnen oder die Anzahl der Flecken von Leoparden.

Die Normalverteilung hieß ursprünglich Fehlergesetz und entstand aus der Arbeit der Astronomen und Mathematiker des 18. Jahrhunderts. Sie waren bei

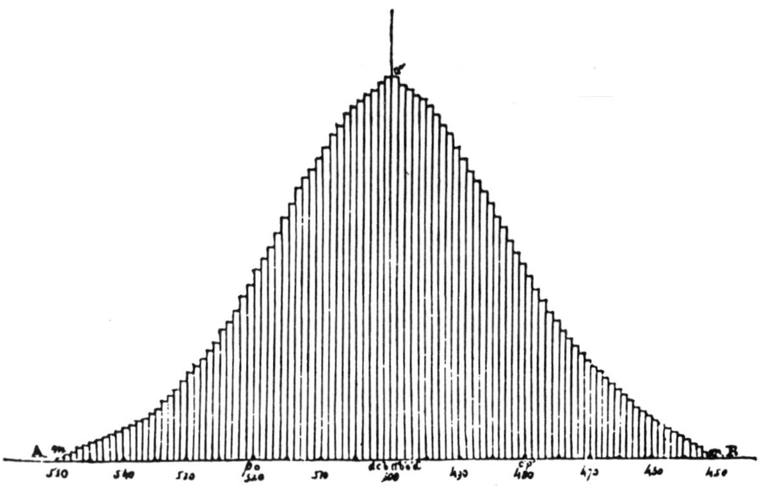

Abb. 16
Binominale Näherung an eine Normalverteilung (Quetelet, 1846).

Abb. 17
Adolphe Quetelet (Portrait von J. Odevaere, 1822).

dem Versuch, die Bahnen von Himmelskörpern zu berechnen, darauf angewiesen, die Wirkung von Beobachtungsfehlern zu berücksichtigen. Das Fehlergesetz beschreibt, wie sich beobachtete Werte um ihr Mittel streuen und schätzt die Wahrscheinlichkeit eines Fehlers einer vorgegebenen Größe. Adolphe Quetelet (Abbildung 17) führte es in die Sozialwissenschaften ein und wendete die Methode auf alles nur Denkbare an: Körpergrößen, Kriminalitäts-, Hochzeits- und Selbstmordraten. Den Titel *Physique sociale* wählte er als wohlüberlegte Parallele zur *Traité de la mécanique céleste* von Laplace. Quetelet zog sehr schnell allgemeine Schlüsse aus der angenommenen Beständigkeit von Durchschnittswerten sozialer Merkmale und führte den abscheulichen Terminus Durchschnittsmensch ein. Quetelet betrachtete die menschlichen Maße nicht nur als eine Art von sozialer Dynamik. Er wollte mit ihnen vielmehr wie ein Ingenieur eines Radios umgehen. Fange die Wellen ein, stabilisiere sie, dämpfe die Höhen und Tiefen. Für Quetelet war der Durchschnittsmensch nicht nur eine mathematische Abstraktion, sondern ein moralisches Ideal.

Erblicher Geist

Die Sozialwissenschaften unterscheiden sich von den physikalischen Wissenschaften auf viele Arten. Ein wichtiger Unterschied besteht in der Tatsache, daß in den Sozialwissenschaften kontrollierte Experimente nur selten durchführbar sind. Will ein Physiker die Wirkung von Hitze auf einen Metallstab untersuchen, kann er ihn auf verschiedene Temperaturen erhitzen und die Ergebnisse vergleichen. Will ein Volkswirt die Wirkung der Finanzpolitik auf die Wirtschaft eines Landes untersuchen, kann er es versuchen oder nicht; aber er besitzt nicht den Luxus, verschiedene Arten der Besteuerung auf die gleiche Wirtschaft unter den gleichen Bedingungen anwenden zu können. Um 1880 begannen die Sozialwissenschaften, für das kontrollierte Experiment einen Ersatz zu entwickeln, der aus dem frühen Werk von Quetelet abgeleitet wurde. Die wichtigste Arbeit wurde von drei Männern geleistet: Francis Galton, Ysidro Edgeworth und Karl Pearson. Jeder von ihnen war in einem traditionellen Fach bedeutend: Galton in der Anthropologie, Edgeworth in der Volkswirtschaft und Pearson in der Philosophie. Zusammen verwandelten sie die Statistik von einer streitbaren Ideologie in eine mehr oder weniger exakte Wissenschaft. Wir betrachten nur den Werdegang von Galton im Detail.

Francis Galton (1822–1911) war gelernter Mediziner, gab jedoch nach einer Erbschaft die Medizin wieder auf und zog aus, die Welt kennenzulernen. Im Jahre 1860 widmete er seine Aufmerksamkeit der Meteorologie, und durch graphische Methoden fand er aus einer Menge von unregelmäßigen Daten die Existenz von Antizyklonen. Er mischte sich in die Psychologie, die Pädagogik und die Soziologie ein und beschäftigte sich auch mit Fingerabdrücken. 1865 trat sein Hauptinteresse hervor – Vererbung. Galton wollte verstehen, wie

Abb. 18
Die Überlagerung von zwei Normalverteilungen kann eine Kurve mit zwei Maxima bilden.

vererbbare Eigenschaften auf nachfolgende Generationen übergehen. Im Jahr 1863 begegnete er den Schriften von Quetelet und war sofort von der Allgegenwart der Normalverteilung überzeugt. Jedoch verwendete er sie auf eine ganz andere Art und Weise als Quetelet. Galton betrachtete die Normalverteilung nicht als moralisches Gebot, sondern als eine Methode, Daten in Gruppen verschiedener Herkunft einzuteilen. Betrachten Sie zum Beispiel eine aus Zwergen und Riesen bestehende Bevölkerung. Die Größen der Zwerge bilden eine Normalverteilung, ebenso die der Riesen. Diese beiden Kurven sind jedoch höchst unterschiedlich; insbesondere werden ihre Maxima an verschiedenen Orten sein. Die Körpergrößen der gesamten Bevölkerung können unmöglich einer Normalverteilung unterliegen. Der einfache mathematische Grund hierfür ist, daß im allgemeinen aus der Überlagerung zweier Normalverteilungen nicht erneut eine Normalverteilung resultiert. An ihre Stelle tritt eine Kurve mit zwei Maxima (Abbildung 18). Galton bemerkte, daß sich eine Normalverteilung nur bei einer reinen und nicht bei einer gemischten Bevölkerung anwenden läßt; eine gemischte Bevölkerung kann in ihre reinen Komponenten getrennt werden, indem die Maxima der Kurve analysiert werden. Ein Maximum für Riesen, das andere für Zwerge.

Dieses Bild der Wirklichkeit bereitete Galton beachtliche Kopfschmerzen, als er über die Vererbung nachdachte. Nehmen Sie an, daß die Größe der ersten Generation einer reinen Bevölkerung normalverteilt sei. Jedes Individuum zeugt Nachkommen, deren Größe vermutlich ebenso normalverteilt ist. Jedoch hängt die mittlere Größe der Kinder von der der Eltern ab – wie könnte sonst die Charakteristik Größe vererbt werden? Somit werden die Größen der Nachfolgegeneration durch die Überlagerung vieler verschiedener Normalverteilungen beschrieben. Doch wie wir gerade gesehen haben, führt die Überlagerung von Normalverteilungen im allgemeinen nicht zu einer neuen Normalverteilung. Die Folgerung ist: Zeugt eine reine Bevölkerung Nachkommen, so ist die

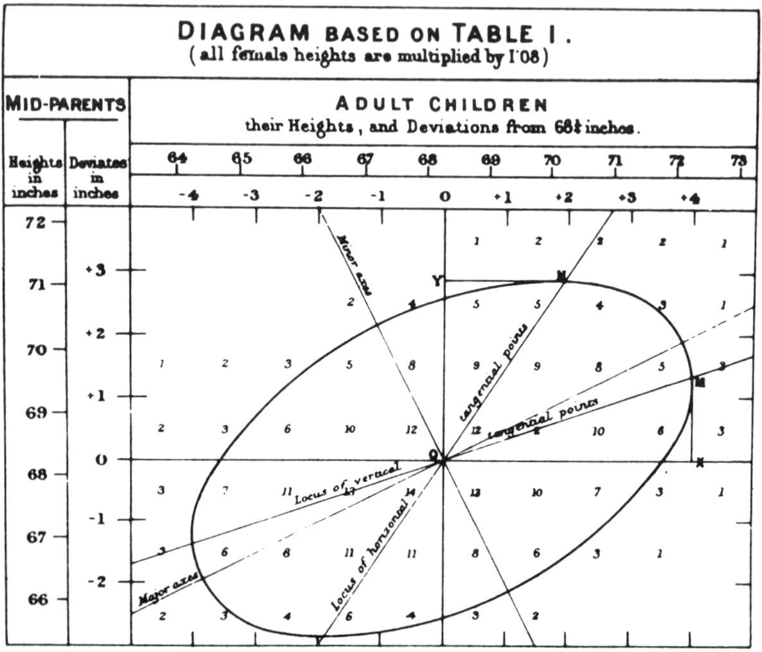

Abb. 19
Das Diagramm von Francis Galton zeigt die Abhängigkeit der Körpergröße von Kindern von der ihrer Eltern. Es entstehen konzentrische Ellipsen.

Folgegeneration nicht mehr rein. Dies aber ist absurd, denn schließlich ist die ursprüngliche reine Bevölkerung selbst die Nachfolgegeneration der vorhergehenden!

Galton löste dieses Paradoxon erst 1877. Bis dahin hatte er umfassende Daten über Zuckererbsen gesammelt, aus denen hervorging, daß Folgegenerationen tatsächlich Normalverteilungen bildeten. Galton führte ferner ein seltsames Experiment durch: Er spickte ein Brett mit Nägeln und ließ Bleikugeln hindurchrollen. Diese sprangen dann zufällig nach rechts oder links. Seine Lösung des Paradoxons lautet folgendermaßen: Da die Eltern von einer reinen Bevölkerung abstammen, sind die verschiedenen Normalverteilungen ihrer Nachkommen nicht unabhängig. Ihr Verhalten bei Überlagerung bildet daher eine Besonderheit. Tatsächlich ist dies ein kleines mathematisches Wunder: Die Verteilungen der Körpergröße sind in einer solchen Art voneinander abhängig, daß sie, nachdem sie alle überlagert sind, erneut eine Normalverteilung bilden.

Galton war von seinem Ergebnis betroffen, und es brachte ihn auf die Idee der Regression. Die Kinder von großen Eltern sind in der Regel kleiner; die Kinder von kleinen Eltern sind in der Regel größer. Dies hindert die Kinder großer Eltern nicht daran, größer zu werden als die kleiner Eltern, aber die Größe der Nachkommen liegt damit etwas näher am Durchschnitt.

Im Jahr 1855 zeichnete Galton ein Diagramm, in dem er die Größe von 928 ausgewachsenen Kindern gegen die Größe ihrer Eltern abtrug (Abbildung 19). Am linken Rand des Diagramms ist die Größe der Eltern eingetragen, in der oberen Zeile der Betrag, um den die Größe der Kinder von der ihrer Eltern abweicht. Die Zahlen im Rechteck geben die Anzahl der Kinder an, deren Eltern die waagerecht am linken Rand markierte Größe besitzen und deren eigene Größe von der ihrer Eltern um den senkrecht am oberen Ende markierten Betrag abweicht. Galton bemerkte, daß sich die Zahlen eines gegebenen Bereichs, beispielsweise 3–5 oder 6–8, annähernd als Ellipsen gruppieren, deren Mittelpunkte im Durchschnittswert der Gesamtbevölkerung liegen. Dieses Bild paßte haargenau in Galtons Theorie der Regression, und hieraus entstand die Analysis der Regression, die vorhandene Trends in Zufallsdaten aufzeigen kann.

Galton faßte seine Ideen nicht in exakte mathematische Formulierungen. Er zog es vor, auf graphische Beschreibungen und Experimente mit seinem Brett zu vertrauen. Die mathematischen Grundlagen wurden von Edgeworth geschaffen. Er verallgemeinerte Galtons Ideen und machte sie so auf weite Bereiche anwendbar. Pearson, ein fähiger Mathematiker, jedoch nicht so begabt wie Edgeworth, brachte diese Methoden mit dem nötigen Schwung und Ehrgeiz unter das Volk. Visionär, Techniker, Verkäufer: Alle drei Charaktere benötigte die Statistik für ihren Durchbruch.

Technologietransfer

Wie schon beobachtet ist das Bemerkenswerte an der Statistik die Art und Weise, in der ihre Ideen zwischen den physikalischen und den sozialen Wissenschaften hin und her pendeln. Sie begann mit der Fehleranalyse in der Astronomie; die Sozialwissenschaft entwickelte mathematische Werkzeuge, um Muster in Zufallsdaten zu zeichnen. Aber nun holte sich die harte Wissenschaft diese ausgeliehenen Werkzeuge zurück, und zwar mit einem ganz anderen Ziel vor Augen: Die mathematische Behandlung physikalischer Systeme, die so komplex waren, daß sie dem Zufall unterworfen schienen, war das neue Ziel.

Im Jahr 1873 schlug der große Physiker James Clerk Maxwell unter Verwendung statistischer Methoden auf einem Treffen der Britischen Vereinigung zur Förderung der Wissenschaft folgendes vor:

> *Der kleinste Teil der Materie, den wir experimentell ausfindig machen können, besteht aus Millionen von Molekülen, von denen wir keines*

> *jemals einzeln wahrnehmen können. Daher können wir nicht die tatsächliche Bewegung eines einzelnen Moleküls feststellen. Wir sind somit verpflichtet, die streng historische Methode preiszugeben und uns die statistischen Methoden zu eigen zu machen, um große Mengen von Molekülen zu behandeln. Die statistischen Methoden lassen sich in der Molekularwissenschaft auf die Summen zahlloser Molekülmengen anwenden. Indem wir die Beziehungen von Mengen dieser Art studieren, treffen wir auf eine neue Art von Regelmäßigkeit, die Regelmäßigkeit von Durchschnittswerten. Auf diese können wir uns für alle praktischen Zwecke ausreichend verlassen. Jedoch erhebt diese Methode keinen Anspruch auf absolute Genauigkeit, wie sie den Gesetzen der abstrakten Dynamik zu eigen ist.*

Physiker zogen wiederholt den Erfolg statistischer Methoden in der Sozialwissenschaft zu Rate, um ihre wahrscheinlichkeitstheoretischen Verfahren zu rechtfertigen. In ihren Händen erblühte die statistische Methode, und die kinetische Theorie von Gasen gelangte in eine bedeutende – und grundlegende – Zeit der wissenschaftlichen Aktivität. Es war auch nicht nur die Frucht einer lockeren Analogie zwischen Molekülen und Individuen einer Bevölkerung: Es gab enge mathematische Zusammenhänge. Maxwell nahm speziell eine grundsätzliche Frage in Angriff: Welche statistische Verteilung besitzt die sich zufällig ändernde Geschwindigkeit eines Moleküls? Er begann mit zwei plausiblen physikalischen Annahmen:

- Die Komponente der Geschwindigkeit in einer gegebenen Richtung ist unabhängig von einer Komponente in einer senkrecht dazu stehenden Richtung.
- Die Verteilung ist kugelsymmetrisch, d.h. sie behandelt alle Richtungen gleich.

Ohne Berufung auf die Gesetze der Dynamik erhielt er nur aus diesen abstrakten Grundsätzen ein rein mathematisches Argument für den Beweis, daß die Verteilung das dreidimensionale Analogon zum Fehlergesetz von Quetelet sein mußte.

Holländisches Chaos

Das Wort Gas wurde von dem holländischen Chemiker J. B. van Helmont in seinem *Ortus Medicinae* (1632) mit einer wohlüberlegten Anlehnung an das griechische Wort Chaos eingeführt. Es war eine sehr scharfsichtige Wahl.

In der Physik der Gase stehen sich Zufall und Bestimmtheit das erste Mal gegenüber. Aber im Grunde ist ein Gas eine rein deterministische Anhäufung von Molekülen, die sich bewegen und dabei genauen Gesetzen gehorchen. Woher kommt der Zufall?

Die Antwort – und die hat jeder Wissenschaftler, der sein Geld Wert ist, bis zu den siebziger Jahren gegeben, und die meisten noch Anfang der achtziger – ist Komplexität. Die detaillierte Bewegung eines Gases ist einfach zu komplex für unsere Wahrnehmung.

Nehmen Sie an, Sie hätten eine Vorrichtung, die dazu fähig ist, eine angemessene Anzahl von einzelnen Gasmolekülen in ihrer Bewegung zu verfolgen. Es gibt keine solche Vorrichtung. Selbst wenn es sie gäbe, benötigten Sie einen Computer, um die Bewegung soweit zu verlangsamen, daß Sie sehen könnten, was vor sich geht; aber nehmen Sie es trotzdem an. Was würden Sie sehen? Konzentrieren Sie ihre Aufmerksamkeit auf eine kleine Gruppe von Molekülen. Jedes einzelne folgt kurze Zeit gradlinigen Wegen, dann springt es in eine Richtung weg, die Sie aus der früheren Geometrie der Wege aller Moleküle dieser Gruppe vorhersagen können. Aber als Sie gerade anfangen, das Muster der Bewegung zu entdecken, kommt ein neues Molekül von außen hereingesaust, stürzt in ihre nett organisierte Gruppe und macht das Muster kaputt. Und ehe Sie das neue Muster ausarbeiten können, kommt wieder ein neues Molekül daher, und noch ein neues, und ein neues ...

Wenn alles, was Sie sehen können, nur ein winziger Teil einer ungeheuer komplizierten Bewegung ist, wird alles als zufällig erscheinen, alles scheinbar strukturlos sein.

In gewissem Sinn ist dies der gleiche Mechanismus, der die Sozialwissenschaft so schwierig macht. Sie können keine lebende Gemeinschaft, keine Nation oder Geisteshaltung erforschen, indem Sie einen kleinen Teil isolieren. Ihr experimenteller Teilbereich wird ständig von unerwarteten und unkontrollierbaren äußeren Einflüssen gestört. Sogar in der Physik bestehen die täglichen Mühen der experimentellen Methoden darin, äußere Einflüsse zu kontrollieren. Die glitzernden Neonlichter des Broadways machen das Nachtleben und die Halbwelt der Stripteaseclubs und Bars anziehend, aber sie verwirren das Teleskop jedes Astronoms. Ein empfindlicher Seismograph wird nicht nur ein Erdbeben verzeichnen, sondern auch die Schritte der Sekretärin auf dem Flur, die den Kaffee bringt. Physiker gehen bis zum Äußersten, um solche unerwünschten Effekte auszuschalten. Sie setzen Teleskope auf Berggipfel und nicht auf die Dächer von Manhattan, sie beerdigen Neutrino-Zähler meilenweit unter der Erde und stellen sie sich nicht ins Büro. Aber der Soziologe besitzt nicht einmal diesen Luxus. Er muß statistische Methoden benutzen, um solche äußeren Einflüße zu modellieren oder herauszufiltern. Statistik ist eine Methode, die goldene Ordnung aus dem Sand der Komplexität zu waschen.

Vor hundert Jahren waren sich die Wissenschaftler sehr wohl bewußt, daß sich ein deterministisches System auf eine offensichtlich zufällige Art verhalten kann. Aber sie wußten, es war nicht wirklicher Zufall; nur aufgrund ungenügender Informationen sah es so aus. Und genauso wußten sie, daß dieser scheinbare Zufall nur in sehr großen, komplizierten Systemen auftreten konnte – in Systemen mit ungeheuer vielen Freiheitsgraden, ungeheuer vielen verschiedenen

Variablen, ungeheuer vielen Komponenten. Systeme, deren Verhalten im Detail für immer außerhalb der Fähigkeiten des menschlichen Geistes liegen würde.

Sparsamkeit als Paradigma?

Am Ende des neunzehnten Jahrhunderts hat die Wissenschaft zwei höchst unterschiedliche Paradigmen zur mathematischen Modellbildung entwickelt. Das erste und ältere war die hochpräzisierte Analysis von Differentialgleichungen; sie war im Prinzip dazu geeignet, die ganze Entwicklung des Universums zu bestimmen, aber in der Praxis nur auf relativ einfache und gut strukturierte Probleme anwendbar. Das zweite war die statistische Analysis von gemittelten Quantitäten, eine junge Senkrechtstarterin, die die groben Züge der Bewegung von hochkomplizierten Systemen darstellte. Es gab eigentlich keinen Kontakt zwischen diesen beiden auf einer mathematischen Ebene. Die Gesetze der Statistik wurden nicht als mathematische Folgerungen aus den Gesetzen der Dynamik hergeleitet; sie waren ein gesonderter Ableger der mathematischen Modelle der Physik, und sie basierten auf physikalischer Intuition. Das Verhalten von zahlreichen Materieteilchen aus den Gesetzen der Dynamik herzuleiten, bleibt selbst heute eine Herausforderung für mathematische Physiker: Erst kürzlich kam jemand in die Nähe eines Beweises für die Existenz von Gasen (in einem geeignet definierten Modell). Kristalle, Flüssigkeiten und amorphe Körper bleiben standhaft außer Reichweite.

Zu Beginn des zwanzigsten Jahrhunderts wurden die statistischen Methoden gleichberechtigter Partner der deterministischen Methoden. Um auszudrücken, daß selbst der Zufall seine Gesetze besitzt, wurde ein neues Wort geprägt: Stochastik. Das griechische Wort stochastikos bedeutet «geschickt beim Zielen» und vermittelt somit die Idee, die Gesetze des Zufalls zum persönlichen Vorteil zu nutzen. Die Mathematik der stochastischen Prozesse – Folgen von Ereignissen, die durch den Einfluß des Zufalls bestimmt werden – gedieh neben der Mathematik der deterministischen Prozesse.

Ordnung war nicht länger ein Synonym für Gesetz, und Unordnung nicht länger für Gesetzlosigkeit. Beide, Ordnung und Unordnung, besaßen Gesetze. Aber die Gesetze bestanden aus zwei unterschiedlichen Verhaltenskodexen. Es gab ein Gesetz für das Geordnete, ein anderes für das Ungeordnete. Zwei Paradigmen, zwei Techniken und zwei mathematische Ideologien, jede nur innerhalb ihres eigenen Einflußbereichs anwendbar. Ja, es waren zwei Arten die Welt zu sehen, Determinismus für einfache Systeme mit nur weniger Freiheitsgraden, Statistik für komplizierte Systeme mit vielen Freiheitsgraden. Entweder war ein System zufällig oder nicht. Falls es zufällig war, suchten die Wissenschaftler nach etwas stochastischem; falls nicht, putzten sie ihre deterministischen Gleichungen blank.

Die beiden Paradigmen waren gleichwertige Partner, gleichermaßen ange sehen in der wissenschaftlichen Welt, gleichermaßen nützlich, gleichermaßen bedeutend, gleichermaßen mathematisch. Sie waren gleichberechtigt, aber sie blieben verschieden, gänzlich, unvereinbar verschieden. Wissenschaftler wußten dies, und sie wußten auch warum: Einfache Systeme verhalten sich auf eine einfache Art, komplizierte Systeme verhalten sich auf eine komplizierte Art. Einfachheit und Kompliziertheit können keinen gemeinsamen Nenner besitzen.

Aber was die eine Generation von Wissenschaftlern ohne den Schatten eines Zweifels weiß, ist genau das, was die nachfolgende Generation anzweifelt und über den Haufen wirft. Wenn Sie etwas ganz genau wissen, stellen Sie es nicht in Frage. Wenn Sie es nicht in Frage stellen, leben Sie durch den Glauben, nicht durch die Wissenschaft.

Aber nun folgt eine sehr schwierige Frage. Kann sich ein einfaches deterministisches System wie ein zufälliges verhalten? Es geht gegen die Intuition, so etwas überhaupt zu fragen. Der ganze Fortschritt der Wissenschaft begründete sich auf dem Glauben, Einfachheit in der Natur könne gesucht werden, indem einfache Gleichungen zur Beschreibung gefunden werden. Was für eine dumme Frage!

An dem Punkt der Geschichte, den wir nun erreicht haben, konnte nur die Stimme eines einzigen Andersdenkenden wahrgenommen werden, und diese Stimme war matt und unsicher. Sie war nur ein zitternder Hinweis auf zukünftige Schwierigkeiten, eine Stimme, die sich nur einmal erhob und dann verstummte. Eine Stimme, die – falls überhaupt gehört – ignoriert wurde. Es war die Stimme eines Mannes, der vielleicht der größte Mathematiker seiner Zeit war, ein weiterer Revolutionär in der turbulenten Wissenschaft der Dynamik. Er hat als Nebenprodukt ein vollständig neues Gebiet der Mathematik geschaffen. Es war die Stimme eines Mannes, der das Chaos berührte ... und darüber entsetzt war.

4 *Der letzte Universalist*

«Soweit es den siebenundzwanzigsten Stab der Luftwaffe betrifft, müssen Sie nur vierzig Einsätze fliegen.»
Yossarian freute sich: «Dann kann ich nach Hause gehen? Ich habe achtundvierzig Einsätze geflogen.»
«Nein, Sie können nicht nach Hause», korrigierte ihn Wintergreen, «sind Sie denn verrückt geworden?»
«Warum nicht?»
«Trick 17.»

Joseph Heller, Catch-22

Die Mathematik drehte sich unwissend im Kreis.

Wenn Sie eine Gleichung durch eine Formel lösen können, dann verhalten sich die Lösungen ipso facto auf eine regelmäßige und analysierbare Art. Genau das sagen Ihnen die Formeln. Und wenn Sie denken, der Name des Spiels in der Dynamik lautet, Formeln für die Lösungen von Differentialgleichungen zu finden, werden sie durch ihre Mathematik einzig dazu befähigt, reguläres Verhalten zu studieren. Sie werden nur die Probleme suchen, auf die sich Ihre Formeln anwenden lassen und den Rest ignorieren. Sie werden diesen Rest nicht unter den Teppich kehren, denn um das zu tun, müßten Sie seine Existenz anerkennen. Sie leben in einem Wolkenkuckucksheim, oder Sie würden zumindest dort leben, wenn Sie nicht zu gescheit wären, um ein Narr zu sein.

Um sich von einer solchen Bindung zu lösen, ist eine besondere Kombination von Umständen nötig. Die Zeit, der Ort, die Leute, die Kultur – alles muß stimmen.

Der Ort war nicht verkehrt: Frankreich gehörte damals wie heute in der Mathematik zu den führenden Nationen.

Die Person besaß den sanften und verworrenen Blick eines geistesabwesenden Professors, doch sie war ein intellektueller Riese. Mit dem einen Bein im neunzehnten und mit dem anderen im zwanzigsten Jahrhundert stehend, überspannte sie einen Angelpunkt in der Geschichte der Mathematik. Die Mathematik begann ihre Liebe zur Verallgemeinerung und zur Abstraktion zu entdecken. Eine Liebe, die viele, die in das Konkrete verliebt waren, weder verstanden noch billigten und dies bis heute nicht tun. Die Person war Henri Poincaré (Abbildung 20), vielleicht der letzte Mathematiker, der dazu fähig war, jeden Winkel und jede Ritze seines Gebiets nach Belieben zu durchstreifen. Nach Poincaré kamen

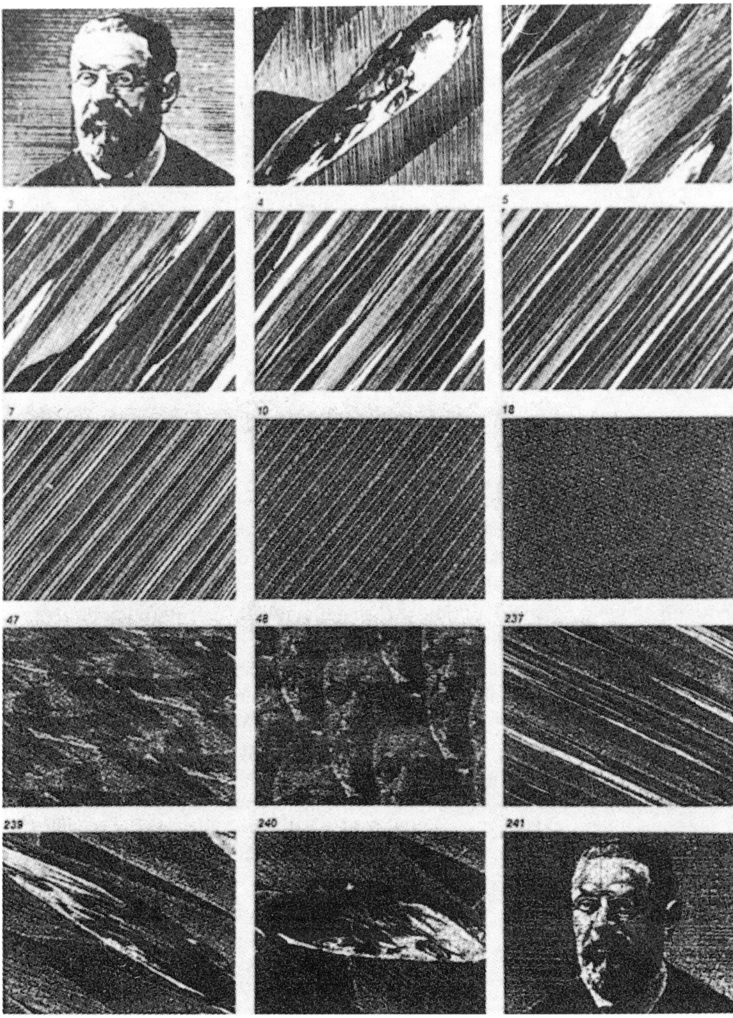

Abb. 20
Ein Portrait von Henri Poincaré, das seine Entdeckung, die «Poincaré-Rückkehr», illustriert. Wird eine Transformation wiederholt auf ein mathematisches System angewandt, das dabei in einem begrenzten Gebiet bleibt, muß das System unendlich oft Zustände annehmen, die nahe bei seinem ursprünglichen Zustand liegen.

die Spezialisten – und die Explosion der mathematischen Kenntnisse, die sie nötig machten, verdankten sie größtenteils seiner breiten und tiefen mathematischen Einsicht. Neben seinen unzähligen Entdeckungen und Erfindungen begründete Poincaré die moderne Theorie der dynamischen Systeme.

Der Ort und die Person stimmten also. Aber die Zeit war nicht so geeignet, und die Kultur sogar noch weniger. Als die Wissenschaftler zum ersten Mal die Tiefen der Ozeane erforschten, brachten ihre Netze die Überreste von seltsamen Monstern zutage. Diese besaßen eine trübe Farbe und waren häßlich wie die Nacht. Erst als es möglich war, die Tiefseegräben mit Tauchgeräten zu erforschen, die mit Suchlichtern ausgerüstet waren, zeigten sich die oft feine Schönheit und die Farben dieser entlegenen Regionen. Es ist schwierig, die Schönheit anhand einer Leiche zu beurteilen. Dies gilt auch für Poincaré. Er starrte in den Abgrund des Chaos und erkannte einige der Gestalten, die darin lauerten. Aber der Abgrund war noch dunkel und er hielt einige der schönsten Dinge der Mathematik für Ungeheuer. Poincaré besaß zwar die Tiefe, aber ihm fehlte die Beleuchtung. Es war eine andere Zeit nötig, die mit Poincarés Theorie der Differentialgleichungen ausgestattet war, um mit Computern und anderen technolgischen Hilfsmitteln etwas Licht in die Tiefen des Chaos zu bringen und deren Schönheit zu enthüllen.

Jedoch wäre dies niemals gelungen, wenn Poincaré nicht den Weg zum Rand des Abgrunds gebahnt hätte.

Der geistesabwesende Träumer

Henri Poincaré wurde am 29. April 1854 in Nancy im Nordosten Frankreichs geboren. Sein Vater war ein Physiker, von seiner Mutter ist nur erstaunlich wenig bekannt. Henri Poincaré war als Kind außergewöhnlich intelligent, jedoch physisch unkoordiniert. Seine Konstitution wurde durch eine schwere Diphtherieerkrankung im Alter von fünfzehn Jahren auch nicht besser. Während seines ganzen Lebens blieb seine körperliche Verfassung schwach. Seine erste ernsthafte Neigung zur Mathematik zeigte sich im Alter von fünfzehn. Im Jahre 1871 machte er die Prüfungen für seinen Abschluß und wäre fast in Mathematik gescheitert, als er bei einer einfachen Frage über geometrische Reihen ins Stolpern geriet. Diesen Eindruck berichtigte er aber bald danach, indem er in den Prüfungen einer Schule für Forstwirtschaft den ersten Preis in Mathematik gewann, ohne jemals im Unterricht Notizen gemacht zu haben. Danach ging er an die École Polytechnique, die Hochburg der Mathematik in Frankreich, und gewann den Ruf eines mathematischen Wunderkindes. Mehrere Versuche scheiterten, ihn durch schwierige mathematische Probleme in Verlegenheit zu bringen. Poincaré löste sie alle mühelos.

Im Jahre 1875 ging er an die Bergbauschule, um Ingenieur zu werden. In seiner Freizeit arbeitete er im Bereich der Differentialgleichungen und legte seine Ergebnisse drei Jahre später der Universität von Paris als Doktorarbeit vor. Das Resultat war, daß er 1879 als Professor für Mathematische Analysis an die Universität von Caen berufen wurde. Im Jahre 1881 kehrte er an die Universität von Paris zurück, von wo aus er als der unbestrittene König der Mathematik in Frankreich, vielleicht sogar in der Welt, regierte.

Die weitverbreitete Vorstellung von einem Mathematiker ist die eines geistesabwesenden Träumers – bärtig, bebrillt, ewig auf der Suche nach dieser Brille, ohne zu merken, daß sie auf seiner Nase sitzt. Nur wenige der großen oder der gewöhnlichen Mathematiker passen tatsächlich in dieses Bild, Poincaré jedoch ist einer von ihnen. Mehr als einmal nahm er im Hotel bei seiner Abreise das Bettuch mit.

Poincaré suchte nach Vereinheitlichung und allgemeinen Prinzipien. Er war einer der letzten Traditionalisten und einer der ersten Modernen. Er befaßte sich eigentlich mit der gesamten Mathematik seiner Zeit: Differentialgleichungen, Zahlentheorie, komplexe Analysis, Mechanik, Astronomie, mathematische Physik. Seine gesammelten Werke umfassen über vierhundert Bücher und viele umfangreiche Artikel. Seine größte Erfindung war die Topologie, das allgemeine Studium der Stetigkeit. Er nannte sie «analysis situs», die Analysis der Lage. Und er wendete sie auf eines der schwierigsten Probleme im Grenzbereich der Dynamik an.

Ein Oscar für Mathematik

Im Jahre 1887 stiftete König Oscar II von Schweden 2'500 Kronen als Preis für die Antwort auf eine grundlegende Frage der Astronomie: Ist das Sonnensystem stabil? Heute wissen wir, daß dies ein Wendepunkt in der Entwicklung der mathematischen Physik war.

Ein Zustand der Ruhe oder Bewegung ist stabil, falls er sich unter dem Einfluß von kleinen Störungen nicht wesentlich verändert. Ein liegender Nagel ist stabil (Abbildung 21). Theoretisch kann ein Nagel auf seiner Spitze balancieren, aber in der Praxis kippt er um, wenn im Nachbarzimmer eine Wanze mit den Flügeln schlägt. Im Prinzip kippt er sogar dann um, wenn ein wanzenäugiges Ungeheuer in einer benachbarten Galaxie seine Flügel schwingt. Aber dieser Effekt wird sich erst nach einiger Zeit bemerkbar machen, denn der Nagel fängt unendlich langsam an zu schwanken, und ehe es weitergeht, werden einige nähergelegene Störungen die Anziehungskraft der schuppigen Reptilienflügel überdecken.

Ob ein besonderer Zustand der Ruhe oder Bewegung existiert oder nicht, kann dadurch festgestellt werden, daß man eben diesen Zustand betrachtet. Falls ein Nagel vollständig vertikal balanciert, geht die nach unten gerichtete Kraft seines Gewichtes genau durch die Spitze und wird durch die nach oben gerichtete Gegenkraft, die nach dem dritten Gesetz von Newton gleich groß und

Abb. 21
Ein auf seiner Spitze balancierender Nagel ist instabil und wird in der Praxis umkippen. Ein auf der Seite liegender Nagel ist stabil.

entgegengerichtet sein muß, genau in diesem Punkt aufgehoben. Dies ist alles, was Sie für die Existenz dieses Zustands wissen müssen. Ob ein Zustand stabil ist, kann jedoch nur bestimmt werden, indem benachbarte Zustände analysiert werden. Wird der Nagel etwas angetippt, dann neigt sich der Schwerpunkt ein wenig zur Seite und das Gewicht und die Gegenkraft bilden ein Paar von gleich großen, aber nicht mehr genau entgegengesetzten Kräften. Das Paar zwingt den Nagel, sich in die Richtung des Antippens zu drehen. Das anfängliche Schwanken wird vergrößert, die Position ist instabil.

Die Frage nach der Stabilität ist demnach schwieriger als die nach der Existenz. Die Stabilität besitzt eine außerordentliche Bedeutung. Ein Jumbo-Jet muß nicht nur fliegen. Sein Flug muß stabil sein, oder er würde vom Himmel fallen. Wenn ein Auto eine Kurve fährt, darf es nicht auf die Seite kippen, sondern es muß stabil auf der Straße bleiben. Theoretisch sind stabile und instabile Zustände Lösungen für die gleichen grundlegenden dynamischen Gleichungen. Die Mathematiker finden die einen genau so leicht wie die anderen. Im Experiment jedoch wird ein instabiler Zustand der Ruhe niemals beobachtet, denn kleinste äußere Einflüsse zerstören diesen sofort. Ein instabiler Zustand der Bewegung dagegen kann beobachtet werden, jedoch nur als ein vorübergehendes Phänomen, während sich das System von seinem ursprünglich instabilen Zustand zu einem wie auch immer gearteten Endzustand hinbewegt. Dies entspricht der Bewegung eines Fahrrads von dem Augenblick an, in dem es einen Stoß erhält, bis zu dem Moment, in dem es in einem Straßengraben in einen endgültigen stabilen Zustand der Ruhe fällt.

Es gibt tatsächlich keine andere Möglichkeit, einen instabilen Zustand zu beobachten, als die, mit besonderen Anstrengungen jede Bewegung aufzuspüren und fernzuhalten und ihn hierdurch zu stabilisieren. Auf diese Art überwindet ein Drahtseiltänzer die Schwerkraft. Aber solche Betrachtungen gehören eher in die Kontrolltheorie als in die Dynamik.

Die Dynamik des Sonnensystems ist sehr kompliziert. Seine Bewegung existiert mit Sicherheit und ist wegen der deterministischen Natur der Newtonschen Gesetze eindeutig (es sei denn, es gebe Kollisionen – die drei Kugeln des Pfandleihers – oder andere Arten von singulärem Verhalten, deren Möglichkeit wir hier ignorieren). Das Sonnensystem geht seinen eigenen Weg. Ist es jedoch einmal in Bewegung gesetzt, kann es auch nur einen einzigen Weg gehen. Aber ist dieser stabil? Werden sich alle Planeten immer ungefähr in ihren gegenwärtigen Bahnen bewegen, oder kann die Erde in die Kälte und Dunkelheit hinauswandern, oder kann Pluto in die Sonne fallen? Wird das Sonnensystem auf der Straße bleiben oder in den kosmischen Graben fahren?

Sie müssen zugeben, daß dies eine interessante Frage ist. Es läßt sich jedoch darüber streiten, wie wichtig sie für die Praxis ist. In der Mechanik der Himmelskörper machen sich Instabilitäten erst nach sehr langer Zeit bemerkbar. Es ist wie in der Geschichte über den Mann, dem erzählt wurde, daß das Universum in hundert Milliarden Jahren untergehen würde, und der dann antwortete: «Für einen Moment haben Sie mir Angst gemacht ... Ich dachte, Sie hätten gesagt, in hundert Millionen!»

Auf jeden Fall wird sich die Sonne wahrscheinlich erst aufblasen.

Zu König Oscars Zeiten waren viele dieser zusätzlichen Schichten der physikalischen Komplexität noch unentdeckt und die Stabilität des Sonnensystems war ein ernsthaftes praktisches Problem. Heute ist es für sich allein nicht sehr bedeutend. Aber wie bei allen guten physikalischen Problemen lebte die darin enthaltene Mathematik noch lange, nachdem die Physik gestorben war. Es beinhaltete ein weitreichendes allgemeines Problem in konkreter Form: Finde heraus, wie Fragen der Stabilität in komplizierten dynamischen Systemen zu behandeln sind.

Gummiflächendynamik

Poincaré wurde der «letzte Universalist» genannt. Er war der letzte der großen Mathematiker, der fähig war, in jedem Gebiet der Mathematik zu arbeiten. Er war der letzte, weil die Materie zu schnell anwuchs, und nicht, weil die Mathematiker zu dumm oder zu spezialisiert wurden. Heute gibt es Anzeichen für eine neue Vereinheitlichung in der Mathematik, die Tage der Universalisten könnten nun zurückkehren. Natürlich versuchte sich Poincaré an König Oscars Problem. Er löste es nicht. Dies kam viel später, und die Lösung war ganz anders als ursprünglich erwartet. Aber er brach es soweit auf, daß ihm der Preis trotzdem zuerkannt wurde. Hierbei entwickelte er einen neuen Zweig der Mathematik, die Topologie.

Die Topologie wurde als die «Gummiflächengeometrie» charakterisiert. Richtiger bezeichnet man sie als die Mathematik der Stetigkeit. Die Stetigkeit ist das Studium von glatten, allmählichen Veränderungen. Unstetigkeiten sind plötzlich und dramatisch: Stellen, an denen eine kleine Veränderung in der Ursache eine riesige Veränderung in der Wirkung hervorruft. Ein Töpfer, der einen Klumpen Ton in seinen Händen formt, deformiert ihn auf eine stetige Art. Wenn er jedoch einen Tonklumpen abbricht, wird die Deformation unstetig. Die Stetigkeit ist eine der fundamentalsten mathematischen Eigenschaften. Es ist eine so natürliche Eigenschaft, daß ihre grundlegende Rolle erst vor ungefähr hundert Jahren klar wurde. Es ist eine so kraftvolle Eigenschaft, daß sie die Mathematik und die Physik verwandelte. Es ist eine so exklusive Eigenschaft, daß selbst die einfachsten Fragen erst nach Jahrzehnten beantwortet wurden.

Die Topologie ist eine Art von Geometrie, aber eine Geometrie, in der Abstände, Winkel, Flächen und Formen unendlich veränderbar sind. Ein Quadrat kann stetig in einen Kreis deformiert werden (Abbildung 22), ein Kreis in ein Dreieck und ein Dreieck in ein Parallelogramm. Alle geometrischen Formen, die wir als Kind so fleißig gelernt haben, sind für einen Topologen ein und dasselbe. Die Topologie studiert nur die Eigenschaften von Gebilden, die unter umkehrbar stetigen Transformationen unverändert bleiben. Mit «umkehrbar»

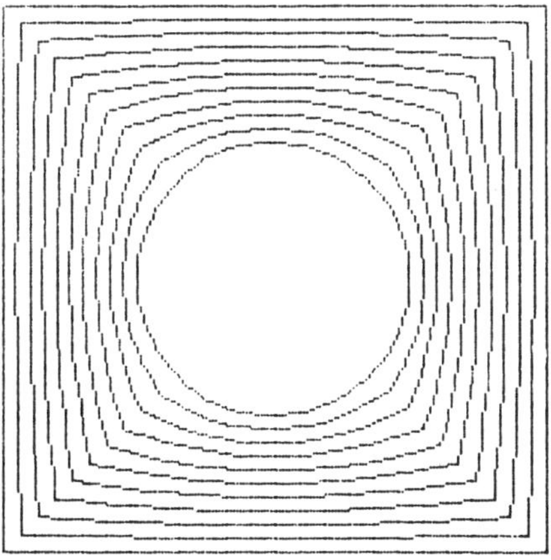

Abb. 22
Für einen Topologen sind Quadrate und Kreise das gleiche, denn sie können stetig ineinander überführt werden.

meine ich, daß diese Transformation ebenso stetig wieder rückgängig gemacht werden kann. Mehr Ton hinzufügen, ist eine stetige Transformation, aber die Umkehrung, Ton wegnehmen, ist es nicht. So sind für den Topologen zwei Tonklumpen nicht das gleiche wie einer. Dinge, die wir normalerweise für verschieden halten, bleiben verschieden.

Was sind die typischen topologischen Eigenschaften? Für das ungeübte Ohr klingen sie nebulös, abstrakt und verschwommen. Zusammenhängend, um eine zu erwähnen, ist ein Beispiel. Ein Klumpen oder zwei? Verknotet ist eine andere. Ein Knoten ist eine Schlinge, die nicht gelöst werden kann, auf welche Art auch immer sie deformiert wird. Dies hört sich sogar topologisch an. Löcher sind topologische Objekte: Man kann ein Loch nicht durch eine umkehrbar stetige Deformation loswerden. Für einen Topologen ist ein Doughnut das gleiche wie eine Kaffetasse, denn beide haben ein Loch. Sie können sich vorstellen, daß dieser Vergleich von einem Amerikaner stammt. Britische Doughnuts haben keine Löcher sondern Marmelade – vorausgesetzt, sie meiden gewisse Supermärkte.

In dieser Art von Sprache können Sie die Topologie als technisches Hilfsmittel nicht entwickeln. Das Loch «in» einem Doughnut umgibt diesen in Wirklichkeit, und der Doughnut umgibt das Loch: Loch und Doughnut sind verbunden. Beträchtliches Neudenken steht auf dem Plan. Dafür sind neue Begriffe erforderlich, nicht Begriffe der täglichen Erfahrung, sondern Begriffe, für die keine Worte existieren. So erfanden die Mathematiker neue Worte oder liehen sich die alten aus und verliehen ihnen mit notwendig haarspalterischer Logik neue Bedeutungen wie meine Betonung von umkehrbar, und so schufen sie eine neue Welt. Wenn Sie ein Lehrbuch über Topologie aufschlagen, werden Sie in der Einführung über Doughnuts und Gummiflächen lesen, aber wenn es zu den harten Sachen vordringt, ist die Terminologie weniger freundlich: Stetige Abbildung. Kompakter Raum. Mannigfaltigkeit. Triangulierung. Homologiegruppe. Trennbarkeitsaxiom. Dieser ganze Turmbau, die Hauptschöpfung der Mathematik des zwanzigsten Jahrhunderts, ist letztendlich das Geisteskind von Henri Poincaré.

Bei der ersten Begegnung erscheint die Topologie in extremster Weise abstrakt. Sie scheint zu sein wie ein kleines Warzenschwein: hübsch für die wenigen, die es lieben, aber für niemanden sonst von Interesse. Doch Poincaré konnte die wunderschöne Mentalität unter der Haut des Warzenschweins sehen. Seine Erfahrung in der Mathematik, sowohl in der reinen als auch in der angewandten, war breit genug, um die Möglichkeiten einer strengen Theorie der Stetigkeit zu sehen. Manchmal sieht nur ein Universalist, was wirklich bedeutend ist. Kein anderer besitzt alle Einzelteile. In welche Richtung auch immer er sich bewegte, Poincaré stieß immer auf Fragen, die nur die Topologie beantworten konnte. In der komplexen Analysis. Bei Differentialgleichungen. Und bei König Oscars Problem.

Wie verrückt in alle Richtungen

Poincaré widmete mehrere Jahre seines Lebens der Topologie und schuf die meisten ihrer zentralen Themen. Andere griffen diese auf und brachten mehr Definitionen, mehr Theoreme, mehr Jargon und mehr Abstraktion, jedoch weniger Bezug zur Natur. In den fünfziger Jahren unseres Jahrhunderts eiferte die Topologie zusammen mit den meisten Hauptströmungen der Mathematik Stephen Leacocks Held nach und ritt wie verrückt in alle Richtungen. Für viele Außenstehende schien sie den Bezug zur Realität verloren zu haben. In seinem Buch *Chaos* gibt James Gleick die Worte von Ralph Abraham wieder, einem Mathematiker in Santa Cruz, der seine eigene Erfahrung umschreibt:

> *Die Romanze zwischen den Mathematikern und den Physikern endete in den dreißiger Jahren mit einer Scheidung. Diese Leute redeten nicht mehr miteinander. Sie beachteten einander einfach nicht. Die mathematischen Physiker verboten ihren Studenten, die Mathematik von Mathematikern zu lernen. Haltet die Mathematik von uns fern. Wir werden euch beibringen, was ihr wissen müßt. Die Mathematiker sind auf einem schrecklichen Egotrip und werden euren Geist verwirren. Das war 1960. 1968 hat sich dies vollständig gewandelt.*

Es hat sich gewandelt, weil Poincaré und die Mathematiker, die ihm in Scharen folgten, wirklich auf dem Weg zu einer fundamentalen Idee waren. Aber diese war so schwierig und kaum wirkungsvoll zu bearbeiten, und es dauerte so lange, und der Weg führte so tief in die abstrakte Wildnis, daß selbst viele der Mathematiker vergessen hatten, daß Poincaré mit einem Problem der Physik begonnen hatte, und sich so in die neue Art der Mathematik verliebten, daß es für sie ausreichte, in herrlicher intellektueller Isolation zu leben. Es war wie eine Expedition, die eine unermeßliche Bergkette überqueren will. Beim Aufbruch kann man den Gipfel sehen, der erklommen werden muß. Aber es gibt keinen Weg für den Aufstieg. Und so begibt sich die Expedition in die Wüste und versucht den Berg zu umrunden, um so den Gipfel zu umgehen. Doch nun benötigt man eine Technik, in der Wüste zu überleben und nicht die, die hilft, den Berg zu erklimmen. So endet man mit Spezialisten für Kakteen, Klapperschlangen und Spinnen, für die Wanderung der Sanddünen im Wind und für plötzliches Hochwasser, und keiner kümmert sich mehr um Schnee, Seile, Krampen oder Hämmer. Wenn ein Bergsteiger einen Dünologen fragt, warum er Sanddünen erforscht, und die Antwort erhält: «Um über diesen Berg zu kommen!», wird er kein Wort davon glauben. Und es wird noch schlimmer, wenn die Antwort lautet: «Ich halte nichts von Bergen, Sanddünen machen mir viel mehr Spaß.»

Aber der Berg ist noch da und die Wüste umgibt ihn weiterhin. Und wenn die Wüstologen ihre Aufgabe gut genug erfüllen – selbst wenn sie den Berg vergessen haben –, wird der Berg eines Tages kein Hindernis mehr sein.

In der Mitte der sechziger Jahre durchquerten die Mathematiker unter der Führung einer Gruppe von amerikanischen und einer Gruppe von russischen Mathematikern endlich die Wüste der Topologie. Die Hauptprobleme der Topologie ließen sich einordnen und alles fügte sich zusammen. Viele Mathematiker und Physiker, obwohl nicht alle, hatten vergessen, daß die Topologie aus der Physik entstanden ist. Die Mathematik und die Physik hatten es nicht vergessen.

Das Dreiecksverhältnis

Dies bringt uns zu König Oscar zurück. Bei den Menschen bilden zwei eine Gruppe und drei eine Scheidung. Genauso ist es bei den Himmelskörpern. Die

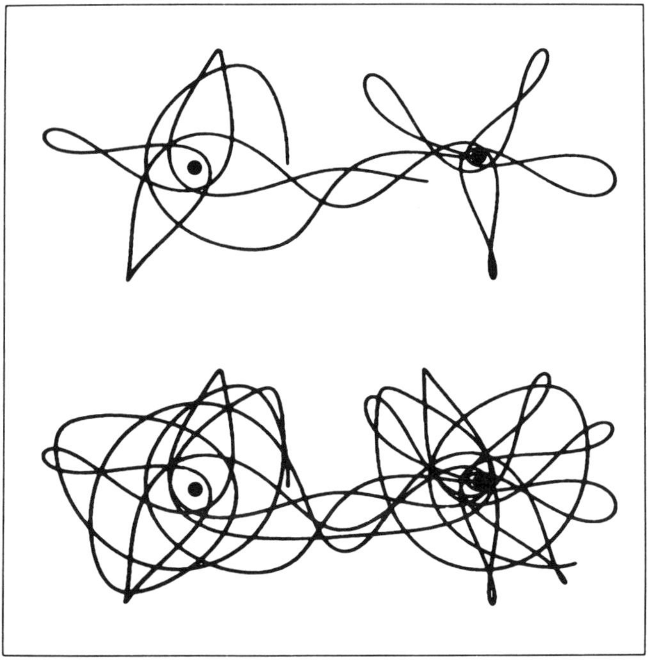

Abb. 23
Die Komplexität der Bewegung dreier Körper. Hier umkreist ein Staubkorn zwei feste Planeten mit gleicher Masse.

Wechselwirkung von zwei Körpern benimmt sich gut, aber die von dreien ist voller Katastrophen (Abbildung 23). Dies gilt auch für die ungefähr ein Dutzend Hauptkörper des Sonnensystems – jeder, der die Kronen von König Oscar gewinnen wollte, mußte dafür schwer arbeiten.

Poincarés preisgekrönte Abhandlung hat den Titel *Le Problème des trois corps et les équations de la dynamique*. Sie wurde im Jahre 1890 veröffentlicht und war im Original 270 Seiten lang. Im ersten Teil werden allgemeine Eigenschaften von dynamischen Gleichungen hergeleitet; im zweiten Teil werden die Resultate auf das Problem von beliebig vielen Körpern unter dem Einfluß der Newtonschen Gravitation angewendet.

Die Bewegung von zwei Körpern – beispielsweise eines Universums, das nur aus der Erde und aus der Sonne besteht – ist periodisch: Sie wiederholt sich immer wieder. Nach heiliger Tradition beträgt die Periode – die Zeit, nach der sich die Bewegung wiederholt – ein Jahr. Dies beweist unmittelbar, daß die Erde weder in die Sonne fallen noch in die äußeren Bereiche des Unendlichen ziehen kann. Denn falls sie dies täte, müßte sie jedes Jahr in die Sonne fallen oder jedes Jahr ins Unendliche davonziehen. Solche Dinge kann die Erde nicht öfter als einmal tun – und da dies letztes Jahr nicht geschehen ist, geschieht es niemals. Mit anderen Worten, die Periodizität liefert Ihnen ein sehr nützliches Instrument zur Beurteilung von Stabilität. In einem wirklichen Universum können andere Körper dieses gemütliche Szenario zerstören, aber Periodizität oder verwandte Begriffe können noch immer angewendet werden.

Im dritten Kapitel seiner Abhandlung beschäftigt sich Poincaré mit der Frage nach der Existenz von periodischen Lösungen von Differentialgleichungen. Er beginnt mit dem klassischen Ansatz und zeigt dann, wie hieraus periodische Lösungen erhalten werden können, indem die betreffende Variable als unendliche Reihe entwickelt wird, wobei jeder Term dieser Reihe eine periodische Funktion der Zeit ist. «Hieraus folgt», schrieb er, «daß es Reihen mit periodischen Koeffizienten gibt, die formal die Gleichungen erfüllen.»

Poincaré benutzte das Wort «formal» aus gutem Grund. Das Verfahren schien zwar sinnvoll zu sein, aber er befürchtete, daß der Schein trügen könne. Eine unendliche Reihe hat nur dann eine Bedeutung, wenn die Summation von immer größeren Anzahlen von Termen der Reihe sich einem eindeutigen Wert annähert – ein Verhalten, das mit Konvergenz bezeichnet wird. Poincaré ist sich dieser Sache wohl bewußt, denn er schrieb: «Es bleibt zu beweisen, daß diese Reihe konvergiert.» Aber hier verließ ihn die Analysis, launisch wie immer. Er bekräftigte seinen Glauben daran, daß die Konvergenz direkt gezeigt werden könne, aber er ließ sich nicht auf eine solche Rechnung ein – entweder, weil er wußte, daß dies ein unzugänglicher Schlamassel werden würde, oder weil er tatsächlich nicht wußte, wie er es anfangen sollte. «Sei es wie es will», schrieb Poincaré, «ich werde dies nicht tun, denn ich sollte die Frage aus einem anderen Blickwinkel betrachten und die Existenz von periodischen Lösungen nachweisen, woraus die Konvergenz dieser Reihe folgen würde».

Eine Frage der Topologie

Hier ist die Idee von Poincaré: Nehmen Sie an, daß sich ein System zu einem bestimmten Zeitpunkt in einem bestimmten Zustand befindet und eine gewisse Zeit später wieder in diesem Zustand ist. Alle Positionen und Geschwindigkeiten sind die gleichen wie zuvor. Dann läßt sich aus der Eindeutigkeit der Lösungen von Differentialgleichungen folgern, daß die Bewegung, die das System aus dem Zustand und zurück gebracht hat, sich immer wieder wiederholt. Dies bedeutet, daß die Bewegung periodisch ist.

Stellen Sie sich vor, der Zustand des Systems werde durch die Koordinaten eines Punktes in einem riesig dimensionalen Phasenraum beschrieben. Während sich das System mit der Zeit ändert, bewegt sich der Punkt und beschreibt eine Kurve. Um aus einem Zustand wieder zurückzukommen, muß sich die Kurve schließen und eine Schlinge bilden (Abbildung 24). «Wann ist eine Kurve geschlossen?» Hierbei wird nicht nach der Form, der Größe oder der Lage der Kurve gefragt: Es ist eine Frage nach der Topologie. Die Existenz von periodi-

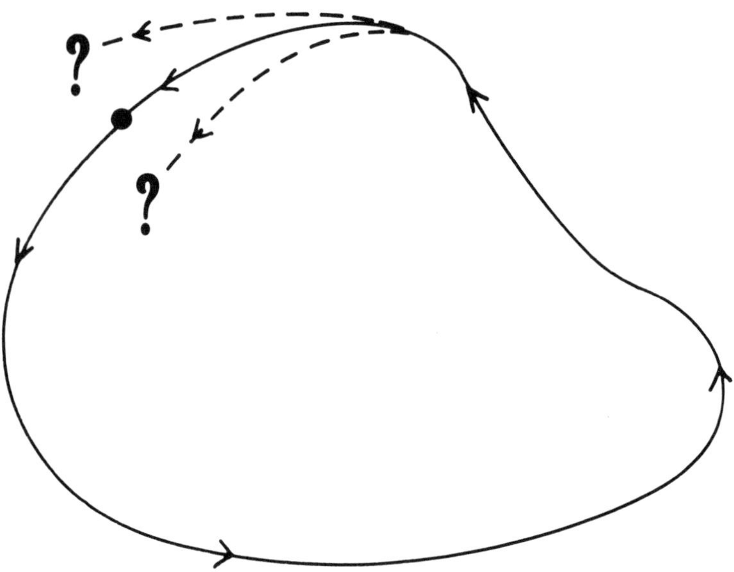

Abb. 24
Wenn sich ein Punkt im Phasenraum auf einer geschlossenen Kurve bewegt, wird er die Bewegung für immer periodisch wiederholen.

schen Lösungen hängt davon ab, welche topologischen Eigenschaften die Beziehung besitzt, die zwischen der jetzigen Position eines Punktes und seiner Position nach einer Periode besteht.

Poincaré faßte es nicht in genau diese Sprache, aber dies ist die zugrundeliegende geometrische Idee. Nun ist es allerdings leichter, ein Problem auf eine neue Art zu formulieren, als dieses dann auch zu lösen. Poincaré hatte jedoch sogar eine Idee, wie vorgegangen werden kann, um solche geschlossene Kurven zu finden. Lassen Sie mich diese mit einem Bild beschreiben: Sie sind ein russischer Raumfahrtingenieur und haben einen Spionagesatelliten in die Erdumlaufbahn geschickt. Nun wollen Sie wissen, ob die Bahn des Satelliten periodisch ist. Sie verfolgen den Satelliten jedoch nicht auf seiner Bahn, sondern sie richten Ihr Teleskop so aus, daß es eine Ebene in Nord-Süd-Richtung von Horizont zu Horizont abdeckt, die gerade aus dem Erdmittelpunkt herausragt. Hin und wieder kreuzt der Satellit diese Ebene. Merken Sie sich den Punkt, an

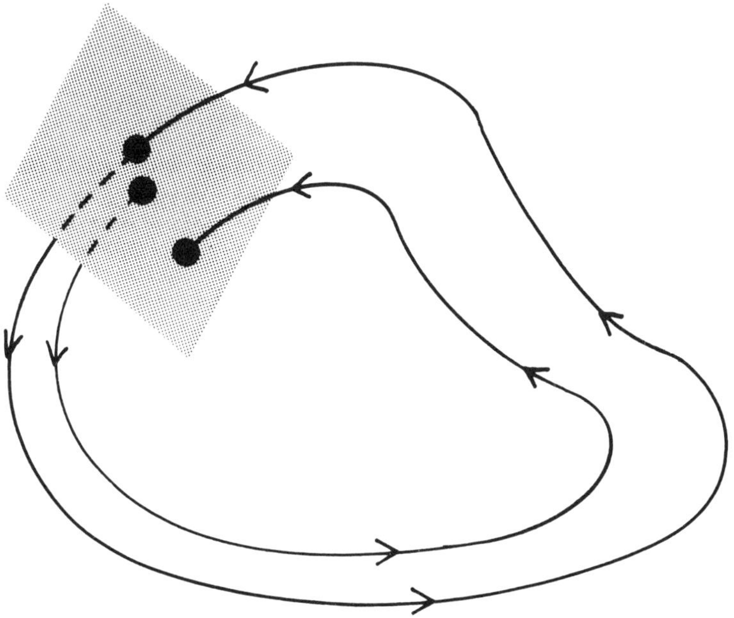

Abb. 25
Das Auffinden einer periodischen Bewegung mit Hilfe eines Poincaré-Schnitts. Wenn die Bewegung periodisch ist, muß die Kurve den Poincaré-Schnitt genau in ihrem Ausgangspunkt treffen.

dem er die Ebene zum ersten Mal kreuzt, und wie schnell und in welche Richtung er sich dabei bewegt. Beobachten Sie weiter, aber nur, wenn der Satellit die Ebene kreuzt. Falls die Bewegung periodisch ist, muß er schließlich die Ebene in genau demselben Punkt mit genau der gleichen Geschwindigkeit und in genau der gleichen Richtung kreuzen, wie Sie es sich zu Beginn gemerkt haben.

Mit anderen Worten, anstatt sämtliche Anfangszustände zu betrachten, können Sie sich auf einige wenige beschränken. Stellen Sie sich eine ganze Fläche von Anfangszuständen vor, und verfolgen Sie die Entwicklung von jedem, bis er zurückkommt und die Fläche wieder trifft (Abbildung 25). Können Sie einen Zustand finden, der genau an seinen Ausgangspunkt zurückgekehrt ist? Falls ja, haben Sie eine periodische Lösung gefunden.

Heute heißt eine solche Fläche ein «Poincaré-Schnitt». Ihr großer Vorteil ist, daß sie eine Menge von verwirrendem Gerümpel überflüssig macht und hierdurch das Problem, die Dynamik zu beobachten, vereinfacht. Und in diesem Spiel brauchen Sie jede Vereinfachung, die Sie erhalten können. Zum Beispiel kann manchmal aus topologischen Gründen die bloße Existenz eines Poincaré-Schnitts das Auftreten von periodischen Lösungen nach sich ziehen.

Himmlisches Chaos

Dies war eine so wirkungsvolle Idee, daß sie Poincaré die Augen für eine vollkommen neue Art von Verhalten öffnete. Niemand hat vorher an so etwas gedacht. Tatsächlich müssen Sie topologisch denken, oder zumindest geometrisch, um es herauszufinden: Sie werden es niemals aus einer Formel erhalten.

Poincaré betrachtete ein idealisiertes Dreikörperproblem, das sogenannte Hillsche restringierte Modell. Dieses läßt sich anwenden, wenn einer der Körper eine so geringe Masse besitzt, daß er die anderen beiden nicht beeinflußt – aber, paradoxerweise beeinflussen die anderen ihn. Stellen Sie sich ein Universum vor, das nur aus Neptun, Pluto und einem Körnchen interstellaren Staubes besteht. Neptun und Pluto wissen nichts von dem Staubkorn und Sie können sich vorstellen, daß es ihre Bewegung nicht sehr stört. So denken die beiden, sie seien in einem Zwei-Körper-Universum. «Aha!», sagt Neptun und schwingt seinen Dreizack, «Newton hat es herausgefunden – ich bewege mich auf einer Ellipse!» Pluto wedelt zustimmend mit dem Schwanz, und die beiden drehen sich würdevoll um ihren gemeinsamen Schwerpunkt.

Auf der anderen Seite ist sich das Staubpartikel sehr wohl der Anziehungskraft von Neptun und Pluto bewußt, denn die beiden zerren es überall hin. Es bewegt sich innerhalb des sich drehenden wechselseitigen Gravitationsfeldes der beiden Planeten. Es hält sich nicht für das Mitglied eines Dreikörpersystems, sondern für einen kleinen Ball, der auf einer sich drehenden, aber festen Landschaft herumrollt.

Das ist das Hillsche restringierte Modell.

Poincaré wendete seine Schnittflächenmethode auf das Hillsche restringierte Modell an und suchte periodische Bewegungen des Staubpartikels. Was er gefunden hatte, wurde von Otto Rössler voller Bewunderung zusammengefaßt (ich habe seine Worte etwas verkürzt, um sie auf die technischen Einzelheiten zu beschränken):

> *Wenn sich Trajektorien in einem zweidimensionalen dynamischen System schneiden, tun sie dies in singulären Punkten. Diese Punkte wurden von Poincaré klassifiziert. So gibt es zum Beispiel den ‹Sattel› und den ‹Knoten›. Wenn das ‹gleiche› in einem zweidimensionalen Querschnitt passiert, in dem die Trajektorien Schichten entsprechen, dann kann der Schnitt tatsächlich wieder ein Sattel, ein Knoten usw. sein. Aber hier gibt es noch eine zweite Möglichkeit: Der Schnittpunkt ist nicht singulär. Die Trajektorie durch diesen wie durch jeden anderen nicht singulären Punkt muß den Querschnitt zwangsläufig das nächste Mal in einem anderen Punkt treffen. Nur – diesmal sind es zwei Schichten. Diese beiden Schichten müssen sich daher immer wieder schneiden. So wird ein ‹Gitter› von unendlich vielen Schnittpunkten gebildet* (vgl. Abbildung 26). *Wie Poincaré bemerkte, ist all dies etwas kompliziert und gegen die Intuition.*

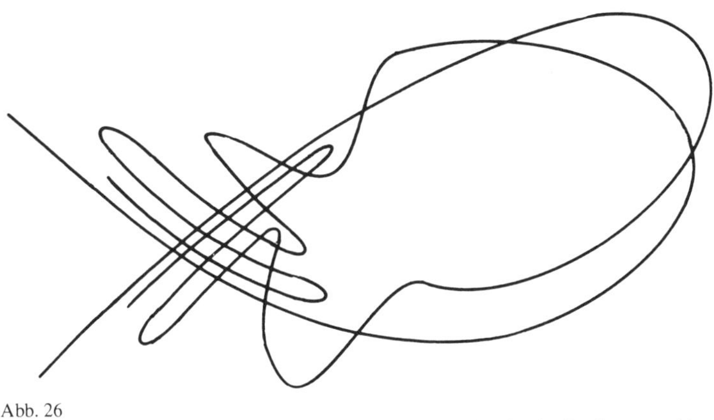

Abb. 26
Die Fußspuren des Chaos im Sand der Zeit... «Homoklines Gewirr» im Dreikörperproblem. Poincaré war darüber entsetzt.

Tatsächlich fand Poincaré dieses Verhalten so kompliziert und gegen die Intuition, daß er nicht versuchte, es bildlich darzustellen. In seinem dritten Band der *Méthodes nouvelles de la mécanique céleste* schreibt er folgendes:

> *Wenn jemand versucht, die Figur zu zeichnen, die aus diesen beiden Kurven und ihren unendlich vielen Schnittpunkten gebildet wird, von denen jeder einer doppelten Näherungslösung entspricht, bilden diese Schnittpunkte ein Netz, ein Gewebe oder ein unendlich dichtes Geflecht. Keine der beiden Kurven kann sich jemals selbst schneiden, muß sich jedoch zu sich selbst auf sehr komplexe Art zurückwinden, um die Maschen des Netzes unendlich oft zu kreuzen. Man ist von der Komplexität dieser Figur so betroffen, daß ich nicht einmal versuche, sie zu zeichnen. Nichts kann uns eine bessere Vorstellung von der Komplexität des Dreikörperproblems geben.*

Poincarés Entdeckung macht klar, daß auch in einem so vereinfachten Modell wie dem Hillschen Modell äußerst komplizierte Dynamik tatsächlich vorkommen kann. Ein System, das an einem Knotenpunkt des Netzes beginnt, verläuft in einer Kurve, die das Netz bei der Rückkehr zum Poincaré-Schnitt in einem anderen Knotenpunkt trifft, dann in einem dritten, einem vierten. Aber das Netz ist auf eine solch komplizierte Art gedehnt und gefaltet, daß das System den Poincaré-Schnitt tatsächlich in einer zufälligen Folge von Punkten trifft. Es verhält sich etwa so wie ein Linienbus, der wiederholt über den Marktplatz fährt, aber jedesmal zufällig an einer der Million verschiedenen Haltestellen auf dem Marktplatz anhält. Man kann den Bus kommen sehen und weiß, daß er auf dem Marktplatz hält. Aber man hat keine Ahnung, an welcher Haltestelle man warten soll.

In seinem Gitter der sich schneidenden Schichten, das heute «homoklines Gewirr» genannt wird, erblickte Poincaré die Fußspuren des Chaos. Wie Robinson Crusoe, der im Sand die Abdrücke von fünf Zehen fand, kannte er die Bedeutung von dem, was er gesehen hatte. Wie Robinson Crusoe war er alles andere als überglücklich über diesen Anblick.

5 *Das Einbahnpendel*

STAATSANWALT:	Was hat Sie dazu veranlaßt, es an die erste Stelle zu setzen?
HERR G.:	Ich hing damals einfach nur herum. (Der Richter blickte streng auf.)
STAATSANWALT:	Sie hingen herum. Können Sie dem Gericht so klar wie möglich erklären, woran Sie hingen?
HERR G.:	An einem seidenen Faden.
RICHTER (intervenierend):	An einem seidenen Faden. Das sagt uns nicht viel. Können Sie uns genau sagen, wie dick dieser Faden war? (Der Staatsanwalt setzte sich mit einem kaum hörbaren Seufzer nieder und blickte kurz auf den Verteidiger.)
HERR G.:	Er war ziemlich zerschlissen.

N. F. Simpson, One Way Pendulum

Die Farce *One Way Pendulum* von N. F. Simpson wurde am 14. Dezember 1959 im Royal Theatre in Brighton uraufgeführt. Falls Sie sie noch nicht gesehen haben, tun sie es.

Ich erwähne dies hier, weil das Pendel, das an einem Faden hängt, eine Hauptrolle in der Geschichte der Mechanik spielt. Wir haben schon gesehen, wie es Galilei inspirierte. Es ist verblüffend, wie viele gute Ideen ihren Ursprung in einem solch bescheidenen Mechanismus fanden. Ein leichter Faden, ein schweres Gewicht am Ende und ein Nagel, an dem das Ding hängt: die Einfachheit an sich. Aber andererseits ist die beste Mathematik immer einfach, man muß sie nur von der richtigen Seite betrachten können. Um das Chaos zu verstehen, müssen wir zunächst einen genaueren Blick auf die Art werfen, in der die Topologen regelmäßigere Dynamik betrachten. Das Pendel ist ein guter Ausgangspunkt.

Ein Einbahnpendel? Simpson muß dies für sehr absonderlich gehalten haben, um es als Titel zu verwenden, da es sich um ein absurdes Theaterstück handelt. Vielleicht dachte er, wenn sich ein normales Pendel hin und her bewegt, bewegt sich ein Einbahnpendel nur hin.

Aber wie Sie wissen, können sich Pendel nur in eine Richtung bewegen. Haben Sie jemals einen kleinen Jungen beobachtet, der eine Kastanie an einer Schnur herumwirbelt? Das ist ein Einbahnpendel. Und es ist genauso ein Teil von dem, was ein Pendel in Schwung hält, wie Galileis Glaube daran, daß die

Kirchenlampen mit der gleichen Periode schwingen, egal, welchen Bogen sie beschreiben. Simpson wählte den Titel wegen seiner Absurdität. Und auch wir vergessen leicht diesen Aspekt des Pendels.

Ich möchte Poincarés qualitative Sicht der Dynamik der traditionellen «auf Teufel komm raus eine Formel»-Methode gegenüberstellen. Und das Pendel mit seinem Einbahn- wie seinem Zweibahnaspekt ist hierfür ein ideales Objekt. Ich möchte gleich hinzufügen, daß dies ein entblößtes, ideales mathematisches Pendel sein wird, dazu gemacht, das Wesen eines Pendels so einfach wie möglich zu fassen. Unser ideales Pendel wird nicht im dreidimensionalen Raum schwingen, sondern in einer vertikalen Ebene. Es wird keinen Luftwiderstand und keine Reibung am Aufhängepunkt geben. Der Faden wird durch eine vollkommen starre Stange ohne Masse ersetzt. Die Schwerkraft wird vertikal nach unten wirken und konstant sein. Sie werden ein solches Pendel in keinem Labor finden. Aber die Wissenschaft hat schon oft Fortschritte gemacht, indem sie einfache Abstrahierungen betrachtete, wenn realistischere Modelle zu kompliziert und verwirrend waren. Eins nach dem anderen, Stemmbögen kommen vor dem Trickskifahren.

Falls Sie nicht gewinnen können, mogeln Sie

Die traditionelle Behandlung des Pendels ist ungefähr folgende: Der Zustand des Pendels wird hinreichend beschrieben, wenn wir zu einer beliebigen Zeit den Winkel kennen, den es mit der Vertikalen bildet. Schreiben Sie das Newtonsche Gesetz der Bewegung für das Pendel auf. Sie erhalten eine Differentialgleichung, die die zweite Ableitung enthält – das Ausmaß der Veränderung der Veränderung dieses Winkels –, und einige andere Variable wie die Länge der Stange und die Fallbeschleunigung.

Der nächste Schritt: Lösen Sie die Gleichung. Sie werden überrascht sein, denn das ist hoffnungslos schwierig und benötigt trickreiche Details, die sogenannten elliptischen Funktionen. Nur wenige Vorlesungen in Mechanik behandeln dieses Thema. Nun können Sie sehen, was Euler mit den Worten «Die Analysis läßt uns im Stich» gemeint hat. An solchen Punkten ist Mogeln ein altehrwürdiger Schachzug.

Die Gleichungen sind schwer zu lösen, weil die Kraft, die auf das Pendel wirkt, nur fast, jedoch nicht genau, proportional zu dem Winkel zwischen dem Pendel und der Vertikalen ist. Wäre sie genau proportional, benötigten Sie nur etwas Trigonometrie, und Sie wären zuhause und trocken. Aber sie ist es nicht, und daran hängt eine Geschichte ebensogut wie ein Pendel, eine, die aufgenommen wird, wenn die Zeit dafür reif ist.

Nun ist die Mathematik angeblich eine exakte Wissenschaft. «Fast proportional» ist nicht das gleiche wie «proportional», egal wie klein der Unterschied auch sein mag. Zu dumm. Lassen Sie uns dennoch im Interesse des Fortschritts unseren Standard der Exaktheit herunterschrauben und so tun, als sei der kleine Unterschied nicht vorhanden. «Das ist dummes Zeug!» brüllten gewöhnlich alle in unserer Physikklasse, wenn wir diesem Zeitvertreib nachgehen mußten. Der Lehrer gab zu, daß die Methode auch auf eine schwingende Saite angewendet wird. Wenn wir die Gleichungen nicht für unser idealisiertes Pendel lösen können, dann lassen Sie uns Gleichungen für ein gefälschtes Pendel analysieren, das für kleine Winkel von Kräften beherrscht wird, die denen des idealen Modells sehr nahe kommen. In diesem gefälschten Pendel – einem einfachen harmonischen Oszillator – ist die Kraft exakt proportional zum Winkel.

Nun können wir die Gleichung lösen. Stellen Sie sich vor, daß wir zur Zeit null das Pendel zur Seite halten und es dann einen Winkel A mit der Vertikalen bildet. Dann lassen wir es los. Der Winkel zur Zeit t ist

$$A \cos (\sqrt{g}t/l).$$

Dabei ist

t = die Zeit
g = die Fallbeschleunigung
l = die Länge des Pendels
A = der Anfangswinkel.

Die Masse des Pendels spielt keine Rolle – aus genau dem Grund, den Galilei beobachtet hat: Leichte und schwere Körper fallen mit der gleichen Geschwindigkeit.

Wir wissen, wie sich die Kurve des Kosinus verhält: Sie windet sich zwischen 1 und –1 und wiederholt sich nach 2π (360°). Auf ähnliche Art bewegt sich der Winkel des Pendels zwischen A und $-A$. Negative Winkel bedeuten «links von der Vertikalen» und positive «rechts». So schwingt das Pendel periodisch von rechts nach links, zwischen den Winkeln A und $-A$, und wiederholt die gleiche Bewegung immer wieder. Wie lange dauert es bis zur Wiederholung? Aus der Formel können wir die Periode herausziehen. Sie beträgt

$$2\pi\sqrt{l/g}.$$

Sie können aus dieser Formel eine Menge lernen. Längere Pendel schwingen länger, bei vierfacher Länge verdoppelt sich die Periode der Schwingung, neunfache Länge verdreifacht sie und so fort. Sie können sie für Experimente zur Bestimmung der Schwerkraft verwenden. Sie müssen nur die Länge und die Periode messen und die Formel nach g auflösen. Wären Sie auf Jupiter, könnten Sie die Schwerkraft von Jupiter messen, seine mittlere Dichte bestimmen und daraus Eigenschaften der chemischen Zusammensetzung des Planeten herleiten.

Diese Analyse des Pendels wäre dann gute Physik. Freilich ist sie in der gegenwärtigen Form keine gute Mathematik. Wundervolle Romanzen können auf einer Lüge begründet sein, aber sie neigen dazu zu scheitern, wenn die schreckliche Wahrheit ans Licht kommt. Auf die gleiche Weise kann augenscheinlich wundervolle Mathematik auf einer Lüge beruhen, und auch hier ist die Lüge für das Scheitern bei der Konfrontation mit der rauhen Wirklichkeit verantwortlich.

Es gibt mehrere Möglichkeiten, die Analyse des Pendels zu guter Mathematik zu machen. Der einfache Weg wurde oben erwähnt: Führe eine idealisierte Form der Bewegung, die «einfache harmonische Bewegung» ein, in der die treibende Kraft proportional zur Verlagerung ist. Es bliebe dann zu erklären, was dies mit Pendeln zu tun haben könnte. Ein weitaus ehrlicherer Zugang besteht darin, ein Theorem zu formulieren und zu beweisen, das erklärt, in welchem Sinn diese exakte Lösung eines Näherungsproblems als Näherungslösung des exakten Problems gesehen werden kann. (Nein, das ist nicht das gleiche: In der Mathematik gibt es keinen Weihnachtsmann.) Das benötigte Theorem wurde im Jahre 1895 durch den großen russischen Dynamiker Aleksandr Mikhaylovitch Liapunov bewiesen. Eine große Menge von wundervoller Mathematik hat sich aus seinem zentralen Theorem entwickelt – all dies würde vermißt, wenn die Mathematiker weiterhin nur angenommen und nicht bewiesen hätten, daß kleine Schwingungen eines Pendels einer einfachen harmonischen Bewegung annähernd gleichkommen.

Auf der anderen Seite können Sie nicht herumsitzen und jammern, sie könnten die Fallbeschleunigung nicht messen, nur weil bis jetzt noch keiner das Theorem bewiesen hat. Die Wissenschaft ist ein komplexes Wesen mit den unterschiedlichsten Motiven, und kreative Unehrlichkeit funktioniert bei passender Gelegenheit ganz gut.

Aber lassen Sie uns annehmen, daß Sie nicht so sehr daran interessiert sind, die Schwerkraft mit Hilfe eines Pendels zu messen, sondern verstehen möchten, wie Pendel sich wirklich bewegen (Abbildung 27). «Kleine Schwingungen? Quatsch! Ich möchte etwas über große Schwingungen wissen! Hin und her? Sehen Sie her, ich kann das Ding wie einen Flugzeugpropeller herumschwirren lassen! Und es wird schneller und schneller, je mehr Energie ich hineinstecke. Was haben Sie gesagt? Die Periode bleibt immer gleich?»

Auch auf diese Frage gibt es eine klassische Antwort, in der elliptische Funktionen und sehr viel komplizierte Mathematik enthalten sind.

Aber es gibt auch eine sehr hübsche geometrische Antwort, die das hauptsächliche Phänomen mit erstaunlich wenig Anstrengung erfaßt. Diese Antwort hat den Vorteil, einen realen Einblick in die Dynamik zu bieten. Ihr wollen wir uns nun zuwenden.

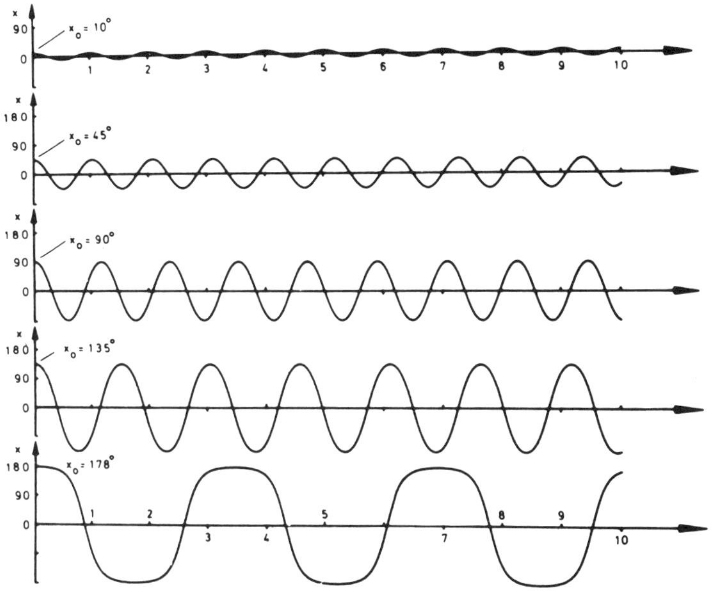

Abb. 27
Schwingungsformen eines nichtlinearen Pendels. Nur die kleinen Oszillationen sind sinusförmig (Reproduktion mit freundlicher Genehmigung von John Wiley & Sons Ltd.).

Die Geometrie auf der Energiefläche

Um zu verstehen, was ein Pendel tut, müssen Sie zwei Größen durch und durch kennen: Seine Position und seine Geschwindigkeit. Nennen Sie diese x und v. Sie möchten wissen, wie sich diese mit der Zeit verändern. Nun stellen Sie sich vor, das Pendel beginnt seine Bewegung zur Zeit null. Jede hundertstel Sekunde messen Sie x und v, und halten die Werte durch einen Punkt in einem Graphen fest. Was werden Sie sehen? Nun, Sie werden eine Menge von dicht beieinanderliegenden Punkten erhalten, die eine Kurve in der (x,v)-Ebene beschreiben. Dies ist die Trajektorie, die der gewählten Anfangsposition und -geschwindigkeit entspricht. Eine andere Bezeichnung dafür ist «Orbit» oder «Bahn», in Analogie zu der Bewegung der Planeten.

Wenn Sie mit verschiedenen Anfangsbedingungen beginnen, werden Sie auch verschiedene Trajektorien erhalten. Die Trajektorien bilden eine Familie von Kurven, die die gesamte Ebene bedecken. Für das «gefälschte» Pendel, den einfachen harmonischen Oszillator, sind diese Kurven konzentrische Kreise (Abbildung 28).

Für ein «echtes» Pendel besitzt das Bild mehr Struktur: Es sieht in etwa wie ein Auge aus, das oben und unten Augenbrauen besitzt (Abbildung 29). Durch zuviele Schwingungen können vielleicht Falten entstehen. Sie könnten dieses Bild durch Experimente bestätigen – mit einem Laser, der Position und Geschwindigkeit mißt, einem Computer, der die Daten auswertet und einem Plotter, der den Graphen zeichnet: Ungefähr £10'000 würden reichen. Mit Papier für 5p, einem wissenschaftlichen Taschenrechner für £12 und einer halben Stunde Nachdenken können sie das gleiche Bild aus den Bewegungsgleichungen für das Pendel erhalten, ohne diese jemals vollständig zu lösen.

Lassen Sie mich zeigen, wie. Eine mathematische Folgerung aus den Newtonschen Bewegungsgesetzen ist das Gesetz von der Erhaltung der Energie. Sie können es in wenigen Zeilen aus den Hamiltonschen Gleichungen herleiten. Die gesamte Energie, die kinetische plus die potentielle, bleibt während der Bewegung die gleiche. An dieser Stelle nehmen wir an, es sei keine Reibung vorhanden. Durch die Wahl der Einheiten machen wir die Masse zu 1. Dann ist die kinetische Energie des Pendels $1/2v^2$ und die

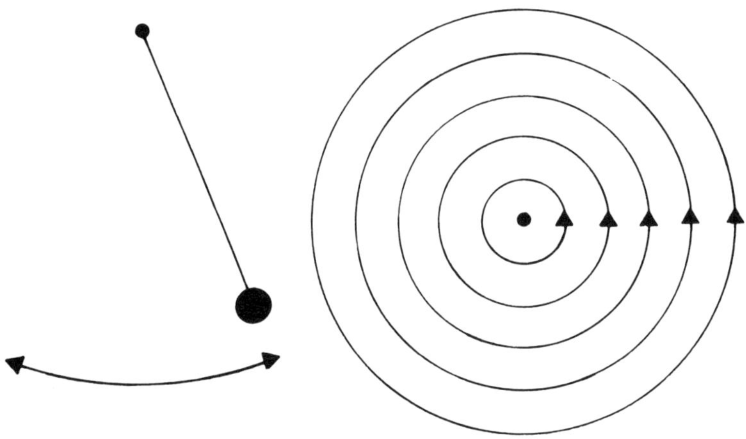

Abb. 28
Das Phasenportrait (rechts) eines idealisierten linearen Pendels (links). Die horizontale Koordinate entspricht seiner Position und die vertikale seiner Geschwindigkeit. Wenn die Zeit verstreicht, beschreibt der Zustand des Pendels einen Kreis. Die Größe des Kreises hängt von den Anfangsbedingungen ab.

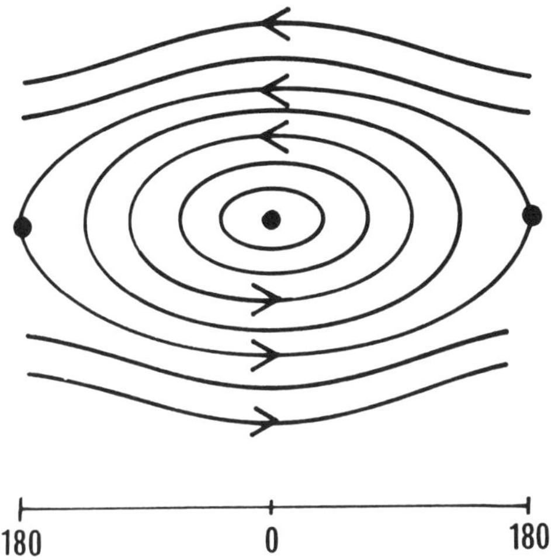

Abb. 29
Das Phasenportrait eines echten nichtlinearen Pendels.

potentielle Energie sin(x). Nach dem Gesetz über die Erhaltung der Energie gilt dann entlang jeder Trajektorie

$$1/2v^2 + \sin(x) = \text{Konstante}.$$

Lösen wir die Gleichung nach v auf, erhalten wir

$$v = \pm\sqrt{(\text{Konstante} - 2\sin(x))}.$$

Die beiden Konstanten sind nicht gleich, die zweite ist zweimal so groß wie die erste. Aber dies macht nichts, da wir alle möglichen Konstanten betrachten.

Nun können Sie mit Hilfe ihres Taschenrechners oder mit trigonometrischen Tabellen v gemäß dieser Formel als Funktion von x zeichnen. Sie weisen der Konstanten einen Wert zu, z. B. 1.5, und berechnen $\sqrt{(1.5 - 2\sin(x))}$ für Werte von x zwischen 0° und 360°. Falls der Ausdruck unter der Wurzel negativ wird, ignorieren Sie ihn; ansonsten zeichnen Sie zwei Punkte auf die vertikale Gerade durch x, einen bei $\sqrt{(1.5 - 2\sin(x))}$ und einen bei $-\sqrt{(1.5 - 2\sin(x))}$.

In diesem Fall erhalten Sie ein Oval. Sie werden feststellen, daß Sie keine Werte erhalten, wenn die Konstante kleiner als –2 ist. Ist sie –2, erhalten Sie einen einzigen Punkt. Für +2 bekommt das Oval an den Enden spitze Ecken. Ist die Konstante größer als zwei, erhalten Sie zwei getrennte Kurven. Das gesamte System bildet genau das Bild eines Auges für die Trajektorien des Pendels. Der einzige Punkt ist die Pupille, die Ovale sind die Iris, das Oval mit den spitzen Ecken ist der Rand des Auges und die getrennten Linien sind die Augenbrauen oben und die Falten unten.

Sie können die verschiedenen Teile des Bildes auch in Begriffen der Dynamik des Pendels interpretieren. Der isolierte Punkt zum Beispiel repräsentiert den Zustand, in dem das Pendel gerade nach unten hängt und sich nicht bewegt. Sowohl die Position x als auch die Geschwindigkeit v sind konstant, deshalb bekommen Sie nur einen einzigen Punkt. Die Energie –2 ist die geringste mögliche Energie des Systems. (Potentielle Energie kann negativ sein, sie hängt davon ab, von wo aus Sie sie messen.)

Die geschlossenen Ovale repräsentieren die gewöhnlichen Schwingungen des Pendels. N. F. Simpson erwartete, daß seine Zuhörer an diese dachten. An die Ovale, die in einer alten Uhr Tick-Tack machen. Um dies zu überprüfen, stellen Sie sich den Startpunkt am unteren Rand eines Ovals vor. Die Position x ist null: Das Pendel hängt in der Mitte einer Schwingung senkrecht nach unten. Die Geschwindigkeit ist negativ: Es schwingt nach links (Tick!). Weiter links auf dem Oval ist x negativ, so ist es nach links geschwungen, aber nun ist v null. Am weitesten Punkt des Ausschlags, von dem aus das Pendel beginnt, in die andere Richtung zu schwingen, ist die momentane Geschwindigkeit null. Das gleiche gilt für einen Ball, der in die Luft geworfen wird. Auf der Spitze seiner Bahn ist die Geschwindigkeit null. Danach wird v positiv, und das Pendel bewegt sich nach rechts (Tack!), bis x zu null wird, und die Geschwindigkeit ihr Maximum erreicht. Das Pendel schwingt weiter nach rechts. Es erreicht seine äußerste rechte Position, und die Geschwindigkeit wird wieder null. Anschließend kehrt es zu seiner Ausgangsposition zurück. Dieser Zyklus wiederholt sich immer wieder. Die geschlossene Kurve repräsentiert einen periodischen Zustand.

Nun betrachten Sie eine der Augenbrauen. Hier ist v immer positiv, während sich x zwischen –180° (das sind 180° im Uhrzeigersinn) und 180° bewegt und eine vollständige Drehung beschreibt. Diese Trajektorie entspricht dem Propeller: kreisförmige Bewegungen in immer eine Richtung. Die unteren Augenbrauen entsprechen ähnlichen Bewegungen, nur im Uhrzeigersinn anstelle gegen den Uhrzeigersinn.

Was ist mit dem Rand des Auges, dem Oval mit den Spitzen? Diese Trajektorie beschreibt den Übergang vom Hin- und Herschwingen des Pendels zum Propeller. Wie kann das passieren? Stellen Sie sich vor, die Ausschläge würden langsam immer größer. Zuerst bleibt das Pendel nahe am Boden, aber langsam werden die Schwingungen größer – wie die Bewegungen eines Kindes, das auf dem Spielplatz immer höher schaukelt. Bald wird die Schwingung zum Entsetzen aller anwesenden Erwachsenen äußerst heftig, und auf dem höchsten Punkt wird das Kind über die Stange, an der die Schaukel hängt, in die Luft geworfen.

Falls die Schwingung der Schaukel noch größer wird, wird sie ... Was? Sich überschlagen. Die Schaukel wird vom Pendel zum Propeller.

Der Rand des Auges entspricht dem Weg, dem das Pendel folgen würde, wenn es vertikal nach oben gehalten und dann freigelassen würde. Nun, das stimmt nicht ganz. Wenn Sie dies tun würden und es exakt balancieren würde, würde es an einem einzigen Punkt bleiben (im Winkel des Auges). Aber wie bei einem Nagel, der auf seiner Spitze balanciert, oder einer Ballettschülerin «sur les pointes» ist dies ein instabiler Zustand. Die kleinste Störung wird das Pendel ins Wanken bringen. Zuerst schwankt es unendlich langsam, aber dann gewinnt es an Geschwindigkeit, saust nach unten, geht auf der anderen Seite hoch und wandert immer weiter nach oben. Theoretisch dauert die gesamte Bewegung unendlich lange, praktisch benötigt sie tatsächlich eine geraume Zeit.

Sehen Sie, wie gut das Bild zu unserer Anschauung über die Bewegungen eines realen Pendels paßt?

Aber wir haben einen Preis gezahlt. Beim Zeichnen der Kurven haben wir eine Formel benutzt – doch wir haben die Gleichungen nicht gelöst. Die Gleichungen zu lösen bedeutet, x und v für einen beliebigen Zeitpunkt t zu bestimmen. Jedoch erscheint nirgends ein t!

Wenn Sie Dinge einfach halten wollen, müssen Sie für gewöhnlich einen Preis dafür zahlen. Hier besteht der Preis darin, die genaue Abhängigkeit von der Zeit aufzugeben. Das Bild liefert uns überhaupt keine Information über die Größe der Perioden. Als Gegenleistung gibt es uns eine klar verständliche und überzeugende qualitative Beschreibung aller möglichen Bewegungen eines echten – obwohl idealisierten – Pendels.

Nichtdickhäuterologie

«Viel Lärm um ein Pendel», mögen Sie jetzt denken. Aber es enthält eine wichtige Botschaft.

Im letzten Sommer heiratete ein Kollege im Norden von Wales, und ich besichtigte mit meiner Familie am Wochenende die Gegend. In einem Waldgebiet stiessen wir auf einen See von ungefähr hundert Metern Durchmesser, der fast vollkommen ruhig und still war. Die Jungen warfen, ihrer Erziehung treu, einen Stein hinein und beobachteten, wie sich die Wellen fast über den ganzen See in perfekten Kreisen ausbreiteten. Daraufhin flogen weitere Steine, und weitere Kreise überlagerten sich mit den ersten.

Dieses Experiment in freier Natur verdeutlicht das physikalische Prinzip der Interferenz (Abbildung 30). Wenn sich ein Wellenberg mit einem Wellenberg oder ein Wellental mit einem Wellental überschneidet, verstärken sich die Wellen. Wenn ein Berg auf ein Tal trifft, heben sie sich gegenseitig auf.

Hierdurch wird auch eine mathematische Eigenschaft von Differentialgleichungen deutlich, die Linearität. Eine Gleichung heißt linear, wenn die Summe

Abb. 30
Interferenzmuster bei der Überlagerung zweier Wellen.

zweier Lösungen und das Vielfache einer Lösung wiederum eine Lösung ist. Die Bewegungen von seichten Wellen werden in guter Näherung durch die Wellengleichung beschrieben, die wie die meisten klassischen Gleichungen linear ist. Die Lösung für eine Störung durch zwei Steine läßt sich als Summe von Lösungen für einen Stein, der jeweils in einen geeigneten Punkt fällt, darstellen.

Lineare Gleichungen lassen sich gewöhnlich wesentlich einfacher lösen als nichtlineare. Wenn man ein oder zwei Lösungen findet, bekommt man viele andere gratis dazu. Die Gleichung für den einfachen harmonischen Oszillator ist linear, die richtige Gleichung für ein Pendel ist es nicht. Das klassische Verfahren besteht darin, nichtlineare Gleichungen durch Ausschalten von schwer zu behandelnden Termen zu linearisieren. Für das Pendel liefert dies eine Näherungstheorie für kleine Ausschläge.

Weil die in den Gleichungen vernachlässigten Terme klein sind – was auch stimmt –, wird stillschweigend angenommen, daß auch der Unterschied zwischen der Lösung der linearisierten Gleichung und der Lösung der richtigen Gleichung klein ist – was noch gezeigt werden muß. Wie ich bereits gesagt habe, gibt es für das Pendel ein Theorem, nach dem dieses Verfahren funktioniert. Auf der anderen Seite erhalten wir ein zufriedenstellenderes Bild, wenn wir uns der vollständigen Gleichung zuwenden, auch wenn wir hierbei den Luxus einer Formel für die Antwort verlieren.

Eine Formel? Wer kümmert sich um Formeln? Sie bilden die Oberfläche der Mathematik und nicht deren Inhalt!

In klassischen Zeiten fehlten die Techniken zur Behandlung von nichtlinearen Gleichungen. Daher wurde der Prozeß der Linearisierung so weit getrieben, daß er oft schon beim Aufstellen der Gleichungen angewendet wurde. Der Wärmefluß ist ein gutes Beispiel: Die klassische Wärmeleitungsgleichung ist linear, schon bevor man versucht, sie zu lösen. Aber der wirkliche Wärmefluß ist es nicht. Nach der Aussage zumindest eines Experten, Clifford Truesdell, brachte die klassische Wärmeleitungsgleichung nichts als Schaden für die Thermodynamik, welchen Nutzen sie auch immer für die Mathematik gehabt hat.

Nur wenige fragten sich nach der Zukunft einer Methode, die, brutal ausgedrückt, die falschen Gleichungen löst. «Gib mir eine Antwort!», lautet die Forderung. So siegt die lineare Theorie in der Hoffnung, niemand würde merken, wenn die Antwort falsch ist.

Die heutige Wissenschaft zeigt, daß die Natur erbarmungslos nichtlinear ist. Mit was auch immer sich Gott beschäftigt, es sind auf keinen Fall explizite Formeln. Gott hat einen Computer zum Spielen, der so vielseitig ist wie das gesamte Universum – tatsächlich ist es das gesamte Universum –, und er sieht keinen Reiz in Formeln, die nur für Bleistift und Papier gemacht sind. Weniger blasphemisch ausgedrückt ist es kein Wunder, daß die Natur nichtlinear ist. Wenn man eine Zufallskurve zeichnet, erhält man keine Gerade. Ähnlich ist es, wenn Sie sich auf das Glücksspiel «Differentialgleichungen» einlassen. Sie haben so gut wie keine Chance, eine lineare zu erhalten.

Die klassische Mathematik konzentrierte sich aus einem praktischen Grund auf lineare Gleichungen: Sie konnte keine anderen lösen. Im Vergleich zu den unbeherrschten und rowdyhaften Mätzchen einer typischen Differentialgleichung verhalten sich die linearen wie ein Verein von Chorknaben. Lineare Gleichungen sind dermaßen fügsam, daß die klassischen Mathematiker bereitwillig ihre Physik kompromittierten, um sie zu erhalten. So behandelt die klassische Theorie flache Wellen, Schwingungen mit niedrigen Amplituden und kleine Temperaturgradienten.

Der lineare Habitus war so tief verwurzelt, daß viele Wissenschaftler und Ingenieure in den vierziger und fünfziger Jahren kaum etwas anderes kannten. Ein bekannter Ingenieur sagte: «Gott würde nicht so unfreundlich sein, die Gleichungen der Natur nichtlinear zu machen.» Einmal mehr mußte die Gottheit den Kopf für die Beschränktheit der Menschheit hinhalten. Der Ingenieur meinte, daß er nicht wußte, wie nichtlineare Gleichungen zu lösen seien. Aber er war nicht ehrlich genug, dies zuzugeben.

Die Linearität ist eine Falle. Das Verhalten von linearen Gleichungen ist wie das von Chorknaben alles andere als typisch. Aber wenn Sie beschließen, nur lineare Gleichungen seien des Nachdenkens wert, setzt eine Selbstzensur ein. Ihre Lehrbücher füllen sich mit Triumphen der linearen Analysis, und deren

Schwächen sind so tief begraben, daß ihre Gräber nicht gekennzeichnet sind, und die Existenz der Gräber unbemerkt bleibt. Wie das achtzehnte Jahrhundert an eine Welt als Uhrwerk glaubte, so glaubte die Mitte des zwanzigsten Jahrhunderts an eine lineare Welt.

Um jedoch gerecht zu sein, es gibt Stellen, an denen die «Lineare Theorie» echt weiterhilft. Jedoch hat der Erfolg hierbei meistens nur wenig mit den wundersamen Triumphen der physikalischen Intuition oder der bemerkenswerten Relevanz der Regeln der Daumendynamik zu tun. Dies ist so, weil es dezente Theoreme gibt, die genau erklären, wann und warum sich die lineare Theorie anwenden läßt.

Aber in einigen Gebieten geht dies nicht. Es ging nicht in der Himmelsmechanik, deshalb geriet Poincaré ins Chaos. Es geht auch nicht in anderen Problemen der Mechanik, wie bei der allgemeinen Bewegung eines freien Körpers in drei Dimensionen. Es geht nicht bei so etwas Einfachem wie dem Pendel. Die Physiker und Ingenieure stellen in zunehmendem Maße fest, daß im Bereich der Forschung die nichtlinearen Phänomene das Spiel beherrschen. Das Ohmsche Gesetz liefert hierfür ein einfaches Beispiel. Es besagt, daß in einem Stromkreis die Stromstärke gleich der angelegten Spannung, dividiert durch den Widerstand des Leiters ist. Dies ist eine lineare Beziehung: Wenn man zwei Spannungen addiert und somit zwei Stromkreise überlagert, dann addieren sich gemäß dem Ohmschen Gesetz auch die entsprechenden Stromstärken zur Stromstärke im kombinierten Stromkreis. Aber Transistoren funktionieren, weil sie das Ohmsche Gesetz nicht befolgen.

Tatsächlich stellt die Sprache, in der die Diskussion geführt wird, alles auf den Kopf. Eine allgemeine Differentialgleichung «nichtlinear» zu nennen, ist fast so, als würde man die Zoologie mit «Nichtdickhäuterologie» bezeichnen. Aber wie Sie sehen, leben wir in einer Welt, in der Jahrhunderte lang so gehandelt wurde, als sei das einzige existierende Tier der Elefant, in einer Welt, die annahm, die Löcher in der Fußleiste stammen von kleinen Elefanten, die einen fliegenden Adler für einen flügelohrigen Dumbo gehalten haben, die einen Tiger für einen Elefanten mit Streifen und einem zu kurz geratenen Rüssel hielten, und deren Klassifizierung zu Korrekturoperationen Zuflucht nahm, so daß ihr Museumszoo lediglich aus schwerfälligen grauen Dickhäutern bestand.

Genau so «nichtlinear» ist es.

Um die Sache einzupacken ...

Zurück zum Pendel. Wir können einige mathematische Spiele mit dem Pendel treiben, um andere Eigenschaften ans Licht zu bringen. Als wir die propellerartige Bewegung betrachteten, sagte ich, die Bewegung von –180° bis +180° beschreibe einen vollständigen Kreis, und so ist es auch: Beide Werte repräsentieren die gleiche Position des Pendels. Das Bild, so wie es ist, zeigt dies nicht sehr deutlich. Die rechte Ecke bei +180° scheint recht weit von der linken Ecke bei –180° entfernt zu sein. Wie können wir –180° und +180° an die gleiche Stelle bringen?

Das Problem liegt hier nicht beim Pendel, sondern bei unserem Koordinatensystem. Das Pendel weiß, daß –180° gleich +180° ist, und es beweist dies, indem es sich ruhig rundum bewegt und nicht jedesmal wie wild über diese imaginäre Lücke springt, wenn es nach oben zurückkommt. Wir sind die Zeugen der eigentümlichen Art, in der wir Winkel messen. Wir versuchen, einen Winkel, der auf einem Kreis lebt, durch eine Zahl darzustellen, die auf einer Geraden lebt. Wir tun dies, indem wir die Gerade um den Kreis wickeln. So sind wir in dem Augenblick, in dem wir 360° erreichen, wieder bei unserem Ausgangspunkt 0° angekommen. Dies bedeutet: Wenn 360° und damit auch jedes Vielfache davon zum numerischen Maß des Winkels addiert wird, wird der gleiche Winkel repräsentiert. Da –180° + 360° = +180°, sind diese beiden Winkel gleich.

Nebenbei bemerkt können Sie durch 180° teilen und daraus folgern, daß –1 = +1 gilt. Sie sollten sich hüten, über das «Warum» nachzugrübeln.

Woher «weiß» ein geometrischer Kreis, daß –180° = +180° gilt? Er weiß es, weil er sich um sich selbst wickelt. Dies gibt dem Kreis eine ganz andere Topologie als einer Geraden und erklärt, warum wir Probleme haben. Wir versuchen, Zahlen zu benutzen, die auf einer Geraden leben, um ein Objekt darzustellen, das die falsche Topologie besitzt. Es ist kein Wunder, daß wir uns dabei etwas schwertun!

Um ein getreueres Bild von der Bewegung eines Pendels zu erhalten, eines, dessen Geometrie die Wirklichkeit genau widerspiegelt, tun wir genau das gleiche. Wir wickeln das ganze Bild in horizontaler Richtung auf, um die rechte und die linke Seite zusammenzubringen, und zwingen –180° und +180° dazu, übereinzustimmen. Mit anderen Worten: Wir rollen das Blatt Papier zu einem Zylinder zusammen (Abbildung 31).

Ich sollte hinzufügen, daß es mit der Geschwindigkeit des Pendels keine solchen Probleme gibt. Eine Winkelgeschwindigkeit von +180° pro Sekunde ist nicht das gleiche wie eine Winkelgeschwindigkeit von –180° pro Sekunde. Die erste repräsentiert eine Propellerbewegung gegen den Uhrzeigersinn und die andere eine im Uhrzeigersinn. Wenn Sie lange und gründlich über diesen seltsamen Unterschied zwischen dem Winkel und der Winkelgeschwindigkeit nachdenken, werden sich Ihnen viele Geheimnisse enthüllen. Und wenn Sie das Wahrnehmungsvermögen eines Euler oder eines Hamilton besitzen, wird sich darunter auch die gesamte moderne topologische Betrachtungsweise der Hamiltonschen Dynamik finden, wie die «symplektische Struktur des Kotangentialbündels». Dieses Thema ist nur selten vor dem Diplom anzutreffen, aber es ist im eigentlichen Sinn schon im Pendel vorhanden. In der Mathematik wachsen große Theorien aus kleinen Beispielen. Machen Sie sich darüber keine Sorgen – aber behalten Sie in Erinnerung, daß die Position und die Geschwindigkeit grundverschiedene mathematische Eigenschaften besitzen.

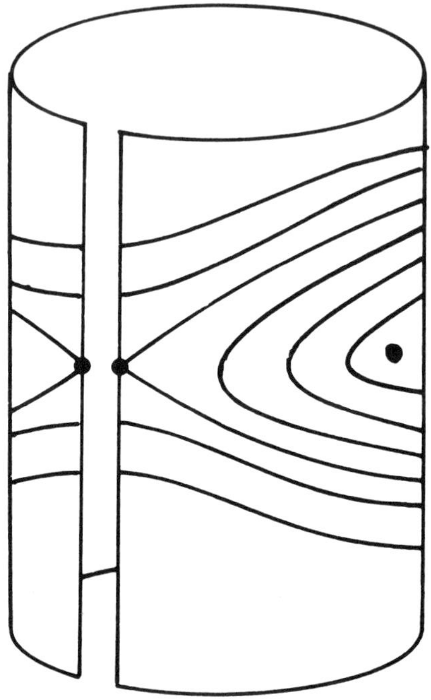

Abb. 31
Die Phasenebene eines Pendels wird zu einem Zylinder zusammengerollt, um den Winkel der Position wahrheitsgetreuer darzustellen.

So weit, so gut. Nun lebt die Dynamik des Pendels auf einem Zylinder und periodische Bewegungen sehen auch periodisch aus. Was können wir noch tun?

Einige Bewegungen sind energetischer als andere. Aber im Augenblick sind die Energieniveaus nur schwer zu erkennen. Das Bild sollte klarmachen, daß die Pupille des Auges die Bewegung mit der niedrigsten Energie darstellt und daß die Energie wächst, wenn das Pendel durch die Iris, über den Rand des Auges und zu den Augenbrauen und Falten wandert. Oder, dynamisch gesehen, die Ausschläge wachsen, bis es sich überschlägt und anfängt, umherzusausen. Die Lösung liegt darin, den Zylinder in ein U-förmiges Rohr zu verbiegen (Abbildung 32). Wenn Sie dies auf die richtige Art machen, erhalten Sie ein Bild, das alle Bewegungen des Pendels und gleichzeitig die entsprechenden Energieniveaus zeigt. Wenn Sie das Rohr horizontal in einem gegebenen Ener-

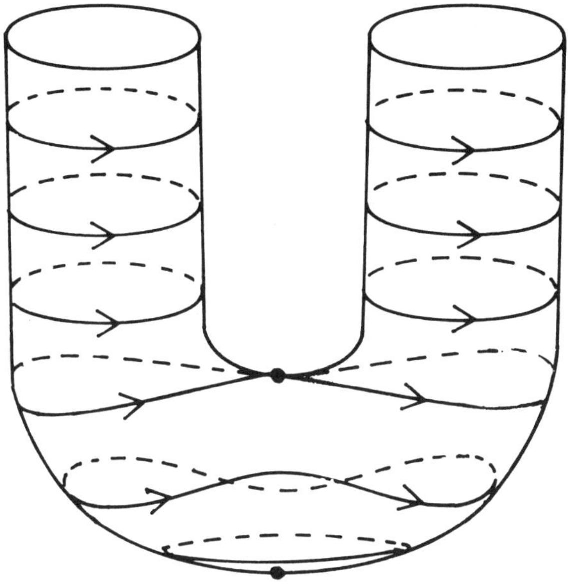

Abb. 32
Eine geometrische Darstellung von der Erhaltung der Energie. Wenn der zylinderförmige Phasenraum eines Pendels zu einem U-Rohr gebogen wird, bleiben die Trajektorien auf einer konstanten Höhe.

gieniveau aufschneiden, beschreibt die dadurch erhaltene Kurve die entsprechende Bewegung.

Sie sehen hieran auch, warum es bei genügend großer Energie zwei verschiedene Typen von periodischer Bewegung gibt (gegen und mit dem Uhrzeigersinn), während bei niedrigen Energien nur eine Art auftritt (hin und her). Zwischen «hin und her im Uhrzeigersinn» und «hin und her gegen den Uhrzeigersinn» gibt es keinen Unterschied. Das U-Rohr hat oben zwei Arme, aber sie kommen unten zusammen. Wenn sie dies nicht täten, wäre es kein U-Rohr. Es wäre ein II-Rohr.

Sie mögen fragen, worin der Sinn all dieser Machenschaften liegt. Sie illustrieren, daß praktisch alle qualitativen dynamischen Eigenschaften eines Pendels – nicht nur die, die es nahe beim Ruhezustand besitzt, sondern global alle, bei niedriger oder hoher Energie – in einem einzigen geometrischen Bild eingefangen werden können.

Dieses Bild kann formalisiert und in die richtige mathematische Sprache gebracht werden. Es dient nicht nur zum Studium des Pendels, sondern, zumindest im Prinzip, zum Studium jedes dynamischen Systems, wie komplex auch immer es sein mag. Weil die Geometrie und die Topologie dermaßen wirkungsvolle Techniken sind, liefert ein solches Bild Informationen über die Dynamik, die für die klassische «auf Teufel komm raus eine Formel»-Methode vollkommen unerreichbar sind. Es mag keine Formel geben. Aber die Geometrie ist wie die Armut stets mit uns.

Seltsamer als die Reibung

Die Stärke dieses geometrischen Gesichtspunkts wird offensichtlich, wenn wir uns nun fragen, was beim Auftreten von geringer Reibung passiert. Ich nehme an, Sie könnten eine Antwort erhalten, indem Sie mit elliptischen Funktionen rechnen. Ich habe dies noch nie jemanden tun sehen – es wäre eine echte «tour de force», oder vielleicht eine «tour de farce», denn es ist völlig sinnlos. Aber unter Verwendung der Geometrie ist es die Einfachheit selbst.

Was ist der Effekt der Reibung? Reibung bedeutet Verlust an Energie. In der Praxis verwandelt sich die Energie in Wärme, was eine kleine Verletzung des Gesetzes von der Erhaltung der Energie verursacht. Aus diesem Grund reiben Sie sich die Hände, um sich warm zu halten.

In unserem Bild des U-Rohrs entspricht ein Verlust an Energie einem Abstieg auf ein niedrigeres Niveau. Beginnen wir mit einer sehr schnellen Propellerbewegung: Der Punkt auf dem Zylinder, der die Bewegung des Pendels repräsentiert, bewegt sich sehr schnell oben um einen Arm der Röhre. Lassen wir etwas Reibung zu, zwingen wir ihn zu einem langsamen Abstieg, und er beginnt, in einer Spirale nach unten zu wandern (Abbildung 33). Dies bedeutet eine allmähliche Abnahme der Geschwindigkeit der Pendeldrehung, aber das Pendel dreht sich noch in die gleiche Richtung, denn der Punkt ist immer noch auf dem gleichen Arm des Rohrs.

Schließlich erreicht die Spirale die Biegung des Rohrs, kommt in die untere Region der Hin- und Herbewegung und wandert zu Boden. Dynamisch gesehen dreht sich das Pendel immer langsamer, bis es sich nicht mehr überschlägt, zögert und wieder zurückfällt. Dann bewegt es sich in die andere Richtung, geht auf der anderen Seite fast ganz nach oben, kommt aber nicht oben an. Nun schwingt es hin und her, wobei die Größe der Ausschläge langsam abnimmt, bis es schließlich stillsteht.

All dies ist physikalisch intuitiv und ergibt sich aus dem Bild der U-Röhre. Aber wie ich schon gesagt habe, ist es schrecklich schwierig, dieses Verhalten aus der wahren Differentialgleichung herzuleiten. So liegt hier ein einfacher Fall vor, bei dem das Lösen der Gleichungen durch eine Formel keinen gangbaren Weg darstellt. Dagegen liefert die Geometrie fast ohne jede Mühe die Antwort.

Das Einbahnpendel

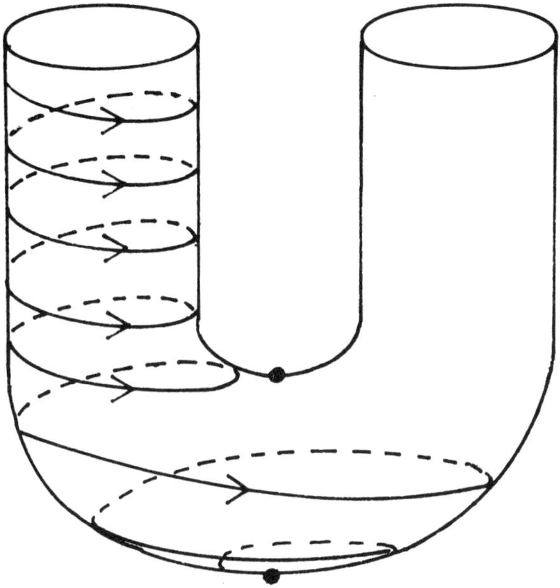

Abb. 33
Reibung wandelt Energie in Wärme um: Ein gedämpftes Pendel läuft entlang den Energieniveaus nach unten.

Die Romanze über mehrere Dimensionen

Im Jahre 1884 veröffentlichte ein englischer Geistlicher namens Edwin A. Abbott die zweite Auflage seines reizenden Buches *Flatland: a Romance of Many Dimensions*. Die Widmung lautet wie folgt:

Den Einwohnern des RAUMES IM ALLGEMEINEN
und der Heiligen Kirche IM BESONDEREN
ist dieses Werk gewidmet
von einem demütigem Bewohner von Flachland;
in der Hoffnung, daß er,
als er eingeweiht wurde in die Geheimnisse
von DREI Dimensionen,
zumindest in ZWEI bewandert war.
Mögen daher die Bewohner dieser Himmlischen Region

sich höher und höher erheben
in die Geheimnisse von VIER, FÜNF ODER SOGAR SECHS Dimensionen
und dadurch beitragen
zur Ausdehnung DER VORSTELLUNGSKRAFT
und der möglichen Entwicklung
der äußerst seltenen und hervorstechenden Gabe der BESCHEIDENHEIT
bei den besseren Völkern
des gesamten Menschengeschlechtes.

Der Held, «ein Quadrat», bewohnt eine Ebene. Eine Kugel aus dem Raum besucht ihn und klärt ihn über die Existenz von drei Dimensionen auf. Der Held sucht nach immer größeren Dimensionen und erzürnt hierdurch seinen Besucher. Am Ende werfen ihn seine Landsleute wegen Ketzerei ins Gefängnis.

Heutzutage ist der Begriff eines mehrdimensionalen Raumes in der Mathematik so weit verbreitet, daß er als fast erwiesen angesehen wird. Die Ketzerei würde darin bestehen, seine Existenz zu leugnen und nicht darin, sie zu behaupten. Zur Zeit vermuten die Physiker, der Zeit-Raum habe zehn Dimensionen: Drei für den Raum, eine für die Zeit und sechs weitere, die so klein zusammengerollt sind, daß man sie nicht sehen kann. Diese sechs vibrieren, hieraus resultiert die gesamte Komplexität der Teilchenphysik.

Der Begriff von einem mehrdimensionalen Raum spielt, obgleich hinter den Kulissen, eine entscheidende Rolle in der Entwicklung der topologischen Dynamik und der Entdeckung des Chaos. Die Idee ist einfach, die damit verbundenen geistigen Bilder vielleicht weniger.

Dies alles dreht sich um eine natürliche Verallgemeinerung der Koordinaten. Beginnen Sie mit einer Dimension: Eine Gerade. Jeder Punkt auf einer Geraden kann durch eine Zahl x beschrieben werden. Sie gibt an, wie weit der Punkt von einem gegebenen festen Punkt entfernt ist. Genauso kann jeder Punkt in der Ebene durch seine beiden Koordinaten x und y beschrieben werden, die seine Entfernung zu zwei gegebenen festen Achsen angeben. Und jeder Punkt im dreidimensionalen Raum kann durch drei Koordinaten x, y und z beschrieben werden.

Aber warum soll man hier aufhören?

Nun, wir sind am Ende des Alphabets, aber irgendwie scheint dies nicht das wirkliche Hindernis zu sein. Was ist mit Punkten, die durch vier Koordinaten, sagen wir w, x, y und z beschrieben werden? Vermutlich entsprechen sie einer Art von vierdimensionalem Raum. Die Koordinaten v, w, x, y, z ergeben einen fünfdimensionalen Raum usw.

In gewissem Sinne ist es genau das. Es gibt nicht mehr darüber zu sagen. Wir haben nun definiert, was wir unter einem fünfdimensionalem Raum verstehen, Ende.

Natürlich gibt es etwas Kleingedrucktes, das man beachten sollte. Lassen Sie uns zugeben, daß diese neuen «Räume» nicht allzu räumlich sind. Wir leben, so scheint es, in keinem von ihnen. Wir leben im guten alten dreidimensionalen Raum. (Falls man die Zeit einbezieht, im vierdimensionalen, weiteres hierzu später.) Warum sich unser physikalischer Raum auf diese Weise begrenzt, ist ein Mysterium. Aber es bedeutet, daß unser Verstand gewisse Schwierigkeiten besitzt, sich Räume mit vier oder mehr Dimensionen bildlich vorzustellen.

Bis zu einem gewissen Grade liegt hierin das Problem. Unser Wahrnehmungssystem ist darin geschult, Objekte in drei räumlichen Dimensionen zu erfassen. Aus diesem Blickwinkel heraus ist «sich ein Bild davon machen» kaum das Ziel! Wir müssen einen neue Art von geometrischer Intuition entwikkeln. Und genau dies haben die Mathematiker über Jahrzehnte getan. Um damit zu beginnen, trieben sie Analogiespielchen wie:

- Eine Strecke hat 2 Endpunkte,
- ein Quadrat hat 4 Ecken,
- ein Würfel hat 8 Ecken.

Was kommt nach 2, 4, 8 ...? Aha! Deshalb gilt:

- Ein vierdimensionaler Hyperwürfel hat 16 Ecken,
- ein fünfdimensionaler Superwürfel hat 32 Ecken,
- ein sechsdimensionaler Supersuperwürfel hat 64 Ecken

usw. Es war ein wundervolles Spiel mit dem Namen «Laß uns etwas vortäuschen», zuletzt unterstützt durch genaue Definitionen und Berechnungen mit Koordinatensystemen wie (u, v, w, x, y, z) für den sechsdimensionalen Raum. Das Spiel besaß eine innere Konsistenz, es fühlte sich an wie Geometrie. Zum Beispiel gibt es im dreidimensionalen Raum fünf regelmäßige Körper, das Tetraeder, den Würfel, das Oktaeder, das Dodekaeder und das Ikosaeder. Man kann zeigen, daß es im vierdimensionalen Raum sechs reguläre Hyperkörper gibt! Aber im fünf-, sechs- oder siebendimensionalen Raum gibt es nur drei. Ist das nicht merkwürdig? Diese Räume haben ihre eigenen individuellen Persönlichkeiten. Vielleicht ist hier etwas wert, herausgestellt zu werden.

Nach und nach gewann der Begriff eines mehrdimensionalen Raumes an Ansehen, besonders als aus ihm wirklich hübsche Mathematik entstand. Der Hauptarchitekt von all dem war der englische Mathematiker Arthur Cayley. Als die Royal Society im Jahre 1874 ein Porträt des großen Mannes aufhing, hielt James Clerk Maxwell eine Rede, die mit folgendem Gedicht endete:

> Marschiere weiter, symbolischer Gast! Mit erhabenem Schritt
> zu den lodernden Grenzen von Raum und Zeit!
> Dort halte, bis dich Dickenson gemalt hat,
> in zwei Dimensionen, so daß wir die Gestalt nachvollziehen können,

von dem, dessen Seele, zu groß für den gewöhnlichen Raum,
in *n* Dimensionen uneingeschränkt erblüht.

Vielleicht wären diese Ideen bloß Kuriostitäten geblieben, aber es wurde der mathematischen Gemeinde klar, daß sie Jahrhunderte lang mehrdimensionale Räume studiert hatte, ohne dies zu bemerken. Es ist wie bei Molières Held M. Jourdain, der erstaunt feststellte, daß er sein ganzes Leben lang Prosa gesprochen hat. Betrachten Sie zum Beispiel das Problem der drei Körper. Was wollen Sie dabei berechnen? Die Positionen und Geschwindigkeiten der drei Körper. Nun hat jeder Körper drei Koordinaten für die Position (er befindet sich im gewöhnlichen dreidimensionalen Raum) und drei Koordinaten für die Geschwindigkeit (dito). Also betrachten Sie ein Problem mit 18 verschiedenen Größen. Sie denken in einem Raum mit 18 Dimensionen.

Ein Fahrrad besitzt (nach konservativer Schätzung) fünf wesentliche Bewegungsteile: Den Lenker, das Vorderrad, das Tretlager-Kette-Rückrad-Ensemble und die beiden Pedale (Abbildung 34). Jedes Teil benötigt zu seiner Beschreibung eine Koordinate für die Position und eine für die Geschwindigkeit. Ein Ingenieur würde sagen: «Ein Fahrrad besitzt zehn Freiheitsgrade.» Um mit einem Fahrrad zu fahren, müssen Sie eine Vorstellung von der Bewegung eines Punktes im zehndimensionalen Raum besitzen! Vielleicht ist es deshalb so schwer zu erlernen. Oh, und bei alldem haben wir die Koordinaten für die Lage des Fahrrads auf der Straße nicht berücksichtigt.

Hübsche Umformulierungen sind jedoch wie zehn Pfennig für einen Groschen. Die meisten sind auch hübsch nutzlos.

Diese eine ist es nicht. Sie liefert ein wunderschönes geometrisches Gefüge, das das «Sehen» von dynamischen Phänomenen wesentlich erleichtert. Man braucht eine Weile, es zu lernen, und in der Praxis hat niemand wirklich eine sehr gute Vorstellung von einem zehndimensionalen Raum. Trotzdem hilft es definitiv weiter. Zum Beispiel wird ein Topologe zwei grobe Kreise auf eine Wandtafel zeichnen und sagen: «Betrachten Sie zwei siebendimensionale Sphären in einem zehndimensionalen Raum.» Und weder er noch seine Zuhörer werden sich etwas Besonderes dabei denken.

Albert Einstein und seine Vorgänger verhalfen der Zeit als eine vierte Dimension zu Ansehen. Nicht als «die» vierte Dimension, vierte Dimensionen sind auch wie zehn Pfennig für einen Groschen. Bei einem Fahrrad können Sie die vierte unter sieben Dimensionen auswählen, wenn Sie einmal die ersten drei festgelegt haben. Aber es geht viel weiter als das. Bei jedem Problem, sei es in der Physik oder in der Psychologie, wird jede interessierende Größe behandelt und als neue Dimension des Problems betrachtet. Ökonomen versuchen normalerweise, den Profit einer Gesellschaft zu maximieren und jonglieren dabei mit Tausenden von Variablen. Sie arbeiten in einem Raum mit Tausenden von Dimensionen. Dies ist ein Grund dafür, daß die Ökonomie so schwierig ist, und hier scherze ich nicht. Der letzte dramatische Durchbruch in dieser Angelegen-

Abb. 34
Ein Fahrrad besitzt mindestens fünf Freiheitsgrade: den Lenker, das linke Pedal, das rechte Pedal, das Vorderrad und das Tretlager-Kette-Hinterrad-Ensemble. Mathematisch benötigt man zehn Dimensionen, um die Bewegung eines Fahrrades darzustellen: fünf für die Position und fünf für die Geschwindigkeit.

heit, der Algorithmus von Karmarkar, wurde dadurch entdeckt, daß über das Problem auf eben diese Art nachgedacht wurde. Er redet von «n-dimensionalen Ellipsoiden», ohne mit der Wimper zu zucken.

Dynamik im n-dimensionalen Raum

Was die Sache dennoch entscheidet, ist die Art und Weise, in der die Idee von mehrdimensionalen Räumen zusammenpaßt. Es ist wie eine 999-dimensionale Hand in einem 999-dimensionalen Handschuh.

Zum Beispiel läßt sich das Bild, das wir oben für die Dynamik eines Pendels

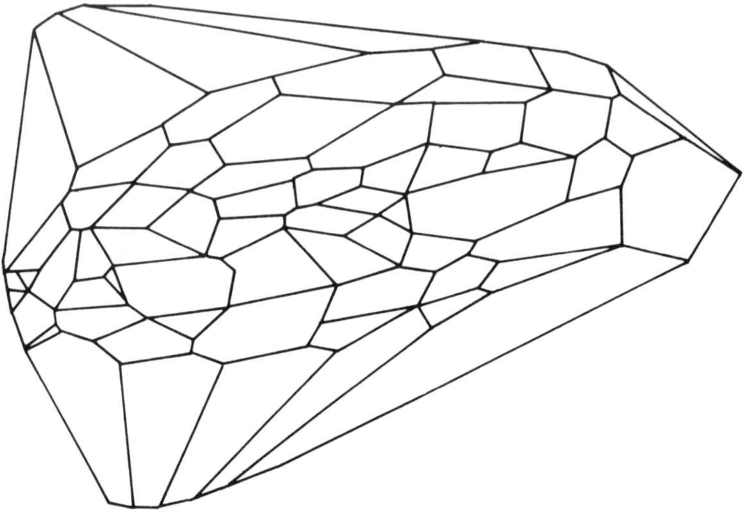

Abb. 35
Eine dreidimensionale Projektion eines mehrdimensionalen Polyheders, die in einer Anwendung des Karmarkar-Algorithmus entsteht (Reproduktion mit freundlicher Genehmigung von A. T. & T. Bell Laboratories Record, © 1986 AT&T).

hergeleitet haben, auf mehrdimensionale Räume verallgemeinern. Ein System mit *n* Freiheitsgraden und somit mit *n* verschiedenen Variablen kann als Punkt im *n*-dimensionalen Raum aufgefaßt werden. Die *n* Koordinaten eines einzigen Punktes im *n*-dimensionalen Raum definieren gleichzeitig alle *n* Variablen. Worüber läßt sich leichter nachdenken: Über einen sich in einem fiktiven zehndimensionalen Raum bewegenden Punkt oder über die gesamte dynamische Komplexität eines Fahrrades, herumeiernd, mit hin- und herwackelndem Lenker und auf- und abgehenden Pedalen?

Okay. Vergessen Sie den zehndimensionalen Raum und denken Sie nur an einen Punkt. Besser? Gut.

Wie kommen die Bewegungsgesetze ins Bild? Sie sagen uns, wie sich ein gegebener Anfangspunkt im mehrdimensionalen Raum bewegt. Er bewegt sich auf einer Kurve, die Einstein «Weltlinie» nannte. Sie können sich nun eine ganze Menge von Anfangspunkten vorstellen, die sich auf diesen Kurven bewegen. Sie fließen herum wie Partikel einer Flüssigkeit.

Eine besondere Bewegung eines Fahrrads entspricht der eines Punktes in einem fiktiven zehndimensionalen Raum, alle möglichen Bewegungen eines

Fahrrads entsprechen dem Fluß einer fiktiven Flüssigkeit in diesem fiktiven zehndimensionalen Raum.

> **Theorem:** Ist das System hamiltonsch (ohne Reibung), dann ist die Flüssigkeit nicht komprimierbar.

Ich hoffe, dies bringt sie mit dem gleichen Ruck auf die Erde zurück, den ich immer erfahre. Dies ist kein abstraktes Spiel! Es ist die Wirklichkeit!

Meiner Meinung nach muß etwas sehr Tiefgehendes vorliegen, wenn das geometrische Bild die Dynamik nicht nur in die Bewegung einer dummen Flüssigkeit in irgendeinem dummen Raum verwandelt, sondern diese Flüssigkeit nicht komprimierbar macht. Nicht komprimierbar bedeutet, daß sich das zehndimensionale Analogon zum «Volumen» beim Fließen der Flüssigkeit nicht verändert. Dieses Theorem wurde im neunzehnten Jahrhundert von Joseph Liouville entdeckt, und seine Konsequenzen waren spektakulär.

Wenn das System nicht hamiltonsch ist, d.h. wenn Reibung vorliegt, können Sie immer noch an eine Flüssigkeit denken. Diese ist aber nicht mehr nicht komprimierbar. Indem Sie die Abbildungen 32 und 33 vergleichen, können Sie sich besser in diese Gedanken einfinden. Stellen Sie sich vor, der kleine Kreis am Boden der U-Röhre in Abbildung 32 wäre mit einem Tropfen einer zweidimensionalen Flüssigkeit gefüllt. Stellen Sie sich nicht vor, die Flüssigkeit fülle das Innere der Röhre, nur die Oberfläche der Röhre entspricht der physikalischen Realität! Mit der Zeit dreht sich der Tropfen, gefangen im Inneren des kleinen Kreises. Hierbei ändert sich seine Fläche nicht. Ein komprimierbarer Flüssigkeitstropfen dagegen windet sich in Abbildung 33 entlang den Energieniveaus nach unten und muß daher zusammenschrumpfen. Dies ist der Hauptunterschied zwischen einem Hamiltonschen System und einem dissipativem System, das nicht hamiltonsch ist.

Inkompressibilität ist ein solch natürlicher Begriff, daß das Theorem nicht nur bloßer Zufall sein kann. Es sei denn, Sie stimmen Kurt Vonnegut in seinem *Cat's Cradle* zu, daß Gott das Universum als einen vollendeten praktischen Scherz erschaffen hat.

6 *Seltsame Attraktoren*

Sie haben seltsame Grenzen und man muß lernen, sie zu beobachten. Die Einfachheit ihrer Oberfläche bildet für einen Fremden eine Falle. Auf den ersten Blick scheinen sie vollständig weich zu sein. Aber dann stößt man plötzlich auf etwas sehr Hartes und weiß, daß man die Grenze erreicht hat und sich der Tatsache beugen muß.

Sir Arthur Conan Doyle, His Last Bow

Es gibt offenbar zwei Typen von Mathematikern. Die meisten Mathematiker arbeiten mit visuellen Vorstellungen und geistigen Bildern, eine Minderheit denkt in Formeln. Auf welche Art gedacht wird, hängt nicht immer von der Sache ab. Es gibt Algebraiker und Logiker, die in Bildern denken, und ich weiß, daß ein führender Topologe wirklich Mühe hat, sich dreidimensionale Objekte vorzustellen. Der berühmte Biologe Johannes Müller sagte, daß sein geistiges Bild von einem Hund so aussieht:

HUND

Es gibt auch Moden in der mathematischen Darstellung. Jahrzehntelang hat jeder eine Menge von Bildern gemalt. Dann waren die Bilder plötzlich nicht mehr «de rigueur» und der Stil wurde sehr formal. Laplace war stolz darauf, daß seine Schriften keine Bilder sondern nur Analysis enthielt. In den fünfziger Jahren dieses Jahrhunderts findet man in den Werken von Nicolas Bourbaki nur wenige Diagramme. Nicolas Bourbaki ist ein Pseudonym, unter dem eine Gruppe von hauptsächlich französischen Mathematikern versucht hat, die Struktur der Mathematik zu formalisieren. Die Abneigung gegen Diagramme entstand gewöhnlich durch eine Krise in der Logik, die durch zu saloppes Denken und sorglose Spazierfahrten durch neue mathematische Gebiete hervorgerufen wurde. Aber als die Formeln immer undurchdringlicher wurden, drangen die bildlichen Vorstellungen einmal mehr an die Oberfläche des kollektiven mathematischen Unterbewußtseins.

Der große Beitrag von Poincaré bestand darin, die Geometrie in die Mechanik zurückzubringen und damit die Laplacesche Betonung von analytischen Methoden und Berechnungen aufzuheben. Ein anderer historischer Zyklus, eine neue Etage im Treppenhaus. Mit Geometrie meine ich nicht das gestelzte Satz-Beweis-q.e.d., mit dem gewöhnlich unschuldige Kinder im Namen von

Euklid geplagt werden. Ich meine Bilder. Poincaré befreite die visuelle Vorstellungskraft aus dem Gefängnis der Analysis und ließ sie einmal mehr frei umherziehen. Nachdem die Mathematik durch Bourbaki wieder in den Formalismus geführt wurde, steuert sie heute, so schnell sie ihre Beine tragen, auf die geometrische Biegung der Spirale zu.

Lassen Sie uns einige von Poincarés Ideen betrachten. Ich habe sie zwar in eine modernere Sprache gefaßt, aber es bleibt seine Betrachtungsweise.

Die Zeit fliegt wie ein Pfeil

Wir beginnen mit einem System mit zwei Freiheitsgraden und können somit Bilder in der Ebene malen. Im Gegensatz zum Pendel, das auch in der Ebene dargestellt werden kann (oder zumindest auf einem Zylinder, was das gleiche ist), wird dieses System nicht hamiltonsch sein. Tatsächlich wird es keinem besonderen physikalischen Modell entsprechen. Es wird eine rein mathematische Konstruktion sein, die dazu dient, das typische Verhalten eines Systems mit zwei Freiheitsgraden zu illustrieren.

Sie mögen sich erinnern, daß wir uns bei einer einzigen gegebenen Differentialgleichung die Bewegung aller möglichen Anfangspunkte als imaginäre Flüssigkeit vorstellen können, die entlang den Trajektorien der Gleichung fließt. Die Auswahl eines Startpunktes bedeutet das gleiche wie die Auswahl von Anfangsbedingungen für die Gleichung, und die Koordinaten der Bewegung dieses Startpunktes sind die Lösungen der Differentialgleichung mit diesen Anfangsbedingungen.

Das Bild dieser Strömungslinien nennt man das Phasenportrait der Differentialgleichung (Abbildung 36). Das Wort «Portrait» scheint klar genug zu sein, und es ist phantasievoller als viele andere mathematische Bezeichnungen. Das kuriose Wort «Phase» scheint aus der Elektroingenieurwissenschaft zu stammen. Oszillierende Wellen haben eine Amplitude, diese bezeichnet ihre Größe, und eine Phase, die ihren Zyklus beschreibt. Wenn Sie beide zeichnen, erhalten Sie ein Bild in der Ebene.

Die Strömung wird durch Kurven dargestellt, die der zeitlichen Entwicklung der Koordinaten der verschiedenen Startpunkte entsprechen. Die Richtung der Bewegung mit der Zeit wird durch Pfeile markiert. Wir haben schon zwei Phasenportraits angetroffen, eines für den harmonischen Oszillator in Abbildung 28 und eines für das Pendel in Abbildung 29.

Beachten Sie, wie die Strömungslinien zusammenpassen. Die Pfeile auf nahe beieinanderliegenden Kurven sind ziemlich gleichmäßig ausgerichtet. Dies bedeutet, daß die fiktive Flüssigkeit, deren Strömung durch die Kurven dargestellt wird, nicht auseinanderreißt. Die Bewegung ist stetig.

Diese spezielle Strömung hat vier Eigenschaften, auf die ich Sie aufmerksam machen möchte.

Abb. 36
Ein Phasenportrait von einer Strömung in der Ebene, das von links nach rechts eine Senke, einen Sattel, einen Grenzzyklus und eine Quelle zeigt.

Zunächst gibt es auf der linken Seite des Bildes einen Punkt, in den alle nahegelegenen Strömungslinien hineinspiralieren. Diesen nennt man «Senke». Er sieht fast aus wie ein Abflußloch, in dem die Flüssigkeit gluckernd verschwindet. Vielleicht kommt daher der Name.

Gegenüber auf der rechten Seite ist ein umgekehrtes Abflußloch, ein Punkt, von dem die Flüssigkeit wegspiraliert. Dieser Punkt heißt «Quelle». Denken Sie an eine Flüssigkeit, die aus einem Brunnen sprudelt.

Dazwischen ist eine Stelle, an der sich die Strömungslinien zu schneiden scheinen. Diese nennt man «Sattel». In Wirklichkeit schneiden sich die Linien nicht. Es geschieht etwas Interessanteres, das ich unten beschreiben werde. Falls zwei reale Flüssigkeitsstrahle aufeinandertreffen, sehen Sie einen Sattel.

Schließlich wird die Quelle auf der rechten Seite von einer einzigen geschlossenen Kurve umgeben. Dies ist ein Grenzzyklus. Er erinnert an einen Strudel, in dem die Flüssigkeit umherwirbelt. Ein Whirlpool.

Weiter unten werden wir sehen, daß typische Strömungen in der Ebene diese vier Eigenschaften besitzen und keine weiteren. Jede dieser Eigenschaften kann gar nicht oder aber vielleicht mehrfach vorhanden sein, aber sie werden keine kompliziertere finden. Ich werde ihnen auch erklären, warum ich hier das Wort «typisch» verwende. Lassen Sie uns jedoch zunächst diese vier Eigenschaften von Strömungen in der Ebene, also von Differentialgleichungen mit zwei Freiheitsgraden, näher kennenlernen.

Die Senken

Eine Senke ist eine Stelle, an der eine Strömungslinie zu einem einzigen Punkt degeneriert ist und in die alle benachbarten Punkte fließen (Abbildung 37). Wenn Sie mit dem System im Mittelpunkt der Senke beginnen, geschieht nichts. Es bleibt dort stecken. Daher repräsentiert eine Senke einen ruhigen Zustand des Systems. So kann zum Beispiel ein Teigklumpen im Mixer am Boden der Rührschüssel ruhig liegenbleiben.

Falls Sie mit dem System in einem Punkt beginnen, der nahe an der Senke liegt, wird es sich darauf zubewegen. Wenn Sie den Teigklumpen in der Rührschüssel etwas seitlich nach oben legen, wird er etwas klebrig nach unten rutschen, bis er am Boden der Schüssel liegenbleibt. Ich habe klebrigen Teig genommen, damit Reibung entsteht. Falls Sie eine glatte Murmel verwenden, erhalten Sie ein Hamiltonsches System und etwas ganz anderes wird passieren.

Dies bedeutet, daß der ruhige Zustand in einer Senke stabil ist. Wenn Sie den Punkt, der den stabilen Zustand des Systems repräsentiert, ein wenig von der

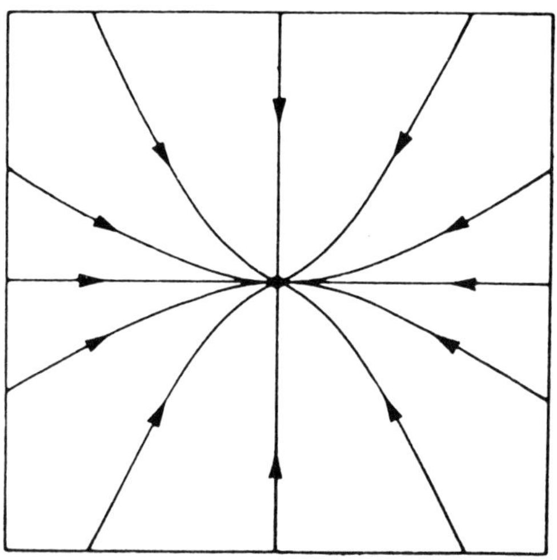

Abb. 37
Eine Senke.

Senke wegbewegen, wird er sich wieder in die Senke zurückdrehen. Wenn Sie den Teigklumpen etwas auf die Seite der Schüssel schubsen, rutscht er wieder zurück.

Die Quellen

Die Quellen sind ebenfalls ruhige Zustände (Abbildung 38). Aber nun bewegen sich nahegelegene Punkte weg. Dies kann man mit einem Teigklumpen in einem überdrehten Mixer vergleichen. Wenn Sie vorsichtig sind, können Sie ihn am Rand der Rührschüssel balancieren lassen. Aber wenn Sie ihn anstoßen, wird er zur Seite rutschen und hinausfallen. Dies bedeutet, daß der Zustand instabil ist.

Rufen Sie sich in Erinnerung, daß der Teig nur etwas klebrig ist. Er wird nicht am Rand festkleben. Und stellen Sie sich eine Schüssel mit einem abgerundeten Boden vor, nicht eine mit einem flachen. Vielleicht liefert der Versuch, einen glatten Kieselstein auf einem anderen zu balancieren, eine bessere Analogie für einen instabilen Zustand. Mit genügend Vorsicht könnte Ihnen dies sogar gelingen. Aber beim leisesten Windhauch wird der Stein hinunterfallen.

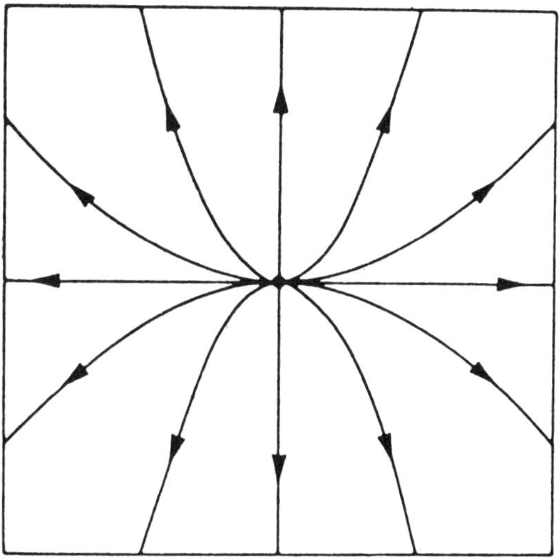

Abb. 38
Eine Quelle.

Die Sättel

Ein Sattel ist interessanter (Abbildung 39). Es ist eine Art von Ding, an das nur ein Mathematiker denkt – es sei denn, Mutter Natur hätte eine noch lebhaftere Phantasie. Auf gewisse Weise ist ein Sattel ein ruhiger Zustand, der in einigen Richtungen stabil und in anderen instabil ist.

Stellen Sie sich einen höchst unerfahrenen Reiter in einem geölten Sattel vor. Wenn er sich im Sattel nach vorne oder hinten bewegt, rutscht er jedesmal in die Mitte zurück. Wenn er sich jedoch zur Seite bewegt, fällt er vom Pferd. Seine Position ist gegenüber Veränderungen nach vorne oder hinten stabil, gegenüber seitlichen Veränderungen dagegen instabil. Aus diesem Grund wird ein solcher Punkt Sattel genannt.

Der Punkt in der Mitte des Kreuzes, der eigentliche Sattelpunkt, repräsentiert wie alle Trajektorien, die nur aus einem einzigen Punkt bestehen, einen Zustand der Ruhe. Zwei Strömungslinien heißen die Separatrices (Einzahl: Separatrix) des Sattels. Sie werden so genannt, weil sie die Wege trennen, auf denen nahegelegene Punkte fließen. Stellen Sie sich vor, Sie kommen auf der linken

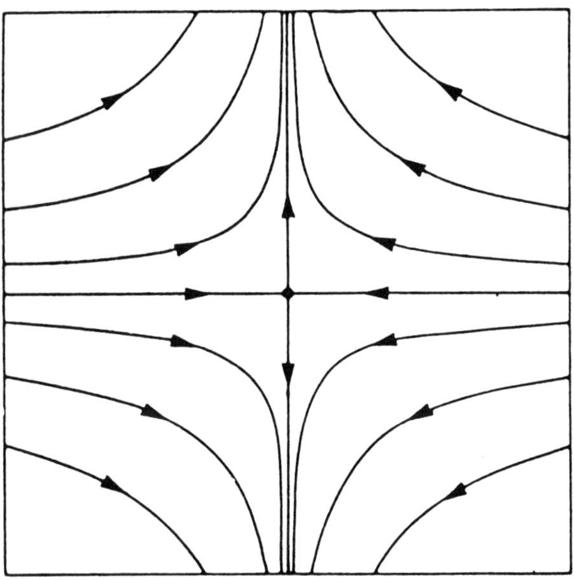

Abb. 39
Ein Sattel. Die beiden Geraden, die sich in der Mitte schneiden, sind seine Separatrices.

Separatrix im Bild entlang. Wenn Sie nur etwas oberhalb von ihr beginnen, machen Sie nahe am Sattelpunkt eine scharfe Linkskurve, wenn sie ein wenig unterhalb beginnen, eine scharfe Rechtskurve.

Es sieht fast so aus, als würde die Strömung am Sattelpunkt auseinandergerissen. Aber ich sagte oben, daß sie es nicht wird. Dies ist so, weil eine Separatrix nicht wirklich in den Sattelpunkt hineinläuft. Wenn Sie sich dem Sattel auf einer Separatrix nähern, erreichen Sie ihn erst nach unendlich langer Zeit. So wird die Strömung in der Nähe des Sattels unendlich langsam. Die Flüssigkeit wird seitwärts gedehnt und nicht auseinandergerissen.

Sie mögen denken, daß Sättel nicht so häufig vorkommen wie Quellen oder Senken. Dies ist jedoch nicht richtig. Eine andere Analogie soll dies verdeutlichen: Stellen Sie sich eine Gebirgslandschaft mit Stellen vor, an denen der Boden (oder zumindest die Tangentialebene) horizontal ist. Es gibt Gipfel, das sind Punkte, von denen aus es in jede Richtung nur nach unten geht. Sie entsprechen den Quellen. Dann gibt es Bodensenken, von denen aus es in jede Richtung nur nach oben geht. Sie entsprechen den Senken.

Und dann gibt es Pässe, von wo aus es in einigen Richtungen nach oben und in anderen nach unten geht. Sie entsprechen den Sätteln.

Pässe sind in einem gebirgigen Land ebenso alltäglich wie Gipfel oder Bodensenken. Schauen Sie sich eine Karte der Schweizer Alpen an. Und genauso sind Sättel so alltäglich wie Quellen oder Senken. Sie können diese zum Beispiel bei den Isobaren von Wetterkarten sehen, und zwar ebenso gut wie die Kreise um ein «H» oder «T», die die Quellen und Senken des Luftdrucks markieren. Isobare werden bei geeigneten Vielfachen von 10 Millibar gezeichnet. Daher können Sie die Separatrices mit ihrer charakteristischen Kreuzform nur selten sehen, aber Sie können ihre Gegenwart an den vier «Rücken-an-Rükken»-Kurven erkennen, die in ihrer Nähe auftreten.

Die Grenzzyklen

Nun, die Grenzzyklen sind wirklich interessant. Wenn Sie auf einem beginnen, gehen Sie für immer und ewig rundum und wiederholen ständig die gleiche Bewegung (Abbildung 40). Die Bewegung ist periodisch.

Es gibt zwei grundlegende Arten von Grenzzyklen. In der Abbildung ist ein stabiler Grenzzyklus dargestellt, naheliegende Punkte bewegen sich auf ihn zu. Es gibt auch instabile Grenzzyklen, von denen sich nahegelegene Punkte wegbewegen. Um einen zu zeichnen, müssen Sie alle Pfeile in der Abbildung umdrehen.

Grenzzyklen unterscheiden sich von Quellen, Senken und Sätteln. Sie können sie nicht entdecken, indem sie Punkte in ihrer Nähe betrachten. Sie müssen ein ganzes Gebiet ansehen. Aus diesem Grund werden periodische Bewegungen schwerer entdeckt als Ruhezustände. Genau deshalb sind sie auch mathematisch interessanter.

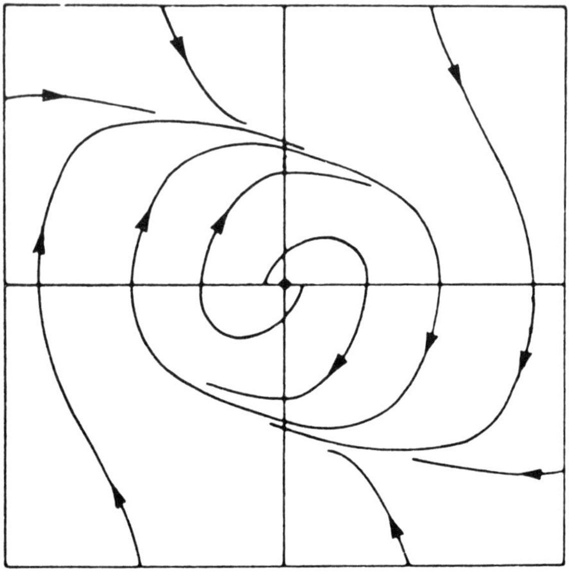

Abb. 40
Ein stabiler Grenzzyklus besteht aus einer geschlossenen Kurve, auf die sich nahegelegene Trajektorien zubewegen.

Im Jahre 1927 fand der holländische Ingenieur Balthasar van der Pol einen höchst bedeutenden Grenzzyklus. Er tritt in einem mathematischen Modell einer Elektronenröhre auf, und zwar in einem Modell der Röhren, die vor der Erfindung des Transistors durch William Shockley, John Bardeen und Walter Brattain im Jahre 1947 in den Bell Telephone Laboratories in Radios verwendet wurden. Ein ähnliches mathematisches Modell läßt sich auch auf Transistoren anwenden. Van der Pols Grenzzyklus entspricht einer oszillierenden Röhre, die eine regelmäßig sich auf- und abwärts bewegende Welle ausstößt. Es hört sich wie ein Pfeifton oder ein Kreischen an.

Oszillierende Radiowellen sind die Basis für den Rundfunk. Die Idee besteht darin, mit einer regelmäßigen und sehr schnell oszillierenden Welle zu beginnen und dann deren Form dem zu übertragenden Ton entsprechend zu verändern. Die beiden Standardmethoden sind die Modulation der Amplitude (AM) und die Modulation der Frequenz (FM). Bei der ersten wird die Höhe der Wellen verändert, bei der zweiten der Abstand zwischen zwei Wellen. Aber Sie benötigen erst einen regelmäßigen Oszillator, bevor Sie irgend etwas modulieren können. Daher hat der Grenzzyklus im mathematischen Oszillator von van der Pol bedeutende Konsequenzen für die Technologie.

Typisch, das ist es

Poincaré und der schwedische Mathematiker Ivar Bendixson bewiesen ein Theorem, nach dem in einem «typischen» System von Differentialgleichungen in der Ebene nur diese vier Arten von Verhalten auftreten.

Es ist jedoch nicht richtig, daß jede Differentialgleichung nur diese vier Eigenschaften besitzt. Man kann sich sehr leicht kompliziertere Dinge ausdenken: Stellen, an denen sich drei Linien schneiden, oder Grenzzyklen, die nach innen stabil und nach außen instabil sind. Man kann zeigen, daß diese Ausnahmen in gewisser Weise unendlich selten auftreten. Dies läßt sich exakt formulieren, aber nur mit technischen Ausdrücken wie «Epsilon-Homöomorphismus», die nicht in dieses Buch passen. Wenn Sie Quellen, Senken, Sättel und Grenzzyklen so oft antreffen wie Kopf oder Zahl bei einem Münzwurf, dann ist die Ausnahme eine Münze, die auf dem Rand landet. In der Theorie könnte dies passieren, aber in der Praxis geschieht es nicht.

Diese Art von Ergebnis ist in der Mathematik recht häufig anzutreffen, und es verschandelt die Landschaft der Theorie der dynamischen Systeme. Wenn Sie versuchen, absolut alles aufzulisten, was vorkommen kann, werden Sie feststellen, daß es unendlich kompliziert und unmöglich zu entwirren ist. Aber wenn Sie fragen, was «typisch» ist, oder was mit der Wahrscheinlichkeit ungleich null eintritt, dann ist alles viel, viel schöner. Diese Situation ist so weit verbreitet, daß die Theoretiker der dynamischen Systeme dafür einen technischen Ausdruck erfunden (oder eher geborgt) haben: generisch. Ein Verhalten ist generisch, falls es typisch ist und die unendlich seltenen Ausnahmen umgeht.

Ich möchte nicht behaupten, daß die Geheimnisse der Ausnahmen für immer ein Mysterium bleiben müssen. Manchmal kann man Fortschritte durch atypische, also nicht generische Systeme machen. Es gibt bei «typisch» sogar eine Art von Hierarchie: typisch, ziemlich typisch, etwas typisch, überhaupt nicht typisch – uff.

Für praktische Zwecke, für anwendungsorientierte Mathematik und für zufriedenstellende und nicht überkomplizierte Theorien sollte man das typische, das generische studieren. Dabei sollte man immer daran denken, daß es von den Dingen, über die man redet, abhängt, was man als typisch bezeichnet. Typische Hamiltonsche Systeme haben ein ganz anderes Verhalten als typische Nicht-Hamiltonsche Systeme. Wenn Sie eine Münze in einen Sumpf werfen, zeigt sie weder Kopf noch Zahl. Sie sinkt. Wenn Sie sie auf einen mit feuchter Erde bedeckten Tisch werfen, hat sie größere Aussichten, auf dem Rand zu landen. Wenn Sie über die Straße gehen, werden Sie als typische Person nicht den

Finanzminister treffen. Wenn Sie durch das Parlamentsgebäude gehen, könnte dies dagegen gut möglich sein.

Jedes System von Interesse ist in gewisser Weise in einem genügend begrenztem Kontext typisch. Und wenn Sie das System verstehen möchten, hilft das Herausfinden dieses Kontextes ein gutes Stück weiter. Es ist in etwa wie in der «Animal Farm» von George Orwell, nur liest sich hier die Botschaft auf der Scheune so:

ALLE SYSTEME SIND TYPISCH,
ABER EINIGE SIND TYPISCHER ALS ANDERE.

Eine Mütze schwenken

Ein Endtyp der klassischen Bewegung verdient Beachtung: Die Quasiperiodizität. Hierbei werden verschiedene periodische Bewegungen mit unabhängigen Frequenzen miteinander kombiniert. Die Frequenz einer periodischen Bewegung ist die Anzahl der Perioden pro Sekunde. So entsprechen lange Perioden niedrigen Frequenzen und kurze Perioden hohen Frequenzen. Stellen Sie sich einen Astronauten auf einer Mondumlaufbahn vor, der in der Raumkapsel eine Mütze über seinem Kopf herumschwingt. Ja, ich weiß, ein Astronaut trägt keine Mütze und in einer Raumkapsel ist auch nicht genug Platz dafür vorhanden, doch bitte sehen Sie mir dies nach. Die Mütze bewegt sich periodisch um den Astronauten, der Astronaut bewegt sich periodisch um den Mond, der Mond bewegt sich um die Erde, die Erde um die Sonne und die Sonne dreht sich um das Zentrum der Milchstraße. Dies sind fünf überlagerte periodische Bewegungen.

Im topologischen Bild sieht eine quasiperiodische Bewegung aus wie eine

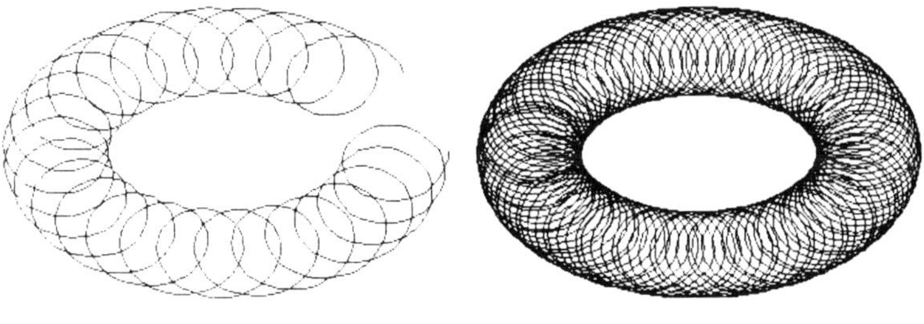

Abb. 41
Quasiperiodische Bewegungen finden topologisch gesehen auf einem Torus statt: die Kombination von Bewegungen auf kleinen und großen Kreisen (links) und der resultierende Torus (rechts).

Spirale auf einem Torus – einem Doughnut (Abbildung 41). Sie können dies als eine Kombination von zwei periodischen Bewegungen sehen, denn es gibt zwei Richtungen «um» einen Torus. Die eine geht durch das Loch in der Mitte, die andere ist hierzu senkrecht und läuft um den «Äquator». Wenn Sie in der einen Richtung anfangen und sich immer wieder durch das Loch um den Torus drehen, und wenn Sie dann einen kleinen Schubs in Richtung des Äquatorialgürtels erhalten, bekommen Sie eine spiralförmige Bewegung.

Wenn man zwei periodische Bewegungen kombiniert, deren Perioden ein gemeinsames Maß besitzen, beide also ganzzahlige Vielfache einer geeigneten Größe sind, dann ist das Ergebnis wieder periodisch. Hat zum Beispiel die eine Bewegung eine Periode von 3 Sekunden und die andere eine von 5 Sekunden, dann wiederholt sich die Kombination alle 15 Sekunden.

Aber wenn es kein gemeinsames Maß gibt, zum Beispiel wenn die Perioden 1 Sekunde und $\sqrt{2}$ Sekunden betragen, dann wiederholt sich die kombinierte Bewegung niemals genau. Jedoch wiederholt sie sich «fast genau». Dies bedeutet, daß es Zustände gibt, die beliebig nahe beim Anfangszustand liegen. Deshalb wird eine solche Bewegung «quasiperiodisch» genannt.

Die Kombination von zwei periodischen Bewegungen ist wieder periodisch, wenn der Quotient ihrer Perioden eine rationale Zahl, d.h. ein echter Bruch p/q mit ganzen Zahlen p und q ist. Ist der Quotient der Perioden irrational, also kein echter Bruch, dann haben die beiden Perioden kein gemeinsames Maß und ihre Kombination wiederholt sich niemals. Sie wiederholt sich «fast» für näherungsweise gemeinsame Vielfache der Periode, d.h. für Brüche, die sehr nah am Quotient der beiden Perioden liegen.

In einem allgemeinen dynamischen System ist eine quasiperiodische Bewegung nicht typisch. Trotzdem ist sie oft in der klassischen Dynamik anzutreffen. Der Hauptgrund dafür ist, daß sie für Hamiltonsche Systeme absolut typisch ist und sich die klassische Mechanik auf diese Systeme konzentriert. Die Himmelsmechanik wird von überlagerten Zyklen verschandelt, wie es das Schwingen der Mütze illustriert. Ein anderer Grund liegt darin, daß in einem System mit kreisförmiger Symmetrie, sei es hamiltonsch oder nicht, Bewegungen mit zwei Perioden typisch sind. Die Symmetrie «stabilisiert» die Kombination von zwei Perioden. Und kreisförmige Symmetrie ist alltäglich. Ein dritter Grund für das Studium der Quasiperiodizität ist, daß quasiperiodische Bewegungen oft beim Übergang von einer typischen Bewegung zu einer anderen beobachtet werden, obwohl sie selbst nicht typisch sind. Auf gewisse Weise ist dies eine Art von Bewegung, die wir verstehen und die für andere, von uns nicht verstandene Arten von Bewegungen verantwortlich sein kann. Als solche kann sie manchmal als nützlicher Ausgangspunkt für das Erforschen neuer Arten von Bewegung – wie dem Chaos – dienen.

Einsicht, nicht Augenlicht

Poincaré und Bendixson konnten ihr Theorem nur für Systeme mit zwei Freiheitsgraden beweisen. Die Ebene besitzt alle Arten von speziellen Eigenschaften, die sie voll und ganz ausnützten. Der dreidimensionale Raum bereitet jedoch Schwierigkeiten. Wie sieht zum Beispiel die Strömung in der Nähe einer verknoteten geschlossenen Kurve aus? Denn Differentialgleichungen können verknotete Lösungen besitzen. Die Lorenz-Gleichung im nächsten Kapitel liefert ein Beispiel dafür. In der Ebene gibt es keine Knoten, im dreidimensionalen Raum jedoch schon. Die Mathematik muß dem ins Auge sehen.

In den frühen sechziger Jahren nahm ein amerikanischer Topologe, Stephen Smale, die qualitative Theorie der Differentialgleichungen dort wieder auf, wo Poincaré und seine Nachfolger, vor allem George Birkhoff, aufgehört haben. Die Topologie hatte in dem dazwischenliegenden halben Jahrhundert viele Fortschritte gemacht, vielleicht war die Zeit daher reif für eine Weiterentwicklung. Und wenn auch die meisten Topologen vergessen hatten, daß die Topologie aus Problemen der Physik entstanden ist, Smale hatte es nicht.

Ich muß hinzufügen, daß es zwischen Poincaré und Smale viele bedeutende Beiträge zur Dynamik gegeben hat. Ich wähle nur einen Faden aus einem kostbaren Teppich aus. Liapunov hat eine Menge von Zahlen eingeführt, die heute als Liapunov-Exponenten bekannt sind und in einer Methode zur Entdekkung der Anwesenheit von Chaos verwendet werden. Die Arbeit von Aleksandr Andronov, Aleksandr Adol'fovich Vitt und S. E. Khaikin über nichtlineare Oszillatoren verdient eine Erwähnung ebenso wie die grundlegenden topologischen Ideen von Solomon Lefschetz. Die von Andrei Kolmogorov gegründete Russische Schule hat zahlreiche grundlegende Entdeckungen gemacht, wobei sie von der kinetischen Theorie der Dynamik der Gase inspiriert wurde. Insbesondere definierte sie die Entropie, früher ein Begriff in der Thermodynamik, für beliebige dynamische Systeme. Das Kolmogorov-Sinai-Kriterium über die Entropie ist einer der zuverlässigsten Tests für Chaos. Eine bedeutende Klasse von chaotischen Systemen wurde von D. V. Anosov eingeführt und untersucht. Ya. G. Sinai hat als erster das extrem schwierige Resultat bewiesen, daß ein System von elastischen Partikeln, die ein Gas modellieren, sich tatsächlich chaotisch verhält. Vladimir Arnold hatte einen gewaltigen Einfluß auf die Entwicklung der modernen Dynamik, insbesondere auf die der Hamiltonschen Systeme. Einige Teile seiner Arbeit werde ich später beschreiben.

Smale hatte originelle Ideen. In seiner PhD-Thesis bewies er ein allgemeines Theorem, aus dem neben vielem anderen folgt, daß man das Innere einer Sphäre nach außen kehren kann. Die Sphäre darf sich dabei selbst durchdringen, muß aber glatt bleiben – in keinem Stadium darf ein Knick entstehen. Dies schien so unwahrscheinlich zu sein, daß es sein Doktorvater nicht glaubte. Es stellte sich jedoch heraus, daß Smale recht hatte. Jedoch hat man erst viele Jahre später exakt ausgearbeitet, wie dies zu machen sei. Einer der Leute, die dies taten, der französische Mathematiker Bernard Morin, war blind. Wie ich sagte, ist «visualisieren» nicht das richtige Wort. Einsicht, nicht Augenlicht – das brauchen Sie für die Topologie. Smale war der führende Topologe dieser Zeit. Er war für viele andere Durchbrüche verantwortlich, unter anderem für den ersten Beweis für fünf oder mehr Dimensionen eines Problems, das Poincaré im Jahr 1906 gestellt hat, und das jeder andere für total unzugänglich hielt.

Um dem neuen Gesichtspunkt Nachdruck zu verleihen, benutzte Smale den Begriff «dynamisches System» anstelle von «System von Differentialgleichungen». Er betrachtete die dynamischen Systeme über die Topologie ihrer Phasenportraits, dachte also über ihre Geometrie nach und nicht über die Formeln, durch die sie definiert sind. Tatsächlich hat er kaum jemals eine Formel niedergeschrieben. Natürlich trug dies dazu bei, die Theoretiker über klassische Differentialgleichungen zu verwirren. Smale fuhr fort, sie in Wut zu versetzen, indem er sie mit Vermutungen bombardierte, von denen sie schon wußten, daß sie falsch waren. Aber dies war nur seine Art, das wirkliche Problem in den Griff zu bekommen. Und bald bombardierte er sie mit wahren Theoremen, die selbst die Experten überraschten.

Eine der ersten Fragen, die er stellte, war eine sehr natürliche: Was ist das Analogon des Poincaré-Bendixson-Theorems in drei (oder mehr) Dimensionen? Mit anderen Worten: Wieviele typische Arten von Verhaltensweisen für ein System von Differentialgleichungen gibt es?

Poincaré hatte einen Anfang gemacht. Er hatte für den dreidimensionalen Raum alle existierenden typischen Arten von Ruhezuständen gefunden. Dies sind genau vier. Es gibt Quellen, Senken und zwei verschiedene Typen von Sätteln. Bei einer Quelle bewegen sich auch hier alle benachbarten Punkte nach außen, und eine Senke ist das Gegenteil von einer Quelle. Ein Sattel kann entweder eine Fläche von sich nach außen und eine Gerade von sich nach innen bewegenden Punkten besitzen, oder er weist eine Gerade von sich nach außen und eine Fläche von sich nach innen bewegenden Punkten auf.

Natürlich kann man auch im dreidimensionalen Raum Grenzzyklen erhalten, aber nun gibt es drei Arten: Stabile, instabile und sattelähnliche.

Dies schien eine ganze Menge zu sein. Niemand hat weitere typische Eigenschaften eines Flußes gefunden.

Strukturelle Stabilität

Das erste, was Smale tun mußte, war, die Bedeutung des Begriffs «typisch» präzise festzulegen. Sie können sehr gute Theoreme beweisen, wenn Sie nicht wissen, worüber Sie reden.

Die nötige Idee hatten Aleksandr Andronov und Lev Pontryagin in den dreißiger Jahren für Systeme mit zwei Freiheitsgraden. Sie benutzten den Begriff «grobe Systeme». Die Idee besteht darin, daß atypisches Verhalten durch kleine Veränderungen an den Gleichungen «aufgebrochen» werden kann. Zum

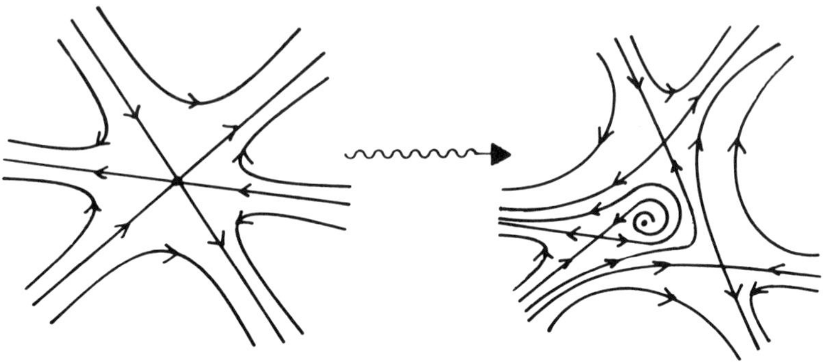

Abb. 42
Strukturelle Instabilität: Ein Sattel mit drei Separatrices bricht bei kleinen Störungen auseinander und bildet drei Sättel und eine Senke.

Beispiel kann eine Stelle, an der drei Flußlinien zusammentreffen, in eine Konfiguration von drei Sattelpunkten aufgebrochen werden (Abbildung 42).

Auf der anderen Seite ändern sich die vier typischen Arten des Verhaltens in der Ebene nicht, wenn man genügend kleine Veränderungen an den Gleichungen vornimmt. Wenn sich eine Gebirgskette langsam bewegt, sagen wir unter dem Einfluß eines winzigen Erdbebens, bleiben dennoch Gipfel Gipfel, Senken Senken und Pässe bleiben Pässe. Sie bewegen sich alle ein wenig, aber mit einem kleinen Erdbeben kann man keinen Gipfel total zerstören.

Smale verallgemeinerte die Idee von Andronov und Pontryagin auf Systeme mit vielen Freiheitsgraden und prägte die Bezeichnung «strukturell stabil» für einen Fluß, dessen Topologie sich nicht verändert, wenn die beschreibenden Gleichungen nur in geringem Ausmaß geändert werden. Dies ist etwas vollkommen anderes als ein stabiler Zustand einer gegebenen Gleichung. Letzterer ist eine Lösung, die unter kleinen Veränderungen der Anfangsbedingungen stabil ist. Strukturelle Stabilität dagegen ist eine Eigenschaft des gesamten Systems: Dieses ist stabil unter kleinen Veränderungen des gesamten Systems der Gleichungen.

Nun fragte sich Smale, ob im dreidimensionalen Raum jedes strukturell stabile dynamische System nur Quellen, Senken, die beiden Satteltypen und die drei Typen von Grenzzyklen besitzt. Oder allgemeiner formuliert: Können wir ähnliche Aussagen für Systeme mit beliebig vielen Freiheitsgraden treffen?

Es schien keine Beispiele zu geben, die diese Vermutung widerlegten. Alles, was jemals gefunden wurde und komplizierter war als Quellen, Senken, Sättel oder Grenzzyklen, stellte sich als strukturell instabil und damit nicht typisch heraus. Auf der anderen Seite konnte Smale einfach nicht beweisen, daß dies alle Verhaltensweisen waren. Das Theorem, falls es tatsächlich eins gab, widerstand allen Anstrengungen, es zu beweisen.

Attraktoren

Aus Smales Sicht ist die wichtigste Eigenschaft eines dynamischen Systems sein Langzeitverhalten. Dies wählt eine einfachere Menge von Bewegungen aus denen des gesamten Systems aus.

Im System in Abbildung 36 (vgl. S. 105) zum Beispiel verschwindet ein Anfangspunkt entweder aus dem Bild (diesen werde ich ignorieren) oder er bleibt, wo er ist (einer der drei ruhigen Zustände), oder er konvergiert gegen den Grenzzyklus und bewegt sich immer im Kreis. So wählt das Langzeitverhalten von allen möglichen Bewegungen genau die vier Eigenschaften aus, die wir für besonders beachtenswert hielten.

Die Ingenieure betrachten die Dinge ähnlich. Wenn das System eingeschaltet wird, reden sie von «Einschaltstößen» als Gegensatz zu dem, was mit dem System nach einer Weile passiert. Ich will damit nicht sagen, daß Einschaltstöße für gewisse Fragen unwichtig sind. Wenn Sie einen Computer einschalten, kann ein falscher Einschaltstoß ein Netzteil zerstören. Wenn man jedoch nicht nur die Details betrachten, sondern einen übergeordneten Blick über die allgemeine Natur des Systems erhalten will, kann man Einschaltstöße vergessen.

Was macht nun ein allgemeines dynamisches System auf die Dauer?

Es läßt sich in einem Attraktor nieder. Ein Attraktor ist definiert als ... das, wohin es sich niederläßt! Zum jetzigen Zeitpunkt haben wir noch kein allgemeines Theorem wie das von Poincaré-Bendixson bewiesen und können es daher nicht im Detail sagen. Aber wenn wir diese Idee weiterverfolgen, erhalten wir einen Weg, den Begriff besser zu definieren. Ein Attraktor ist im wesentlichen ein Teil des Phasenraumes, an den sich jeder Punkt, der in seiner Nähe startet, immer weiter annähert (Abbildung 43).

Weiterhin verlangen wir, daß ein Attraktor nicht in zwei kleinere Teilmengen gespalten werden kann, die beide diese Definition erfüllen. Dies tun wir, weil wir wollen, daß die Senke und der Grenzzyklus aus unserem Beispiel Attraktoren sind und eine Kombination aus Senke und Grenzzyklus nicht als ein einziger Attraktor angesehen werden soll. Dieser Teil wurde in die Definition eingefügt, damit die Attraktoren die individuellen Eigenschaften der Dynamik, um die wir schon viel Wirbel gemacht haben, sein sollen und nicht irgendwelche dummen Kombinationen von ihnen. Im allgemeinen können Sie dies vergessen, außer wenn Sie Theoreme beweisen wollen.

Nach dem Poincaré-Bendixson-Theorem sind die einzigen Attraktoren für typische, also strukturell stabile Systeme in der Ebene

- einzelne Punkte
- stabile Grenzzyklen.

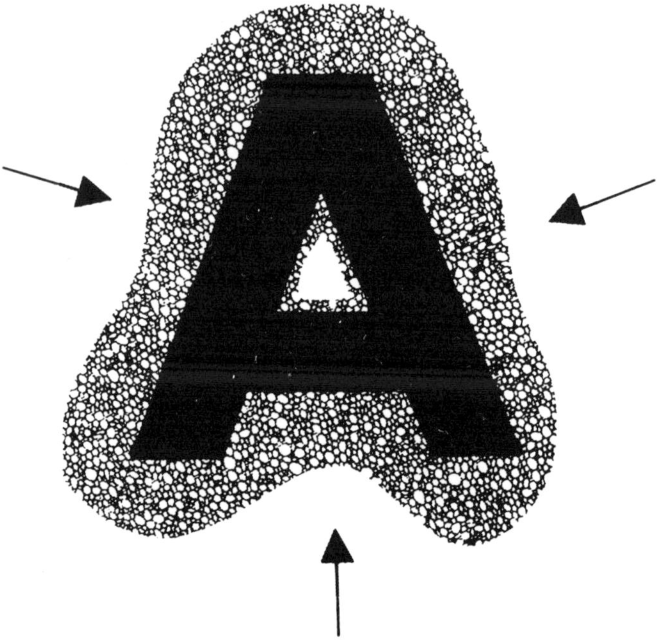

Abb. 43
Eine schematische Darstellung eines allgemeinen Attraktors, der hier als ein schwarzes *A* dargestellt ist. Naheliegende Bereiche ziehen sich mit der Zeit in Richtung des Attraktors zusammen.

Wenn Sie wollen, sind die einzigen Langzeitbewegungen:

- in Ruhe in einem ruhigen Zustand verharren
- eine Folge von Bewegungen periodisch wiederholen.

Oder einfacher:

- stillsitzen
- beständig rundum laufen.

Smale fragte sich, ob dies auch für *n* Dimensionen gilt oder nur für zwei.

Die einwickelnde Abbildung

Smale konnte aus gutem Grund nicht beweisen, daß die einzigen Attraktoren in typischen Systemen Punkte und Grenzzyklen sind.

Denn es stimmt nicht.

Schließlich bemerkte er dies. Das erste Beispiel geht auf die russischen Mathematiker V. V. Nemytskii und V.V. Stepanov aus dem Jahr 1949 zurück und hat vier Freiheitsgrade, aber tatsächlich geht es genau so gut im dreidimensionalen Raum wie im vierdimensionalen.

Zuerst werde ich die zugrundeliegende Idee beschreiben. Für den Anfang wird es kein echtes dynamisches System sein. Wenn wir jedoch einmal die grundlegende Idee richtig begriffen haben, können wir das System so aufbessern, daß man auf die Feinheiten achten muß.

In einem echten dynamischen System verstreicht die Zeit stetig von minus unendlich bis plus unendlich und durchläuft alles, was dazwischenliegt. In unserem vereinfachten Modellsystem verstreicht die Zeit in einzelnen Schritten von 1, 2, 3, ... Einheiten. Es wird nichts zwischen 1 und 2 geben, keine Zeit von 1.5 Einheiten, 1.22789 Einheiten oder was auch immer. Nur ganze Zahlen, eine Digitaluhr und keine Analoguhr. Das System wird bei jedem Ticken der Digitaluhr von einen Zustand in den nächsten übergehen. Der technische Ausdruck dafür ist diskrete Dynamik. Wir werden unten sehen, daß es gerade diese engen Zusammenhänge zwischen diskreter und echter stetiger Dynamik sind, die die Mathematiker immer wieder ausnutzen.

Das System besteht aus einem Punkt, der sich auf einem Kreis bewegt. Der Einfachheit halber wählen wir die Einheiten so, daß der Umfang des Kreises genau eine Einheit beträgt. Dann kann ich die Stelle, an der sich der Punkt auf dem Kreis befindet, durch eine Zahl zwischen 0 und 1 beschreiben, die den Abstand des Punktes zu einer gewählten Null-Position in dieser Kreisumfangeinheit angibt.

In meiner selbsternannten Rolle als Herr des Universums verordne ich nun, daß alle Punkte das folgende dynamische Gesetz zu befolgen haben: Falls sich ein Punkt zu einem gegebenen Zeitpunkt an der Stelle x befindet, bewegt er sich im nächsten Zeitpunkt an die Stelle $10x$. Geometrisch gesehen wird der Kreis zehnmal in die Länge gezogen und zehnmal um sich selbst gewickelt (Abbildung 44). Das Gesetz wird zu jedem Zeitpunkt angewendet, daher bewegt sich der Punkt durch die Iteration der Abbildung

$$x \to 10x.$$

Eine Abbildung ist nur eine Regel «x geht über zu irgend etwas, das durch Ausdrücke in x beschrieben wird», daher der kleine Pfeil. Wir haben in Kapitel 1 schon herausgefunden, was «iterieren» bedeutet: Wiederholen.

Ich versuche zu beobachten, wohin der Punkt geht, wenn dieses zehnfache

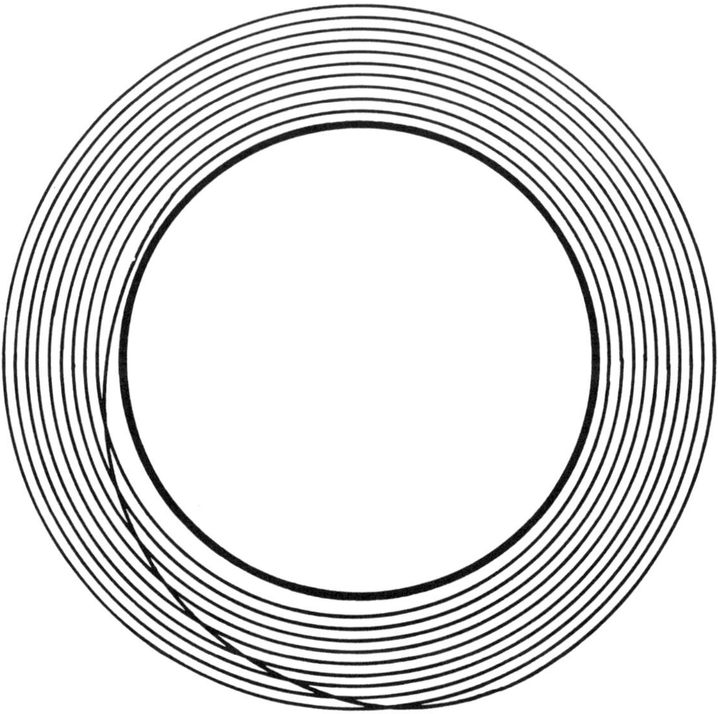

Abb. 44
Ein Kreis wird in die Länge gezogen und zehnmal um sich selbst gewickelt.

Aufwickeln iteriert wird. Teilen Sie den Umfang des Kreises in zehn gleichlange Abschnitte und markieren Sie diese durch 0, 1, 2, ..., 9. Unter der Reiseroute eines Punktes auf dem Kreis verstehe ich die Liste der Abschnitte, die er bei der Iteration der Aufwickelprozedur besucht.

Ausgedrückt in der Einheit ist der Abschnitt 0 das Intervall von 0 bis 0.099999 ..., der Abschnitt 1 geht von 0.1 bis 0.199999 ... usw. So könnte ich sagen, daß ein Punkt bei 0.25543786 beginnt. Dies bedeutet, daß er sich in Abschnitt 2 befindet, etwas über die Hälfte des Weges hinaus.

Wenn ich die Abbildung anwende und den Kreis zehnmal um sich selbst wickle, wird er auch zehnmal so lang. Deshalb bewegt sich der Punkt zu 2.5543786. Nun kommt die gute Beinarbeit. Eine Einheit um den Kreis bringt einen zu 0 zurück, ebenso zwei Einheiten. Daher ist das Ergebnis genau das gleiche wie 0.5543786 und liegt in Abschnitt 5. Wenn wir die Abbildung iterieren, beobachten wir folgendes:

Zeitpunkt 0	0.25543786		Abschnitt 2
Zeitpunkt 1	2.5543786	= 0.5543786	Abschnitt 5
Zeitpunkt 2	5.543786	= 0.543786	Abschnitt 5
Zeitpunkt 3	5.43786	= 0.43786	Abschnitt 4
Zeitpunkt 4	4.3786	= 0.3786	Abschnitt 3
Zeitpunkt 5	3.786	= 0.786	Abschnitt 7
Zeitpunkt 6	7.86	= 0.86	Abschnitt 8
Zeitpunkt 7	8.6	= 0.6	Abschnitt 6
Zeitpunkt 8	6	= 0.0	Abschnitt 0

Danach erhalten Sie nur noch 0, 0, 0, ... Zu jedem Zeitpunkt müssen Sie nur mit zehn multiplizieren und die erste Stelle streichen. Die Reiseroute eines solchen Punktes geht durch die Abschnitte 2, 5, 5, 4, 3, 7, 8, 6, 0, 0, 0, ... Haben Sie diese Zahlen schon einmal gesehen?

Ja genau, es sind die Dezimalstellen unseres Anfangspunktes.

Dies ist kein Zufall. Wenn man mit zehn multipliziert und die Stelle vor dem Komma streicht, rückt man die Dezimalentwicklung um eine Stelle nach links. Daher passiert das gleiche mit jedem Anfangspunkt. Wenn ich zum Beispiel mit einem Punkt bei $\pi/10 = 0.314159265$ ... beginne, geht seine Reiseroute über die Abschnitte 3, 1, 4, 1, 5, 9, 2, 6, 5, ... Die Dynamik erschafft die Dezimalstellen von π neu!

Wie auch immer, ich hoffe, Sie stimmen mir zu, daß dieses vereinfachte diskrete dynamische System sehr unkompliziert und ohne Zweifel deterministisch ist. Es gibt nicht nur eine exakte Formel dafür, wohin sich ein Punkt x bewegt, nämlich $x \rightarrow 10x$, diese Formel ist auch noch sehr leicht zu berechnen.

Fußspuren des Chaos

Die erste Kuriosität: Nehmen Sie an, daß die ersten zehn Milliarden Dezimalstellen des Ausgangspunktes genau die gleichen seien wie die von π, aber dann sei die Dezimalentwicklung ... 1212121212 .... Diese neue Zahl heiße π'. Sie liegt sehr nah an π, so nahe, daß π und π' durch praktische Messungen niemals unterschieden werden könnten.

Wenn das zehnfache Aufwickeln iteriert wird, haben π und π' bei den ersten zehn Milliarden Schritten die gleiche Reiseroute. Aber danach oszilliert der Punkt π' zwischen den Abschnitten 1 und 2, während π auf seiner Reise fortfährt und die Abschnitte besucht, die seine Dezimalentwicklung nach zehn Milliarden Stellen angibt. Ich weiß nicht, wie diese lautet. Aber mit Sicherheit ist es nicht 121212 ....

So liegen die beiden Anfangsbedingungen π und π' zwar außerordentlich nahe beieinander, aber sie enden schließlich in total anderen Ergebnissen.

Die zweite Kuriosität: Stellen Sie sich vor, ich nehme einen Würfel mit sechs Augen und werfe ihn unendlich oft. Ich ende mit einer unendlichen Liste, etwa mit

$$1162541456522124366451432\ldots$$

usw. Ich erhielt diese Zahlen, indem ich tatsächlich gewürfelt habe. So ist dies ein perfekt typisches Muster, obwohl ich nicht die Zeit habe, eine unendliche Folge zu produzieren. Dies ist eine Zufallsfolge von Zahlen.

Und es gibt einen Punkt auf dem Kreis, dessen Dezimalentwicklung diese Folge widerspiegelt, nämlich

$$x = 0.1162541456522124366451432\ldots$$

Wenn ich die Abbildung von x ausgehend iteriere, erzeuge ich die Zufallsfolge. So erzeugt eine deterministische Abbildung, wenn ich sie auf diesen besonderen Ausgangspunkt anwende, eine Folge, die so zufällig ist wie die Ergebnisse beim Würfeln.

Die dritte Kuriosität: «Fast alle» Zahlen im Intervall zwischen 0 und 1 haben eine Zufallsfolge als Dezimalentwicklung. Dies wurde von dem amerikanischen Mathematiker Gregory Chaitin bewiesen, der die Grenzen der Berechenbarkeit untersuchte. Es ist glaubhaft, wenn man es richtig formuliert: Eine «zufällig» ausgewählte Zahl hat eine zufällige Dezimalentwicklung. So verhält sich das von uns konstruierte deterministische System auf diese zufällige Art, und dies nicht nur für einige wenige seltsame Anfangspunkte, sondern für fast alle!

Die vierte Kuriosität: Lassen Sie uns fragen, wann die Reiseroute eines Punktes periodisch ist, d.h. sich ständig wiederholt. Die Antwort lautet: Wenn sich seine Dezimalentwicklung wiederholt. Nach einem Theorem sind dies genau die rationalen Zahlen, d.h. die Brüche der Form p/q mit ganzen Zahlen p und q. Es gibt zwischen 0 und 1 unendlich viele rationale Zahlen wie 2/3 oder 199/431 und unendlich viele irrationale Zahlen wie $\pi/10$ oder $\sqrt{2}-1$. Sie sind vollkommen vermischt. Zwischen zwei rationalen Zahlen liegt immer eine irrationale Zahl und zwischen zwei irrationalen eine rationale. So sind die Anfangspunkte, die zu periodischen Bewegungen führen, und die, die nicht dazu führen, vermischt wie Zucker und Mehl in einem Kuchen. Dies bedeutet auch, daß alle periodischen Punkte instabil sind. Wenn man sie etwas stört und in einen nahegelegenen irrationalen Punkt verschiebt, sind sie nicht mehr periodisch. Tatsächlich sind alle möglichen Bewegungen instabil!

Nebenbei bemerkt, glauben Sie bloß nicht, daß die rationalen und die irrationalen Zahlen irgendwie im Intervall alternieren, wie es die oben gegebene Beschreibung zugegebenerweise suggerieren könnte. Im Gegenteil, die «meisten» Zahlen im Intervall sind irrational. Die rationalen Zahlen sind ausgesprochen selten.

Bizarr.

Natürlich können Sie einwenden, daß dies eine sehr dumme Gleichung ist. Wirkliche dynamische Systeme verhalten sich nicht auf diese Art. Im oben beschriebenen System bewegen sich die beiden verschiedenen Anfangspunkte 0.42 und 0.52 im ersten Schritt zum gleichen Punkt 0.2. In einem echten dynamischen System dagegen vereinigen sich zwei verschiedene Punkte bei der Bewegung niemals. Deshalb ist das ganze oben beschriebene seltsame Verhalten nur ein Kunstprodukt eines lächerlich künstlichen Kochrezepts für die Dynamik. Richtig?

Falsch.

Poincaré-Schnitte

Um zu sehen, warum dies falsch ist, müssen wir eine andere grundlegende Idee von Poincaré betrachten. Ich habe sie schon erwähnt: Wie man periodische Lösungen durch das Betrachten von Querschnitten entdeckt.

Betrachten Sie ein System in der Ebene mit einem stabilen Grenzzyklus. Erinnern Sie sich, dies ist eine geschlossene Schleife, auf die sich nahegelegene Punkte zubewegen. Ein Topologe würde den Grenzzyklus einen periodischen Attraktor nennen. Zeichnen Sie eine kurze Strecke quer durch den Grenzzyklus (Abbildung 45). Folgen Sie dem dynamischen Weg eines jeden Punktes auf der Strecke. Schließlich trifft er die Strecke wieder. Dies kann auf dem Grenzzyklus sein. Trifft dies zu, kehrt er an seinen Ausgangspunkt zurück. Andernfalls liegt sein Endpunkt näher am Grenzzyklus als sein Ausgangspunkt.

Das Verfahren «Folge der Dynamik, bis sie die Strecke zum ersten Mal wieder trifft» bestimmt eine Abbildung von der Strecke auf sich selbst, die sie auf den Punkt zusammendrückt, in dem sie der Grenzzyklus trifft. Sie haben sicher vom «point of no return» gehört. Dies dagegen ist der Punkt der ersten Rückkehr. Wenn man diese Erste-Rückkehr-Abbildung iteriert, erhält man die erste Rückkehr, dann die zweite, dann die dritte ... Man erhält eine Stichprobe der gesamten Dynamik in regelmäßigen Zeitintervallen. Ein Elektronikingenieur würde dies eine «stroboskopische Stichprobe» nennen. Auf diese Weise können Sie sich vergewissern, daß sich ihr Hi-Fi-Plattenteller mit der richtigen Geschwindigkeit dreht. Hier wird die Stichprobe genommen, indem sich ein Licht im Rhythmus der Betriebsfrequenz ein- und ausschaltet und so periodisch Markierungen auf dem Plattenteller beleuchtet.

Lassen Sie uns nun ein anderes System betrachten, das einen Grenzzyklus haben kann oder auch nicht. Wir wissen dies jetzt noch nicht. Nehmen Sie an, daß es eine Strecke im Phasenraum gibt, zu der jeder Anfangspunkt, der auf der Strecke liegt, schließlich wieder zurückkehrt und die Strecke erneut trifft.

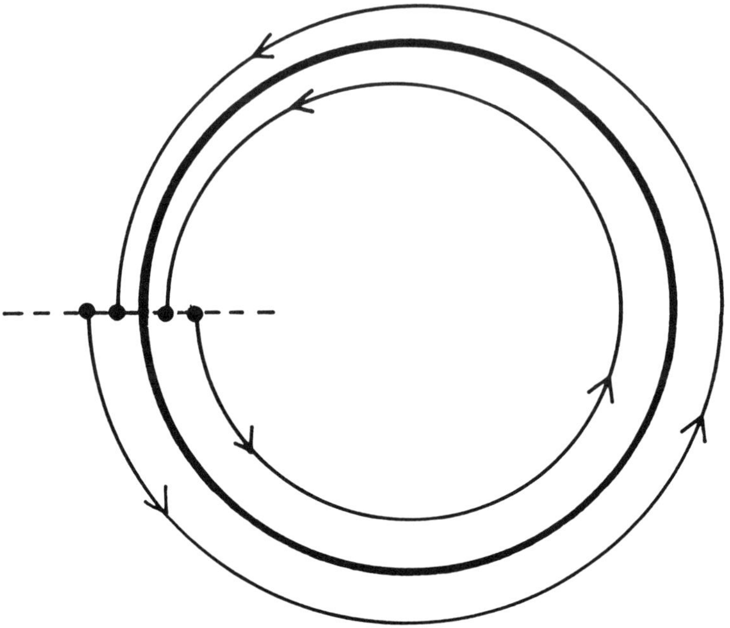

Abb. 45
Ein Poincaré-Schnitt (gestrichelte Linie) durch einen Grenzzyklus (dicke Linie). Anfangspunkte, die auf dem Poincaré-Schnitt liegen, kommen immer näher an den Schnittpunkt des Grenzzyklus mit dem Poincaré-Schnitt.

Vielleicht gibt es sie, vielleicht auch nicht. Lassen Sie uns sehen, was passiert, falls es sie gibt.

Ich behaupte, daß es notwendigerweise mindestens einen Grenzzyklus gibt, der durch die Strecke läuft. Der Grund ist ein Theorem in der Topologie: Jede stetige Abbildung von einer Strecke auf sich muß mindestens einen Fixpunkt besitzen. Dies ist ein Punkt, der auf sich selbst abgebildet wird.

Die Beweisidee ist ungefähr folgende: Das linke Ende der Strecke wird auf einen Punkt der Strecke abgebildet. Wenn dieser Punkt wieder das linke Ende ist, ist er der Fixpunkt. Wenn nicht, bewegt sich das linke Ende nach rechts. Genauso bewegt sich das rechte Ende nach links, deshalb schrumpft die ganze Strecke in sich zusammen.

Betrachten Sie die Strecke von links bis rechts. Punkte nahe dem linken Ende bewegen sich ebenfalls nach rechts, und Punkte nahe dem rechten Ende nach links. Irgendwo zwischen ihnen muß eine Stelle sein, an der die Bewegung von rechts nach links wechselt. Die einzige Möglichkeit für eine Bewegung, sich stetig von rechts nach links zu verändern, führt durch die Null-Bewegung. Wenn ich die Straße entlangfahre, mit einer Rechtskurve beginne und später eine Linkskurve mache, muß ich irgendwann zwischendrin einen Augenblick lang geradeaus fahren. Es kann mehr als eine solche Stelle geben. Auch auf einer kurvenreichen Strecke muß ich mindestens für einen Moment zwischen einer Kurve und der nächsten geradeaus fahren.

Lassen Sie mich zusammenfassen: Wenn es eine Strecke gibt, zu der jeder Punkt, der auf ihr beginnt, schließlich zurückkehrt, dann gibt es mindestens eine periodische Lösung, die durch diese Strecke verläuft.

Lassen wir das dornenvolle Unterfangen beiseite, eine solche Strecke zu

Abb. 46
In zwei Dimensionen kann ein Poincaré-Schnitt sehr kompliziert werden. Im hier dargestellten Ueda-Attraktor bewegen sich die Punkte wie auf der Oberfläche einer Tasse Kaffee, die umgerührt wird (Reproduktion mit freundlicher Genehmigung von John Wiley & Sons Ltd.).

finden, und halten fest, daß dies ein sehr bemerkenswertes Theorem ist. Es hängt nicht von der detaillierten Dynamik ab.

Allerdings benutzt es eine allgemeine Eigenschaft der Dynamik: Die «Flüssigkeit» wird nicht auseinandergerissen. Die Strömung ist stetig. Aber dies ist alles, was es benutzt. Was wir getan haben, ist das Wesen der qualitativen Dynamik. Wir benutzten eine topologische Tatsache, um ein Ergebnis der Dynamik herzuleiten. Die topologische Tatsache ist: «Jede stetige Abbildung eines Intervalls auf sich selbst besitzt einen Fixpunkt». Die topologische Tatsache ist die Existenz einer periodischen Bewegung, falls eine passende Strecke gegeben ist.

Wie schon bemerkt, wird eine solche Strecke Poincaré-Schnitt genannt. Die zugehörige Abbildung heißt Poincaré-Abbildung. Für drei Dimensionen gibt es eine ähnliche Idee, nur wird hier die Strecke durch ein Flächenstück ersetzt. Dies ist typischerweise eine topologische Scheibe, ein kleines Stück einer Fläche ohne Löcher. Abbildungen von einer Scheibe in sich können sehr kompliziert sein (Abbildung 46). Trotzdem gibt es in der Topologie ein allgemeines Theorem über Abbildungen einer Scheibe auf sich selbst: Es muß wieder einen Fixpunkt geben. So muß ein Fluß in drei Dimensionen, der einen aus einer Scheibe bestehenden Poincaré-Schnitt besitzt, eine periodische Trajektorie haben, die durch diese Scheibe verläuft.

Tatsächlich gibt es eine n-dimensionale Version. Der Poincaré-Schnitt ist eine $(n-1)$-dimensionale Hyperscheibe. Ein sehr schwieriges Resultat, der Brouwersche Fixpunktsatz, führt zu dem Schluß, daß mindestens eine periodische Trajektorie hindurchlaufen muß.

Wie ich gesagt habe, ist die Topologie sehr wirkungsvoll.

Sie verlagert auch den Schwerpunkt. Wenn ich Ihnen ein dynamisches System gebe, sagen wir die Bewegung einer Pflaume in einer Schüssel Porridge, in der Muttis kleiner Liebling rührt, und Sie frage, ob es eine periodische Lösung gibt, werden Sie nach Poincaré-Schnitten suchen und nicht versuchen, die Gleichungen zu lösen und das Ergebnis auf Periodizität zu untersuchen. «Irgend jemand iteriert meine Poincaré-Abbildung», sagt Mutti. Sie können sich vorstellen, daß die beiden Techniken sehr verschieden sind.

Solenoide in der Aufhängung

Was hat dies damit zu tun, die zehnfache Kreisaufwickelabbildung in ansehnliche Dynamik zu verwandeln? Smale bemerkte, daß man einen Poincaré-Schnitt von hinten erarbeiten kann. Ist ein Stück Fläche gegeben, sagen wir eine topologische Scheibe, und eine Abbildung von der Fläche auf sich selbst, kann man ein dynamisches System ausbrüten, für das die Fläche ein Poincaré-Schnitt und die Abbildung die «Erste-Rückkehr-Abbildung» ist.

Um dies zu tun, führt man eine neue «Richtung» ein. Diese führt über einen Kreis, der die Scheibe rechtwinklig schneidet. Ein auf der Scheibe gelegener

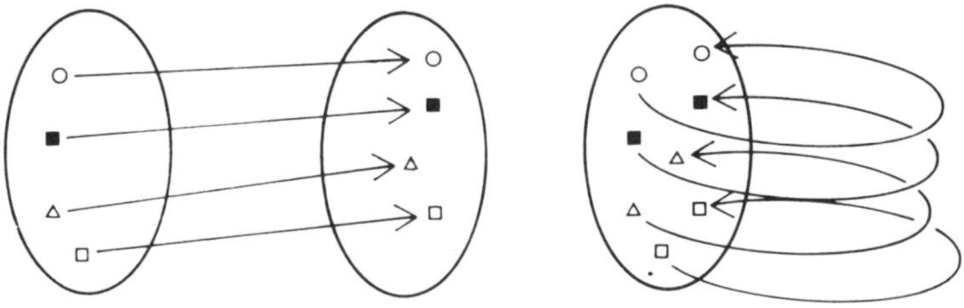

Abb. 47
Eine Aufhängung: ein mathematischer Trick, um eine Abbildung (links) in eine Strömung in einem Raum mit einer Dimension mehr zu verwandeln (rechts).

Anfangspunkt strömt auf diesem Kreis aus ihr heraus. Dies geschieht so, daß der nächste Punkt, in dem er die Scheibe wieder trifft, durch die ursprüngliche Abbildung von der Scheibe auf sich beschrieben wird. Dieser Trick heißt «Aufhängung» (Abbildung 47). Diese Sache ist für einen Topologen, der über allgemeine Fragen von Strömungen im n-dimensionalen Raum nachdenkt, sehr natürlich. Sie begegnet jedoch keinem Chemiker, der die Dynamik einer Explosion von Nitroglyzerin verstehen will. Wenn man allerdings will, kann man eine explizite Differentialgleichung niederschreiben. In der Wissenschaft beginnt man normalerweise mit einem physikalischen Problem und zieht daraus eine Differentialgleichung. Smale jedoch wechselte den Job und begann, Differentialgleichungen aufzustellen. Seitdem wurde das Subjekt nie wieder das gleiche.

Das Fazit von alledem ist, daß alles, was in einer Abbildung des n-dimensionalen Raumes gesehen werden kann, sich genauso in einer Strömung im $(n+1)$-dimensionalen Raum feststellen läßt. Umgekehrt lassen sich Strömungen im $(n+1)$-dimensionalen Raum verstehen, indem man Abbildungen des n-dimensionalen Raumes betrachtet. Insbesondere reduzieren sich die nicht sehr gut verstandenen Strömungen im dreidimensionalen Raum auf Abbildungen im zweidimensionalen Raum, die hoffentlich einfacher sein werden. Genauso reduzieren sich Strömungen im vierdimensionalen Raum, über die sogar das bloße Nachdenken äußerste Mühe bereitet, zu Abbildungen im dreidimensionalen Raum, von denen man zumindest Zeichnungen anfertigen könnte.

So betrachtete Smale nicht eine Strömung im vierdimensionalen Raum, sondern eine unorthodoxe Abbildung im dreidimensionalen Raum, die ähnliche Eigenschaften wie unsere Abbildung des Kreises beim Iterieren besitzt. Er hat folgendes entdeckt:

Als Poincaré-Schnitt nehmen wir das Innere eines massiven Torus. Einen amerikanischen Doughnut mit einem Loch, den Teig eingeschlossen, denn diesmal reden wir nicht nur von der Oberfläche des Torus. Definieren Sie folgendermaßen eine Abbildung vom Torus auf sich selbst: Ziehen Sie ihn zehnmal so lang und rollen ihn dünn, dann stecken Sie ihn wieder ineinander, so daß er sich zehnmal umeinanderwickelt, ohne daß er dabei durch irgendeinen Punkt mehr als einmal geht (Abbildung 48). Mathematiker benutzen üblicherweise die Zahl 2 und nicht 10. Wenn Sie dann jedoch sehen wollen, was vorgeht, müssen Sie binär denken. Um uns das Leben zu erleichtern, habe ich die Geschichte etwas umgeschrieben.

Stellen Sie sich vor, diese Umwandlung des Doughnuts werde wiederholt. Beim nächsten Ausführen der Prozedur wird er noch dünner und wickelt sich hundertmal um sich selbst, dann tausendmal, zehntausendmal, usw.

Wohin geht er langfristig? Man erhält etwas Ähnliches wie eine unendlich

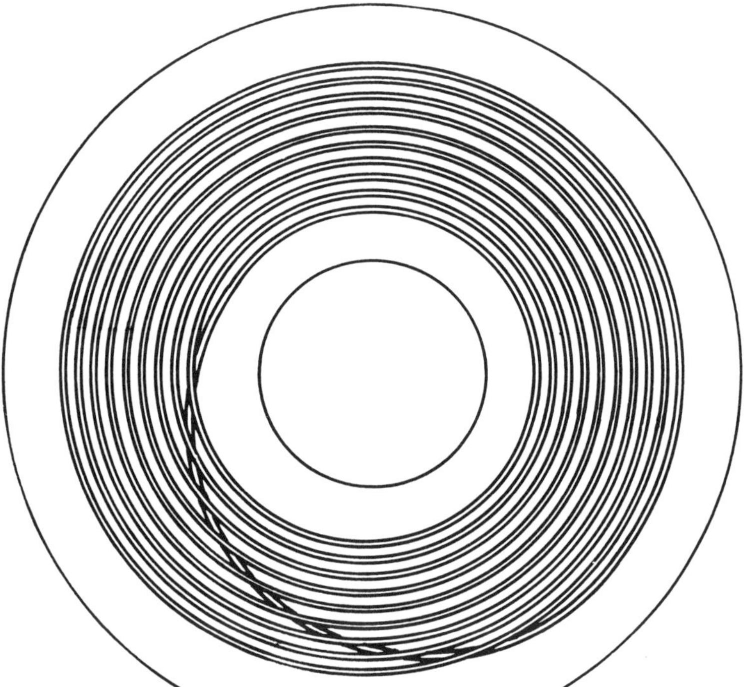

Abb. 48
Das zehnfache Aufwickeln eines Torus, ohne daß er sich dabei selbst schneidet. Da der Torus dreidimensional ist, hat eine Windung genug Raum, um unter den anderen hindurchzugehen, ohne sie zu treffen.

dünne Gerade, die sich unendlich oft um den Torus wickelt. Wir werden dieses Ergebnis sofort auf versteckte Wanzen hin untersuchen, jedoch liegt es nicht so weit daneben. Es gibt ein elektrisches Gerät namens Solenoid. Es ist ein Elektromagnet, der aus meterweise Kupferdraht besteht, der um einen Metallkern gewickelt ist. Die Mathematiker liehen sich diesen Namen für Smales Konstruktion aus.

Zwei bedeutende Theoretiker über dynamische Systeme, Kollegen von mir, diskutierten all dies kurz nach seiner Entdeckung in einer amerikanischen Bar. Dabei schnatterten sie angeregt und drehten zur Untermalung immer wieder die Hände im Kreis. «Aha», sagte der Barmann, «Sie müssen von Solenoiden reden!» Diesen Aufhänger für ein Gespräch hatten sie nicht erwartet. War der Barmann ein Mathematikstudent, der sich hier sein Studium finanzierte? Es stellte sich heraus, daß er bei der Marine gewesen war und von einem realen elektrischen Solenoid redete.

Zumindest beweist die Geschichte, daß der Name «Solenoid» angemessen ist.

Sei es wie es will, wir erhalten diese verrückte Abbildung eines massiven Torus im dreidimensionalen Raum. Nun tauchen wir unsere Hände in den topologischen Zylinder und ziehen ein Kaninchen hervor. Hängen Sie Smales Solenoid-Abbildung auf, und Sie erhalten eine Strömung im vierdimensionalen Raum mit dieser verückten Abbildung als Poincaré-Schnitt.

Wenn Sie nicht gewohnt sind, im vierdimensionalen Raum zu denken, erhalten Sie an diesem Punkt ein falsches Bild. Sie mögen sich einen Punkt vorstellen, der in der Mitte des Teiges beginnt und durch den dreidimensionalen Raum wandert, bis er schließlich wieder im Inneren des Teiges landet. Das ist falsch. Er bewegt sich sofort, und ohne durch den Teig zu gehen, aus dem dreidimensionalen Raum heraus, windet sich durch eine vollkommen neue Dimension und trifft dann an einer anderen Stelle wieder auf den Teig. Wenn Sie analog die Zeit als vierte Dimension betrachten und genau jetzt in die Zukunft reisen, verlassen Sie sofort den gegenwärtigen dreidimensionalen Raum.

Wiederholen Sie diese Abbildung des Torus auf sich oft genug, bewegen sich alle Anfangspunkte immer näher an das Solenoid. Somit ist das Solenoid ein Attraktor für die Dynamik des Poincaré-Schnitts. Die Aufhängung des Solenoids, das, was Sie erhalten, wenn Sie es in der Extradimension herumwirbeln, ist deshalb ein Attraktor für die gesamte vierdimensionale Strömung.

Weiterhin ist das System strukturell stabil. Um dies zu sehen, stellen Sie sich eine sehr kleine Veränderung der Aufwickel-Abbildung vor. Das Ergebnis wird fast genau gleich aussehen. Man kann eine Zehnmal-Aufwickel-Abbildung nicht stetig in ein Neunmal- oder Elfmal-Aufwickeln verwandeln. Um stetig von zehn nach elf zu kommen, muß man durch zehneinhalb gehen. Es gibt jedoch keine Möglichkeit, den Torus zehneinhalbmal aufzuwickeln, ohne ihn auseinanderzubrechen. Dies bedeutet, daß die Dynamik nach einer kleinen

Veränderung der Abbildung topologisch gleich aussieht wie vorher. Genau dies bedeutet strukturelle Stabilität.

Zu guter Letzt ist das Solneoid weder ein einzelner Punkt noch ein Kreis. So kann es keiner der traditionellen typischen Attraktoren sein. Die beiden Mathematiker Floris Takens und David Ruelle prägten einen Namen für diesen neuen Typ von Attraktor. Ein strukturell stabiler Attraktor, der nicht vom klassischen Typ Punkt oder Kreis ist, heißt «seltsamer Attraktor». Der Name ist ein Manifest der Unwissenheit. Wenn Mathematiker etwas «pathologisch», «abnormal», «seltsam» oder ähnlich bezeichnen, meinen sie in Wirklichkeit immer: «Ich verstehe dieses verdammte Ding nicht». Aber es ist auch eine Flagge, die eine Botschaft signalisiert: «Ich mag es zwar nicht verstehen, aber mit Sicherheit ist es für mich nicht von Bedeutung».

Der Cantor-Käse

Das Solenoid ist nicht ganz so verrückt, wie es aussieht. Obwohl es weder ein hübscher klassischer Punkt noch ein Kreis ist, besitzt es einen ausgezeichneten Stammbaum. Dies ist für die spätere Entwicklung von höchster Wichtigkeit, daher werde ich etwas mehr darüber sagen. Das geeignete Objekt heißt Cantor-Menge (Abbildung 49), weil sie im Jahre 1875 von Henry Smith entdeckt wurde. Der Gründer der Mengenlehre, Georg Cantor, benutzte 1883 die Erfindung von Smith. Seien wir ehrlich, «Smith-Menge» klingt nicht sehr eindrucksvoll, nicht wahr? Die Cantor-Menge ist ein Intervall, an dem Mäuse genagt haben. Unendlich viele verschwindend kleine Mäuse, von denen jede immer kleinere Bissen genommen hat.

Weniger blumenreich beginnt man für eine Cantor-Menge mit einem Intervall der Länge 1 und entfernt das mittlere Drittel, läßt jedoch die Endpunkte des mittleren Drittels übrig. Es bleiben zwei kleinere Intervalle, jeweils ein Drittel so lang. Deren mittlere Drittel werden ebenfalls entfernt. Dies wird auf unbestimmte Zeit wiederholt. Man erhält immer kleinere Intervalle. Wenn diese Konstruktion unendlich oft wiederholt wird, erhält man als Grenzwert die Cantor-Menge.

Sie mögen denken, daß nichts übriggeblieben ist. Aber die Punkte 1/3 und 2/3 wurden zum Beispiel nicht entfernt, ebenso nicht 1/9, 2/9, 7/9 oder 8/9. Es bleiben alle Endpunkte der entfernten Stücke übrig. Und wie sich herausstellt, auch jede Menge von anderen Punkten. Das Rezept beinhaltet eine Entwicklung mit der Basis 3. Wenn Sie so etwas mögen, finden Sie heraus, ob Sie die übrigbleibenden Punkte, die die Cantor-Menge bilden, exakt beschreiben können.

Die gesamte Länge der entfernten Intervalle beträgt 1. Dies ist die ursprüngliche Länge des Anfangsintervalls. So hat die Cantor-Menge auf gewisse Weise die «Länge» null! Dies ist vorstellbar, denn die Cantor-Menge besteht hauptsächlich aus Löchern. Sie ist eher ein Staub als ein Intervall.

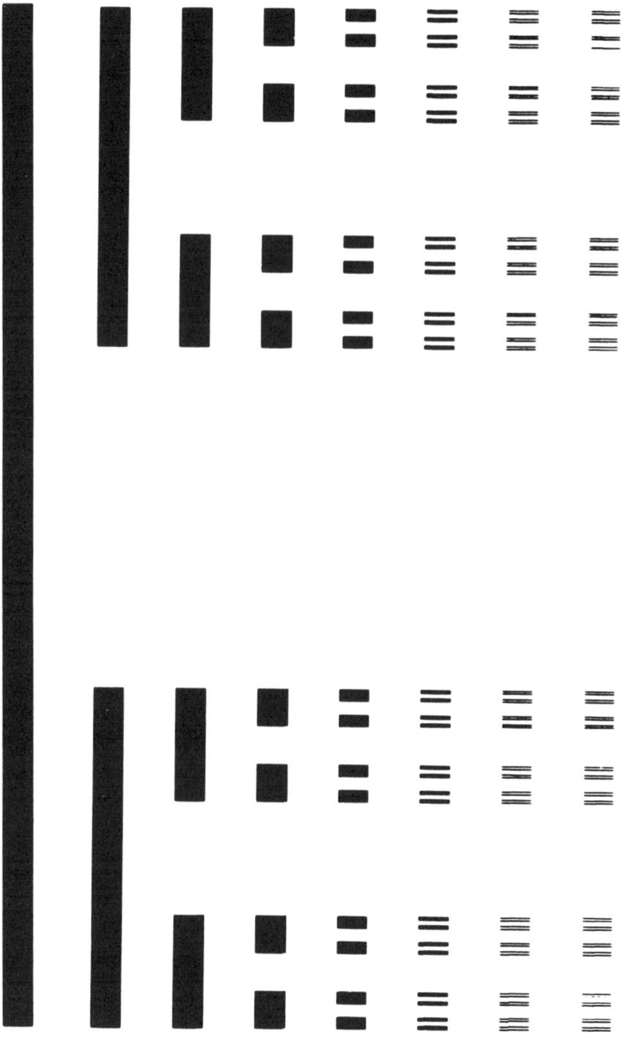

Abb. 49
Die Konstruktion der Cantor-Menge durch das wiederholte Entfernen mittlerer Drittel. Die vertikale Dimension wurde der Übersicht halber hinzugefügt, in der Realität besitzt die Strecke jedoch keine Dicke.

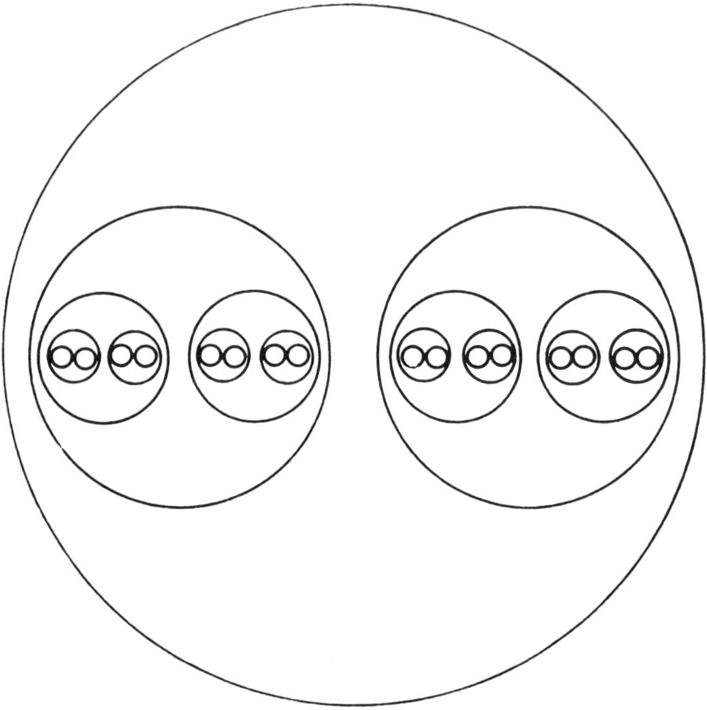

Abb. 50
Der Cantor-Käse: Er wird mit Hilfe von Kreispaaren konstruiert und ist topologisch äquivalent zur Cantor-Menge.

Es gibt andere Konstruktionen, die mit etwas enden, das zur Cantor-Menge topologisch äquivalent ist. Eine der hübschesten beginnt mit einer kreisförmigen Scheibe, aus der alles bis auf zwei kleinere Scheiben entfernt wird (Abbildung 50). Es sieht aus wie ein Knopf mit zwei Löchern für den Faden, nur behält man hier die Löcher und wirft den Knopf weg. Wiederholen Sie diesen Vorgang mit jeder der kleineren Scheiben, fahren Sie damit unbestimmte Zeit fort und gehen Sie zum Grenzwert über. Obwohl dies nicht offensichtlich sein mag, diese Menge ist nur eine verkappte Cantor-Menge. Ich nenne sie den Cantor-Käse. Auch an ihm haben die Mäuse genagt.

Das gleiche gilt, wenn man bei jedem Schritt drei Löcher macht – oder zehn. Ich gebe zu, daß es überraschend ist, daß all dies topologisch das gleiche

Ergebnis liefert. Aber die Topologie ist eine sehr dehnbare Sache und bietet jede Menge Platz für Manöver. Sie können in Topologiebüchern harte Beweise finden – und die sind nicht trivial.

Im Inneren des Solenoids befindet sich die zehnlöchrige Variante des Cantor-Käses. Stellen Sie sich vor, Sie schneiden durch den Doughnut. Hierdurch erhalten Sie eine Kreisscheibe. Wenn wir den Doughnut zehnmal aufwickeln, trifft er diese Scheibe in zehn kleineren Kreisen. Beim nächsten Schritt erhalten wir hundert kleinere Kreise usw. Das Solenoid besitzt also den Cantor-Käse als Querschnitt. Dies macht auf dramatische Weise klar, daß es weder ein Punkt noch ein Kreis ist.

Das echte Chaos

Ausgerüstet mit dem Solenoid sind wir nun bereit für eine begeisternde Entdekkung. Nicht nur die Zehnfach-Aufwickel-Abbildung besitzt die vier bekannten kuriosen Eigenschaften – Sensitivität gegenüber den Anfangsbedingungen, Existenz von zufälligen Reiserouten, das allgemeine Auftreten von zufälligen Reiserouten und die Kuchenmischung aus Periodizität und Aperiodizität. Auch das Solenoid und seine entsprechende Differentialgleichung besitzen diese Eigenschaften.

Dies wirft eine ernste philosophische Frage auf. Angenommen, es gibt einen physikalischen Prozeß, der durch diese Gleichung bestimmt wird. Mit den Methoden eines klassischen angewandten Mathematikers suche ich nach einer Lösung des sogenannten Anfangswertproblems: «Sage voraus, wohin sich ein gegebener Anfangspunkt langfristig begibt.»

Die Antwort lautet: «Ich kann dies nur, wenn Sie mir den Anfangspunkt mit unendlicher Präzision beschreiben. Ich benötige seine vollständige Dezimalentwicklung bis ins Unendliche. Nicht nur die erste Milliarde Stellen, denn diese sind nach der ersten Milliarde Iterationen irrelevant. Ich benötige alle Stellen.»

Aber dies ist in der Praxis ein Ding der Unmöglichkeit. Sogar eine Genauigkeit auf zehn Stellen ist mehr, als die meisten Experimente erreichen können.

Auf gewisse Weise sagt die Genauigkeit auf zehn Stellen nichts über das Langzeitverhalten aus. Wenn Sie mir nur zehn Zahlen geben, kann ich einen Punkt finden, dessen erste zehn Stellen damit übereinstimmen und der danach alles macht, was Sie sich wünschen: Immer bei 7 bleiben, π imitieren, jede fünfte Stelle von $\sqrt{2}$ annehmen, durch die Primzahlen dargestellt in der Basis 6 laufen, oder die ersten hundert Aktienkurse der Financial Times seit dem 25. April 1963 auflisten. Wenn Sie an der Börse spekulieren und dabei gewinnen möchten, müssen Sie nur einen geeigneten Anfangspunkt finden.

Dieses Modell beschreibt innerhalb der experimentellen Genauigkeit alle möglichen Reiserouten, die sich aus den ersten zehn Stationen vorhersagen lassen. Das Langzeitverhalten ist vollkommen ungewiß.

Welches Modell kann auf der anderen Seite deterministischer sein als die Vorschrift «Rücke eine Dezimalstelle vor»?

Ein gehässiger Dialog

Wenn Sie die Vorstellung vom Chaos nicht mögen, gibt es nur noch eine Hoffnung.

SKEPTIKER: Nun, die von diesem Knaben Smale entworfenen Differentialgleichungen sind zwar sehr schön, aber die wirkliche Welt verhält sich nicht so.

CHAOSOPH: Falls strukturelle Stabilität in der Mathematik auftritt, kann sie auch in der Natur beobachtet werden.

SKEPTIKER: Warum sind mir dann noch niemals solche Gleichungen begegnet?

CHAOSOPH: Weil Sie nach regulärem Verhalten gesucht haben. Kein Physiker, der auf solche Gleichungen stößt, würde es wagen, sie zu veröffentlichen.

SKEPTIKER: Nun, was ist dann mit den Experimenten? Sie müssen zwangsläufig diese Art von Verhalten in Experimenten beobachten!

CHAOSOPH: Aber dies geschieht doch fortwährend. Unglücklicherweise hat die Sache einen Haken. Kennen Sie einen Experimentalphysiker, der eine Arbeit veröffentlichen würde, in der steht: «Ich habe total zufällige Ergebnisse erhalten?»

SKEPTIKER: Hm, ein Punkt für Sie. Aber die Tatsache bleibt. Sie werden die Wissenschaftler erst dann dazu bringen, über dieses Chaos zu arbeiten, wenn Sie ihnen beweisen können, daß es in der Natur vorkommt.

CHAOSOPH: Ich stimme Ihnen zu. Wir arbeiten daran. Wie Sie wissen, ist dies nicht leicht. Wir müssen eine vollkommen neue Betrachtungsweise der Dynamik entwickeln. Dies ist schwierig. Aber alles, was sich so natürlich wie Chaos in der Mathematik gezeigt hat, muß überall vorhanden sein. Ich wäre überrascht, wenn wir es nicht fänden.

SKEPTIKER: Nicht halb so überrascht, wie ich wäre, wenn Sie es finden!

7 *Die Wetterfabrik*

Laß das Chaos stürmen!
Laß die Wolkengestalten schwärmen!
Ich warte auf die Form.

Robert Frost, Pertinax

«Zeigen Sie mir, daß das Chaos in der Natur auftritt.»

Dies wollte der Skeptiker. Den Topologen der siebziger Jahre schien dies etwas viel verlangt. Aber es war schon 1963 geschehen, obwohl weder die Topologen noch die Physiker davon wußten.

Ein gehöriger Mißerfolg

Im Jahre 1922 hat Lewis Fry Richardson, ein unorthodoxer Erfinder von unausgegorenen Ideen, dessen Name die Geschichte der angewandten dynamischen Systeme durchzieht, das Werk *Weather Prediction by Numerical Process* veröffentlicht. Es ist ein Bericht über einen gehörigen Mißerfolg. Richardson hatte versucht, das Wetter mit Hilfe der Mathematik vorherzusagen. Am Ende des Bandes beschrieb er eine phantastische Vision von einer Wetterfabrik. Er stellte sich eine ungeheure Schar von Leuten vor, die in einem riesigen Gebäude, ähnlich der Albert Hall, hausten und mit Tischrechnern arbeiteten. (Für diejenigen, die zu jung sind, um solche Maschinen gesehen zu haben: Sie sehen fast so aus wie Registrierkassen, mit einer Kurbel auf der Seite. Hoppla, Sie haben vielleicht auch noch nie eine Registrierkasse gesehen. Sie sieht aus wie ein Blechkasten mit einer abgerundeten Vorderseite. Gleitende Hebel erlauben dem Benutzer, die Stellen der Zahlen, mit denen gerechnet werden soll, einzustellen. Zum Addieren wird die Kurbel einmal gedreht, zum Multiplizieren mehrmals. Zum Subtrahieren wird sie zurückgedreht, eine Division erreicht man durch wiederholtes Subtrahieren.) Ein mathematischer Leiter würde von einem Podest aus ihre Anstrengungen lenken. Verständigen würden sie sich mit Hilfe von Telegraphen, blitzenden Lichtern und Rohrpost. Richardson schätzte, daß 64'000 Leute nötig wären, um das Wetter mit der gleichen Geschwindigkeit vorherzusagen, mit der es tatsächlich eintritt.

Richardson schrieb: «Vielleicht wird es irgendwann in ferner Zukunft möglich sein, die Berechnungen schneller zu erhalten als das Wetter eintritt. Und dies zu einem Preis, der unter dem Wert der erhaltenen Information für die Menschheit liegt. Aber dies ist ein Traum.»

Prophetische Worte. Die «ferne Zukunft» war kaum dreißig Jahre entfernt. Im Jahre 1950 machte der amerikanische ENIAC-Computer die ersten erfolgreichen Berechnungen zur Wettervorhersage. Im Jahre 1953 machte die MANIAC-Maschine in Princeton klar, daß eine routinemäßige Wettervorhersage durchaus möglich ist.

Wohlgemerkt, das Wetter vorherzusagen ist eine Sache. Es korrekt vorherzusagen ist eine andere.

Das klimatische Schachspiel

Für das Schachspiel benötigt man mehrere Figuren und ein Brett mit aufgezeichneten Quadraten. Die Züge im Spiel finden gemäß den Regeln und in diskreten Zeitintervallen statt.

Die numerische Wettervorhersage ist wie ein riesiges dreidimensionales Schachspiel. Stellen Sie sich auf der Erdoberfläche ein feines mehrlagiges Gitter von Punkten vor, in dem die Auf- und Abwärtsbewegungen sowie die Nord-Süd- und Ost-West-Bewegungen der Atmosphäre verzeichnet werden. Dies ist das Schachbrett. Das augenblickliche Wetter wird beschrieben, indem man jedem Gitterpunkt mehrere numerische Werte zuordnet: den Luftdruck, die Temperatur, die Luftfeuchtigkeit und die Windgeschwindigkeit. Dies sind die Schachfiguren.

Das Wetter von morgen entspricht ebenso einer Position in dem Spiel. Jedoch ist die Stellung der Figuren eine andere. «Ein Wirbelsturm für Queen's Knight 743, ein Schneesturm für King's Lynn, Schauer mit sonnigen Abschnitten für Bishop's Stortfort.» Wir können das Wetter von heute feststellen, indem wir meteorologische Stationen, Schiffe, Wetterballone und Satellitenbilder benutzen. So wissen wir, wie wir die Figuren aufstellen müssen. Die Frage ist, wie die Regeln des Spieles lauten.

Die Regeln sind die Gleichungen für die Bewegung der Atmosphäre. Wie wir gesehen haben, wurden diese vor Jahrhunderten von Leonhard Euler und Daniel Bernoulli gefunden. Wenn man die Zeit nur in kleinen diskreten Schritten verstreichen läßt, sagen wir im Sekundentakt, können die Gleichungen als Regeln betrachtet werden, die uns sagen, wie wir aus der augenblicklichen Stellung in die nächste Stellung gelangen, in der wir in einer Sekunde sein werden.

Vorherzusagen, wie das Wetter in einer Sekunde sein wird, scheint kein praktischer Beitrag zur Lösung der gewichtigen Probleme der Menschheit zu sein. Es ist jedoch nur ein Zug in dem Spiel. Wenn man die Berechnung wiederholt, weiß man, wie das Wetter in zwei Sekunden sein wird. Nach 86'400

Iterationen weiß man das Wetter von morgen, nach 8'640'000 Iterationen das Wetter in hundert Tagen, nach 8'640'000'000 Iterationen ....

Und genau so wird es im wesentlichen gemacht. Tausende und abertausende von wiederholten Berechnungen, die auf expliziten und deterministischen Regeln basieren. Eben dafür ist ein Computer gut.

Zwischen null und unendlich

Dies alles beinhaltet eine philosophische Kuriosität. Die Atmosphäre ist in Wirklichkeit kein perfekt teilbares Kontinuum. Sie besteht aus einer Menge von soliden kleinen Atomen, die wie die Wahnsinnigen herumstürmen und aneinanderstoßen. Die Gleichungen der klassischen Mechanik ersetzen diese diskrete physikalische Realität durch eine ideale glatte Flüssigkeit. Um jedoch diese Gleichungen zu lösen, nähern wir sie wieder durch etwas Diskretes an. Wir lassen die Zeit nicht stetig verstreichen sondern in kleinen Schritten verklicken, und wir zerteilen den Raum in ein feines Gitter. Dies wird durch die Struktur der Computer hervorgerufen. Sie können die Arithmetik nur bis zu einer bestimmten Anzahl von Dezimalstellen betreiben. Beträgt diese Anzahl zum Beispiel zehn, so ist alles ein ganzzahliges Vielfaches von 0.0000000001. Um eine unendliche Dezimalentwicklung exakt darzustellen, benötigt man unendlich viel Speicherplatz, und dies ist nicht machbar.

Der philosophische Aspekt liegt darin, daß das diskrete Computer-Modell, das wir schließlich erhielten, nicht das gleiche ist, das durch die Atomphysik gegeben wird. Hierfür gibt es einen sehr praktischen Grund. Die Anzahl der Variablen, die in einem Atommodell auftreten, ist viel zu groß für einen Computer. Ich kann nicht jedes einzelne Atom in der Atmosphäre verfolgen.

Computer können mit einer kleinen Zahl von Teilchen umgehen. Kontinuierliche Mechanik kann mit unendlich vielen umgehen. Null oder unendlich. Mutter Natur schlüpft in die Lücke zwischen diesen beiden.

So tun wir das beste, was wir können. Die Mathematiker hoffen, daß diese doppelte Näherung Antworten liefert, die nahe an der Wirklichkeit liegen. Es gibt hierfür keine stichhaltigen theoretischen Beweise. Jedoch funktioniert es in der Praxis offensichtlich gut. Wenn nicht irgendein Genie neues theoretisches Rüstzeug entwickelt, erkennen wir das Wunder an und machen ohne Rücksicht auf Verluste unverdrossen weiter.

Es ist jedoch der Erinnerung wert, daß man nichts dergleichen tut, wenn man «ein Problem in den Computer steckt». Man stellt im Computer nur eine Idealisierung des Problems dar. Dies ist ein Grund dafür, daß der Computer kein universelles Heilmittel für die Krankheiten der Wissenschaft und der Gesellschaft sein kann. Er ist dafür noch nicht clever genug.

Der Megaflop

Die Berechnungen zur Wettervorhersage müssen mit halsbrecherischer Geschwindigkeit durchgeführt werden. Die Geschwindigkeit eines Supercomputers wird in Megaflop gemessen. Ein Megaflop entspricht einer Million arithmetischer Berechnungen pro Sekunde. Der Cray-X-MP-Supercomputer am European Medium-Range Weather Forecasting Centre in Reading, UK, rechnet mit einer Spitzengeschwindigkeit von 800 Megaflops (Abbildung 51). Er kann in ungefähr einer halben Stunde das Wetter von morgen für die gesamte nördliche Hemisphäre leidlich gut vorhersagen. Jeden Tag macht er eine Vorhersage für zehn Tage, die Hälfte des Wetters der Welt für anderthalb Wochen im voraus. Die Vorhersagen sind im allgemeinen für die nächsten vier Tage ziemlich genau. Aber danach schweifen sie meistens vom tatsächlichen Wetter ab.

Eine andere Kuriosität der Methode ist bemerkenswert. Sie mögen denken, daß man die bestmögliche Vorhersage durch Benutzen der möglichst exaktesten

Abb. 51
Der Supercomputer Cray-X-MP. Er kann 800 Millionen Berechnungen pro Sekunde ausführen (mit freundlicher Genehmigung von Cray Research Inc.).

Abb. 52
Wenn sich die Wetterfrösche irren ... Das vom «Hurrikan» vom 15. Oktober 1987 verwüstete Kew Gardens.

Gleichungen erhält. Ein äußerst exaktes Modell jedoch schließt nicht nur großräumige Wetterbewegungen ein, sondern auch Schallwellen in der Atmosphäre. Schallwellenlösungen für die Gleichungen spielen den diskreten Näherungen des Computers üble Streiche, die als numerische Instabilität bekannt sind: Fehler in der Berechnung, keine Rechenfehler des Computers, sondern Begrenzungen durch die innewohnende Exaktheit der Arithmetik, bei der man nicht zwischen 0.0000000001 und null unterscheiden kann, vergrößern sich sehr schnell und verwischen das tatsächliche Wetter! Um dies zu umgehen, machte Jule Charney vom Massachusetts Institute of Technology 1944 einen schlauen und überraschenden Vorschlag. Um die Schallwellen herauszufiltern, wird das Modell bewußt vergröbert. Man benutzt nicht die präzisesten möglichen Gleichungen. Um die gewünschten Eigenschaften hervorzuheben, macht man sie bewußt weniger präzise.

Wir befassen uns nicht mit einem unkomplizierten Thema.

«Vier Tage im voraus», sagte ich. Es gibt langfristige Vorhersagen. Trauen Sie diesen jedoch lieber nicht und nehmen Sie besser an, das Wetter verhalte sich dieses Jahr genauso wie im letzten Jahr. Der größte Fehler bei den gegenwärtigen Methoden der Wettervorhersage liegt darin, daß sie plötzliche Veränderungen des Wetters nicht sehr gut voraussagen. Als ich das European Medium-Range Weather Forecasting Centre besuchte, sagte man mir: «Wir können das Wetter genau vorhersagen, vorausgesetzt, es passiert nichts Unerwartetes.»

Am Donnerstag, den 15. Oktober 1987, erlebte Großbritannien die schlimmsten Stürme seit 1703 (Abbildung 52). Sie hätten Hurrikane genannt werden können, nur wir haben in Großbritannien keine Hurrikane. Der Wetterbericht des Fernsehens versagte schmählich bei seiner Vorhersage, sogar kaum vierundzwanzig Stunden vorher. Am darauffolgenden Montag brachte der Guardian folgenden Artikel von Andrew Rawnsley mit der Überschrift *Computer leidet unter Wetter*:

> *Der Täter der schlechtesten Wettervorhersage seit Beginn der Aufzeichnungen wurde letzte Nacht in einer kleinen Stadt in Berkshire aufgespürt.*
> *Ohne über die Nichtankündigung der schlimmsten Stürme seit 285 Jahren rot zu werden, stieß er Vorhersagen über leichte Schauer, Aufhellungen und mäßige Winde aus, und dies mit einer Geschwindigkeit von ungefähr einer Vorhersage pro Minute.*
> *Die Antwort auf die Schlagzeilen – WARUM WURDEN WIR NICHT GEWARNT? – ist der Control-Data-Cyber-205, der Zahlenfresser des Meteorological Office in Bracknell. Gemäß der gestrigen Probeumfrage unter den Wetterfröschen, die auf ihn vertrauten, ist er zur Zeit der am meisten gehaßte Computer in Großbritannien. Nach seinen Operatoren kann der Cyber 400 Millionen Operationen pro Sekunde ausführen und innerhalb von fünf Minuten eine 24 Stunden gültige Vorhersage für die ganze Welt auf 15 Höhenniveaus treffen. Unglücklicherweise sagte er die schlimmsten Stürme seit 1703 nicht voraus und verlegte sie 80 Meilen weiter östlich über die Nordsee. Der wirkliche Sturm dagegen entschied sich, über den Süden Großbritanniens zu fegen. ‹Es ist bedauerlich, daß die Sache schief gelaufen ist›, räumte ein Sprecher des Meteorological Office ein.*
> *Keiner schien zu wissen, warum. ‹Am Anfang der Woche habe ich es richtig erkannt›, sagte gestern ein Meteorologe am London Weather Centre. ‹Dienstag war ich dem Tiefdruckgebiet auf der Spur. Dann wechselte es seine Bahn.›*
> *‹Nach den Stürmen am Anfang der Woche dachte ich, wir würden Donnerstag starke Winde bekommen›, sagte er. Dies ist die Art der Wetterfrösche, uns das ‹der Computer hat gesprochen› mitzuteilen. ‹Wir hatten unsere Zweifel, mußten jedoch die Linie beibehalten.›*
> *Über Reading, der Heimat von Cybers größtem Rivalen Cray 1, lag ein gleichmäßiger strenger Duft von Selbstgefälligkeit. Mit Hilfe der*

gleichen Daten von Satelliten, Bodenradars, Handelsschiffen und Wetterballonen hat der Cray heftige Winde für das European Centre for Medium Range Weather Forecasting vorhergesagt.
Interne Untersuchungen am Meteorological Office sollen ans Licht bringen, was bei der miserablen Leistung von Cyber falsch gelaufen ist. ‹Es ist schwer herauszufinden›, sagte gestern einer der 10 Operatoren von Cyber. ‹Es ist möglich, daß eine Information in den Computer gelangt ist, die dort nicht hingehörte.› Vergangene rekordverdächtige Fehlleistungen durch den 205 beinhalteten offenbar die Ankündigung von Schnee im Juli.
‹Es ist geplant, ihn zu ersetzen›, sagte einer der Cybermänner. Andere verteidigten Cyber. ‹Tiefdruckgebiete haben die Angewohnheit, ziemlich unerwartete Dinge zu tun›, sagte ein Sprecher, ‹sie können sehr eigensinnig sein.›

Die zukünftige Forschung mag solche Schwierigkeiten überwinden. Aber es gibt theoretische Gründe für die Annahme, daß die Genauigkeit, mit der wir das Wetter vorhersagen können, von innen her begrenzt ist. Vier oder fünf Tage, vielleicht eine Woche, aber nicht mehr.

Schlagen Sie die Worte in einem Wörterbuch nach.

Mega: groß.

Flop: Reinfall.

Ein Mathematiker aus Leib und Seele

Aber ich schweife von der Geschichte ab. Blenden wir in das Jahr 1963 zurück. In diesem Jahr veröffentlichte Edward Lorenz vom Massachusetts Institute of Technology eine Arbeit mit dem Titel *Deterministic Nonperiodic Flow*. Lorenz wollte ursprünglich Mathematiker werden. Aber der Zweite Weltkrieg kam dazwischen und so wurde er statt dessen Meteorologe. Das dachte er jedenfalls. Tatsächlich war er immer noch mit Leib und Seele Mathematiker. Die Mathematik ist wie eine Sucht oder eine Krankheit. Man kann sie niemals wirklich abschütteln, selbst wenn man es will. Lassen Sie mich die Zusammenfassung zitieren, in der Lorenz seine Ergebnisse kurz beschreibt:

Es werden endliche Systeme von deterministischen gewöhnlichen nichtlinearen Differentialgleichungen aufgestellt, die einem künstlichen dissipativen hydrodynamischen Fluß entsprechen. Die Lösungen dieser Gleichungen können mit Trajektorien im Phasenraum identifiziert werden. Für Systeme mit beschränkten Lösungen sind nichtperiodische Lösungen gewöhnlich stabil bezüglich kleiner Modifikationen. Daher können leicht unterschiedliche Anfangszustände zu erheblich

unterschiedlichen Zuständen führen. Es wird gezeigt, daß Systeme mit beschränkten Lösungen auch beschränkte numerische Lösungen besitzen.
Ein einfaches System, das zellulare Konvektion repräsentiert, wird numerisch gelöst. Alle Lösungen sind instabil, und die meisten von ihnen sind nichtperiodisch.
Die Durchführbarkeit von langfristigen Wettervorhersagen wird unter dem Aspekt dieser Ergebnisse untersucht.

Als ich diese Sätze las, bekam ich ein Kribbeln im Nacken und mir standen die Haare zu Berge. Er wußte es! Er wußte es vor vierundzwanzig Jahren! Und als ich näher hinschaute, war ich sogar noch stärker beeindruckt. Auf kaum zwölf Seiten nahm Lorenz mehrere grundlegende Ideen der nichtlinearen Dynamik vorweg, bevor sie machbar wurde, und bevor irgend jemand sonst bemerkte, daß neue und verwirrende Phänomene wie das Chaos existierten.

Wie ich schon gesagt habe, dachte Lorenz, er sei ein Meteorologe. Daher veröffentlichte er seine Arbeit natürlich im *Journal of the Atmospheric Sciences*. Die Meteorologen waren entweder unmathematisch oder höchstens in der traditionellen Mathematik versiert. Sie wußten wirklich nicht, was sie damit anfangen sollten. Es sah nicht besonders bedeutend aus. Tatsächlich waren die Gleichungen von Lorenz eine so verstümmelte und beschnittene Version der realen Physik, daß das ganze vielleicht Unsinn war.

Jedes Jahr werden mehrere tausend wissenschaftliche Zeitschriften veröffentlicht, die im Schnitt gut und gerne über tausend Seiten stark sind. Selbst wenn man eine Menge liest, kann man nur über die Publikationen in seinem eigenen Gebiet auf dem Laufenden sein. Es ist schon möglich, daß die Frühjahrsausgabe der *Goatstrangler's Gazette* einen äußerst wichtigen Beitrag zur Theorie der dynamischen Systeme enthalten könnte, aber gleiches gilt auch für tausend andere obskure Journale. Man kann sich beim besten Willen nur an den Stellen umschauen, über die man Bescheid weiß. Den Topologen hätte mit Sicherheit genauso der Nacken gekribbelt wie mir, wenn ihnen das folgenreiche Werk von Lorenz in die Hände gefallen wäre. Sie besaßen jedoch nicht die Angewohnheit, das *Journal of the Atmospheric Sciences* zu lesen.

Und so schmachtete sein Artikel ein Jahrzehnt lang in Vergessenheit. Lorenz wußte, daß er etwas Großes spitzgekriegt hatte. Aber er war seiner Zeit voraus.

Lassen Sie uns anschauen, was er herausgefunden hat.

Der Mut seiner Konvektion

Warme Luft steigt auf.

Diese Bewegung nennt man Konvektion. Sie ist für viele wichtige Erscheinungen des Wetters verantwortlich (Abbildung 53). Als Ergebnis der Konvek-

Abb. 53
Konvektionszellen, die beim Aufsteigen von warmer Luft entstehen.

tion bilden sich Gewitterwolken, daher bilden sich Gewitter meistens an feuchten warmen Tagen. Die Konvektion kann ruhig sein, wobei sich die wärmere Luft konstant sanft nach oben bewegt, oder unruhig, wobei sich die Atmosphäre auf eine viel kompliziertere Weise umherbewegt. Unruhige Konvektion ist wesentlich interessanter und offensichtlich von Belang für das Wetter. Da das einfachste Verhalten nach dem Ruhezustand periodische Änderung ist, ist die einfachste unruhige Konvektion eine Art von periodischem Wirbeleffekt.

Das Studium der Konvektion hat eine bemerkenswerte Geschichte. Um 1900 führte Henri Bénard ein grundlegendes Experiment durch. Er entdeckte dabei, daß eine dünne Schicht von Flüssigkeit, wenn sie von unten erhitzt wird, Konvektionszellen bilden kann, die in etwa wie Honigwaben aussehen. Lord Rayleigh stellte die fundamentale Theorie über den Eintritt der Konvektion auf. Aber man hat nie ausgelernt. Im Jahre 1962 hat B. Saltzman Gleichungen für einen einfachen Typ der Konvektion aufgestellt. Stellen Sie sich eine vertikale Scheibe Atmosphäre vor, mit warmer Luft unten und kühler Luft oben, und beobachten Sie ihre Konvektion. Was Sie erwarten, sind regelmäßig eingeteilte Wirbel, die Konvektionszellen, die sich periodisch im Kreis bewegen. Wie in der klassischen angewandten Mathematik üblich, erriet Saltzman eine Näherungslösung und setzte sie in die Gleichungen ein. Er ignorierte einige nur kleine, aber unhandliche Terme und betrachtete das Ergebnis. Da selbst seine stark beschnittenen Gleichungen nicht durch eine Formel gelöst werden konnten, benutzte er einen Computer.

Er bemerkte, daß die Lösung offenbar irreguläre Fluktuationen besaß. Dies bedeutete instabile Konvektion. Aber sie sah nicht periodisch aus.

Lorenz war daran interessiert und untersuchte die Sache weiter. Er bemerkte, daß nur drei Variablen für diesen Effekt eine Rolle spielten und strich deshalb die anderen. Dies war eine höchst unbekümmerte, jedoch vollkommen beabsichtigte Tat. Er erhielt ein System von Gleichungen, das inzwischen klassisch geworden ist:

$$\frac{dx}{dt} = -10x + 10y$$

$$\frac{dy}{dt} = 28x - y - xz$$

$$\frac{dz}{dt} = \frac{8}{3}z + xy.$$

Hierbei sind x, y, z die drei wichtigen Variablen, t ist die Zeit und d/dt ist die Veränderungsrate mit der Zeit. Die Konstanten 10 und 8/3 entsprechen den Werten, die Saltzman gewählt hatte. Wie wir gleich sehen werden, repräsentiert die 28 den Zustand des Systems unmittelbar nach Beginn der instabilen Konvektion. Diese Werte können in Abhängigkeit von den Werten der physikalischen Variablen geändert werden.

Wenn man die Terme xz und xy auf der rechten Seite durchstreicht, erhält man ein Gleichungssystem, das jeder Mathematiker, der etwas taugt, mit geschlossenen Augen vor dem Frühstück lösen kann – und zwar gelangweilt.

Aber man kann in dieser Richtung etwas Nützlicheres tun. Man kann die stationären Zustände des Systems finden, d.h. die Zustände, bei denen x, y und z konstant bleiben, und daher die Ausdrücke auf der rechten Seite verschwinden. Es gibt drei. Der eine repräsentiert keine Konvektion, die beiden anderen sind zueinander symmetrisch und repräsentieren stationäre Konvektion. Durch eine Methode, die als «Lineare Stabilitäts-Analyse» bekannt ist, kann man dieses System auf Stabilität in der Nähe dieser Zustände untersuchen. Man findet, daß der Zustand der stationären Konvektion stabil wird, wenn man die 28 auf einen Wert unter 24.74 verringert. Beim kritischen Wert 24.74 beginnt die Konvektion. Der von Lorenz gewählte Wert 28 tritt gerade nach Beginn der nichtstationären Konvektion auf.

An dieser Stelle läßt uns die lineare Theorie im Stich. In der Nähe des stationären Zustands funktioniert sie gut. Wenn jedoch der stationäre Zustand instabil wird, muß man zwangsläufig untersuchen, was passiert, wenn sich das System vom stationären Zustand wegbewegt. Die lineare Theorie kann zwar beschreiben, wo die Instabilität auftritt, jedoch nicht, was als Ergebnis resultiert. Durch ein Fernglas können Sie sehen, wo der nächste Hügel ist, aber nicht, was dahinterliegt.

Dies ist ein Anfang. Nun wissen Sie, wo das interessante Verhalten auftritt. Aber was ist es?

Die Vorteile eines Computers

Es gibt keine andere Möglichkeit. Man muß die Gleichungen lösen. Mit schlauen Tricks oder mit roher Gewalt. Die bei weitem verläßlichste Methode ist rohe Gewalt. Man berechnet die Lösung numerisch.

Lorenz hatte einen Computer. Dies war in den frühen sechziger Jahren ungewöhnlich. Die meisten Wissenschaftler mißtrauten damals den Computern und kaum einer hatte einen besessen. Das Gerät, auf dem ich diese Zeilen tippe, ist ein weitaus besserer Computer als der von Lorenz. Und ich benutze ihn für Textsysteme. Es ist so, als würde man mit einem Rolls Royce Milch ausliefern. Die Zeiten ändern sich. Lorenz hatte einen Computer vom Typ Royal McBee LGP-300, ein nicht sehr verläßliches Gewirr aus Elektronenröhren und Drähten. So steckte er seine Gleichungen in den Royal McBee und ließ ihn königlich lossummen, mit einer Geschwindigkeit von ungefähr einer Iteration pro Sekunde. Mein Textverarbeitungssystem ist etwa fünfzig- bis hundertmal schneller.

Wenn man sich aus alten Bindungen lösen will, müssen der Ort, die Leute, Kultur und Zeit stimmen. Poincaré war die Person und Frankreich der Ort, aber weder Zeit noch Kultur stimmten. Lorenz war die Person und das MIT der Ort. Die Kultur für Chaos ist die Computerkultur, und diese war im Kommen. Wenn jedermann einen Computer besitzt, läßt sich die Tatsache «Chaos» kaum übersehen. Obwohl es eine andere Sache ist, ihre Bedeutung zu erkennen. Hierfür muß auch die Zeit stimmen. Die Mitmenschen müssen einsehen, daß etwas wirklich Interessantes vor sich geht. Die Zeit war nicht reif. Oder genauer, Lorenz war seiner Zeit voraus.

In seinem Artikel sind die ersten 3'000 Iterationen des Wertes für die Variable y abgebildet (Abbildung 54). Die Werte schwanken periodisch für die ersten ungefähr 1'500 Iterationen, aber man kann sehen, daß die Größe der Schwankungen stetig zunimmt. Lorenz wußte aufgrund seiner «Linearen Stabilitäts-Analyse», daß dies passieren würde. Aber was passierte danach?

Wahnsinn.

Heftige Oszillationen, die erst nach oben und dann nach unten ausschlagen, jedoch kaum nach bestimmbarem Schema.

Er zeichnete auf, wie verschiedene Kombinationen von x, y und z variierten. In der (x,y)-Ebene sah er eine nierenähnliche zweilappige Figur (Abbildung 55). Manchmal umkreiste der Punkt den linken Lappen, manchmal den rechten.

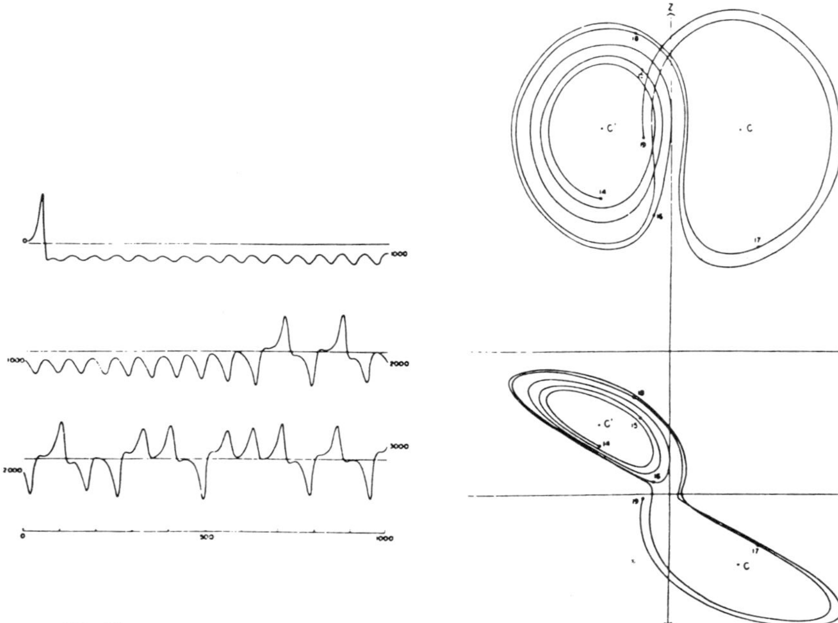

Abb. 54
Lorenz' Graphiken von 3'000 numerisch berechneten Schritten in seinen Gleichungen für die Konvektion: Die Oszillationen wachsen und werden chaotisch (links). Zwei Ansichten von der Bewegung im Phasenraum (rechts) (American Meteorological Society, *Journal of the Atmospheric Sciences*, vol. 20 (Edward N. Lorenz)).

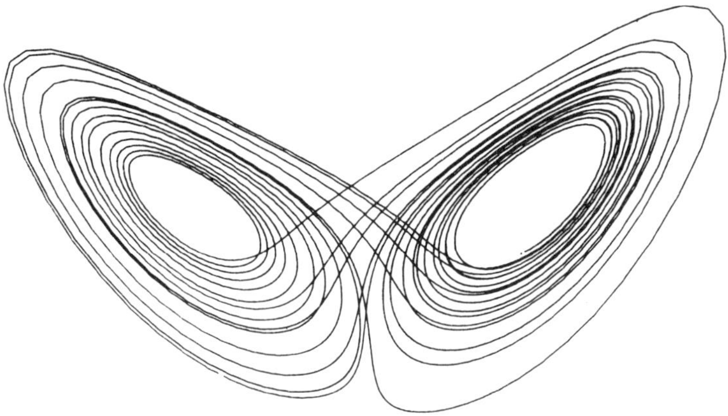

Abb. 55
Der Lorenz-Attraktor: Die Trajektorien kreisen offensichtlich zufällig um die beiden Lappen.

Die Trajektorien seiner Gleichungen befanden sich auf etwas, das fast wie eine zerquetschte Brezel aussah: auf einer Fläche, die hinten zwei Schichten besaß und sich vorne zu einer Schicht vereinigte. Der Punkt, der den Zustand des Systems repräsentierte, schwang im Kreis auf der einen oder anderen dieser Schichten, passierte ihre Verbindung und schwang dann wieder im Kreis. Lorenz wußte, daß sich die Trajektorien einer Differentialgleichung nicht vereinigen können. Also mußte das, was vorne wie eine einzige Schicht aussah, in Wirklichkeit aus zwei Schichten bestehen, die sehr nah beieinanderlagen.

Aber dies bedeutete, daß auch jede der hinteren Schichten doppelt war. Somit gab es hinten vier Schichten. Also vorne vier, also hinten acht, also ... Lorenz sagte: «Wir folgern hieraus, daß dies ein unendlicher Komplex von Flächen ist. Jede Fläche liegt extrem dicht an einer von zwei sich vereinigenden Flächen.»

Es ist nicht überraschend, daß die Meteorologen verblüfft waren. Aber Lorenz war einer großen Entdeckung auf der Spur.

Es ist schon erstaunlich, was ein bißchen xz und xy bewirken können.

Der Schmetterlingseffekt

Es ist nicht richtig zu sagen, daß Lorenz kein Schema gefunden hatte, und nichts vorhersehbar war. Im Gegenteil, er fand ein sehr präzises Schema. Er betrachtete die maximalen Werte der Variablen z und zeichnete einen Graphen über die Beziehungen zwischen aufeinanderfolgenden Maxima. Das Ergebnis war eine wunderbar präzise Kurve mit einer Spitze in der Mitte (Abbildung 56).

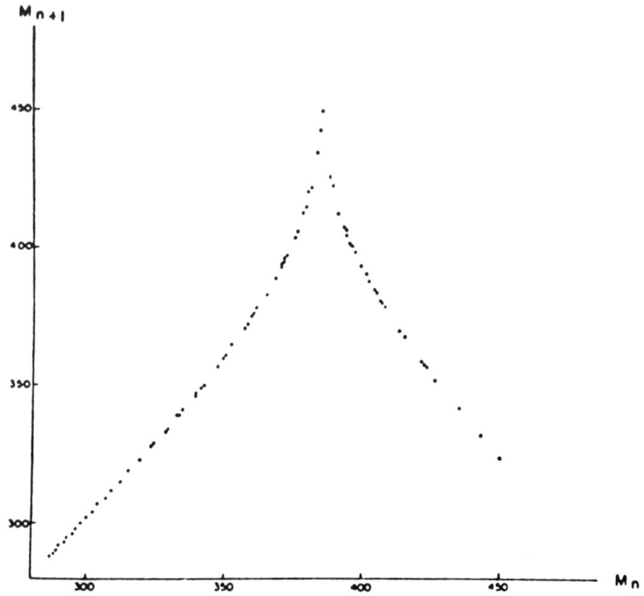

Abb. 56
Die Ordnung im Chaos. Wenn die Größe einer Oszillation gegen die der vorhergehenden abgetragen wird, entsteht eine präzise Kurve (American Meteorological Society, *Journal of the Atmospheric Sciences*, vol. 20 (Edward N. Lorenz)).

Die Kurve von Lorenz ist eine Art Poincaré-Schnitt für arme Leute. Anstatt eine Variable in regelmäßigen Zeitabständen zu zeichnen, zeichnet er z jedesmal dann, wenn es ein Maximum annimmt. Die Zeitintervalle sind dann ungleichmäßig. Aber nicht zu sehr, denn der Lorenz-Attraktor besitzt einen wohlbestimmten unterliegenden Rhythmus.

Indem man die Kurve benutzt, kann man das nächste Maximum von z vorherbestimmen, wenn man das gegenwärtige kennt. In diesem Sinn ist wenigstens etwas von der Dynamik vorhersehbar.

Aber dies ist nur eine kurzfristige Vorhersage. Wenn man versucht, die kurzfristigen Vorhersagen aneinanderzuketten, um eine langfristige Vorhersage zu erhalten, schleichen sich kleine Fehler ein und werden immer größer, bis die Vorhersage totaler Unsinn wird. Tatsächlich besitzt die Lorenz-Kurve die gleiche Dehn- und Faltcharakteristik, von der wir gelernt haben, daß sie mit Chaos verbunden ist. Und das Dehnen bläst die Fehler auf.

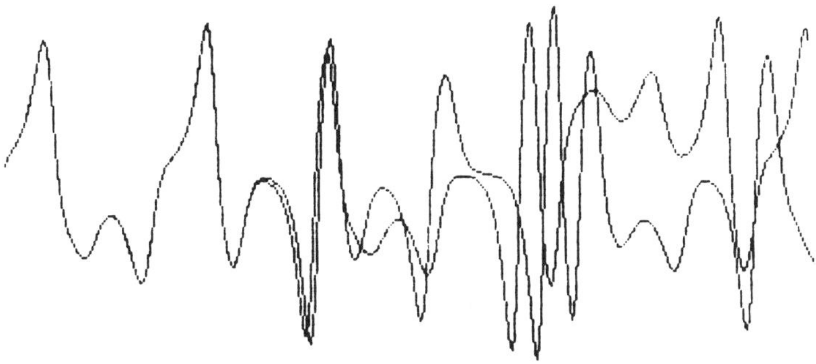

Abb. 57
Der Schmetterlingseffekt: eine numerische Simulation von einer Variablen des Lorenz-Systems. Die beiden Kurven entsprechen Anfangsbedingungen, die sich nur um 0.0001 unterscheiden. Zuerst scheinen die Kurven übereinzustimmen, aber schon bald führt die chaotische Dynamik zu unabhängigen, weit divergierenden Trajektorien.

Lorenz bemerkte dies auch. Er nannte es den «Schmetterlingseffekt». Er entdeckte ihn durch Zufall.

Er hatte seinen McBee mehrere Jahre lang, ungefähr bis 1960. Er stellte Modelle von Wettersystemen auf und ließ sie auf ihm laufen, am Ende manchmal tagelang. Der Computer wird die Lösungstrajektorie als eine lange Reihe von Zahlen ausgedruckt haben – kein noch so phantasievoller Computer zeichnete damals Graphiken. Die Kollegen mögen gewettet haben, was das Lorenzsche Mikroklima wohl als nächstes tun würde. Im Winter des Jahres 1961 ließ er einen Vorläufer seines heute berühmten Systems laufen. Er berechnete eine Lösung und wollte herausfinden, wie sich diese nach einer größeren Zeitspanne verhält. Anstatt mehrere Stunden zu warten, notierte er sich die Zahlen, die in der Mitte des Laufes erreicht waren, und gab sie als neue Anfangswerte ein. Dann ließ er die Maschine wieder laufen.

Was passieren sollte, war folgendes: Die Maschine würde die zweite Hälfte des ursprünglichen Laufes wiederholen und dann von dort aus fortfahren. Die Wiederholung diente als nützliche Kontrolle, verschwendete jedoch die erste Hälfte der gewonnenen Zeit.

Der Meteorologe ging weg und trank eine Tasse Kaffee. Als er zurückkam, sah er, daß der neue Lauf nicht die zweite Hälfte des ersten wiederholt hatte! Er begann auf die gleiche Art, aber langsam trennten sich die beiden Läufe, bis sie schließlich keinerlei Ähnlichkeit mehr besaßen.

James Gleick, ein Wissenschaftsschriftsteller, der Lorenz interviewt hat, erzählt uns in seinem Buch *Chaos*, was danach passiert ist:

> *Plötzlich erkannte er die Wahrheit. Es war keine Funktionsstörung. Es lag an den Zahlen, die er eingegeben hatte. Im Computer wurden sechs Dezimalstellen gespeichert: .506127. Um Platz zu sparen, erschienen auf dem Ausdruck nur drei: .506. Lorenz hatte die kürzeren gerundeten Werte eingegeben. Er nahm an, daß der Unterschied – ein Tausendstel – keine Folgen haben würde.*

Nach der traditionellen Denkungsart hätte dies so sein sollen. Lorenz bemerkte also, daß sich seine Gleichungen nicht so verhielten, wie es ein traditionell denkender Mathematiker erwartet haben würde. Er prägte dafür seinen berühmten Ausdruck «Schmetterlingseffekt» (Abbildung 57). Das Flattern eines einzigen Schmetterlingsflügels bewirkt eine winzige Veränderung des Zustands der Atmosphäre. Nach einer gewissen Zeit weicht das, was die Atmosphäre tatsächlich tut, von dem ab, was sie ohne das Flattern getan hätte. Als Folge kommt nach einem Monat der Tornado nicht, der die indonesische Küste verwüstet hätte. Oder einer, der nicht kommen sollte, bricht über die Küste herein.

Es gibt überall Schmetterlinge. Aber wer sagt einem, daß sich das Flattern ihrer Flügel gegenseitig aufhebt?

Wieder Lorenz:

> *Eine durchschnittliche Person, die sieht, daß wir die Gezeiten einige Monate im voraus vorhersagen können, würde fragen, warum wir nicht das gleiche mit der Atmosphäre tun können. Es ist nur ein unterschiedliches System, die Regeln sind ungefähr ebenso kompliziert. Aber ich stellte fest, daß jedes physikalische System, das sich nichtperiodisch verhält, nicht voraussagbar sein wird.*

Das Wetter – oder nicht?

In dieser Stimmung beendete Lorenz seinen Artikel von 1963 mit Spekulationen über die Möglichkeit von Wettervorhersagen. Sein Argument ist einfach und originell. Stellen Sie sich vor, Sie zeichnen eine Reihe von sehr genauen Messungen des Zustands der Atmosphäre auf, die mit denen vergleichbar sind, die Sie für Ihre Vorhersage benutzen wollen. Sammeln Sie diese Daten über sehr lange Zeit.

> *Der springende Punkt ist, daß dann Wetteranalogien aufgetreten sein müssen, seitdem der Zustand der Atmosphäre zum ersten Mal beobachtet wurde. Mit Analogien meinen wir zwei oder mehr Zustände der Atmosphäre, die sich einander so ähnlich sind, daß ihr Unterschied Beobachtungsfehlern zugeschrieben werden kann.*

Wenn zwei Analogien aufgetreten sind, wird man identische Vorhersagen für das zukünftige Wetter treffen, egal von welcher der beiden man ausgeht. Dies bedeutet, daß das Schema zur Wettervorhersage eine periodische Veränderung des Wetters ankündigen muß. Aber das ist Unsinn. Die ganze Schwierigkeit der Wettervorhersage liegt gerade darin, daß das Wetter nicht periodisch ist.

Wenn keine Analogien aufgetreten sind, gibt es noch Hoffnung. Das ganze Wettersystem könnte quasiperiodisch sein. Es könnte die gleichen Zustände fast wiederholen, nur mit kleinen Veränderungen, die langsam anwachsen. In diesem Fall könnte eine langfristige Wettervorhersage möglich sein. Man muß dann nur in den Aufzeichnungen nach einem möglichst nahen Analogon zum heutigen Wetter suchen und sehen, was letztes Mal passiert ist.

Diese Argumentation schlägt fehl, bemerkte Lorenz, wenn «die Vielfalt der atmosphärischen Zustände so groß ist, daß Analogien niemals auftreten müssen». Und er läßt eine wichtige Frage offen: Wie lang ist «sehr langfristig»? Er sagt, daß er die Antwort nicht kennt, aber «denkbar wären einige Tage oder einige Jahrhunderte». Vierundzwanzig Jahre später wurden Jahrhunderte ausgeschlossen und die Sicht auf «einige Tage» wurde akzeptiert.

Dehnen und Falten

Wir haben schon in Kapitel 6 ein Beispiel für den Schmetterlingseffekt gesehen. Es ist das Solenoid von Smale oder sein vereinfachtes Modell, die Abbildung $x \to 10x$ auf dem Kreis. Hier tritt die gleiche Empfindlichkeit gegenüber den Anfangsbedingungen auf. Die beiden Punkte π und π' stimmen in der ersten Milliarde Dezimalstellen überein und wandern nach einer Milliarde Iterationen unabhängig voneinander auf dem Kreis umher.

Das mag nicht so schlimm sein. Aber wenn zwei Punkte nur auf sechs Stellen übereinstimmen, entwickeln sie sich nach nur sechs Iterationen unabhängig voneinander.

Was ist der Grund für diese Empfindlichkeit?

Es ist eine Mischung von zwei widersprüchlichen Tendenzen in der Dynamik.

Die erste ist das Dehnen. Die Abbildung $x \to 10x$ vergrößert die Entfernungen lokal um ein Zehnfaches. Nahegelegene Punkte werden auseinandergerissen.

Die zweite ist das Falten. Der Kreis ist ein begrenzter Ort; es ist nicht genug Platz vorhanden, um alles zu dehnen. Er wird vielfach um sich selbst gefaltet. Nur auf diese Art läßt sich alles wieder in ihm unterbringen, wenn die Entfernungen zehnfach vergrößert werden. So bewegen sich zwar nahegelegene Punkte auseinander, jedoch müssen sich umgekehrt auch einige weit entfernte Punkte aufeinander zubewegen.

Die Vergrößerung zwingt Punkte, die nahe beieinander beginnen, dazu, sich unterschiedlich zu entwickeln. Zunächst wächst der Unterschied regelmäßig. Aber wenn sich die beiden Punkte einmal weit genug voneinander entfernt haben, verlieren sie sich aus den Augen. Dann muß der eine nicht mehr das Verhalten des anderen nachahmen.

Die Mischung aus Dehnen und Falten ist auch für die irreguläre Bewegung verantwortlich. Einige Punkte müssen sich näher aufeinander zubewegen. Aber welche? Woher wollen Sie das wissen? Nun resultieren große Unterschiede aus sehr kleinen Unterschieden, die viele Iterationen zurückliegen. Sie können nicht sehen, was beim Weitermachen kommt.

Das ist nicht vorhersagbar.

Man kann den Dehn- und Faltprozeß im Lorenzschen System sehen. Jede Hälfte der Vorderseite der Fläche windet sich kreisförmig nach hinten und dehnt sich dabei auf das Doppelte, dann geht sie wieder in den vorderen Teil zurück.

Es ist nun vollkommen klar, daß die seltsame zweilappige Lorenzsche Fläche mit unendlich vielen Schichten ein seltsamer Attraktor sein muß, der Lorenz-Attraktor. Und seine Differentialgleichungen sind eine zwar etwas verstümmelte Version der Physik, aber sie sind dennoch realistische Gleichungen in drei Variablen mit einem physikalischen Stammbaum, mag dieser auch durch Bastarde verunziert sein. Es sind keine künstlerisch entworfenen Differentialgleichungen mit dem Etikett «Sorgfältig von Topologen hergestellt» und einem grünen Doghnut als Markenzeichen.

Es gibt tatsächlich reale physikalische Systeme, die durch das Lorenzsche Gleichungssystem sehr gut beschrieben werden, wenn man die Zahlen 10, 28 und 8/3 verändert. Eines dieser Systeme ist das Wasserrad. Ein zweites ist der Dynamo. Ein drittes liegt an den Grenzen der physikalischen Forschung, es ist der Laser.

Aber als Lorenz seine Gleichungen aufstellte, wußte dies niemand. Man konnte nur das Offensichtliche feststellen. Er erhielt seine Gleichungen, indem er Teile der Gleichungen für die Konvektion weggelassen hat. Die meisten Wissenschaftler waren besorgt über den Effekt dieser fehlenden Teile. Sie haben nicht verstanden, daß sich Lorenz nicht um den physikalischen Sinn seiner Gleichungen kümmerte.

Lorenz hatte die Tür zu einer neuen Welt geöffnet.

Keiner ging hindurch.

Tür? Welche Tür?

8 *Ein Rezept für Chaos*

Wenn Sie die Masse aufnehmen können, ziehen Sie sie mit ihren Fingerspitzen auf etwa 45 cm auseinander. Falten Sie sie dann zusammen. Wiederholen Sie diese Bewegung rhythmisch. Wenn sich die Masse von einer klebrigen Angelegenheit in ein glitzerndes kristallenes Band verwandelt hat, drehen Sie sie ineinander, während Sie weiter falten und ziehen.

Irma S. Rombauer und Marion Rombauer Becker, Joy of Cooking

Als Kind lebte ich in einer Stadt an der Südküste. Meine Eltern gingen regelmäßig mit mir spazieren. Es war direkt nach dem Krieg, und sie besaßen zu dieser Zeit kein Auto, deshalb bekamen wir genug Bewegung. Manchmal gingen wir die High Street hinunter zum Hafen. Es war eine abschüssige enge Straße mit Kopfsteinpflaster und kleinen Geschäften. Oben war ein Laden, in dem hausgemachte Süßigkeiten verkauft wurden. Natürlich wurde ich als Kind darauf aufmerksam. Es gab Pfefferminzstangen, auf die der Name der Stadt in kleinen roten Buchstaben gemalt war. Man konnte die Buchstaben beobachten, wenn man die Stangen zu einen kurzen Baumstamm mit roten Streifen und weißen Keilen zusammendrückte und dann in die Länge zog, bevor man sie in Stücke brach und aß. Und es gab eine Maschine, die die klebrige Zuckermischung für die Stangen dehnte und knetete. Zwei glänzende Stahlarme drehten sich langsam und bewegten sich dabei gleichzeitig hin und her. Ein schwerer Strang von dem klebrigen Material hing zwischen ihnen wie ein Strang dicker Strickwolle zwischen zwei Händen und wurde immer wieder gedehnt und gefaltet. Dies faszinierte mich, und zwar nicht nur wegen des Endproduktes. Damals realisierte ich es nicht, aber es war meine erste Begegnung mit chaotischer Dynamik.

Der Süßwarenhändler realisierte dies auch nicht. Er verwertete zwei charakteristische Eigenschaften des Chaos. Das Mischen, um sicherzugehen, daß die Zutaten gleichmäßig verteilt wurden, und das Ausdehnen, um lange kristallene Fäden in den Zucker zu bringen, die die spröde Knackigkeit von echten Pfefferminzstangen ausmachen.

Das wirklich Kuriose an der Sache ist uns so vertraut, daß wir es kaum bemerken. Die Bonbonmaschine bewegt sich vollkommen gleichmäßig, und zwar periodisch im Kreis und hin und her. Aber die Bonbonmasse bewegt sich chaotisch. Eine regelmäßige Ursache mit einer unregelmäßigen Wirkung.

Jeder, der einen Schneebesen, einen Mixer oder eine Küchenmaschine benutzt, führt eine Übung in angewandter chaotischer Dynamik aus. Ein mechanisches Gerät bewegt sich auf regelmäßige und vorherbestimmte Weise und unterwirft dabei den Inhalt dem Zufall. Wie ist das möglich?

Dehnen und Falten

Stephen Smale hatte vermutet, daß typische Dynamik entweder stationär oder periodisch ist. Als er herausfand, daß dies falsch war, ersetzte er die Vermutung durch eine Frage: Was ist typische Dynamik?

In der Mathematik gibt es hauptsächlich zwei Möglichkeiten, Fortschritte zu erzielen.

Die eine lautet: «reines Denken». Man denkt sehr lange in einer möglichst verallgemeinerten Art über den Kern des Problems nach. Man spielt mit allgemeinen Eigenschaften herum und versucht, die grundlegenden Ideen auszugraben.

Die andere ist, eine Menge von vorzugsweise möglichst einfachen Beispielen durchzurechnen und genau aufzuschreiben, wie diese funktionieren.

In der Praxis braucht man beide zum Vorwärtskommen. Ein Mathematiker, der an einem Problem arbeitet, wird einfache Beispiele betrachten, bis er merkt, daß ihn diese nicht mehr weiterbringen. Danach wird er einen allgemeineren Standpunkt betrachten und eine Zeitlang darüber nachdenken. Dann wird er zu leicht veränderten Beispielen zurückkehren und leicht veränderte Fragen stellen, anschließend wird er alle Mathematiker in Hörweite damit plagen. Er wird alle Kollegen zwischen Knoxville und Omsk anrufen. Wenn er wirklich steckenbleibt, wird er weggehen und etwas anderes tun. Ein anderes Problem bearbeiten, das Öl im Wagen wechseln, einen Fischteich anlegen oder einen Berg besteigen. Und oft stellt sich die Erleuchtung im denkbar unpassendsten Moment ein. Sie löst zwar selten alles, hält jedoch den Prozeß in Gang. Anselm Lanturlu, eine von dem französischen Physiker Jean-Pierre Petit geschaffene Comicfigur, hielt dieses Gefühl in *Euclid Rules OK* treffend fest:

> *Ich habe es verstanden! Nun, es ist ... Ich bin mir nicht genau darüber klar, was ich verstanden habe. Aber ich habe den Eindruck, daß ich etwas verstanden habe.*

Wenn man sehr allgemein über die Dynamik nachdenkt und sich nicht mit Details aufhält, führt dies in etwa zu Folgendem.

Traditionelle Dynamik:

- Stehe still.
- Laufe immer im Kreis.

Der Extrakt aus fünf Jahrhunderten Wissenschaft, reduziert auf die geometrische Quintessenz. Was ist die geometrische Quintessenz des Chaos?

- Dehnen und Falten.

Die fehlende Zutat.

Nun, dies ist nicht die einzige fehlende Zutat. Das Chaos ist ein reichhaltiges Gemisch voller exotischer Gewürze und fremdländischer Früchte. Es enthält auch eine Portion Nüsse. Aber seine Hauptzutat, das Mehl und das Wasser des Chaos, ist Dehnen und Falten.

Lassen Sie uns das Kochbuch durchblättern.

Vom Radar zum Hufeisen

Genau am Ende des Zweiten Weltkrieges, im Jahr 1945, betrachteten die beiden Mathematiker Mary Lucy Cartwright und John Edensor Littlewood aus Cambridge angetriebene Oszillatoren. Ein Oszillator ist etwas, das wie ein Pendel wiederholt schwingt. Ein System wird angetrieben, wenn die Dynamik von außen von Zeit zu Zeit beeinflußt wird. Sie können sich zum Beispiel ein an einer Achse hängendes Pendel vorstellen, das von einem Motor angetrieben wird und sich wie ein Kolben auf- und niederbewegt. Dieses Beispiel für einen angetriebenen Oszillator kombiniert zwei verschiedene periodische Bewegungen: Die natürlichen Schwingungen des Pendels und die künstlichen Schwingungen der antreibenden Kraft. Im allgemeinen besitzen diese Schwingungstypen verschiedene Perioden, d.h. die natürliche Bewegung steht nicht im Einklang mit der künstlichen. Dies führt zu einer komplizierten Wechselwirkung.

Angetriebene Oszillatoren gibt es überall. Ein wenig offensichtlicher ist der Schlaf-Wach-Zyklus, zu dem jeder natürliche biochemische Rhythmus durch den von der Drehung der Erde verursachten Tag-Nacht-Zyklus gezwungen wird. Der Herzschlag ist auch einer, sehen Sie dazu Kapitel 13.

Jeder, der mit der klassischen linearen Theorie aufgewachsen ist, würde erwarten, daß die Kombination von zwei Schwingungen zu einer quasiperiodischen Bewegung mit überlagerten Frequenzen führt. Jedoch verhalten sich angetriebene Oszillatoren nicht immer so, wie es von der klassischen Mathematik erwartet wird. Es entstehen nichtlineare Effekte, und das Ergebnis ist des öfteren Chaos.

Die früher im Zusammenhang mit Elektronenröhren erwähnte Gleichung von van der Pol ist ein nichtlinearer Oszillator. Cartwright und Littlewood bewiesen, daß ein angetriebener Van-der-Pol-Oszillator bei geeigneten Bedingungen komplizierte aperiodische Bewegungen ausführt. Im nachhinein muß dies als eine der frühesten Entdeckungen des Chaos gewertet werden. Ihre Arbeit diente militärischen Zwecken. Elektronik bedeutete Radar, und es ist kein Zufall, daß die Gleichung von van der Pol aus der Elektronik stammt.

In den sechziger Jahren dachte Stephen Smale über den Van-der-Pol-Oszillator nach, aber nicht aus Gründen der Kriegsführung. Er stellte ein Modell eines Systems mit ähnlicher Geometrie auf, das einer einfacheren und weniger physikalischen Gleichung entsprach. Er nahm ein Quadrat, dehnte es zu einem langen dünnen Rechteck aus, faltete daraus ein hufeisenförmiges Gebilde und setzte es ungefähr in die ursprüngliche Begrenzung zurück (Abbildung 58).

Dehnen und Falten.

Wenn Sie über Iterationen dieser Prozedur nachdenken, werden Sie merken,

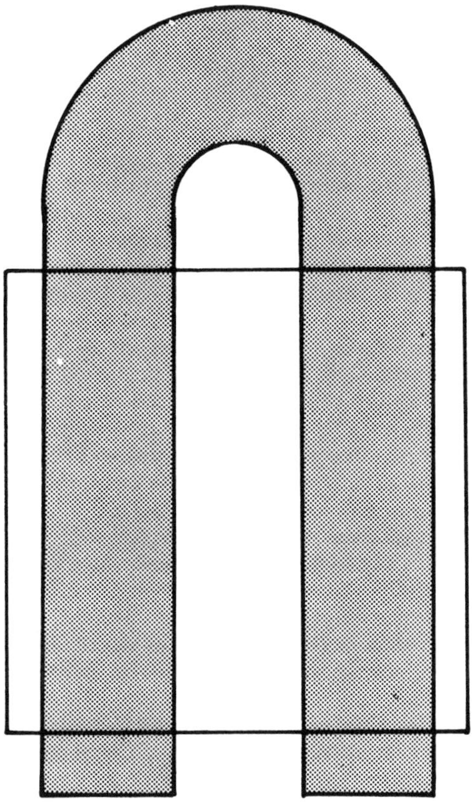

Abb. 58
Die Hufeisen-Abbildung von Smale simuliert chaotisches Falten. Ein Quadrat wird gedehnt, gefaltet und wieder in das Quadrat gesetzt. Wenn die Abbildung iteriert wird, entsteht eine verschlungene, vielschichtige Struktur.

daß beim nächsten Schritt eine Art von Hufeisen mit Hufeisen und drei Haarnadelkurven entsteht, danach entstehen sieben Haarnadelkurven, dann fünfzehn usw. Jede Iteration verdoppelt die vorhandenen Kurven und fügt eine neue hinzu. So erhält man als Grenzwert eine unendlich oft gewundene Kurve. Nun fangen wir von vorn an, nur denken Sie jetzt an einen Anfangspunkt im Quadrat und nicht an das ganze Quadrat. Nach den Iterationen muß er auf der unendlich oft gewundenen Kurve sein, denn das ganze Quadrat befindet sich dort! So können wir genausogut annehmen, daß er schon auf der Kurve liegt und bei jeder Iteration von einer Stelle der Kurve an eine andere springt. Weil die Kurve dermaßen gewunden ist, stellt sich heraus, daß seine Bewegung in jeder Hinsicht zufällig ist. Dies ist die Geometrie, die dem von Cartwright und Littlewood beobachteten chaotischen Verhalten zugrundeliegt.

Das Hufeisen hat andere wichtige Eigenschaften. Es besitzt die gleiche unendlich geschichtete Struktur, die Lorenz für seinen Attraktor hergeleitet hat, und die sich im Solenoid und der damit eng verbundenen Cantor-Menge zeigt.

Nicht nur das. Innerhalb des Hufeisens gibt es einen Sattelpunkt, und eine Separatrix dieses Sattels windet sich von ihm weg und schneidet eine andere. Das Ergebnis ist ein Gewirr aus dynamischen Spaghetti, das dem sehr ähnlich ist, was Poincaré entsetzt hat. Der Unterschied ist, daß das Beispiel von Poincaré aus der Hamiltonschen Dynamik stammt, in der keine Reibung vorhanden ist. Das System von Smale kann auch in dissipativen Systemen auftreten, in denen Reibung vorhanden ist.

So trägt dieses Beispiel eine familiäre Ähnlichkeit mit vielen anderen chaotischen Systemen. Aber es ist in mehrfacher Hinsicht einfacher. Insbesondere kann man es nur mit Hilfe von Geometrie und Topologie studieren, anstatt einen Computer zu benutzen.

Indem er das Hufeisen studierte, konnte Smale an der Stelle Fortschritte machen, an der Poincaré aufgegeben hatte. Dies führte zu einer Explosion von neuen Ideen in der Theorie der dynamischen Systeme.

Dynamik Bolognaise

Michel Hénon ist ein französischer Astronom. Im Jahre 1962 dachte er darüber nach, wie sich die Sterne innerhalb einer Galaxie bewegen. Dies führte ihn zu einem mathematischen Modell. Es ist ein dynamisches System, dessen Verhalten von seinem Energieniveau abhängt. In der Himmelsmechanik sind die Differentialgleichungen gewöhnlich hamiltonsch. Im Weltraum gibt es nicht so viel Reibung.

Die konventionelle Weisheit in den sechziger Jahren bestand darin, daß die Trajektorien periodisch oder allgemeiner quasiperiodisch sind und in in mehrere periodische Komponenten zerlegt sein sollten. Klassische Methoden wie die Perturbationstheorie gingen von dieser Annahme aus. Es ist nicht sehr überraschend, daß alle so erhaltenen Lösungen mit der konventionellen Weisheit übereinstimmten. Insgesamt waren nur wenige über diesen Zirkelschluß beunruhigt, falls sie ihn überhaupt bemerkt haben.

Hénon war wie alle Naturwissenschaftler klassisch ausgebildet und erwartete quasiperiodisches Verhalten. Mit einem neuen und unterbewerteten Werkzeug, dem Computer, bewaffnet, untersuchte er zusammen mit dem Studenten Carl Heiles, was mit den regulären Bahnen passierte, wenn die Energie im System anwuchs.

Bei niedrigen Energien waren die Trajektorien regelmäßig und periodisch, bestärkten somit die konventionelle Weisheit. Bei höheren Energien jedoch brachen sie auseinander. Was in den dynamischen Bildern nette geschlossene Kurven sein sollten, fiel auseinander in ein zufälliges Gekleckse von Pünktchen. Es gab Inseln der Regelmäßigkeit, die auf komplizierte Art in einem See von Chaos lagen (Abbildung 59): Hackbällchen aus Regelmäßigkeit in Zufallsspaghetti. Dynamik Bolognaise. Hénon und Heiles haben nichts streng bewiesen. Sie zeichneten jedoch Bilder von dem, was sie auf ihrem Computer sahen, und machten befruchtende Vorschläge für deren Erklärung. Danach gingen sie zu anderen Problemen über, denn sie waren Astronomen und keine Mathematiker.

Die magnetische Falle

Eine mathematische Erklärung für die Entdeckung von Hénon und Heiles wurde durch Jürgen Moser und seine «getwisteten Abbildungen» gegeben. Andere Wissenschaftler haben das gleiche Phänomen bei verschiedenen Anwendungen gefunden. Im Jahre 1960 beschäftigte sich der russische Physiker B. V. Chirikov mit Plasma. Plasma ist Gas, das so heiß ist, daß einige seiner Elektronen entweichen. Das Ziel der Plasmaforschung ist es, einen Fusionsreaktor zur billigen und sicheren Stromerzeugung zu konstruieren. Für einen solchen Reaktor muß das Plasma genügend lange hohen Temperaturen und hohem Druck ausgesetzt werden. Gewöhnliches Material hält der Hitze nicht stand, deshalb verwendet man eine magnetische Falle. Aber Plasma und Magnetfelder beeinflussen sich gegenseitig auf eine sehr komplexe Art.

Chirikov wollte dies verstehen. Er präsentierte ein Modell der Dynamik von Plasma in einer Magnetfalle. Die zugehörige Poincaré-Abbildung heißt heute Standardabbildung, weil sie so häufig vorkommt. Indem er die Standardabbildung untersuchte, entdeckte Chirikov, daß im Plasma Chaos auftreten kann. Es verursacht Instabilitäten, die das Plasma aus der Falle entkommen läßt.

Die Standardabbildung besitzt eine besondere Eigenschaft. Sie ist flächenerhaltend. Dies bedeutet, daß die Fläche eines jeden Gebietes im Phasenraum nach der Transformation unverändert ist. Hierin spiegelt sich die Tatsache wider, daß das gesamte System hamiltonsch ist. Die Energieerhaltung im gesamten System wird zu Flächenerhaltung in einem Poincaré-Schnitt.

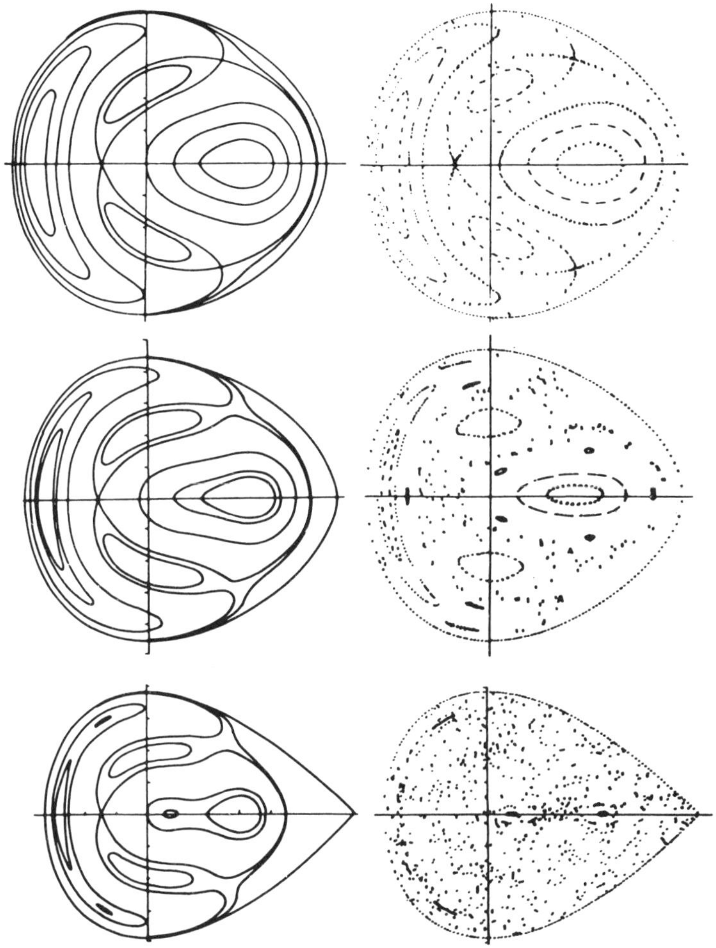

Abb. 59
Eine Approximation des restringierten Dreikörperproblems von Hénon und Heiles. Werden die Trajektorien auf die klassische Art durch Reihen approximiert, besitzen sie immer eine regelmäßige Gestalt (links). Die berechneten Trajektorien dagegen enthüllen Inseln der Regelmäßigkeit in einem See von Chaos (rechts). Die Energie wächst von oben nach unten.

Die Standardabbildung enthält einen numerischen Parameter, der die Dynamik kontrolliert. Chirikov fand heraus, daß dieser Parameter einen kritischen Wert besitzt, bei dem die Bewegung chaotisch wird. Der Mechanismus, durch den bei der Standardabbildung Chaos produziert wird, ist besonders fundamental und wird «Zusammenbruch der KAM -Tori» genannt. Er besitzt das gleiche Muster aus stabilen Inseln und Zufallsverhalten, das Hénon und Heiles gefunden haben. Aber hier beginnen die Inseln, auseinanderzubrechen. Dies ist die Chaosgrenze. Sie besitzt eine wichtige verwickelte Struktur. Es gibt noch viele Probleme bei der flächenerhaltenden Abbildung, die die Mathematiker und Physiker liebend gerne lösen würden.

Der Blätterteig

Im Jahr 1976 begegneten Hénon dynamische Systeme und er hörte von seltsamen Attraktoren. Er besuchte eine Vorlesung über den Lorenz-Attraktor. In ihr wurden Fragen über seine geometrische Feinstruktur gestellt, aber insgesamt nicht beantwortet. Hénon fragte sich, ob dies die neue mathematische Idee wäre, die seine früheren Ergebnisse erklären könnte. Er entschied, daß ein guter erster Schritt darin bestehen würde, den Lorenz-Attraktor besser zu verstehen.

Hénon ist ein Wissenschaftler, der nicht direkt in der Mathematik arbeitet. Trotzdem besitzt er mathematischen Instinkt und den Willen, sich mit einfachen, nichtphysikalischen und reduzierten Modellen zu beschäftigen, in der Hoffnung, hierbei eher mathematische als physikaliche Einsichten zu gewinnen. In den Annalen des Chaos gibt es viele solche Leute. Er stellte ein wesentlich einfacheres Gleichungssystem auf als Lorenz, das die wichtigste Eigenschaft verkörperte: Dehnen und Falten.

Hénon erhielt ein Bild, das dem Hufeisen von Smale ähnlich sah. Die gleichen verschlungenen Zickzacklinien und Haarnadelkurven. Seine Computerexperimente enthüllten die gleiche durch die Theorie vorhergesagte unendlich geschichtete Struktur (Abbildung 60). Hénons Attraktor ist zwar U-förmig, aber keine Kurve. Er besteht aus Schichten, die wie Blätterteig übereinandergefaltet sind. Seine Struktur ist elegant und zart. Sie ist aber auch ziemlich komplex. Es scheint nicht möglich zu sein, seine Geometrie vollständig detailliert zu beschreiben. Doch die gesamte Struktur ist in den sehr einfachen definierenden Gleichungen enthalten.

Wenn Sie die Gleichungen auf einem Computer laufen lassen, ist es gleichgültig, welche Anfangswerte Sie eingeben. Aufeinanderfolgende Punkte kommen immer sehr schnell in diese delikate Struktur und verletzen niemals das vielschichtige Muster. Auf der anderen Seite können Sie im voraus nie sagen, wohin der nächste Punkt innerhalb dieser Schichten fallen wird. Diese einfache Gleichung weiß etwas, was Sie nicht wissen. Das Zusammenspiel von Regelmäßigkeit und Chaos ist verblüffend.

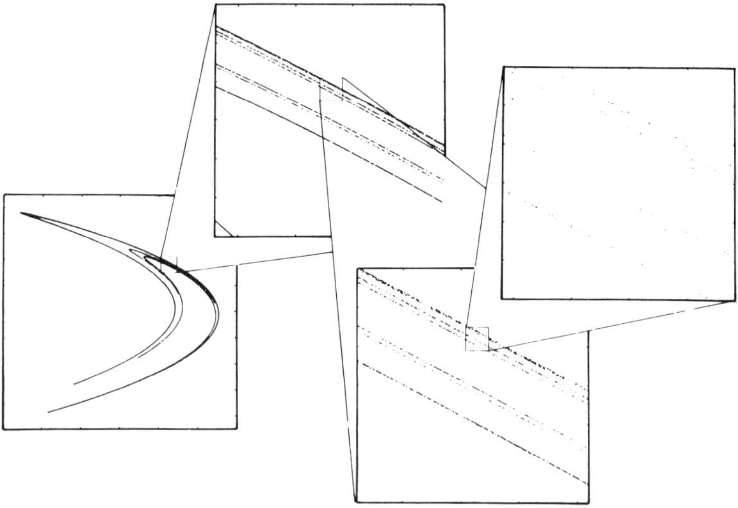

Abb. 60
Die Struktur des Hénon-Attraktors.

In den siebziger Jahren gab es zwei verschiedene Zweige in der Theorie der dynamischen Systeme. Auf der einen Seite verwerteten Topologen geometrische Eigenschaften und erhielten so strenge Resultate über ausgedachte Systeme, von denen sie hofften, sie könnten mit der Natur zusammenhängen. Auf der anderen Seite gingen Physiker von Gleichungen aus, die anerkanntermaßen mit der Natur zusammenhingen, fanden Näherungslösungen auf Computern und sahen ähnliche Strukturen wie die Topologen. Aber sahen sie wirklich das gleiche? Oder sahen die Leute Dinge, die nicht da waren, nur weil sie erwarteten, sie zu sehen?

Das Problem ist, daß man einem Computerbild niemals vollständig vertrauen kann. Es ist eine getreue Darstellung von dem, was der Computer berechnet hat. Aber der Computer kann keine exakten Berechnungen durchführen, zumindest nicht ohne einen vollständig anderen Zugang zu der Sache. Seine Berechnungen sind eine komplizierte Näherung an die Wirklichkeit. Ist eine genaue Antwort auf eine approximative Frage das gleiche wie eine approximative Antwort auf eine genaue Frage?

Manchmal. Dies heißt aber nicht immer. Wenn man zum Beispiel die Gleichungen für die Bewegung eines Flugzeuges in einer leicht schwülen Luftströmung löst, ist die Lösung weit entfernt von der für eine Luftströmung ohne Schwüle.

Die Hénonschen Gleichungen sind so einfach, daß man hoffte, sie würden das fehlende Glied in der Theorie der dynamischen Systeme liefern. Man wende die Ergebnisse der Topologie auf eine spezielle Gleichung an und bestätige exakt die numerische Analyse. Aber die Theorie der dynamischen Systeme ist so schwierig, daß dies bis vor kurzem noch keinem gelungen ist – noch nicht einmal für ein solch einfaches System. Es gab sogar eine angesehene Schule, nach der die Ergebnisse von Hénon in Wirklichkeit nur etwas mit einer sehr langen Periode und nicht etwas tatsächlich Chaotisches darstellten. Aber im Jahre 1987 gelang ein erster Durchbruch. Lennard Carleson hat bewiesen, daß der Attraktor von Hénon tatsächlich chaotisch ist, zumindest für die meisten Werte der numerischen Parameter der Gleichungen. Seltsame Attraktoren sind nicht nur Erzeugnisse der Topologie. Sie gibt es wirklich in einfachen Gleichungen, in Gleichungen, die Gegebenheiten der realen Welt modellieren.

Jenseits des Kochbuchs

Falls wir eine Botschaft empfangen haben, lautet sie wie folgt:

REZEPT FÜR CHAOS
350 g Phasenraum,
1 El Anfangsbedingungen.
Dehnen und falten Sie dies wiederholt.
Würzen und abschmecken.

Aber dies ist ein Mathematikbuch und kein Kochbuch. Wir suchen nach einem formaleren Verständnis für einen solchen Prozeß, selbst wenn wir dabei die einfühlsame Begabung des geborenen Koches nicht beachten. Ich möchte am Ende dieses Kapitels ein Beispiel für chaotische Dynamik näher betrachten. Es ist inspiriert von der Bonbonmaschine und ihrem allgegenwärtigen Dehn- und Faltweg ins Chaos.

Um unnötige Komplikationen zu vermeiden, werde ich mich auf das Wesentliche konzentrieren. Ich werde den Strang des Pfefferminzstangen-Gemischs durch eine Strecke der Länge 1 ersetzen und möchte eine Formel erhalten, die die Bonbonmaschine imitiert.

Das von mir gewählte Beispiel ist nicht sehr originell. Es ist bei den Kaffeekränzchen der Schimpansen im chaotischen Zoo seit langem beliebt: Die logistische Abbildung. Sie stellt nicht nur das Auftreten von Chaos exemplarisch dar, sondern verdeutlicht auch, wie es geschaffen werden kann.

Stellen Sie sich eine Black box vor, einen elektronischen Stromkreis mit einem Knopf zum Drehen. Die Box schickt regelmäßige Signale aus. Wenn Sie den Knopf langsam drehen, ändern sich die Signale ein wenig, bleiben aber regelmäßig. Ab einer kritischen Position des Knopfes werden aber die Signale unstrukturiert und zufällig. Es sei Ihnen verziehen, wenn Sie annehmen, Sie hätten etwas Drastisches mit der Black box gemacht, vielleicht einen neuen Abschnitt des Stromkreises eingeschaltet.

Die logistische Abbildung zeigt, daß drastische Veränderungen nicht unbedingt drastische Ursachen haben. Es ändert sich nicht viel im Stromkreis der Black box, nur ein paar kleine Änderungen an einem variablen Kondensator zum Beispiel. Aber sie können dennoch aus der Regelmäßigkeit ins Chaos führen.

Die logistische Abbildung ist bedeutend als erster Ort, an dem die Theorie des Chaos ernsthaft mit Experimenten in Berührung gekommen ist. Und sie hat eine enge Verwandte, die eine der kompliziertesten und schönsten Verhaltensweisen, die in der Mathematik bekannt sind, aus einer vollkommen einfachen Gleichung hervorgebracht hat. Aber diese Geschichte muß auf spätere Kapitel verschoben werden. Hier machen wir uns mit der logistischen Abbildung bekannt, und untersuchen einige ihrer aufsehenerregenden Eigenschaften.

Die logistische Abbildung

Wir betrachten eine Strecke der Länge 1. Ein Punkt auf dieser Strecke wird durch eine Zahl zwischen 0 und 1 dargestellt, die seine Entfernung vom linken Ende angibt. Die logistische Abbildung lautet

$$x \rightarrow \mathrm{k}x(1-x),$$

wobei k eine Konstante zwischen 0 und 4 ist. Wenn wir diese Abbildung iterieren, erhalten wir das diskrete dynamische System

$$x_{t+1} = \mathrm{k}x_t\,(1-x_t).$$

Wir können uns unter t die Zeit vorstellen, nur muß sie hier in ganzzahligen Schritten 0, 1, 2, 3, ... verticken. Dann ist x_t der Wert der Variablen x zur Zeit t.

Geometrisch gesehen dehnt die logistische Abbildung die Strecke und faltet sie dann zur Hälfte zusammen. Setzen wir zum Beispiel k = 3, dann wird $x_t = x$ abgebildet auf

$$x_{t+1} = 3x(1-x).$$

Die Zahlen zwischen 0 und 0.5 werden auf die Zahlen zwischen 0 und 0.75 abgebildet. Zum Beispiel wird 0.5 zu $3 \times 0.5 \times (1-0.5) = 0.75$. Die Zahlen zwischen 0.5 und 1 werden auf die Zahlen zwischen 0.75 und 0 abgebildet, auf das gleiche Intervall, nur in umgekehrter Richtung. So dehnt die logistische

Abbildung die ursprüngliche Strecke so, daß sie die Strecke zwischen 0 und 0.75 zweifach überdeckt.

Im allgemeinen faltet die Abbildung für gegebenes k das Intervall zusammen und legt es dann auf das Intervall zwischen 0 und k/4. Für kleines k ist dies eher ein Zusammendrücken als ein Dehnen, und wir sehen den Unterschied in der Dynamik. Ist k größer als 4, geht das Intervall bei der Iteration auseinander, und einige Werte von x laufen sehr schnell gegen unendlich. Es ist nicht sehr erfreulich, zu diesem Zeitpunkt darüber nachzudenken. Aus diesem Grund haben wir angenommen, daß k zwischen 0 und 4 liegt.

Um die Dynamik der logistischen Abbildung zu untersuchen, müssen wir das Langzeitverhalten, also ihre Attraktoren, betrachten. Dies heißt, daß wir die Abbildung immer wieder iterieren und beobachten, was dabei mit x passiert. Aber hier gibt es noch eine besondere Struktur. Wir müssen dies für verschiedene Werte von k bewerkstelligen und die Veränderung des Schemas bei der Variation von k betrachten.

So ist k der Knopf an der Black box und die Gleichung ist die innere Schaltungsanordnung. Sie können mit einem Taschenrechner oder einem PC untersuchen, welche Effekte die Variation von k hervorruft. Ich möchte Sie dringend bitten, alles nachzuprüfen, was ich behaupte. Ich werde jedoch beschreiben, was passiert. Einerseits zum Vorteil derer, die nicht im Genuß einer solchen Maschine sind, und andererseits, um die interessantesten Eigenschaften aufzuzeigen.

Die Herrschaft des stationären Zustands

Die Herrschaft des stationären Zustands liegt zwischen 0 und 3. Für Aspekte der Dynamik ist dieser weniger interessant. Nehmen wir zum Beispiel k = 2 und iterieren die Abbildung. Setzen wir $x_0 = 0.9$ und wenden die Formel wiederholt mit $t = 0, 1, 2, \ldots$ an, erhalten wir die Folge

$$
\begin{aligned}
x_0 &= 0.9\\
x_1 &= 0.18\\
x_2 &= 0.2952\\
x_3 &= 0.4161\\
x_4 &= 0.4859\\
x_5 &= 0.4996\\
x_6 &= 0.4999\\
x_7 &= 0.5\\
x_8 &= 0.5.
\end{aligned}
$$

Hier befindet sich ein punktförmiger Attraktor, ein stabiler stationärer Zustand, bei $x = 0.5$. Sie können sehr schnell nachprüfen, daß dies ein stationärer Zustand ist. Für $x = 0.5$ ist auch $2x(1-x) = 0.5$. Die Iteration verändert den Wert 0.5 nicht.

Sie können die Stabilität auch durch Ausrechnen nachprüfen. Jedoch können Sie sie geometrisch sehen, indem Sie ein Diagramm zeichnen, das die mathematischen Ökonomen ein Spinnennetz-Diagramm nennen (Abbildung 61). Dies ist eine graphische Methode der Iteration. Zuerst zeichnet man den Graphen von $y = 2x(1-x)$ und erhält eine umgedrehte Parabel. Dann zeichnet man in dasselbe Diagramm die Diagonale $y = x$. Um einen Anfangswert x_0 zu iterieren, zeichnet man von x_0 aus ein senkrechtes Netz bis zur Parabel, dann ein waagerechtes bis zur Diagonale. Die horizontale Koordinate dieses Punktes ist dann x_1. Wenn man dies wiederholt, erhält man eine Treppe zwischen der Parabel und der Diagonalen. Die Koordinaten der aufeinanderfolgenden Senkrechten dieser Treppe sind die aufeinanderfolgenden iterierten Werte x_t.

Für k = 2 wandert das Netz entlang der Diagonalen nach oben und windet sich dann in den Punkt, in dem die Diagonale die Parabel schneidet. Dies ist der Fixpunkt. Die Stabilität folgt, weil sich das Netz nach innen windet. Falls es sich nach außen winden würde, hätte man einen instabilen Fixpunkt.

Wenn Sie verschiedene Werte für k durchprobieren, werden Sie sehen, daß sich das Netz für Werte kleiner 3 nach innen windet. Somit erhalten Sie für k zwischen 0 und 3 einen einzigen stabilen Fixpunkt, und die langfristige Dynamik besteht darin, absolut nichts zu tun. Die Position des Fixpunktes verändert sich leicht, wenn Sie den Knopf k aufdrehen. Aber sonst geschieht nichts.

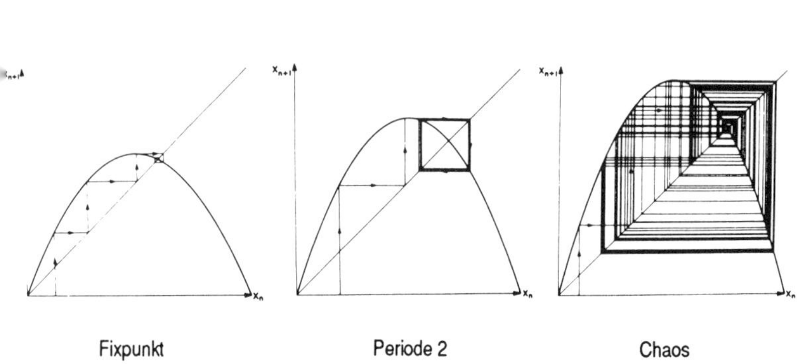

Abb. 61
Die graphische Iteration der logistischen Abbildung mit Hilfe von Spinnennetz-Diagrammen. Von rechts nach links: stationärer Zustand, periodischer Punkt, Chaos (Reproduktion mit freundlicher Genehmigung von John Wiley & Sons Ltd.).

Die periodenverdoppelnde Kaskade

Ist k genau gleich 3, dann ist der Fixpunkt marginal stabil. Die Konvergenz ist ausgesprochen langsam. Dies ist ein Anzeichen dafür, daß wir kurz vor etwas Dramatischem stehen. Tatsächlich wird der Fixpunkt für k > 3 instabil und das Spinnennetz windet sich nach außen.

Wenn Sie eine instabile Lösung für ein dynamisches System kennen, sollten Sie sich immer fragen, wohin sie sich jetzt bewegt. In der Praxis wird sie nicht in einem instabilen Zustand haften bleiben, selbst wenn das den Gleichungen genügt. Sie wird hinauswandern und etwas anderes tun. Oft ist dieses andere weniger offensichtlich und daher interessanter als der instabile Zustand, von dem man ausgegangen ist. Dies ist eine einfache Möglichkeit, eine Menge Neues zu lernen. Sie nennt sich Bifurkationstheorie.

Wohin wandert der stationäre Zustand der logistischen Abbildung, wenn k größer als 3 ist, sagen wir 3.2?

Wenn Sie ein Spinnennetz-Diagramm zeichnen, werden Sie sehen, daß sich die nach außen gerichtete Spirale verlangsamt und schließlich zu einer quadratischen Schleife konvergiert. Der Wert von x_t springt immer zwischen zwei Zahlen hin und her. Dies ist ein Zyklus mit der Periode zwei. Somit verliert der stationäre Zustand an Stabilität und wird periodisch. Mit anderen Worten, das System beginnt zu wackeln.

Auf einem Computer mit Ton können Sie eine rudimentäre Musik erklingen lassen, indem Sie die zu spielenden Noten durch die aufeinanderfolgenden Werte von x bestimmen (Abbildung 62). Sie können zum Beispiel den Bereich [0,1] für die Werte von x so strecken, daß er eine Oktave do-re-mi- ... überdeckt. Die Melodie des stationären Zustandes wiederholt sich und ist langweilig: fa-fa-fa-fa-fa- ... ad infinitum. Die Melodie für die Periode zwei besitzt wenigstens etwas Rhythmus: so-mi-so-mi-so-mi- ..., allerdings ist sie nicht gerade von Beethoven.

Wenn Sie k auf 3.5 anwachsen lassen, wird auch der Attraktor mit der Periode zwei instabil, und ein Zyklus mit der Periode vier tritt auf: so-fa-la-mi-so-fa-la-mi- ... Bei 3.56 verdoppelt sich die Periode wiederum und wird acht, bei 3.567 wird sie sechzehn und danach erhalten Sie eine schnelle Folge von Verdoppelungen der Periode zu 32, 64, 128, ... Falls Sie dies auf Ihrem PC versuchen, beachten Sie bitte die Warnung aus Kapitel 1. Verschiedene Computer liefern meist unterschiedliche Resultate, was auch für alles folgende gilt.

Diese periodenverdoppelnde Kaskade ist so schnell, daß sie bei ungefähr k = 3.58 zu Ende ist. Die Periode hat sich unendlich oft verdoppelt. Die logistische Abbildung hat ihr Bestes gegeben, um periodisch zu bleiben, selbst um den Preis immer größerer Perioden. An dieser Stelle wird sie chaotisch. Falls Sie ihr zuhören, können Sie immer noch fast einen Rhythmus entdecken, kleine Folgen von halbfamiliären Melodien, aber keine Wiederholungen. Dies ist noch immer keine Komposition von Beethoven, aber es ist der Musik von manchen modernen minimalistischen Komponisten nicht unähnlich.

Abb. 62
Eine schematische Darstellung der Iterationen der logistischen Abbildung $x \rightarrow kx(1-x)$ in Noten. Die Tonhöhen entsprechen den Werten von x, und die Konstante k ist von oben nach unten 2, 3.2, 3.5, 3.56, 3.6, 3.8 und 4. Mit wachsendem k erscheint die Musik immer zufälliger.

Ordnung inmitten des Chaos

Von jetzt an wird die Musik immer chaotischer. Beim Maximalwert k = 4 wandert die Musik dicht durch die gesamte Oktave der zu Verfügung stehenden Töne. Dicht bedeutet, daß eine gegebene Trajektorie – dies ist eine Folge von x-Werten mit einem gegebenen Anfangspunkt – beliebig nahe an jeden beliebigen Punkt des Intervalls kommt. Das gesamte Intervall wurde zu einem Attraktor.

Dies sieht alles sehr einfach aus. Wenn k von 0 bis 4 läuft, erhält man eine stetig anwachsende Komplexität des dynamischen Verhaltens:

stationär $\rightarrow$ periodisch $\rightarrow$ chaotisch

mit einer periodenverdoppelnden Kaskade als Auslöser für das Chaos. Der Knopf k macht alles komplizierter je mehr man ihn aufdreht.

Aber es ist alles noch komplizierter, als es aussieht!

Versuchen Sie zum Beispiel den Wert k = 3.835 mitten im chaotischen Regime. Bei den ungefähr fünfzig ersten Iterationen sieht alles wie erwartet nett und chaotisch aus. Doch dann ändert sich die Melodie zu mi-so-ti-mi-so-ti ... und wiederholt sich auf unbestimmte Zeit. Die Periode ist drei (Abbildung 63). Woher kommt denn das?

Nach meinem Computer lautet der Zyklus

$$0.1520744 \rightarrow 0.4945148 \rightarrow 0.9586346.$$

Wenn Sie k ganz leicht vergrößern, werden die Perioden zu 6, 12, 24, 48, 96, ... Eine neue periodenverdoppelnde Kaskade!

Noch verblüffender ist, was für k = 3.739 passiert. Sie erhalten einen Zyklus mit der Periode fünf (Abbildung 64)

$$0.8411372 \rightarrow 0.4996253 \rightarrow 0.9347495 \rightarrow 0.2280524 \rightarrow 0.6582304,$$

Abb. 63
Ein Anwachsen der Konstanten k in der logistischen Abbildung bedeutet nicht immer ein Anwachsen der Zufälligkeit: Für k = 3.835 entsteht ein Zyklus mit der Periode 3.

Abb. 64
Für k = 3.739 entsteht ein Zyklus mit der Periode 5 in der logistischen Abbildung.

der sich auf unbestimmte Zeit wiederholt. Ja, gleich daneben finden Sie sogar die Perioden 10, 20, 40, 80, ...

Dies ist nicht gerade ein gemütliches Bild. Der Knopf k ist nicht einfach nur ein «Chaoserzeuger». Es stimmt nicht, daß ein Anwachsen von k die Dynamik immer weiter kompliziert. Vergraben im chaotischen Regime gibt es kleine Fenster von regelmäßigem Verhalten.

Woher stammen diese Fenster? Dies ist eine komplizierte Geschichte, aber sie wird heute gut verstanden. Wir wissen sogar, in welcher Reihenfolge die Perioden entstehen. Das grundlegende Theorem wurde von dem russischen Mathematiker A. N. Sharkovskii bewiesen. Ordnen Sie die natürlichen Zahlen in folgender Reihenfolge:

$$3 \to 5 \to 7 \to 9 \to 11 \to \ldots$$
$$\to 6 \to 10 \to 14 \to 18 \to 22 \to \ldots$$
$$\to 12 \to 20 \to 28 \to 36 \to 44 \to \ldots$$
$$\to 3\cdot 2^n \to 5\cdot 2^n \to 7\cdot 2^n \to 9\cdot 2^n \to 11\cdot 2^n \to \ldots$$
$$\to 2^m \to 2^{m-1} \to \ldots$$
$$\to 32 \to 16 \to 8 \to 2 \to 1.$$

In dieser Folge stehen zuerst die ungeraden Zahlen in aufsteigender Reihenfolge, dann ihre jeweils doppelten, vierfachen, achtfachen ... Werte und am Schluß die Potenzen von 2 in absteigender Reihenfolge. Wenn die logistische Abbildung für einen gegebenen Wert von k einen Zyklus der Periode p besitzt, muß sie auch Zyklen der Periode q besessen haben für alle q mit $p \to q$ in dieser Folge. So haben die ersten einsetzenden Zyklen die Perioden 1, 2, 4, 8, ... – die periodenverdoppelnde Kaskade. Die Periode 17 zum Beispiel setzt vor der Periode 15 ein. Aber vor beiden tritt die Periode 34 auf, davor als ungerade Vielfache von 4 Perioden wie 44 oder 52, davor liegen als ungerade Vielfache von 8 solche wie 88 oder 104 oder 808 ...

Wirklich überwältigend ist, daß die gleiche bizarre Ordnung nicht nur für Iterationen der logistischen Abbildung gilt, sondern für jede Abbildung des Einheitsintervalls mit nur einem Maximum. Dieses Ergebnis war der erste Hinweis darauf, daß einige Formen des Chaos universell sein müssen, also nicht nur spezifisch für individuelle Beispiele, sondern repräsentativ für eine ganze Klasse von Systemen.

Große Flöhe, kleine Flöhe ...

Aber die periodischen Fenster der logistischen Abbildung sind noch verwirrender.

Es gibt eine Möglichkeit, auf einen Schlag einen Überblick über das gesamte dynamische Verhalten der logistischen Abbildung für alle Werte von k zu erhalten. Es ist das «Bifurkationsdiagramm» (Abbildung 65). Eine Bifurkation

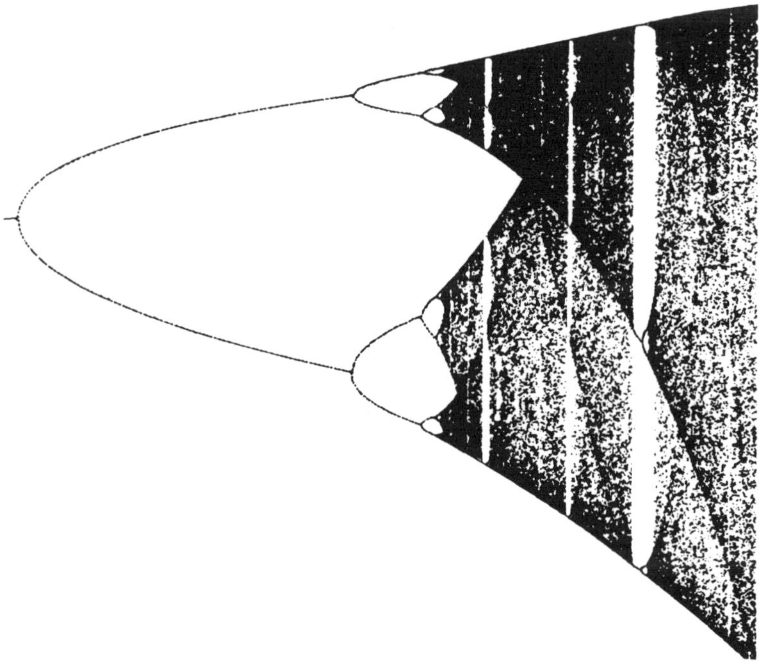

Abb. 65
Das Bifurkationsdiagramm für die logistische Abbildung. Die Konstante k wächst horizontal von 2 bis 4. Die vertikale Koordinate repräsentiert den Zustand x. Beachten Sie die Feigenbaum-Menge der Periodenverdopplungen, der immer stärker wachsende chaotische Bänder folgen (Reproduktion mit freundlicher Genehmigung von John Wiley & Sons Ltd.).

ist eine qualitative Veränderung der Form des Attraktors eines dynamischen Systems. Die logistische Abbildung ist geradezu mit Bifurkationen übersäht.

Das Diagramm wird folgendermaßen erhalten: Man zeichnet einen Graphen, in dem k horizontal und x vertikal verläuft. Über jedem Wert von k markiert man die Werte von x, die im Attraktor zu diesem k liegen. Dann liefert jeder vertikale Schnitt ein Bild des entsprechenden Attraktors im Intervall zwischen 0 und 1. So besteht der Attraktor für k kleiner als 3 nur aus einem Punkt, und man muß nur einen einzigen Wert für x markieren. Dies liefert eine Kurve.

Besitzer eines PC mögen vielleicht lieber experimentieren, bevor sie weiterlesen. Stellen Sie sich einen Graphen vor, in dem k horizontal von 0 bis 4 verläuft, sagen wir mit der Schrittweite 0.2. Zeichnen Sie x vertikal zwischen 0 und 1 ein. Um etwas Vernünftiges zu sehen, müssen Sie den Maßstab groß genug wählen. Iterieren Sie x für jeden Wert von k ungefähr hundertmal, ohne die Punkte einzuzeichnen. Danach iterieren Sie noch ungefähr zwanzigmal und zeichnen die Werte von x oberhalb von k ein.

Sie werden folgendes sehen: Bei $k = 3$ spaltet sich die bis hierhin einzige Kurve in zwei Äste auf, die sich dann immer weiter verzweigen, während k durch den periodenverdoppelnden Bereich läuft. Die Bezeichnung Bifurkation scheint also angemessen zu sein. Sie sehen eine wunderbare Baumstruktur. Ich nenne die Menge «Feigenbaum-Menge», weil sie zu einer wundervollen Entdeckung des amerikanischen Physikers Mitchell Feigenbaum führte, die im übernächsten Kapitel beschrieben wird (Abbildung 66).

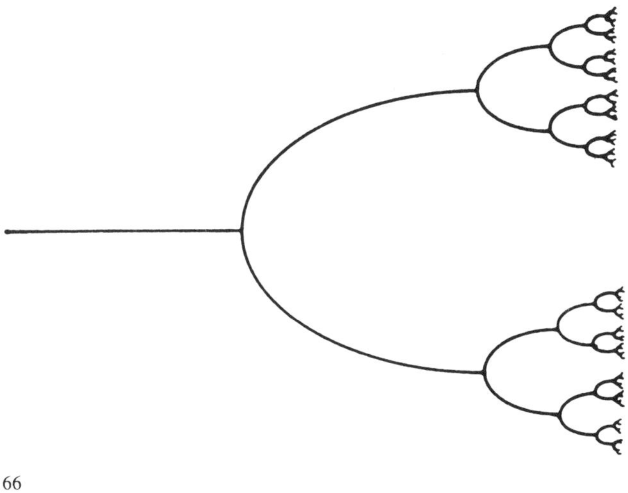

Abb. 66
Eine schematische Darstellung der Feigenbaum-Menge: regelmäßiges, wiederholtes Verzweigen mit unendlich vielen Zweigen in einer endlichen Fläche.

Bei k = 3.58 bekommt die Feigenbaum-Menge unendlich viele Äste und das System wird chaotisch. Die Äste der Feigenbaum-Menge verbreitern sich zu Bändern von chaotischen Attraktoren. Das Bifurkationsdiagramm ist mit zufälligen Pünktchen übersäht.

Aber sehen Sie genauer hin. Immer wieder erscheint im Bild ein schmaler weißer Streifen mit nur wenigen Pünktchen. Das sind die periodischen Fenster (Abbildung 67).

Wenn Sie das Fenster um k = 3.835 betrachten, wo die Grundperiode 3 ist, werden Sie sehen, daß es selber drei eigene kleine Feigenbaum-Mengen enthält. Wählen Sie eine davon aus und vergrößern Sie das Bild so, daß Sie die Details sehen können.

Sie werden feststellen, daß auch diese Feigenbaum-Menge in einem Band von Chaos endet. Innerhalb dieser Bänder sind wieder kleine weiße Streifen mit nur wenigen Pünktchen. Fenster in Fenstern. In diesen sind wieder kleinere Feigenbaum-Mengen usw.

Tatsächlich befindet sich in jedem Fenster eine genaue Kopie des gesamten Bildes. Das Bifurkationsdiagramm für die logistische Abbildung enthält winzi-

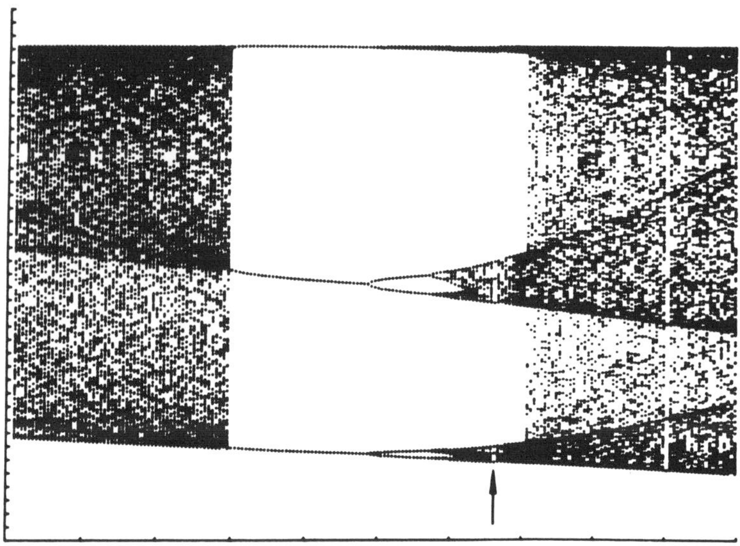

Abb. 67
Ausschnitt aus einem periodischen Fenster in Abbildung 65: Die vollständige Struktur wiederholt sich en miniature. Und es gibt Fenster in den Fenstern (Pfeil) ... (Reproduktion mit freundlicher Genehmigung von John Wiley & Sons Ltd.).

ge Kopien von sich selbst, perfekt bis ins Detail. Diese wichtige Eigenschaft nennt man Selbstähnlichkeit.

Das Cotswold Village in Bourton-on-the-Water besitzt als Touristenattraktion ein Modelldorf. In der richtigen Ecke des Modelldorfes steht ein Modell vom Modelldorf. In der richtigen Ecke des Modells steht ein Modell vom Modell des Modelldorfs. In Bourton-on-the-Water bricht die Folge hier ab. Aber in Bifurkation-on-the-Logistic geht sie für immer und ewig weiter, und jede Kopie ist ein perfektes Ebenbild ihres Originals.

9 *Das empfindsame Chaos*

Ich möchte gerne
In einem Experiment
Den Staub dieser Welt
Durch Tautropfen wegwaschen.

Bashõ

Der japanische Dichter Bashõ wurde 1644 in Ueno geboren. Er war der Sohn eines unteren Samurai, der bei der regierenden Familie Tõdõ diente. Mit vierzig Jahren begab er sich auf die erste von mehreren Reisen, über die er in den *Records of a Weather-exposed Skeleton* berichtete. Sein oben zitiertes Gedicht beschreibt eine Quelle in der Einsiedelei von Saigyõ: «Die berühmte Quelle war genauso, wie sie der Dichter beschrieben hat. Sie versprudelte plätschernd klare Wassertropfen.»

Indem er über die Natur nachsann, suchte Bashõ seine Identität zu erneuern. Er sah Schönheit in so etwas Einfachem wie einem fallenden Wassertropfen. Wir werden seinen Spuren folgen, aber wir suchen eine entgegengesetzte Schönheit, die des Mathematikers und nicht die des Poeten. Beide sind miteinander verbunden. Sie suchen nach der Einfachheit in der Komplextität.

Die Muster von fließendem Wasser haben nicht nur Bashõ fasziniert. Die Royal Library in Windsor enthält viele Zeichnungen von Leonardo da Vinci, auf denen verschlungene Wasserkaskaden zu sehen sind (Abbildung 68). Es ist für jeden Künstler eine Herausforderung, Bewegungen des Wassers genau darzustellen. Wer ein Bild betrachtet, besitzt eine geistige Vorstellung vom Wasser. Wenn das Bild dieser Vorstellung nicht genauestens entspricht, kann man sofort sehen, daß etwas falsch ist. Aber die Vorstellung wird nicht bewußt artikuliert. Sie können einen Fehler erkennen, aber selten erklären, worin er besteht. Genauso ist es, wenn ich Bilder von Jagdpferden in einem Pub betrachte. Ich finde sie lustig und habe sogar eine Idee, was daran falsch sein könnte. Es ist die Art der Beinhaltung beim Galoppieren oder vielleicht die Größe der Körper. Aber ich könnte im Leben kein galoppierendes Pferd malen.

Leonardo vereinte die Instinkte eines Wissenschaftlers mit den Visionen eines Künstlers. Er unternahm bewußte Schritte, um die Genauigkeit seiner Arbeit zu verbessern. Er machte sorgfältige Studien von Tieren, dem menschlichen Körper, Wolken, Bäumen – von allem, was ein Maler oder Bildhauer

Abb. 68
Sturzbach von Leonardo da Vinci (Windsor Castle, Royal Library, © Her Majesty the Queen).

darstellen will. Und er und seine Zeitgenossen waren ungewöhnlich interessiert an Wasser.

Wasser war damals mehr als nur eine Flüssigkeit. Es wurde für eines der vier Elemente gehalten, aus denen das Universum besteht. Es war ein Symbol für das Leben. Denn wie das Leben fließt auch das Wasser. Es wird geboren, es wächst, es bewegt sich und es stirbt. Ein Rinnsal aus einer Quelle wird zu einem Bach, einem Fluß, einem reißenden Strom, einem Ozean. Ein Fluß kann sich schlängelnd durch eine Ebene winden, tiefe Furchen in alte Felsen graben, die vor hundert Millionen Jahren auf dem Meeresgrund lagen. Er kann sich in einen spektakulären Wasserfall stürzen oder sich mit Schlamm beladen und an seiner Mündung in ein gigantisches fächerförmiges Delta ausweiten. Eine ruhige See kann zu einem wilden Monster mit schaumgekrönten Brechern werden. Eine sturmgepeitschte See kann plötzlich ruhig und still darliegen. Der deutsche Dichter Friedrich Leopold Freiherr von Hardenberg, der unter dem Pseudonym Novalis schrieb, lebte am Ende des achtzehnten Jahrhunderts. Er nannte das Wasser «empfindsames Chaos».

Dies ist keine schlechte Beschreibung.

Die Tiefen werden ergründet

Wir halten das Wasser für selbstverständlich. Es ist etwas, das aus einem Hahn fließt. Wir denken nur selten an die großen Leistungen der Ingenieure, die sich hinter dieser nüchternen Tatsache verbergen. Wenn eines Tages der viktorianische Tunnel, der unser Gebiet versorgt, zusammenbricht, werden solche Fragen dringlich. Wenn wir aber heute unsere Hände waschen oder einen Eimer mit Wasser füllen, sind solche Gedanken weit weg.

Welches Instrument könnte uns besser helfen als ein bescheidener Hahn, die Tiefen des empfindsamen Chaos zu erforschen?

Haben Sie jemals beobachtet, wie das Wasser aus einem Hahn fließt? Ich meine tatsächlich beobachtet, nicht nur die Zahnbürste hineingehalten. Durch meine eigene Rhetorik inspiriert, habe ich dies heute morgen getan, vielleicht zum ersten Mal in meinem Leben. Ich kann Ihnen nicht garantieren, daß sich Ihr Wasserhahn genauso verhält wie meiner. Trotzdem will ich Ihnen das Experiment empfehlen, Sie werden eine Menge dabei lernen. Lassen Sie mich berichten, was ich beobachtet habe.

Ein systematisches Vorgehen ist wesentlich für eine wissenschaftliche Beobachtung. Ich gebe zu, daß viele bedeutende Entdeckungen wie die antibakterielle Aktivität des Penizillin durch Zufall gemacht wurden. Doch bestätigt und verwertet wurden sie durch systematische Methoden. Wenn eine Million Affen auf Schreibmaschinen hämmern, werden sie schließlich einen Hamlet hervorbringen. Aber ich würde nicht so lange warten wollen. Daher stelle ich mir eine systematische Aufgabe. Wie verändert sich das Muster, mit dem das Wasser aus dem Hahn fließt, wenn dieser langsam aufgedreht wird?

Öffnen Sie den Hahn nur ein wenig. Was passiert? Der Hahn tropft natürlich. Wenn Sie dies zu einer gleichförmigen Bewegung werden lassen, tropft der Hahn regelmäßig mit konstanten Zeitabschnitten zwischen einem Tropfen und dem nächsten.

Öffnen Sie ihn etwas mehr. Das Tropfen wird schneller, aber es bleibt regelmäßig. Drehen Sie den Hahn in winzigen Schritten immer weiter auf. Es passiert das gleiche. Haben Sie Geduld. Das Leben eines Wissenschaftlers besteht aus langen Perioden der Ruhe, die plötzlich durch kurze dramatische und aufregende Momente unterbrochen werden.

Es gibt einen Punkt, an dem sich die Tropfen vereinigen und ein zusammenhängendes Rinnsal bilden. Haben Sie ihn gefunden? Gut. Aber ich muß Ihnen sagen, daß Sie die wirklich interessante Stelle übersprungen haben. Bevor sich die Tropfen zu einem Rinnsal vereinigen, finden mehrere andere Übergänge statt, die alle sehr nah beieinander liegen. Wenn Sie zu ungeduldig waren und den Hahn zu schnell aufgedreht haben, versuchen Sie es noch einmal.

Der erste Übergang besteht darin, daß sich der Rhythmus ändert, in dem die Tropfen fallen. Aus einem ständigem tropf-tropf-tropf wird eher ein tropftropf-tropftropf-tropftropf. Ein dicht aufeinanderfolgendes Paar von Tropfen, dann eine Pause, dann ein weiteres Paar. Es ist immer noch regelmäßig, aber es ist anders.

Vielleicht könnten Sie mit guten Instrumenten weitere Veränderungen im Rhythmus feststellen, die ebenso regelmäßig, aber unterschiedlich sind. Mit Auge und Gehör konnte ich dies nicht bewerkstelligen. Was ich als nächstes sah, war viel rätselhafter. Das Muster der fallenden Tropfen wird unregelmäßig. Sie folgen nun einander sehr schnell, aber Sie können sie immer noch getrennt fallen hören. Der rhythmische Ton ist verschwunden und durch etwas Komplexeres ersetzt worden.

So gibt es einen Übergang zum Nachgrübeln. Tropfen, die ihren Rhythmus verloren haben.

Wie ich schon gesagt habe, vereinigen sich die Tropfen kurz danach zu einem zusammenhängenden Rinnsal. Am Anfang kann es sich noch in einzelne Tropfen auflösen. Aber bald wird es zusammenhängend und glatt, ein dünner, sich verjüngender Faden vom Hahn zum Waschbecken. Strömungsdynamiker nennen dies eine «laminare Strömung». Die Flüssigkeit bewegt sich in dünnen Schichten (laminae), die glatt übereinandergleiten wie ein Kartenspiel, das auf einem Tisch verstreut wird.

Lassen Sie nun den Wasserstrahl auf ein normales Maß anwachsen. Das ausfließende Wasser bleibt schichtenförmig, obwohl es noch eine zusätzliche Struktur entwickeln kann. Als würde der Strahl versuchen, sich in zwei Teile zu spalten oder sich wie eine Spirale zu winden.

Drehen Sie den Hahn nun voll auf. Der sanfte schichtenförmige Strahl bricht auf. Das Wasser trifft das Waschbecken mit voller Wucht, und der Strahl wird schäumend und wieder unregelmäßig. Dies ist eine Wirbelströmung und unser zweiter wichtiger Übergang von laminar zu turbulent.

Drehen Sie den Hahn wieder zu und wischen Sie die Sauerei weg. Das Experiment ist vorbei. Nun kommt die Mathematik.

Vermehrtes Schwanken

Wir haben zwei Versionen vom Übergang zur Turbulenz gesehen. Die erste trat bei dem Rhythmus der Tropfen auf. Dies ist ein diskretes dynamisches System, vorausgesetzt wir vergessen die individuelle Struktur der einzelnen Tropfen. Bei der zweiten Version wurde eine laminare Strömung turbulent, dies ist ein stetiges System. In beiden Fällen wurde eine regelmäßige Bewegung plötzlich unregelmäßig.

Die Turbulenz ist für viele Gebiete in der Wissenschaft, von der Astronomie bis zur Meteorologie, ausgesprochen wichtig (Abbildung 69). Sie ist auch für praktische Probleme im Ingenieurwesen von Bedeutung. Die Turbulenz kann Wasserleitungen oder Pipelines zerstören, Schiffsschrauben zerbrechen oder Flugzeuge zum Absturz bringen. Um die Turbulenz in der Praxis zu behandeln, haben sich die Ingenieure die verschiedensten Methoden erdacht. Sie reichen vom Peilen über den Daumen bis zu anspruchsvoller Statistik. Aber ihre wahre innere Natur bleibt ein Problem ersten Ranges.

Grundlegende Wissenschaft dieser Art fällt strenggenommen eher in den Bereich der Physik als unter die Ingenieurwissenschaft. Was fängt ein aus klassischem Holz geschnitzter mathematischer Physiker mit dem Phänomen der Turbulenz an?

Die klassische Gleichung für die Strömung einer zähen Flüssigkeit wurde aus einer Gleichung von Euler entwickelt und ist das Geisteskind des Franzosen Claude Navier und des Engländers Sir George Stokes. Eine durch die partielle Differentialgleichung von Navier und Stokes beschriebene Strömung ist deterministisch und voraussagbar. Vor dem Erscheinen des Chaos war «regulär» ein Synonym für diese Eigenschaften. Aber die Turbulenz ist irregulär. Folgerung: Irgend etwas stimmt mit den Gleichungen nicht.

Dies ist nicht unplausibel. Erinnern Sie sich, die Gleichungen beschreiben eine höchst idealisierte Flüssigkeit, eine, die unendlich oft teilbar und homogen ist. Eine reale Flüssigkeit dagegen besteht aus Atomen. Treffen sie Ihre Wahl unter konkurrierenden Detaillierungsgraden, von kleinen harten Bällen bis zu zufällig wirbelnden Quantenstrings. Die Turbulenz scheint immer kleiner werdende Strudel zu entwickeln. Aber ein Strudel von subatomarer Dimension ist eine physikalische Absurdität. Würde eine reale Strömung den Navier-Stokes-Gleichungen in einem solchen Detaillierungsgrad folgen, müßte sie ihre eigenen Atome in Fetzen reißen.

Daher ist es durchaus denkbar, daß die Turbulenz ein makroskopischer Effekt

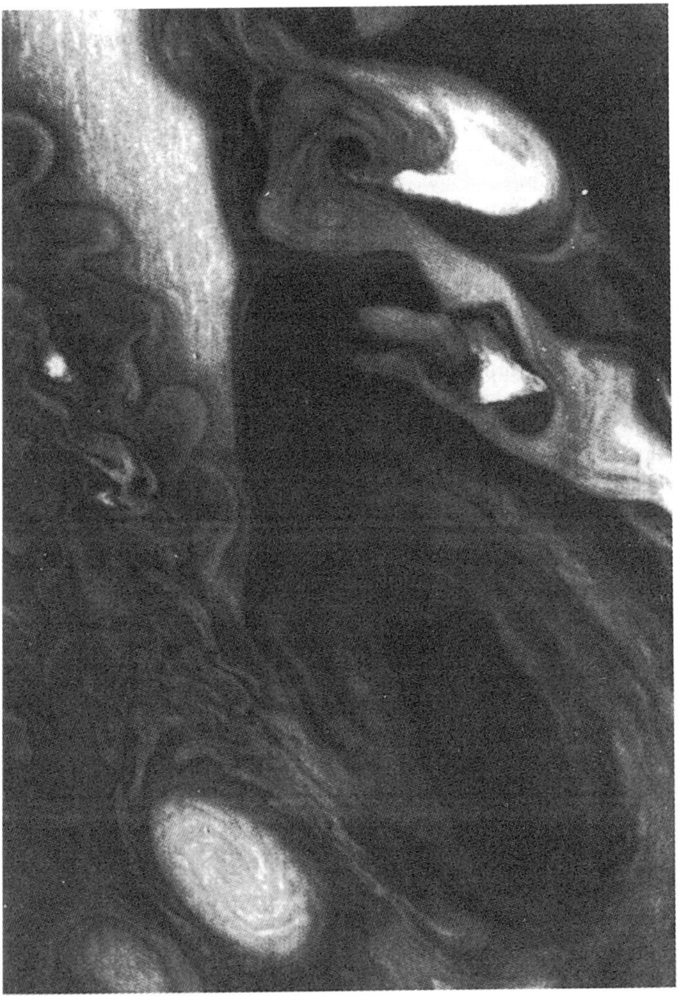

Abb. 69
Turbulenz in der Atmosphäre des Jupiter in der Nähe des Großen Roten Fleckens.

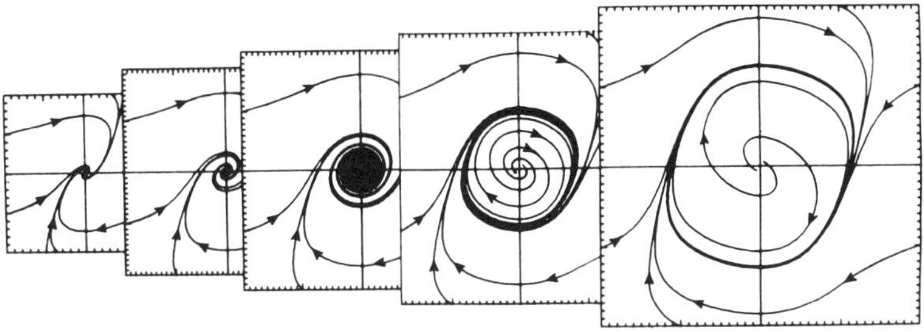

Abb. 70
Der Beginn einer Schwankung, oder wie ein stationärer Zustand periodisch wird. Der Vorgang trägt den Namen Hopf-Bifurkation: Eine Senke verliert die Stabilität und wird zu einer Quelle mit einem Grenzzyklus (Reproduktion mit freundlicher Genehmigung von John Wiley & Sons Ltd.).

der atomaren Struktur ist. Ungenauigkeiten von atomaren Ausmaßen in den Navier-Stokes-Gleichungen vermehren sich während der Strömung, nehmen zu und werden dann als Turbulenz beobachtet. Dies ist die Leray-Theorie, die 1934 entstand, als die Atomphysik neu und groß in Mode war.

Innerhalb eines Jahrzehnts realisierte der mathematische Physiker Lev Landau, daß es noch eine andere Möglichkeit geben mußte. Einer seiner Artikel aus dem Jahr 1944 beginnt: «Obwohl die turbulente Bewegung ausgedehnt in der Literatur diskutiert wurde, fehlt es dem tatsächlichen Wesen dieses Phänomens immer noch an ausreichender Klarheit.» Landau stellt dann eine Schlüsselfrage: Wie entsteht Turbulenz? «Nach Ansicht des Autors mag das Problem in einem neuen Licht erscheinen, falls der Prozeß der Entstehung der Turbulenz gründlich untersucht wird.»

Stellen Sie sich ein System in einem stabilen Zustand vor. Manchmal kann dieser Zustand instabil werden, vielleicht wenn geeignete äußere Bedingungen verändert werden. Zum Beispiel kann ein Objekt, das ruhig auf meinem Tisch liegt, wegrutschen, wenn der Tisch gekippt wird. Oder ein Ballon kann platzen, wenn er zu fest aufgeblasen wird.

Als ich meinen Wagen zum Reifenwechsel in die Werkstatt brachte, hat der Mechaniker das Rad auf eine lustige kleine Maschine gesetzt, auf der es sich drehte. Zum Auswuchten hämmerte er Metallgewichte an die Felge, wobei er sich nach Zahlen richtete, die die Maschine anzeigte. Der Grund für diesen Hokuspokus ist, daß ein unausgewuchtetes Rad zu flattern anfängt, wenn es sich zu schnell dreht. Im Englischen nennt man diesen Effekt «wheel wobble».

In der Dynamik gehören Schwankungen zur grundlegenden Mathematik. Schwanken ist eine der häufigsten Ursachen für einen Zustand, seine Stabilität zu verlieren.

Wenn ein bis dahin stabiler Zustand zu schwanken beginnt, wird der existierenden Bewegung eine neue periodische Bewegung hinzugefügt. Ein sich gleichmäßig drehendes Rad beginnt zu vibrieren: Nun gibt es zwei überlagerte periodische Bewegungen, die Drehung und die Vibration.

Landau sah den Beginn einer Turbulenz als Zuwachs von Schwankungen. Er stellte die Theorie auf, daß die Turbulenz in ihrem frühesten Stadium eine Überlagerung von drei oder vier periodischen Bewegungen ist und die Anzahl der periodischen Bewegungen im Endzustand unendlich groß wird.

Der Hauptmechanismus zur Konstruktion von Schwankungen heißt nach Eberhard Hopf Hopf-Bifurkation. Eine Senke, also ein stabiler Zustand, wird instabil und verwandelt sich in eine Quelle, die von einem Grenzzyklus umgeben wird, der periodische Bewegung repräsentiert (Abbildung 70). Im Jahre 1948 arbeitete Hopf eine detailliertere Theorie aus, die in den Grundzügen mit der von Landau übereinstimmte. Der holländische Wissenschaftler J. M. Burgers hatte kurz zuvor eine vereinfachte Version der Navier-Stokes-Gleichungen untersucht, und Hopf übernahm ähnliche Techniken. Er stellte ein anderes Näherungsmodell auf, das ungewöhnlicherweise explizit gelöst werden konnte. Er zeigte, daß es dem Landauschen Szenario von sich anhäufenden Schwankungen entsprach.

In den nächsten drei Jahrzehnten war die Theorie von Hopf und Landau weitverbreitet. Sie besaß mehrere Tugenden. Sie war einfach und verständlich. Der Mechanismus, durch den eine neue Frequenz zu der Bewegung hinzugefügt wurde, war elementar und natürlich. Es gab Modellgleichungen wie die von Hopf, in denen das Szenario eintrat. Und sie war klassischen Techniken wie der Fourier-Analysis zugänglich, so daß man mit ihr Berechnungen durchführen konnte.

Das unwahrscheinliche Szenario

Im Jahre 1970 wurde dieses hübsche Bild gestört. Nicht zerstört, denn der Vorschlag stammte nicht aus der Strömungsdynamik und war höchst spekulativ. Er entbehrte jeglicher experimentellen Grundlage. Um die Sache zu verschlimmern, er stammte aus der Topologie und wurde nicht aus den physikalischen Eigenschaften einer Strömung hergeleitet.

Der belgische Mathematiker David Ruelle, der am Institut des Hautes Études Scientifiques in Paris arbeitete, und der holländische Besucher Floris Takens betrachteten die Turbulenz aus dem Blickwinkel der topologischen Dynamik à la Smale. Gibt es für den Beginn der Turbulenz ein typisches Szenario, einen generischen Prozeß?

Dies ist nicht so klar. Klar ist jedoch, daß die Theorie von Hopf und Landau auf keinen Fall richtig sein kann, wenn man auf diese Weise darüber nachzudenken beginnt. Obwohl jede ihrer sich anhäufenden Schwankungen mathema-

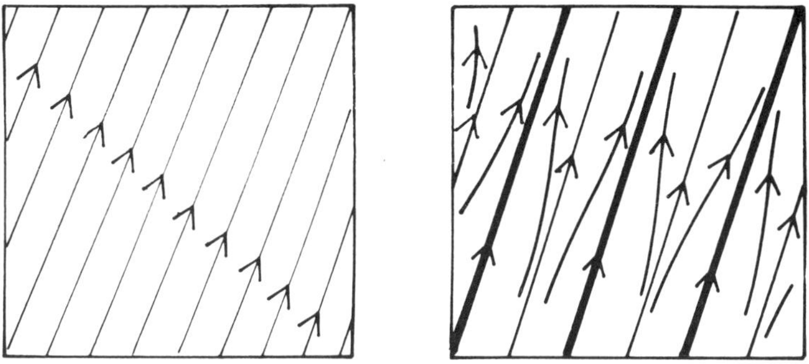

Abb. 71
Eine Frequenzverriegelung: Zwei unabhängige periodische Oszillationen (links) werden durch Überlagerung kombiniert. Die Strömung bricht auseinander (rechts) und bildet einen stabilen periodischen Zyklus (dicke Linie) und einen instabilen periodischen Zyklus. Zur besseren Übersicht wurde der Torus, auf dem die Bewegung stattfindet, auseinandergeschnitten, so daß seine Oberfläche als Quadrat zu sehen ist.

tisch und physikalisch einleuchtend erscheint, sind sie es nicht. Nur die erste ist es.

Die Vorstellung von Hopf und Landau wurde bis zu einem gewissen Grad von der Hamiltonschen Dynamik geleitet. In dieser verursacht die Energieerhaltung eine Beschränkung, die quasiperiodische Bewegungen mit vielfachen Frequenzen häufig vorkommen läßt. Aber diese Beschränkung läßt sich nicht auf dissipative Systeme anwenden – auf Systeme mit Reibung. Und in Strömungen von zähen Flüssigkeiten gibt es haufenweise Reibung.

Ruelle und Takens erhielten folgendes Bild:

Der erste Übergang von einem stationären Zustand zu einer Schwankung ist auch für dissipative Systeme typisch. Er führt zu einer periodischen Bewegung. Hier liegt keine Schwierigkeit.

Der zweite Übergang, bei dem eine zusätzliche Frequenz hinzugefügt wird, kann auch beobachtet werden. Er führt zuerst zu einer Bewegung, die topologisch betrachtet eine Strömung auf einem zweidimensionalen Torus ist. Diese Bewegung sieht anfangs so aus wie eine quasiperiodische Überlagerung von zwei unabhängigen periodischen Bewegungen. Aber sie kann nicht so bleiben, denn eine solche Bewegung ist nicht typisch, also nicht generisch. In der Praxis wird sie von kleinen Störungen aufgebrochen.

Als dies passierte, waren die typischen, generischen strukturell stabilen Strömungen auf einem Torus bekannt. Sie sagten etwas voraus, das den Elektroingenieuren gut bekannt ist, die «Frequenzverriegelung» (Abbildung 71). Die beiden ursprünglich unabhängigen periodischen Bewegungen interagieren und werden fortgezogen. Hieraus entsteht eine kombinierte periodische Bewegung mit einer einzigen Periode.

Mit drei überlagerten Frequenzen geht etwas noch Dramatischeres schief. Typischerweise müssen sich diese drei Frequenzen nicht einmal zusammenschließen. Statt dessen können sie sich vereinigen und ein neues Objekt bilden, das Ruelle und Takens einen seltsamen Attraktor genannt haben. Das Solenoid ist ein seltsamer Attraktor, gleiches wird auch vom Lorenz-Attraktor vermutet. Seltsame Attraktoren besitzen seltsame Geometrien.

Die Ruelle-Takens-Theorie begründet sich darauf, daß die Hopf-Landau-Theorie im Weltbild eines Topologen wie ein Nagel ist, der auf seiner Spitze balanciert. Der Nagel ist instabil, die Hopf-Landau-Theorie ist strukturell instabil. Wenn man den Nagel anstößt, wackelt er und fällt auf den Tisch. Wenn man die Bewegungsgleichungen leicht ändert, bricht das Hopf-Landau-Szenario auseinander und fällt in einen seltsamen Attraktor.

Die Widerlegbarkeit

In der Strömungsdynamik war nicht jeder überglücklich über den Vorschlag von Ruelle und Takens. Er war sogar sehr umstritten. Einige Leute jedoch – wie es sich später herausstellte, genug – ließen sich durch ihn anregen und begannen die nächste Phase. Die Theorie ist hübsch, aber stimmt sie auch?

In der Wissenschaft gibt es einen altehrwürdigen Weg herauszufinden, ob eine Theorie stimmt.

Das Experiment.

Genauer gesagt, ein Experiment kann Ihnen zeigen, daß eine Theorie falsch ist. Denn Sie können niemals absolut sicher sein, daß sie stimmt. In der Mathematik können Sie ein Theorem beweisen, aber keine Theorie. Wie der Philosoph Karl Popper unterstrich, ist das Testen einer wissenschaftlichen Theorie eine Sache für die Falsifikation und nicht für die Verifikation. Je mehr eine Theorie nicht durch Experimente widerlegbar ist, desto wahrscheinlicher ist, daß sie richtig ist. Zumindest können dann die Bedingungen, unter denen sie gilt, allgemeiner formuliert werden. Aber Sie können niemals sicher sein, daß die Theorie absolut richtig ist, selbst wenn sie einer Million Experimenten widerstanden hat. Denn, wer weiß? Schon beim nächsten Experiment könnte sie widerlegt werden.

Somit geben die Wissenschaftler zu einem Zeitpunkt, wo sich das dritte Jahrtausend n. Chr. nähert, das Streben nach absoluter Wahrheit auf.

Sie versuchen sehr ernsthaft, keine Fehler zu machen. Aber wir leben nicht mehr in einer Zeit absoluter Wahrheiten. Wir lernen nur sehr langsam, uns nicht allzu ernst zu nehmen.

Um als Wissenschaft zu bestehen, muß eine Theorie im Prinzip widerlegbar sein. Auf der Insel Korfu gibt es einen Aberglauben, nach dem der Anblick einer Gottesanbeterin entweder Glück oder Unglück bringt, je nach dem, was danach passiert. Dieser Glaube ist nicht gleichbedeutend mit einer wissenschaftlichen Theorie. Nicht deshalb, weil man das Glück nicht messen kann, sondern weil ein Experiment die Theorie nicht widerlegen könnte, selbst wenn man es könnte.

Dies bedeutet nicht, daß die Einwohner von Korfu falsch liegen. Wir diskutieren an den Grenzen der wissenschaftlichen Erkenntnis. Es mag im Universum wahre Dinge geben, die im wissenschaftlichen Sinn nicht gewußt werden können. Es ist jedoch schwierig, einen Streit darüber zu schlichten.

Der Laborklassiker

Ist die Theorie der seltsamen Attraktoren widerlegbar?

So wie sie ursprünglich vorgeschlagen wurde, war sie sicherlich nicht direkt widerlegbar. Man kann nicht hinausgehen und einen seltsamen Attraktor suchen. So kann man auch nicht dabei scheitern, einen zu finden. Der Grund dafür ist, daß die mathematische Beschreibung eines solchen Attraktors in der Ruelle-Takens-Theorie keinerlei Bezug zu irgendwelchen physikalisch meßbaren Größen besitzt. Deshalb sieht sie als widerlegbare Theorie etwas besser aus als eine, die die Turbulenz zum Kielwasser von kleinen unsichtbaren Monstern erklärt, die in der Flüssigkeit herumschwimmen und durch keinen physikalischen Apparat entdeckt werden können.

Es gibt mehrere Möglichkeiten, dies zu umgehen. Eine besteht darin, die Verbindung zwischen der Mathematik und der Physik zu verbessern. Dies scheint für die Turbulenz sehr schwierig zu sein. Das heißt nicht, es sei nicht wichtig. Eine andere ist, das Problem zu umgehen. Vielleicht kann der seltsame Attraktor dazu gebracht werden, sich indirekt selbst zu enthüllen.

Die Hopf-Landau-Theorie ist viel offensichtlicher widerlegbar. Man muß nur die Frequenzkomponenten der Bewegung messen und beobachten, ob sich die Schwankungen in der beschriebenen Weise häufen. Geschieht dies nicht, ist die Hopf-Landau-Theorie tot.

So kann man zuerst versuchen zu zeigen, daß Hopf und Landau unrecht haben, bevor man versucht zu zeigen, das Ruelle und Takens Recht haben. Historisch wurde dieser Weg nicht eingeschlagen. Statt dessen versuchten die Experimentalisten zu zeigen, daß Hopf und Landau Recht hatten.

Sie mögen einwenden, daß dies sicherlich schon längst geschehen ist. Dennoch wurde die Hopf-Landau-Theorie mehrere Jahrzehnte lang allgemein akzeptiert, wenn auch nicht vollständig. Die ersten Zustände wurden beobachtet. Aber es wurde immer schwieriger, genügend genaue Messungen zu erhalten, wenn sich die Schwankungen immer mehr anhäuften.

Der weitere Fortschritt benötigte eine neue Idee.

Harry Swinney, Physiker an der University of Texas in Austin, begann seine experimentelle Karriere mit dem Studium von Phasenübergängen. Wenn Wasser kocht, Metall schmilzt oder Magnete magnetisiert werden, ist dies ein Phasenübergang, eine makroskopische Veränderung des Zustands aufgrund einer Reorganisation im molekularen Bereich. In gewissem Sinn ist der Übergang zur Turbulenz eine Art von Phasenübergang in einer Strömung. Einige der großen Strömungsdynamiker wie Osborne Reynolds und Lord Rayleigh dachten sogar genau dies. Aber die Analogie schien zu lose und ungenau zu sein, um mathematisch nutzbar zu sein.

Dennoch belebte sie die Gedanken von Swinney. Konnten die Methoden, die er beim Studium von Phänomenen bei Phasenübergängen benutzt hatte, auch auf Flüssigkeiten angewendet werden?

Es gibt für eine Strömung mehrere Möglichkeiten, turbulent zu werden. Der erste Schritt beim Aufstellen eines Experiments besteht darin, das zu benutzende System auszuwählen. Die grundlegende Wissenschaft hat nicht so ausgesuchte Ziele wie «finde die beste Form für die Landeklappe eines Jumbo-Jets». Sie besitzt den Luxus, sich das System, über das sie arbeiten will, selbst auszusuchen. Für Experimente im Labor ist es das Wichtigste, daß das System sauber ist. Dies bedeutet nicht, daß es nicht mit klebrigen Fingerabdrücken übersäht sein könnte. Es bedeutet, daß es leicht aufgestellt und in Gang gebracht werden kann, genaue Ergebnisse liefern sollte und bei wiederholter Ausführung die Effekte reproduziert.

Es gibt in der Strömungsdynamik ein klassisches Laborsystem, daß ursprünglich von dem französischen Hydrodynamiker M. M. Couette aufgestellt wurde. Er wollte «Scherenflüsse» untersuchen, bei denen die Flüssigkeit auseinandergedreht wird. Hierzu verwendete er zwei ineinandergesteckte Zylinder (Abbildung 72). Der äußere Zylinder ist fest und der innere dreht sich, so entsteht eine konstante und kontrollierbare Schere.

In einem solchen System sollte sich die Flüssigkeit mit dem Zylinder immer im Kreis bewegen, in der Mitte schnell und am Rand langsam. Und genau dies hat Couette gefunden.

Im Jahre 1923 experimentierte der englische angewandte Mathematiker Geoffrey Ingram Taylor damit, den inneren Zylinder zu beschleunigen und machte eine verwirrende Entdeckung. Falls die Geschwindigkeit groß genug ist, bewegt sich die Flüssigkeit nicht mehr glatt im Kreis, sondern bricht in ein Paar von Wirbeln auseinander wie eine Rolle Pfefferminzdrops, von der man das Papier abreißt. Dies ist tatsächlich ein wunderschönes Beispiel für den Hopf-Landau-Typ der Instabiltät, bei der eine neue periodische Bewegung entsteht. Aber es ist nur der erste Schritt im Szenario von Hopf und Landau.

In der Folge untersuchten Experimentalisten wie Theoretiker das Couette-Taylor-System, das außerhalb Frankreichs auch Taylor-Couette-System genannt wird, bis ins letzte Detail. Es mag gut und gerne die am meisten studierte Strömung sein. Sie fanden eine ungeheure Vielfalt von musterbildenden Effek-

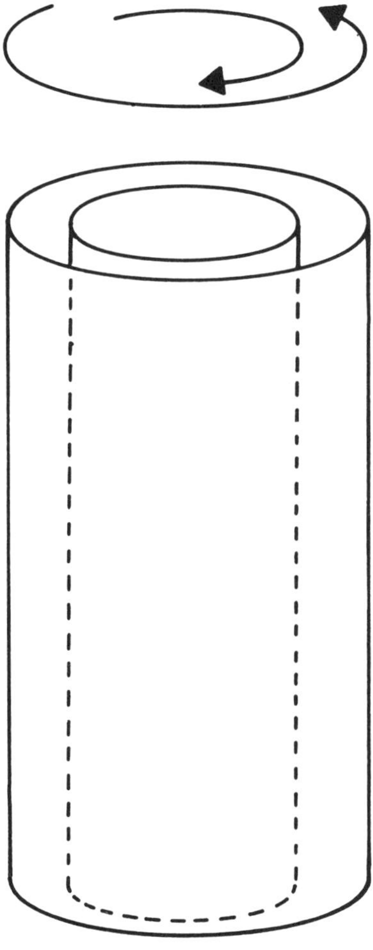

Abb. 72
Eine schematische Darstellung der Vorrichtung für das Taylor-Couette-Experiment. Der Raum zwischen den beiden Zylindern ist mit Flüssigkeit gefüllt und die Zylinder werden gegeneinander gedreht. Ihr Abstand wurde zur besseren Übersicht zu groß eingezeichnet, gewöhnlich beträgt er 10–20 Prozent des Radius des äußeren Zylinders.

ten: Die Wirbel können wellig werden (Abbildung 73); die Wellen können wie Pferde in einem Karussell auf und nieder gehen und dabei modulierte gewellte Wirbel bilden. Es gibt verdrehte und geflochtene Wirbel. Es gibt Spiralmuster, gewellte Spiralen, modulierte gewellte Spiralen und sich durchdringende Spiralen.

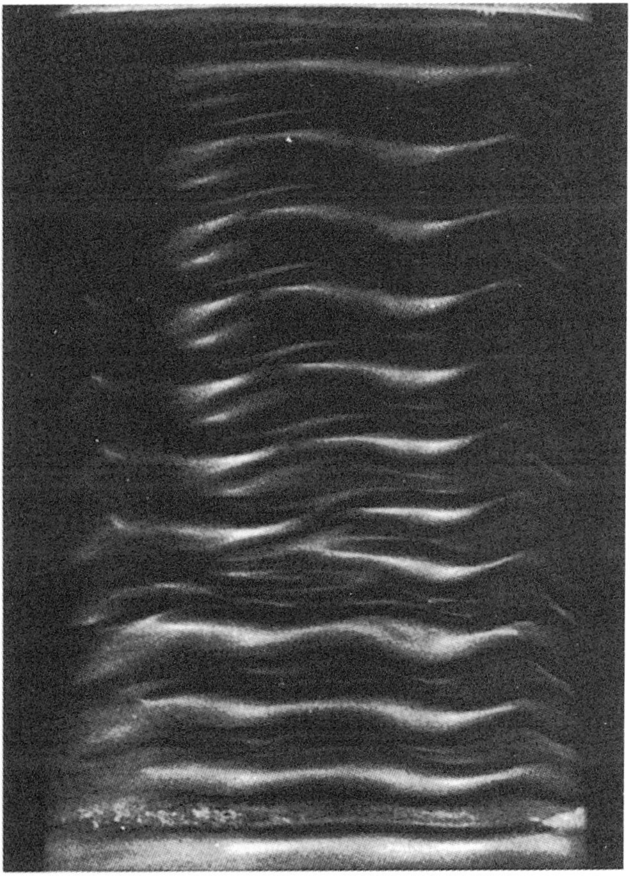

Abb. 73
Wellenförmige Wirbel im Taylor-Couette-Eyperiment. Beachten Sie die Verschiebung nach zwei Dritteln auf dem Weg nach unten, bei der sich die Anzahl der Wellen in einem Änderungsprozeß befindet.

Und bei hohen Geschwindigkeiten wird das System turbulent.

Diese Vielfalt des Verhaltens wird in präzise reproduzierbarer Form von einem Apparat hervorgerufen, der die Form und die Größe einer Thermosflasche besitzt. Daher führten Swinney und sein Mitarbeiter Jerry Gollub ihre Experimente mit dieser klassischen Vorrichtung durch.

Die Erleuchtung durch den Laser

Zu dieser Zeit machten die Strömungsdynamiker üblicherweise Messungen an strömenden Flüssigkeiten, indem sie Sonden einfügten oder Farbströme einspritzten. Diese Methoden neigten dazu, sich mit der Strömung zu überlagern, und waren weder sehr empfindlich noch genau. Aber die Leute waren auf diesem Gebiet an solche Probleme gewöhnt und erwarteten nichts Besseres. Swinney hatte ein empfindlicheres Gerät im Auge: den Laser.

Heute sind Laser Allgemeingut. Wenn Sie einen CD-Player besitzen, besitzen Sie einen Laser. Jeder Fan von *Star Wars* (ich meine den Film) weiß, daß man mit Lasern die kaiserlichen Wachen abknallt. Ein Laser produziert einen Strahl von kohärentem Licht – Licht, in dem alle Wellen im Gleichschritt sind und sich gegenseitig verstärken, anstatt sich aufzuheben. Er ist ein sehr präziser und akkurater Schweißbrenner.

Wenn Sie die Sirene eines vorbeifahrenden Feuerwehrautos hören, können Sie feststellen, daß sich der Ton der Sirene zu ändern scheint. Er wird tiefer, wenn das Feuerwehrauto vorbeigefahren ist. Dies ist der Doppler-Effekt. Er ist benannt nach dem österreichischen Wissenschaftler Christian Doppler, der ihn 1842 als erster bemerkte. Tatsächlich beschleunigen sich die Schallwellen, wenn sich das Feuerwehrauto nähert, und werden langsamer, wenn es wegfährt.

Der gleiche Effekt macht sich auch bei Licht bemerkbar. Nur ist es hier die Farbe, also die Frequenz, die sich ändert. Wenn man einen Laser auf ein Feuerwehrauto richtet, und die Farbe des zurückgeworfenen Lichtes mit der des ursprünglich ausgesendeten vergleicht, kann man die Geschwindigkeit des Feuerwehrautos feststellen.

Oder genauer, wenn man Alluminiumpuder in dünnen Schichten in einer Flüssigkeit verteilt, kann man mit einem Laser feststellen, wie schnell sich die Schichten und damit wahrscheinlich auch die Flüssigkeit bewegen. Diese Technik heißt Laser-Doppler-Geschwindigkeitsmessung.

Wenn man ein kompliziertes Signal empfängt, das aus Wellen unterschiedlicher Frequenzen besteht, kann man es mathematisch analysieren und in die individuellen Komponenten zerlegen. Man kann auch feststellen, wie stark jede Komponente ist, also wieviel sie zum Total beiträgt. Diese Methode ist im wesentlichen die Fourier-Analysis: Eine Kurve wird als Summe von Sinus- und Cosinuskurven dargestellt.

Das Resultat dieser Analyse kann in einem «Potenzspektrum» zusammengefaßt werden. Dies ist ein Graph, der die Stärke jeder Frequenzkomponente zeigt (Abbildung 74). Die Abbildung zeigt auf der linken Seite fünf Folgen von Beobachtungen und auf der rechten Seite die zugehörigen Potenzspektren. Unten sind jeweils die Zeitskalen in Sekunden für die Beobachtungen und die Frequenzskalen in Herz (1 Hz entspricht einer Schwingung pro Sekunde) für die Potenzspektren angegeben.

Zum Beispiel zeigt das Bild oben links einen sehr regelmäßigen Rhythmus mit ungefähr einer Schwingung in zehn Sekunden. Dies erkennt man am entsprechenden Potenzspektrum auf der rechten Seite als einzelne Spitze in der Nähe von 0.1 Hz, die mit f_2 markiert ist. Die zweite Folge von Beobachtungen

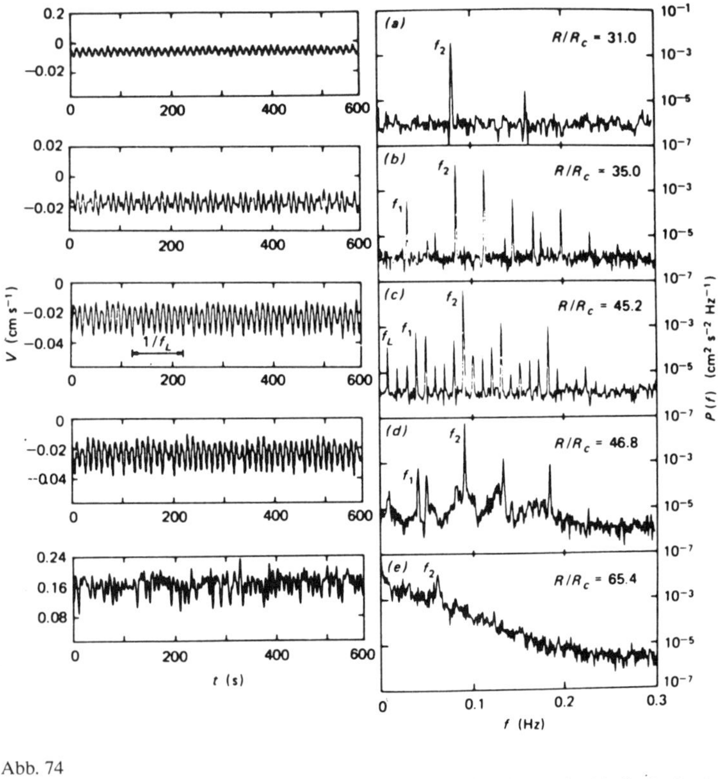

Abb. 74
Beobachtungsreihen und ihre zugehörigen Potenzspektren, die zeigen, wie sich die Stärke der Frequenzen der Komponenten ändern. Spitzen entsprechen wohldefinierten Frequenzen periodischer oder quasiperiodischer Bewegungen; breite Bänder bedeuten Chaos.

ist weniger regelmäßig und ihr Potenzspektrum besitzt mehrere Spitzen. Ein geübtes Auge kann sehen, daß sich diese durch Addition von Vielfachen der beiden Grundfrequenzen f_1 und f_2 bilden, die bei 0.03 Hz bzw. 0.1 Hz liegen.

Diese Spitzen im Potenzspektrum entsprechen streng definierten Frequenzkomponenten, die wesentlich stärker als alle Nachbarfrequenzen sind. Das Potenzspektrum eines quasiperiodischen Signals besteht fast nur aus scharfen

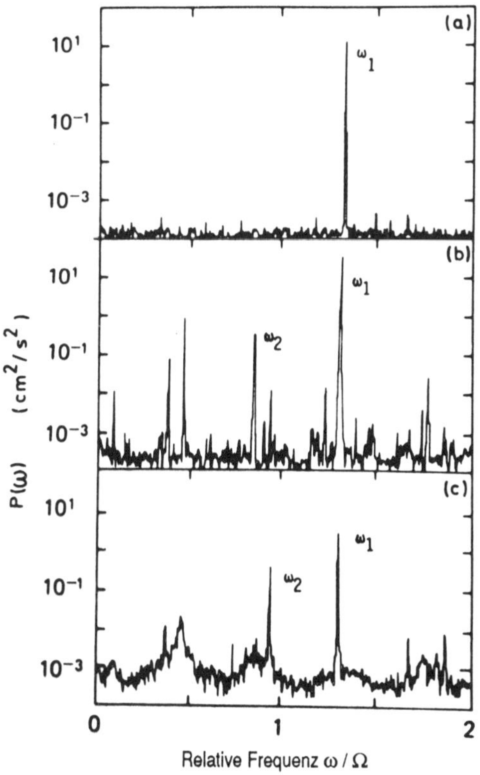

Abb. 75
Potenzspektren für das Taylor-Couette-System. Zuerst wird nur eine Frequenz ω_1 beobachtet (periodische Schwingung). Dann erscheint eine zweite Frequenz ω_2 zusammen mit anderen Spitzen, die Kombinationen von ω_1 und ω_2 entsprechen. Zuletzt erscheint breitbändriges Chaos (Reproduktion mit freundlicher Genehmigung von John Wiley & Sons Ltd.).

Spitzen, wie die oberen drei Bilder in Abbildung 74. Das Spektrum eines lauten «zufälligen» Signals ist ein breites Band. Seine Frequenzkomponenten sind verschmiert wie im unteren Bild. Es gibt auch eine Mischung dieser beiden, wie im vierten Bild.

Das Potenzspektrum ist eine Art von «Frequenz-Fingerabdruck» einer Beobachtungsfolge. Es kann dazu benutzt werden, die Anwesenheit von bestimmten Typen des Verhaltens zu entdecken.

Swinney und Gollub benutzten einen Computer, um das Potenzspektrum der Geschwindigkeit der Flüssigkeit aus ihren Laserdaten herzuleiten. Genau das ist notwendig, um die von Hopf und Landau vorhergesagte Entstehung von immer neuen Frequenzen zu beobachten.

Dies hatten sie erwartet.

Sie suchten den ersten Übergang und fanden ihn. Sie wiederholten das Experiment viele Male und erhielten saubere und genaue Daten. Dennoch glaubten ihnen die Strömungsdynamiker nicht. Keiner wollte ihre Ergebnisse veröffentlichen. Ihre Bewerbung für ein Forschungsstipendium wurde abgelehnt. Einige behaupteten, die Resultate seien nicht neu, andere glaubten ihnen nicht.

Unverzagt wandten sie sich dem nächsten Übergang zu – und fanden ihn nicht. Es gab keine saubere Entstehung einer neuen Frequenz. Statt dessen tauchte allmählich ein breites Band von Frequenzen auf (Abbildung 75). «Wir haben gefunden, daß es chaotisch wurde.»

Der Kontakt

Die Wissenschaft ist ein weites Feld. Man kann unmöglich alles wissen, was vor sich geht. Üblicherweise finden die Menschen durch persönliche Kontakte heraus, was sie wissen müssen. Swinney und Gollub hatten die Hopf-Landau-Theorie getestet und für nicht verläßlich befunden. An diesem Punkt jedoch waren sie sich nicht bewußt, daß Ruelle und Takens eine Alternative vorgeschlagen hatten.

Aber andere waren es. Das wissenschaftliche Nachrichtensystem begann zu arbeiten. Im Jahre 1974 erschien ein belgischer Mathematiker im Laboratorium von Swinney – David Ruelle. Ruelle hatte das Chaos in der Theorie vorhergesagt, Swinney hatte das Chaos, aber keine Theorie. Es mußte nur noch festgestellt werden, ob sich das ergänzte, was Ruelle vorhergesagt und Swinney gefunden hatte.

Es gab einen indirekten Beweis. Zum Beispiel zeigten Computerberechnungen, daß beim Vorhandensein eines seltsamen Attraktors ein breitbändriges Potenzspektrum auftritt.

Von nun an kam die Sache in Schwung. Immer mehr Wissenschaftler wurden sich des Chaos bewußt, und immer mehr Mathematiker entwickelten seine theoretischen Gesichtspunkte. Eine Folge von Experimenten, zuerst von Swinney und seinen Kollegen, bald aber auch von anderen durchgeführt, ließ keinen Zweifel daran, daß seltsame Attraktoren in einer ganzen Reihe von turbulenten Strömungen auftreten.

Die Resultate ließen sich nur auf das Einsetzen einer Turbulenz anwenden. Aber zumindest in einigen bestimmten Laborsystemen wurde die Theorie der seltsamen Attraktoren für die Turbulenz aufrechterhalten, und die Hopf-Landau-Theorie lag tot im Wasser. Ironischerweise stellten sich die meisten von Ruelle und Takens angenommenen mathematischen Details als unwichtig oder sogar falsch heraus – nicht mathematisch, sondern in der Interpretation für Experimente. Aber die Hauptidee ... Hier schienen sie auf Gold gestoßen zu sein, doch noch war es nicht gesichert.

Es könnte andere Erklärungen für die Beobachtungen geben. Es wurde also etwas Direkteres benötigt, etwas, was die Hypothese der seltsamen Attraktoren durch ein Experiment widerlegbar machte.

Hierfür war eine andere Idee erforderlich.

Die vorgetäuschten Observablen

Der Artikel von Ruelle und Takens aus dem Jahr 1970 ist nicht so sehr der Beginn einer Theorie über die Turbulenz. Der hauptsächlich fehlende Bestandteil ist der Zusammenhang zwischen der Topologie und der Physik. Wenn es zum Beispiel eine Größe gibt, die man messen und aufzeichnen kann, und wenn man in den Resultaten nach einem seltsamen Attraktor suchen kann, wird die Theorie widerlegbar. Wenn man ein solches Experiment ausführt und keinen seltsamen Attraktor findet, weiß man, daß sie falsch ist.

Was ist eine experimentelle Observable? Es ist eine Größe, die vom Zustand des beobachteten Systems abhängt. Was wir in der topologischen Theorie der Turbulenz vermissen, ist das Wissen darüber, von welcher Größe diese abhängt. Auf den ersten Blick scheint dies ein großes Manko zu sein, es sei denn, man stellt eine solche Verbindung her. So besteht ein möglicher Forschungsansatz darin, die Ruelle-Takens-Theorie auf eine experimentelle Grundlage zu stellen und einen seltsamen Attraktor aus den Navier-Stokes-Gleichungen herzuleiten. Dieses Problem verlangt eher mathematische als experimentelle Fortschritte, und es wurde bis heute nicht gelöst. Der Lorenz-Attraktor zählt nicht, denn in ihm stecken Approximationen.

Aber es gibt noch eine andere Möglichkeit. Nehmen Sie an, Sie könnten die Form eines Attraktors aus einer Reihe von Beobachtungen unabhängig von der genauen beobachteten Größe rekonstruieren. Dann spielt der Zusammenhang keine Rolle.

Dies ist ein raffinierter Trick. David Ruelle und Norman Packard dachten, er könne funktionieren, und Floris Takens konnte beweisen, daß dies wirklich zutraf.

Eine Folge von experimentellen Beobachtungen liefert in der einfachsten Form eine Zeitreihe. Dies ist eine Liste von Zahlen, die den Wert der beobachteten Größe in regelmäßigen Zeitabständen repräsentiert. Die Zeitabstände können auch unregelmäßig sein, aber wir wollen die Diskussion einfach halten. Zum Beispiel liefert die tägliche Mittagstemperatur an einem gegebenen Ort eine Zeitreihe, die in Grad Celsius vielleicht so aussehen könnte:

17.3, 19.2, 16.7, 12.4, 18.3, 15.6, 11.1, 12.5, ...

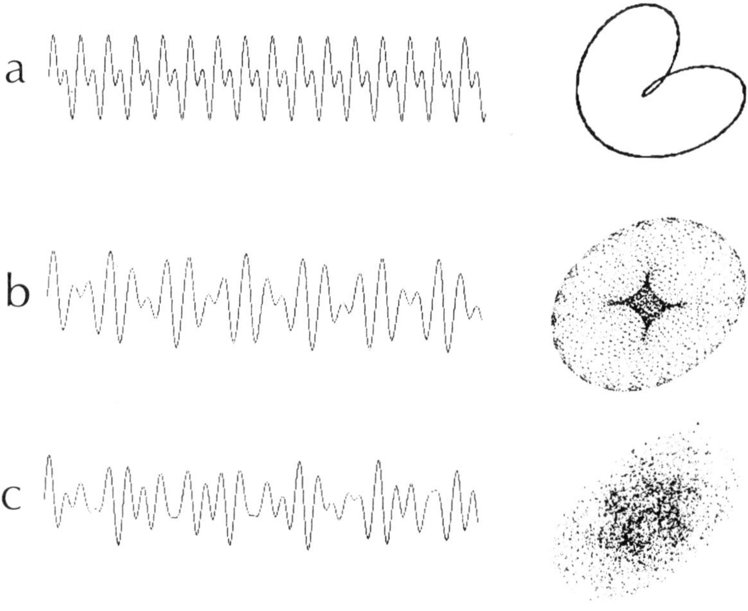

Abb. 76
Zweidimensionale Graphiken von Computerexperimenten zur Rekonstruktion von Attraktoren nach der Packard-Takens-Methode: a) die periodische Zeitreihe $\sin(t)+\sin(2t)$ führt zu einer geschlossenen Kurve; b) die aus zwei Frequenzen zusammengesetzte Zeitreihe $\sin(t)+\sin(\sqrt{2}t)$ führt zu der Projektion eines Torus; c) die aus drei Frequenzen zusammengesetzte Zeitreihe $\sin(t)+\sin(\sqrt{2}t)+\sin(\sqrt{3}t)$ besitzt in einer zweidimensionalen Graphik keine Struktur. Um ihre quasiperiodische Struktur zu erkennen, muß der Graphik eine dritte Koordinate hinzugefügt werden.

Nehmen Sie an, Sie wollten solche Daten einem seltsamen Attraktor anpassen. Das Problem ist, daß Sie beispielsweise einen Attraktor im dreidimensionalen Raum ins Auge fassen können. Aber ihre Beobachtungen liefern nur eine Größe. Zum Beispiel liefert ihnen die Technik der Laser-Doppler-Geschwindigkeitsmessung nur die Frequenz des reflektierten Lichtes – die Geschwindigkeit der Flüssigkeit an einem bestimmten Punkt, an dem das Licht des Lasers reflektiert wird. So müssen Sie den Attraktor auf eine Dimension zusammendrücken. Sie sehen sozusagen nur seine Silhouette.

Wenn Sie den Attraktor aus anderen Richtungen betrachten könnten, könnten Sie sich ein vollständiges dreidimensionales Bild von ihm machen. So wie ein Architekt die Form eines Gebäudes durch den Grundriß, die Vorder- und die Seitenansicht vermitteln kann. Um einen dreidimensionalen Attraktor zu rekonstruieren, benötigen Sie Informationen aus drei verschiedenen Richtungen.

Aber es gibt keine Möglichkeit, diese zusätzlichen Richtungen in einer Zeitreihe einer einzigen Observablen zu finden, nicht wahr? Sie benötigen zwei weitere Observable.

Ruelle und Packard bemerkten, daß man aus der gleichen Zeitreihe zwei weitere vorgetäuschte Observable erhalten kann, indem man den Wert für die Zeit verschiebt (Abbildung 76). Anstelle einer einzigen Zeitreihe vergleicht man drei, das Original und zwei Kopien, die um eine bzw. zwei Stellen verschoben sind:

Reihe 1   17.3, 19.2, 16.7, 12.4, 18.3, 15.6, 11.1, 12.5, ...
↙ ↙ ↙ ↙ ↙ ↙ ↙
Reihe 2   19.2, 16.7, 12.4, 18.3, 15.6, 11.1, 12.5, ...
↙ ↙ ↙ ↙ ↙ ↙
Reihe 3   16.7, 12.4, 18.3, 15.6, 11.1, 12.5, ...

Auf diese Art erhalten Sie mathematische Konfektion: eine Zeitreihe von dreidimensionalen Beobachtungen, die aus der ursprünglichen Zeitreihe von eindimensionalen Beobachtungen aufgebaut ist. Lesen Sie die obigen, aufeinanderfolgenden Spalten. Hier ist die erste dieser gefälschten Beobachtungen das Tripel (17.3,19.2,16.7), das einen Punkt im dreidimensionalen Raum repräsentiert, der in Bezug auf einen gewählten Ursprung 17.3 Einheiten nach Osten, 19.2 Einheiten nach Norden und 16.7 Einheiten nach oben liegt. Der nächste ist (19.2,16.7,12.4) usw. Wenn die Zeit verstreicht, bewegen sich diese Tripel im Raum. Ruelle und Packard vermuteten, und Takens bewies, daß der Weg dieser Tripel eine topologische Annäherung an die Form eines Attraktors beschreibt (Abbildung 77).

Für einen Attraktor mit mehr Dimensionen funktioniert die gleiche allgemeine Idee, man benötigt nur mehrere dieser versetzten Zeitreihen. Es gibt eine Berechnungsmethode, mit der die Topologie des Attraktors aus einer einzigen Zeitreihe rekonstruiert werden kann. Dabei ist es nicht von Bedeutung, welche Observable man dafür verwendet.

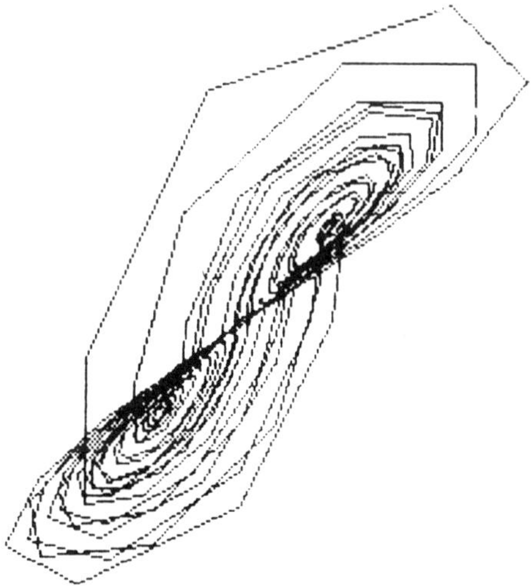

Abb. 77
Die Rekonstruktion eines seltsamen Attraktors, hier des Lorenz-Attraktors, nach der Packard-Takens-Methode.

In der Praxis gibt es andere Betrachtungen, die mit der Effizienz der Methode zusammenhängen. Einige Observable sind geeigneter als andere, und die Methode wurde mit Warnanlagen versehen. Aber die Idee umgeht sehr trickreich die Notwendigkeit, irgendeine wie auch immer geartete physikalische Variable in der mathematischen Theorie zu identifizieren!

Die seltsame Chemie

Chemische Reaktionen können oszillieren. Über diesen Effekt berichtete zuerst William Bray im Jahre 1921 bei der Zerlegung von Wasserstoffsuperoxid in Wasser und Sauerstoff in einem Katalysator aus Jod. Aber die Chemiker glaubten damals fälschlicherweise, daß die Gesetze der Thermodynamik Oszillationen verbieten würden. Anstatt die Entdeckung von Bray aufzugreifen, konzentrierten sie sich darauf, sie hinwegzuerklären. Als Begründung legten sie einen Fehler in der experimentellen Methode nahe.

Diese Haltung warf sie fast vierzig Jahre zurück. Im Jahre 1958 beobachtete der russische Chemiker B. P. Belousov periodische Oszillationen in der Farbe einer Mixtur aus Zitronensäure, Schwefelsäure, Kaliumbromat und Cersalz.

Ilya Prigogine hatte inzwischen gezeigt, daß weitab vom thermodynamischen Gleichgewicht die gewöhnlichen Gesetze der Thermodynamik nicht gelten, und die Leute waren eher darauf vorbereitet, die Resultate ernst zu nehmen. Im Jahre 1963 modifizierte A. M. Zhabotinskii das Rezept von Belousov, indem er das Cersalz durch Eisensalz ersetzte. Er erhielt einen dramatischen Farbwechsel von Rot zu Blau. Er zeigte, daß sich kreis- und spiralförmige Wellen bilden können, wenn die chemische Mixtur in einer dünnen Schicht ausgebreitet wird. Heute sind viele oszillierende chemische Reaktionen bekannt, und dynamische Effekte, die komplexer sind als die Periodizität, sind Allgemeingut geworden.

Als typisches Beispiel für die neuere Forschung werde ich einen Artikel beschreiben, der von Swinney und seinen Mitarbeitern J.-C. Roux und Reuben Simonyi 1983 in der Zeitschrift *Physica* veröffentlicht wurde. Er behandelt nicht nur Turbulenz in Flüsigkeiten, sondern auch chemische Turbulenz – chemisches Chaos – in der Belousov-Zhabotinskii-Reaktion.

Bei den Experimenten wurde die Veränderung in der Konzentration der Bromidionen mit der Zeit gemessen. Die Daten wurden verschiedenen mathematischen Analysen unterworfen. Sie fanden das Potenzspektrum und konnten damit die Frequenzkomponenten der Oszillationen bestimmen. Sie rekonstruierten die entsprechenden dynamischen Attraktoren, indem sie eine zweite vorgetäuschte Zeitreihe bildeten (Abbildung 78, linkes Bild). Die typische Geometrie eines seltsamen Attraktors ist deutlich zu erkennen. Indem sie die Variablen jedesmal dann zeichneten, wenn die Bewegung durch die gestrichelte

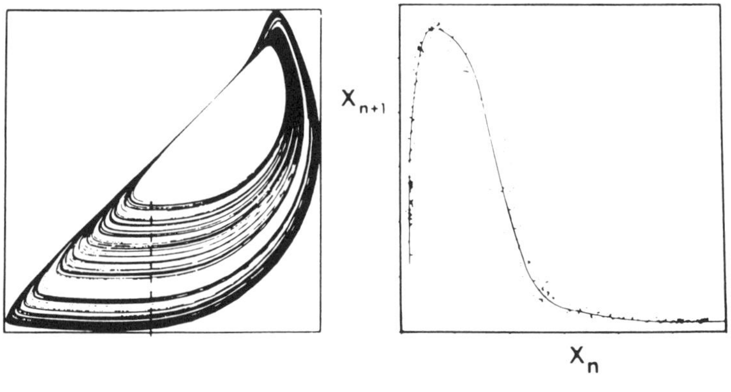

Abb. 78
Ein seltsamer Attraktor, der aus experimentellen Daten über chemische Oszillationen in der Belousov-Zhabotinskii-Reaktion rekonstruiert wurde. Daneben eine Poincaré-Abbildung für den Poincaré-Schnitt, der links als gestrichelte Linie eingezeichnet ist (Reproduktion mit freundlicher Genehmigung von John Wiley & Sons Ltd.).

Linie lief, die im linken Bild von Abbildung 78 eingezeichnet ist, erhielten sie eine Poincaré-Abbildung (Abbildung 78, rechtes Bild). Die Punkte häufen sich in der Nähe einer buckeligen Kurve. Dies zeigt, daß die unterliegende Dynamik, obwohl chaotisch, tatsächlich sehr einfach ist und der der logistischen Abbildung ähnelt.

Die Ergebnisse sind sehr detailliert und stimmen mit allen bekannten mathematischen Eigenschaften von seltsamen Attraktoren überein. Auf jeden Fall sind die Bilder unmittelbar überzeugend. Sie könnten eine Computergraphik eines Analogon des Lorenz-Attraktors sein. Tatsächlich sind sie einer Variation des Lorenz-Attraktors sehr ähnlich, die von Otto Rössler 1976 vorgeschlagen wurde (Abbildung 79).

Das Chaos tritt in der Natur auf. Tatsächlich finde ich es verwirrend, wieviel die Natur von der Mathematik des Chaos zu verstehen scheint und dies wahrscheinlich schon sehr lange vor der Mathematik. Die Idee von der chaotischen Dynamik funktioniert nicht nur, sie funktioniert viel besser, als man je hoffen konnte. Irgendwie überleben die empfindlichen Effekte, die durch das stetige Modell von Flüssigkeiten vorhergesagt wurden – ein Modell, das erwiesenermaßen auf atomarem Niveau falsch sein muß –, durch die Approximationen, die

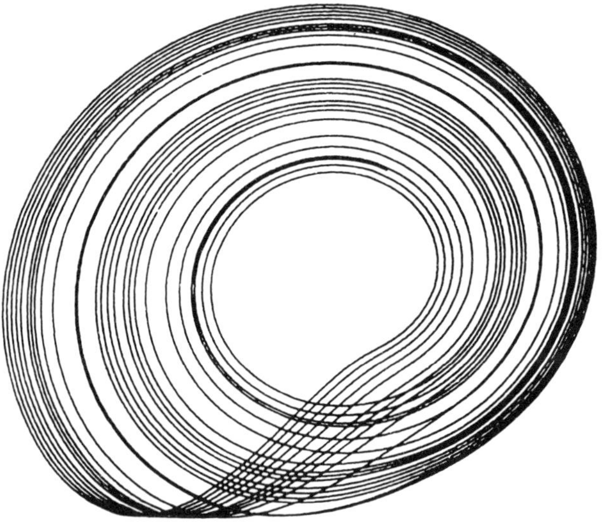

Abb. 79
Der Rössler-Attraktor.

entstehen, wenn ein See von Atomen durch ein unendlich oft teilbares Kontinuum ersetzt wird. Es ist einfach, dies als etwas Offensichtliches abzutun, aber ich halte das für Wunschdenken. Wir möchten gerne, daß es wahr ist – und allen Experimenten zum Trotz, es ist wahr. «Was auch immer schiefgehen kann, wird schiefgehen». Aber auf diesen Fall läßt sich das berühmte Gesetz nicht anwenden. Es gibt hier ein Mysterium.

Aber keines, das gelöst werden muß, bevor wir aus dem Wunder, daß es funktioniert, Nutzen ziehen können.

Noch ein Besuch bei Bashō

Ich habe dieses Kapitel mit einem Zitat von Bashō über die poetische Faszination von Wassertropfen begonnen. Es paßt ans Ende, einige ihrer mathematischen Schönheiten zu schildern. Ein tropfender Wasserhahn verlangt gewöhnlich nach einem Klempner und nicht nach einem Aufschrei der Bewunderung. Aber wir haben gesehen, daß an einem tropfenden Hahn mehr ist als nur Wasser an der falschen Stelle. Es ist das Chaos im Mikrokosmos.

Darüber hinaus ist das chaotische Tropfen eines Hahnes ein diskretes dynamisches System. Es ist leichter zu beobachten und zu analysieren als ein stetiges System. Anstelle eines Lasers genügt ein Mikrophon.

Lassen Sie uns die Anordnung der Tröpfchen detaillierter betrachten.

Bei einem sachten Fließen des Wassers tropft der Hahn normalerweise in einem regelmäßigen Rhythmus. Das Wasser baut sich langsam am Rand auf und bildet einen Tropfen, der sich ausbuchtet und aufbläht, bis die Oberflächenspannung ihn nicht länger vor der Schwerkraft schützen kann. Seine Seiten beginnen zu schrumpfen und bilden einen sich verengenden Hals, dann löst sich der Tropfen und der Prozeß beginnt erneut. Es ist nicht sehr überraschend, daß die Tropfen wiederholt und rhythmisch fallen.

Wenn aber der Fluß des Wassers etwas größer wird, kann etwas Komplizierteres geschehen. Wenn sich der Tropfen bildet, schwingt er auch. Er hat keine Chance, sich in einem stationären, langsam wachsenden Zustand niederzulassen. Ein Resultat hiervon ist, daß der genaue Moment des Ablösens nicht nur davon abhängt, wieviel Wasser sich im Tropfen gesammelt hat, sondern auch davon, wie schnell er sich bei der Oszillation bewegt. Unter diesen Umständen können sich die Tropfen in unregelmäßigen aperiodischen Abständen bilden.

Es gibt eine klare Analogie. Eine Flüssigkeit mit niedriger Geschwindigkeit fließt glatt, bei höheren Geschwindigkeiten jedoch gibt es einen Übergang zur Turbulenz. Bei niedrigen Geschwindigkeiten bilden sich die Tropfen regelmäßig, bei höheren Geschwindigkeiten jedoch werden sie unregelmäßig. Können beide Phänomene durch einen ähnlichen mathematischen Mechanismus kontrolliert werden?

Vielleicht nein. Vielleicht gibt es zufällige Einflüsse wie einen Luftzug, der die Formation der Tropfen stört, wenn der Fluß unregelmäßig wird. Bashõ hat auch hierfür ein Beispiel:

> Heute nacht weht der Wind
> Durch den Bashõ-Baum,
> Ich höre den herunterrinnenden Regen
> Gegen ein Becken tropfen.

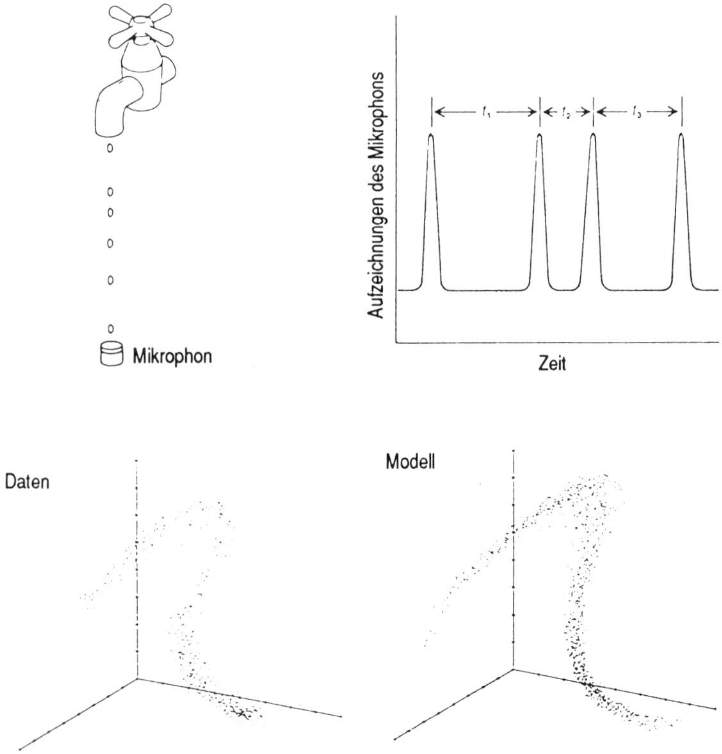

Abb. 80
Das Experiment mit dem tropfenden Wasserhahn: oben links die Vorrichtung, oben rechts ein Teil einer Zeitreihe, unten links eine dreidimensionale Graphik von den beobachteten Daten und unten rechts ein einfaches mathematisches Modell.

Der Bashõ-Baum ist eine Bananenart. Der Dichter war von einem dieser Bäume, der vor seinem Haus wuchs, so angetan, das er den Namen als Pseudonym verwendete. Hier ist die zufällige Bewegung der Blätter für jede Unregelmäßigkeit verantwortlich und nicht die empfindliche Dynamik der Formation aus einem einzelnen Tropfen.

Deterministisches Chaos? Oder Zufall?

Robert Shaw und seine Kollegen an der University of California in Santa Cruz testeten diese Idee experimentell. Sie ließen einen Wasserhahn auf ein Mikrophon tropfen. Die Signale des Mikrophons wurden aufgezeichnet, so daß jeder Tropfen einen wohldefinierten Piepton erzeugte.

Diese Pieptöne lassen nicht viel von der detaillierten Dynamik erkennen. Sie zeigen nicht die Bewegung des Tröpfchens, während es wächst. Sie zeigen nur den Augenblick, in dem es sich löst. Sie sind wie eine aus einzelnen Bildern bestehende Folge von Schnappschüssen der Dynamik. Mit anderen Worten, sie bilden etwas, was einer Poincaré-Abbildung sehr ähnlich ist, die auch eine Folge von Schnappschüssen ist. Mathematisch können beide auf die gleiche Art behandelt werden.

Die Mathematiker in Santa Cruz mußten die experimentellen Daten bearbeiten, um die Dynamik herauszufiltern. Um dies zu tun, maßen sie die Zeitabstände zwischen zwei aufeinanderfolgenden Pieptönen. Dies lieferte ihnen eine Zeitreihe von Intervallen, ungefähr 5'000 Beobachtungen lang. Dann benutzten sie die oben beschriebene Rekonstruktionsmethode von Takens. Sie bildeten zwei weitere vorgetäuschte Zeitreihen, indem sie das Original um eine bzw. zwei Einheiten verschoben. Dann zeichneten sie mit einem Computer die so erhaltene Folge von 5'000 Tripeln.

Auf diese Weise waren sie in der Lage, die Topologie eines Attraktors in der Dynamik eines tropfenden Wasserhahns zu rekonstruieren (Abbildung 80). Sie berichteten in der Ausgabe vom Dezember 1986 des *Scientific American*:

> *Das aufregende Ergebnis des Experiments war, daß chaotische Attraktoren tatsächlich im nichtperiodischen Bereich des tropfenden Wasserhahns gefunden wurden. Es hätte der Fall sein können, daß die Zufälligkeit der Tropfen von unbemerkten Einflüssen wie kleinen Vibrationen oder vom Luftzug herrührte. Falls dies so gewesen wäre, hätte zwischen einem Intervall und dem nächsten keine besondere Beziehung bestanden. Das Diagramm der Daten hätte nur nichtssagende Kleckse gezeigt. Die Tatsache, daß sich in den Diagrammen eine Struktur zeigt, beweist, daß die Zufälligkeit einen deterministischen Unterbau besitzt. Viele der Datenmengen zeigen die hufeisenförmige Gestalt, die das Merkmal der einfachen Prozedur des Dehnens und Faltens ist.*

In der Tat ist ein seltsamer Attraktor dafür verantwortlich. Die Daten haben eine große Ähnlichkeit mit einem Attraktor wie dem von Hénon.

Bei höheren Strömungsraten wird der experimentelle Attraktor äußerst kompliziert. Seine Struktur wird bis heute nicht verstanden. Es ist kein direkter Zusammenhang zwischen der Physik der Tropfenformation und diesem empirischen Modell bekannt. Es gibt noch viel zu tun.

Somit hat sich die Vorstellung, daß die chaotische Dynamik von seltsamen Attraktoren für mindestens einige Phänomene der Turbulenz verantwortlich ist, gut etabliert. Aber vieles an der Turbulenz bleibt ein Geheimnis. Falls voll entwickelte Turbulenz seltsame Attraktoren mit sich bringt, müssen dies Attraktoren von ungeheuren Dimensionen sein – tausend, eine Million. Im Augenblick können wir nichts Brauchbares über sie aussagen. Viele turbulente Effekte scheinen durch Ränder verursacht zu werden – durch die Wände von Pfeifen zum Beispiel –, und die Theorien über seltsame Attraktoren beinhalten noch nicht den Einfluß von Rändern.

Wir sollten nicht darauf versessen sein, daß das Chaos die einzige wahrscheinliche Erklärung ist. Kürzlich hat der russische Physiker V. P. Maslov eine offensichtliche Art von Uneindeutigkeit in den Navier-Stokes-Gleichungen gefunden. Die Gleichungen können die Strömung tatsächlich nicht in allen Einzelheiten bestimmen. Für gegebene Anfangsbedingungen kann es mehr als eine Lösung geben, zumindest in einem gewissen approximativen Sinn. Maslov sagt, der Effekt ließe sich bildlich beschreiben. «In der berühmten Erzählung *Das Märchen vom Popen und seinem Arbeiter Balda* von Puschkin wühlt Balda das Wasser mit einem Seil auf und ruft so Dämonen herbei. Wenn er das Seil schnell genug herumwirbelt, beginnen die Dämonen, auf nichtdeterministische Weise zu toben und verursachen Turbulenzen.»

Vielleicht ist die Theorie der unsichtbaren Monster nach alledem gar nicht so dämlich.

10 *Die Feigenbaum-Menge und Feigenwerte*

Ein Narr sieht nicht den gleichen Baum wie ein weiser Mann.

William Blake, Proverbs of Hell

Eine neue mathematische Technik: Chaos. Ein altes Problem: Turbulenz. Ein neues Werkzeug, eine alte Aufgabe. Was könnte natürlicher sein, als das Werkzeug zu benutzen und zu sehen, ob es zu der Aufgabe paßt? Und es wurde benutzt, und es paßte.

Aber die Wissenschaft entwickelt sich nicht immer in die Richtung, die man erwartet. Die Herde mag zwar gegen den entfernten Horizont traben, aber es gibt immer einige wenige Einzelgänger, die perverserweise den entgegengesetzten Weg einschlagen. Einer dieser Einzelgänger war für einen fundamentalen Durchbruch verantwortlich. Es war jedoch ein Durchbruch in der Mathematik, der sich erst später ernsthaft für die Theorie der Turbulenz auszahlte. Er brachte aus der Physik der Phasenübergänge einen neuen Gedanken in die Mathematik – eine wirksame Technik, bekannt als Renormalisation. Dies wiederum zeigte, daß einige Eigenschaften des Chaos universell sind. Sie hängen nicht von den genauen Gleichungen ab, sondern nur vom qualitativen Typ des anwesenden seltsamen Attraktors. Hierdurch wurde möglich, das Vorhandensein gewisser Arten von Chaos durch einfache Experimente zu testen. Aber um dies alles – nur sehr tangentiell – auszuführen, möchte ich ein früheres Thema aufgreifen: Die Raumsonde Voyager.

Eine Flasche im kosmischen Ozean

Die große Reise der beiden Voyager-Sonden wird nicht bei Uranus enden. Wie ihre Vorgänger vom Typ Pioneer werden sie in den interstellaren Raum weiterziehen. In 40'000 Jahren werden sie ein Lichtjahr vom Stern AC +79 3888 entfernt sein. Sie werden während Millionen von Jahren durch die Milchstraße treiben und vielleicht auf andere Planetensysteme treffen.

Für den Fall, daß sie hierbei auf intelligentes Leben stoßen sollten, führt die Voyager 2 eine 12 Zoll große, goldüberzogene Kupferscheibe mit sich – eine Schallplatte (Abbildung 81). In ihren Rillen sind 115 Photographien einkodiert,

Abb. 81
Techniker montieren die Schallplatte an Voyager 2.

von einem Diagramm der Kontinentalverschiebung bis zu einem Supermarkt, sowie die verschiedensten Töne, von «Hallo» bis zu Beethovens fünfter Sinfonie. «Die Raumfähre wird nur dann jemandem begegnen und die Platte wird nur dann abgespielt werden, wenn es fortgeschrittene raumdurchreisende Zivilisationen im interstellaren Raum gibt», sagt Carl Sagan. «Aber daß diese Flasche in den kosmischen Ozean geschossen wurde, sagt etwas sehr Hoffnungsvolles über das Leben auf diesem Planeten aus.» Ich bin mir nicht darüber klar, ob diese besondere kosmische Geste eine herzerwärmende Manifestation des unbezwingbaren menschlichen Geistes, ein gefährlicher Verrat unserer galaktischen Lage an einen potentiellen Feind oder eine sinnlose Eitelkeit ist. Doch ich frage mich, was die Außerirdischen mit diesem Schatz machen werden, wenn sie ihn finden. Insbesondere die Photographie von Jane Goodall und ihren Schimpansen könnte zu einigen Mißverständnissen führen. Aber nun ist es zu spät, sie zurückzuholen.

Die dritte Photographie auf der Platte von Voyager 2 zeigt mathematische Definitionen. Aus einer langen menschlichen Tradition heraus gilt die Mathematik als der beste Weg, mit außerirdischen Wesen Kontakt aufzunehmen. Vielleicht, weil sie ein universelles Medium der Gedanken zu sein scheint. Karl Friedrich Gauß schlug vor, das Diagramm zum Satz des Pythagoras in den Sand der Sahara zu zeichnen, damit es Marsbewohner oder ähnliche Wesen durch ihre Teleskope sehen könnten. Andere Systeme übermitteln die Folge der Primzahlen oder die Dezimalstellen von π unter der Annahme, daß jede zivilisierte und intelligente Spezies diese Symbole entschlüsseln und damit auch die Intelligenz und die Zivilisation ihrer Absender erkennen muß.

Ich habe den Verdacht, daß diese Systeme wegen ihrer Beschränktheit versagen. Ich denke, daß π wahrscheinlich in der irdischen Mathematik von Bedeutung bleiben wird. Aber ich würde nicht zu sehr darauf setzen, daß es weitere 10'000 Jahre lang (geschweige denn eine Million Jahre) ein Objekt von fundamentaler Bedeutung sein wird. Ich habe keine Ahnung, was die grün tentakelten Mathematoiden aus der großen Magellanschen Wolke für fundamentales Wissen halten. In der Science Fiction Novelle *A Clash of Cymbals* von James Blish besitzt die Mathematik des lenkbaren Planeten He eine oberflächliche Ähnlichkeit mit der irdischen, aber es gibt Fallen: «Hier zum Beispiel hat Retma das d, das nach Amalfis Erfahrung ein Zuwachs in der Infinitesimalrechnung war, einfach als Ausdruck für eine Konstante benutzt.» Seien Sie gewarnt!

Nehmen Sie an, ein Astronom hätte im Sommer des Jahres 1975 etwas aufgezeichnet, das eine Botschaft sein könnte oder nicht, und zwar von einer Quelle, die natürlich sein könnte oder auch nicht. Es bestünde aus einer Folge von binären Piepsern, die sich nach der Übertragung ins Dezimalsystem als 4.669201609 ... entpuppte und ständig wiederholt würde. Die wissenschaftliche Welt wäre darüber enttäuscht gewesen, daß das Signal nicht 3.141592653 ... lautete. Denn dies hätte die Vorstellung bestärkt, daß π kein purer Zufall sei. Aber könnte es eine andere Zahl von Bedeutung sein? Sie würden ihre Tabellen über die grundlegenden mathematischen Konstanten durchforsten. Könnte es die Basis e für den natürlichen Logarithmus, die goldene Zahl, die Eulersche Konstante oder die Quadratwurzel von 2 sein? Kein Erfolg. Mit wachsender Enttäuschung würden sie die obskursten Zahlen ausgraben, wie die Catalansche Konstante oder das Volumen der kleinsten hyperbolischen 3-Mannigfaltigkeit ...

Nein, die Zahl 4.669201609 hat keinerlei Bedeutung. Die Astronomen müssen eine natürliche Quelle eingefangen haben, wie die periodische Vibration eines entfernten Neutronensterns oder die Strahlung eines schwarzen Lochs.

Perturbiere nicht – renormalisiere!

Mitchell Feigenbaum ist ein Physiker. In den frühen siebziger Jahren arbeitete er in den Los Alamos Laboratories. Einige seiner Kollegen hätten gegen das Wort «arbeitete» Einwände gehabt, denn keiner wußte so recht, woran Feigenbaum arbeitete. Feigenbaum eingeschlossen.

Er war an nichtlinearen Systemen interessiert. Zu dieser Zeit waren die hauptsächlichen Methoden zur Behandlung der Nichtlinearität die Perturbationstechniken der Teilchenphysik, besonders die Feynman-Diagramme. Sie sind nach dem Nobelpreisträger Richard Feynman benannt, der sie erfunden hat. Als Student hatte Feigenbaum diese Methoden kennengelernt. Er entschied, daß sie nicht das richtige Mittel zum Nachdenken über die Nichtlinearität wären, und fühlte sich von ihnen gelangweilt.

Ein anderer Zweig der Physik behandelt Phasenübergänge. Dies sind Veränderungen des Zustands, wie der Übergang von einer Flüssigkeit zum Gas. Die Mathematik der Phasenübergänge ist gleichfalls nichtlinear. Als Kenneth Wilson in Cornell eine neue Idee über Phasenübergänge hatte, die Methode der Renormalisation, verliebte sich Feigenbaum in sie. Wilsons Methode beruhte auf der Selbstähnlichkeit. Die Selbstähnlichkeit ist ein Hang von mathematischen Strukturen, auf vielen Ebenen wiederzukehren. Das klassische Bild der Turbulenz beinhaltet gerade diese Struktur: eine endlose Kaskade von immer kleiner werdenden Wirbeln. Wie Lewis Richardson in einer Parodie auf Jonathan Swift schrieb:

> Große Quirle haben kleine Quirle,
> Die an deren Geschwindigkeit nagen,
> Und kleine Quirle haben kleinere Quirle,
> Und so weiter bis zur Zähflüssigkeit.

Feigenbaum dachte nicht als einziger, daß sich Wilsons Renormalisationsmethode auf die Turbulenz anwenden lassen könnte. Der Beginn der Turbulenz sieht mathematisch und physikalisch wie ein Phasenübergang aus. Der einzige

Unterschied zum üblichen Begriff eines Phasenübergangs besteht darin, daß die Turbulenz kein Übergang in der physikalischen Struktur einer Substanz ist, sondern ein Übergang in einem Strömungsmuster. Daher arbeiteten mehrere Physiker an diesen Gedanken. Es war jedoch nur wenig offensichtlich, daß man die Methode anwenden kann, und selbst wenn es grundsätzlich möglich gewesen wäre, so konnte keiner genau sehen, wie es funktionieren sollte.

Feigenbaum machte wie jeder einfühlsame Wissenschaftler keinen Versuch, sein Hirn mit der vollen Komplexität einer realen turbulenten Strömung zu zermartern. Statt dessen fragte er sich wie Smale, welche allgemeinen Phänomene bei nichtlinearen Differentialgleichungen auftreten. Er entschied, daß die Lehrbücher nichts wirklich Brauchbares enthielten. Es würde eine Arbeit ohne Werkzeug werden. So begann er mit der einfachsten nichtlinearen Gleichung, die er sich denken konnte – mit unserer alten Freundin, der logistischen Abbildung.

Die logistische Abbildung war schon von zahlreichen Leuten untersucht worden. Der Ökologe Robert May hat 1971 über sie gearbeitet und mit ihrer Hilfe die seltsame Natur von nichtlinearen Populationsmodellen aufgezeigt. Im gleichen Jahr haben Nicholas Metropolis, Paul Stein und Myron Stein entdeckt, daß die logistische Abbildung viel komplizierter war, als sich irgend jemand vorgestellt hatte. Paul Stein hat Feigenbaum daher gewarnt, und das Problem wurde eine Zeitlang zurückgestellt. Wenn die einfachste nichtlineare Abbildung tatsächlich unbegreiflich ist, welche Hoffnung besteht dann für die reale nichtlineare Dynamik?

Trotzdem hörte Feigenbaum 1975 auf einer Konferenz einen Vortrag von Smale über dynamische Systeme. Smale erwähnte die logistische Abbildung und ihre periodenverdoppelnde Kaskade ins Chaos. Er erwog die Möglichkeit, daß etwas mathematisch wirklich Interessantes an der Stelle vorgehen könnte, an der sich alle Periodenverdoppelungen anhäufen – an der Stelle, an der die Kaskade abbricht und das Chaos einsetzt. Feigenbaum wurde einmal mehr inspiriert und holte das Problem aus der Versenkung.

Die Vorteile, keinen Computer zu besitzen

Sie werden sich erinnern, daß die logistische Abbildung die Form

$$x \rightarrow \mathrm{k}x(1-x)$$

besitzt, wobei x zwischen 0 und 1 liegt, und k ein Parameter zwischen 0 und 4 ist. Von ihren vielen Eigenschaften betrifft uns die periodenverdoppelnde Kaskade, die ich oben zu Ehren Feigenbaums «Feigenbaum-Menge» getauft habe.

Wir haben gesehen, daß die Feigenbaum-Menge auftritt, wenn der Wert des Parameters k von 3 auf ungefähr 3.58 anwächst. Liegt k zwischen 0 und 3, gibt es nur einen stationären Zustand. Bei k = 3 erscheint ein Zyklus mit der Periode 2, bei k = 3.5 ändert sich die Periode zu 4, bei k = 3.56 verdoppelt sie sich wieder zu 8 usw. Die Verdoppelungen treten immer schneller auf. Das Bild von der Veränderung des Attraktors mit k sieht aus wie ein Baum mit unendlich vielen immer kürzer werdenden Ästen, Zweigen, Zweiglein ..., die sich bei jedem Schritt in zwei Teile aufspalten. Smale fragte sich, was an den äußersten Zipfeln der allerletzten Zweiglein der Feigenbaum-Menge passiert, also dann, wenn k ungefähr den Wert 3.57 hat. Und Feigenbaum suchte eine Antwort.

Sein erster Schritt war Routine. Er berechnete die exakte Folge der Werte von k, an denen die verschiedenen Verdoppelungen eintreten. Heutzutage würde man automatisch zum PC greifen. Zur damaligen Zeit war es eine langwierige Angelegenheit, einen Computer zu benutzen. Die Jobs wurden mit Stapeln von Lochkarten eingegeben, und die Ergebnisse erschienen erst Tage später. Wenn man den geringsten Fehler machte, und das passierte recht häufig, erhielt man nichts weiter als ein Blatt Papier mit einer lakonischen Fehlermeldung. Daher benutzte Feigenbaum einen programmierbaren Taschenrechner, einen Hewlett-Packard HP 65.

Dies stellte sich als Glücksfall heraus, denn der Rechner war so langsam, daß sein Benutzer genug Zeit hatte, über die Ergebnisse nachzudenken, während sie erschienen, ja während sie ausgerechnet wurden. Die Berechnung begann mit einer Näherung an die benötigte Zahl, die dann schrittweise verfeinert wurde. Desto besser die erste Näherung ist, desto weniger Zeit erfordert die Berechnung. Um daher Zeit zu sparen, versuchte sich Feigenbaum vorzustellen, wie die nächste Zahl in der Kaskade ungefähr aussehen könnte. Er entdeckte bald ein Schema. Die Abstände zwischen aufeinanderfolgenden Zahlen besaßen ein konstantes Verhältnis. Jeder war ungefähr viermal so groß wie der nächste. Genauer, das Verhältnis betrug ungefähr 4.669.

Ein Mathematiker würde dies geometrische Konvergenz nennen und vielleicht etwas mehr darüber nachdenken. Aber für einen Physiker, besonders für einen mit Kenntnissen über Phasenübergänge, bedeuten konstante Verhältnisse Skalierung. Physikalische Eigenschaften wiederholen sich auf immer kleineren Skalen. Kleine Quirle innerhalb großer Quirle – wie die Turbulenz. Innerhalb einer gegebenen Struktur müssen kleinere Kopien der gleichen Struktur sein und ihre Größen werden durch den Skalierungsfaktor bestimmt.

Feigenbaum hatte entdeckt, daß in den äußersten Zipfeln der Feigenbaum-Menge eine mathematische Struktur vorhanden sein muß, die gleich bleibt, wenn ihre Größe durch einen Skalierungsfaktor von 4.669 verändert wird. Diese Struktur ist die Gestalt der Feigenbaum-Menge selbst. Der ruhige Attraktor bildet den Stamm. Die Attraktoren mit der Periode 2 bilden die beiden kürzeren Äste. Aus diesen sprießen die noch kürzeren Zweige zu der Periode 4, dann die Zweiglein zu der Periode 8, dann die zur Periode 16 usw. Der Quotient der

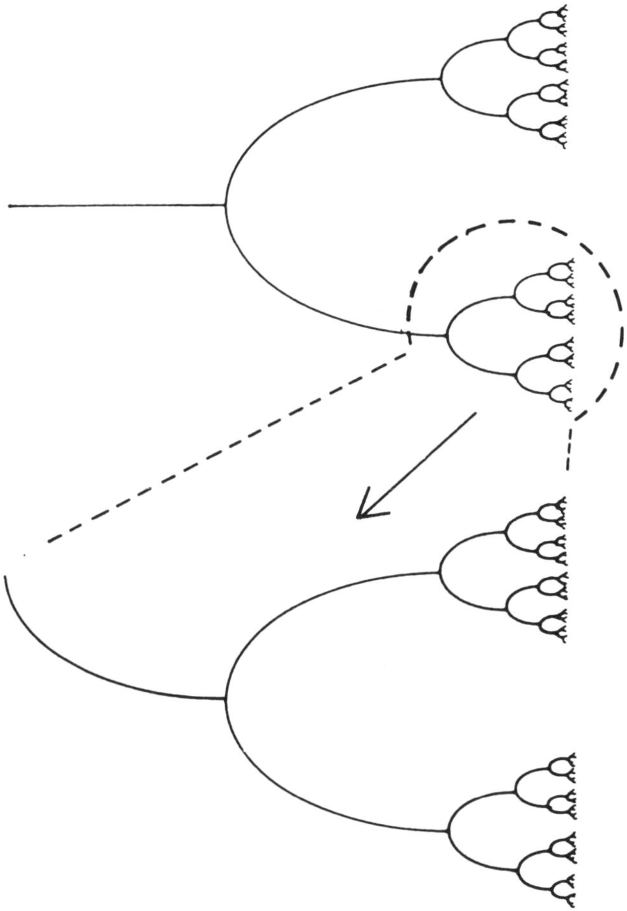

Abb. 82
Die Selbstähnlichkeit in der Feigenbaum-Menge: Im Idealfall besitzt jeder Zweig die gleiche Gestalt wie das Original, nur in reduzierter Größe.

Größen von Stamm zu Ast, von Ast zu Zweig, von Zweig zu Zweiglein nähert sich immer mehr 4.669, je weiter man an die Spitze des Baumes kommt.

Wenn man einen Ast abbricht, erhält man in der Tat eine näherungsweise Kopie der gesamten Feigenbaum-Menge (Abbildung 82). Das gleiche gilt, wenn man ein Zweiglein abbricht. Die Kopie ist kleiner, und die Größen nehmen in einem Verhältnis ab, das sich 4.669 annähert. Und je weiter man geht, desto ähnlicher wird die Gestalt. Das nennt man Selbstähnlichkeit. Genau die wird benötigt, um Wilsons Renormalisierungsmethode anzuwenden. Feigenbaum konnte immer noch nicht sehen, wie dies funktionieren sollte. Aber er wußte, er war auf der richtigen Spur.

Schlangen und Bären

Metropolis, Stein und Stein haben ein faszinierendes Muster in der logistischen Abbildung gefunden. Und sie fanden ein identisches Muster in zumindest einer anderen Abbildung, der trigonometrischen Abbildung

$$x \to \mathrm{k} \sin(x).$$

Hierdurch angeregt, wiederholte Feigenbaum seine Berechnungen, aber diesmal für die trigonometrische Abbildung. Wiederum fand er eine periodenverdoppelnde Kaskade (Abbildung 83) und wiederum war die Konvergenz geometrisch: Der Skalierungsfaktor der Zweige der Feigenbaum-Menge näherte sich einer Konstanten an.

Dies war in Wirklichkeit nicht sehr überraschend. Nach allem mußte es ein

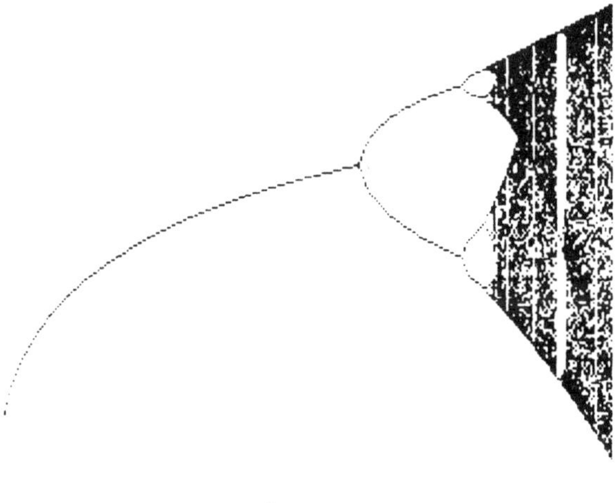

Abb. 83
Eine periodenverdoppelnde Kaskade in der trigonometrischen Abbildung (vergleichen Sie Abbildung 65).

Muster in den Zahlen geben, und sie müssen schnell genug schrumpfen, um unendlich viele Zweige in einen endlichen Raum zu zwängen. Konstante Skalierung ist vielleicht der einfachste Weg, dies zu erreichen.

Aber es gab dennoch eine Überraschung: Der Wert des Skalierungsfaktors war wieder 4.669.

Dies war erstaunlich. Es schien keinen vernünftigen Grund zu geben, warum die beiden durch vollkommen verschiedene Formeln definierten Abbildungen die gleiche Zahl herauswerfen sollten.

Vielleicht war dies bloß ein Zufall. Vielleicht unterschieden sich die Zahlen in der nächsten Dezimalstelle. Die einfachste Art, dies zu entscheiden, war, die Berechnungen genauer durchzuführen. Und nun merkte Feigenbaum, daß es Zeit war zu lernen, wie man einen Computer benutzt. «Denke erst, berechne später.» Dieses Motto sollte in den Computerterminal eines jeden Wissenschaftlers eingraviert werden.

Für die logistische Abbildung fand Feigenbaum sehr schnell einen genaueren Wert für den Skalierungsfaktor: 4.6692016090.

Er wiederholte die Berechnung für die trigonometrische Abbildung. Die beiden Zahlen waren auf zehn Dezimalstellen gleich.

Dies konnte nicht nur bloßer Zufall sein. Aber warum um alles in der Welt passierte so etwas? Feigenbaums Verwirrung wird in einer Analogie in dem Buch *Chaos* von James Gleick festgehalten:

> *Stellen Sie sich vor, ein prähistorischer Zoologe halte einige Dinge für schwergewichtiger als andere – sie besitzen seiner Meinung nach eine abstrakte Eigenschaft, die er Gewicht nennt – und er möchte diesen Gedanken wissenschaftlich untersuchen. Er hat das Gewicht tatsächlich noch niemals gemessen, aber er denkt, daß er die Idee verstanden hat. Er betrachtet große und kleine Schlangen, große und kleine Bären, und er glaubt, daß das Gewicht der Tiere in einem Zusammenhang zu ihrer Größe stehen könnte. Er baut eine Skala und wiegt zuerst die Schlangen. Zu seiner Überraschung haben alle Schlangen das gleiche Gewicht. Zu seiner Bestürzung haben auch alle Bären das gleiche Gewicht. Und zu seiner weiteren Verwirrung wiegen die Bären genausoviel wie die Schlangen. Sie wiegen alle 4.6692016090. Klar ist das Gewicht nicht das, was er sich vorstellte.*

Es war ein Puzzle, na schön. Aber nun hatte Feigenbaum einen kurzen Blick von dem Schema erhascht, das er suchte. Er war auf einer heißen Spur.

Jedoch war es nicht die Spur, die er erwartet hatte.

Die traditionelle Sicht der Physik und der angewandten Mathematik hält die Gleichung, die das zu untersuchende System beschreibt, für die wichtigste Sache der Welt. Ihr Motto lautet: « Wenn Du die Strömung des Wassers in einer Badewanne untersuchen willst, schreibe die Gleichungen auf. Dann kannst Du das Badewasser auslassen und Dich auf die Mathematik konzentrieren. Wie ein Kind zu einem reifen Erwachsenen heranwächst, wird auch alles, was Du willst, aus der Gleichung erwachsen.»

Feigenbaum verfolgte diese altehrwürdigen Praktiken und schüttete das Badewasser aus. Offensichtlich ging auch das Kind damit verloren. Das Skalierungsverhältnis hing nicht von der Gleichung ab. Logistisch oder trigonometrisch, es machte keinen Unterschied.

Er hatte ein Schema gefunden, na gut.

Aber es machte trotz allem keinen Sinn.

Die Renormalisierung

Die Renormalisierung war eine gut ausgebaute Technik, die viele Ansatzspunkte lieferte. Feigenbaum hat sie alle durchprobiert. Er brachte seine Resultate inoffiziell in Umlauf und redete darüber mit einer Menge von Leuten. Allmählich begann etwas Licht in den mathematischen Nebel zu dringen. Als er in der Lage war, seine Ideen zu veröffentlichen, hatte er ein fast vollständiges Bild von den Vorgängen. Wie er von Anfang an vermutet hatte, stand tatsächlich hinter allem die Wilsonsche Renormalisierungsmethode. Vielleicht nicht in ihrer üblichen technischen Form, aber dem zugrundeliegenden Gedanken nach. Feigenbaum schrieb zwei Artikel. Der erste stellte das mathematische Phänomen dar, der zweite skizzierte die Gründe, aus denen verschiedene Abbildungen das gleiche Skalierungsverhältnis besaßen. Seine Begründung war zwar nicht direkt ein strenger Beweis. Sie war jedoch überzeugend und erklärte, daß das Wunder trotz allem kein Wunder war, sondern die logische Folgerung aus der mathematischen Struktur. Die Schlußstücke des Puzzles wurden von Pierre Collet, Jean-Pierre Eckmann und Oscar Lanford gesetzt, die endgültig bewiesen haben, daß das Szenario von Feigenbaum stimmt.

Die zugrundeliegende Idee ist wunderschön. Ich will versuchen, sie zu beschreiben. Aber ich muß Sie warnen. Sie erhalten nur ein kleines Bruchstück des Bildes und Sie müssen eine Menge als gegeben hinnehmen.

Beginnen werde ich mit einer Analogie, die eine Vorstellung von der Renormalisierung übermittelt. Erinnern Sie sich, ein Prozeß oder Objekt ist selbstähnlich, falls Sie einen kleinen Teil herausnehmen und vergrößern können und dadurch etwas erhalten, was dem Ganzen sehr ähnlich sieht. So wie die Fenster der logistischen Abbildung. So wie Sie in einer turbulenten Strömung einen kleinen Wirbel vergrößern können und dadurch einen größeren erhalten. Auch hier gibt es ein Skalierungsverhältnis: Das Ausmaß der benötigten Vergrößerung.

Wenn Sie immer kleinere Teile auswählen und sie auf die volle Größe vergrößern, kann sich das resultierende Bild in dem Sinn stabilisieren, daß aufeinanderfolgende Versionen bei immer stärkerer Vergrößerung so gut wie identisch aussehen. Falls dies so ist, können Sie zum Grenzwert übergehen und erhalten schließlich so etwas wie ein Bild der infinitesimalen Geometrie. Diese Prozedur heißt Renormalisierung. Sie besitzt den Vorteil, daß die Selbstähnlichkeit in der renormalisierten Version exakt und nicht nur approximativ ist. Jede Eigenschaft des Originals, die nur von seiner infinitesimalen Geometrie abhängt, kann aus der endlichen Geometrie des renormalisierten Objekts abgelesen werden.

So ist die Renormalisierung ein mathematischer Trick, der fast wie ein Mikroskop funktioniert, das die selbstähnliche Struktur vergrößert, jede Näherung entfernt und alles andere herausfiltert.

Ich möchte Ihnen eine Analogie geben, die die wichtigsten mathematischen Eigenschaften beschreibt, die Geometrie von kleinen Teilen großer Kreise. Ein Kreis besitzt approximative Selbstähnlichkeit. Ein genügend kleines Stück eines Kreises ist eine leicht gebogene glatte Kurve. Jedoch ist die Selbstähnlichkeit nicht exakt. Wenn man ein Stück des Kreises vergrößert, verändert sich tatsächlich seine Krümmung, wenn auch nur um einen geringen Betrag.

Eine Strecke dagegen besitzt exakte Selbstähnlichkeit. Wenn man ein kleines Stück vergrößert, erhält man genau das Original.

Wie sieht ein großer Kreis für eine Ameise aus? Er ist fast gerade. Genauso sieht die große Kugel, die wir bewohnen, für uns winzige Affen flach aus. Wie würde ein unendlich großer Kreis für eine unendlich kleine Ameise aussehen? Vermutlich exakt gerade. Aber man muß mit Worten wie «unendlich groß» oder «unendlich klein» sorgfältig umgehen. Wie können wir einer solchen Aussage einen strengen Sinn verleihen?

Durch die Renormalisierung. Um den Kreis zu renormalisieren, wählt man immer kleinere Bögen aus, vergrößert sie alle auf die gleiche Länge und vergleicht die Ergebnisse. Man erhält eine Folge von immer gerader werdenden Kurven, die als Grenzwert eine Strecke besitzen (Abbildung 84). Dieser Grenz-

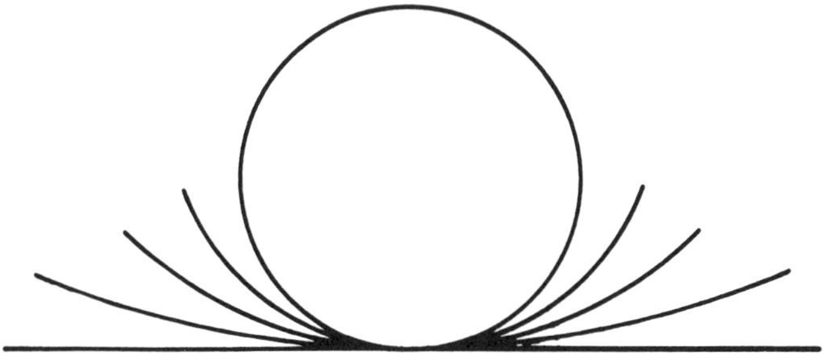

Abb. 84
Die Renormalisation eines Kreises zeigt, daß er «infinitesimal» eine Strecke ist.

wert birgt die «infinitesimale» Flachheit des Kreises und macht aus der approximativen Selbstähnlichkeit exakte Selbstähnlichkeit.

Die Strecke besitzt einen gewissen Grad von Universalität. Wenn man die Renormalisierung wiederholt, jedoch mit einer Ellipse beginnt, erhält man wieder eine Strecke. In der Tat gilt dies für jede glatte Kurve. Von welcher glatten Kurve auch immer man ausgeht, der Prozeß der Renormalisierung macht aus ihr eine Strecke. Die Strecke ist eine Art von «universellem Attraktor» für die Renormalisierungsprozedur.

Wenn man auf der anderen Seite mit etwas beginnt, das eine Ecke besitzt, und die Renormalisierung so durchführt, daß die Ecke immer im Bild bleibt, wird die Grenzkurve aus zwei Strecken bestehen, die sich in einem Winkel schneiden. Daher ist die Strecke nur für eine geeignete Klasse von Kurven universell, nämlich für glatte Kurven.

Die Physiker hatten beim Untersuchen von Phasenübergängen ein ähnliches Phänomen der Universalität entdeckt. Gewisse physikalische Größen, die sogenannten «kritischen Exponenten», neigen dazu, unabhängig vom mathematischen Modell die gleichen Werte anzunehmen. Der Grund liegt darin, daß alle diese verschiedenen Modelle unter der Renormalisierung gleich aussehen und die kritischen Exponenten nur vom Renormalisierungsmodell abhängen.

Die Abbildung von Feigenbaum

Feigenbaum bemerkte, daß er den gleichen Trick auf die Feigenbaum-Menge anwenden konnte. Das Skalierungsverhältnis der Feigenbaum-Menge entspricht einem kritischen Exponenten. Daher muß die bei Phasenübergängen beobachtete Universalität dafür verantwortlich sein, daß in Feigenbaum-Mengen immer das gleiche Skalierungsverhältnis auftritt, egal welche Abbildung man anwendet.

Erinnern Sie sich, die Feigenbaum-Menge ist ein Diagramm, das die aufeinanderfolgende Entstehung von periodischen Zyklen der Perioden 1, 2, 4, 8, 16, ... zeigt, wenn der Parameter k variiert wird.

Die Idee basiert darauf, daß jede aufeinanderfolgende Verdopplung der Periode nach dem gleichen Mechanismus entsteht. Ein Zyklus der Periode 2^n wird instabil und erzeugt einen Zyklus der Periode 2^{n+1}. Dies geschieht so, daß sich jeder Punkt des Zyklus mit der Periode 2^n in zwei Punkte auseinanderreißt. Wenn man sich den Zyklus der Periode 2^{n+1} kurz nach seiner Entstehung wie ein Kurzsichtiger ansieht, verschwimmen die Punktepaare und man sieht den alten Zyklus der Periode 2^n.

Es gibt einen mathematischen Trick, mit dem man nur einen Punkt des Zyklus der Periode 2^n auswählen und sein Aufspalten in zwei Punkte beobachten kann. Man betrachtet dann ein winziges Stück des Intervalls zwischen 0 und 1 durch ein mathematisches Mikroskop. Bis auf die Größe dieses winzigen Intervalls ist die Geometrie dieser Aufspaltung fast identisch. Wenn man eine Photographie von dem macht, was man im mathematischen Mikroskop sieht, und diese dann auf ein Standardmaß vergrößert, sehen sich die aufeinanderfolgenden Bilder von den aufeinanderfolgenden Periodenverdopplungen immer ähnlicher. Wenn sich dann die Größen der Perioden unendlich nähern und man den äußersten Zipfel der Feigenbaum-Menge erreicht, ähneln die aufeinanderfolgenden Photographien immer mehr einem Grenzbild.

Die Analogie zur Renormalisierung ist nun klar. Die mathematische Prozedur ist gleich. Dies bedeutet, daß wir die Analogie weiter treiben können, indem wir fragen, wie das Grenzbild und die ihm entsprechende Abbildung aussieht.

Zunächst würden wir erwarten, daß ein ähnliches Bild entsteht, wie auch immer die ursprüngliche Abbildung aussehen mag – logistisch, trigonometrisch oder wie eine andere Abbildung mit nur einem Maximum. Die entscheidende Beobachtung ist, daß die Gestalt des Grenzbildes in allen Fällen gleich ist – genauso wie die Kreise und die Ellipsen unter der Renormalisierung eine Strecke produzieren.

Um die Abbildung zu finden, die dem universellen Grenzbild entspricht, beginnen wir mit der Beobachtung, daß die Strecke – in der «Kreisanalogie» – eine besondere Eigenschaft besitzt, die sie als ungewöhnlich hervorhebt. Sie bleibt unter der Renormalisierung exakt gleich, ist also exakt selbstähnlich. Stellen Sie sich vor, Sie könnten eine ganz besondere Abbildung finden, bei der der Prozeß der Vergrößerung unter einem Mikroskop sich nicht nur einer Grenzgestalt annähert, sondern bei jedem Schritt eine identische Gestalt hervorbringt. Das heißt, daß Ihr Bifurkationsdiagramm exakt selbstähnlich ist und genau der Abbildung 82 (vgl. S. 209) entspricht. Dann könnte diese besondere Abbildung eine analoge Rolle spielen wie die Strecke. Lassen sie uns diese die «Feigenbaum-Abbildung» nennen. Wie die Strecke bleibt sie beim Renormalisierungsprozeß unverändert. Feigenbaum zeigte, daß man sich bei der Renormalisierung dieser besonderen Abbildung annähert, egal, von welcher Abbildung man ausgegangen ist. So wie sich jede glatte Kurve der Strecke annähert.

Daß bei der Feigenbaum-Abbildung aufeinanderfolgende Zweiglein der Feigenbaum-Menge in konstantem Maße schrumpfen, ist eine unmittelbare Konsequenz ihrer Definition. Das konstante Maß ist das Verhältnis, in dem aufeinanderfolgende Photographien vergrößert werden müssen, um die identische Gestalt anzunehmen. Dieses kann man ein für alle Male berechnen, indem man herausarbeitet, wie die Feigenbaum-Abbildung aussehen muß. Man erhält nur genau eine Zahl, weil es nur eine Feigenbaum-Abbildung gibt. Wie es sich so trifft, ist diese Zahl 4.6692016090. Nun, daraus konnte etwas werden.

Für jede andere Abbildung dagegen ähneln sich die aufeinanderfolgenden Vergrößerungen nicht nur sehr stark, sie ähneln dem Bild für die Feigenbaum-Abbildung. So schrumpfen Ihre Feigenbaum-Mengen in einem Maß, das sich immer mehr dem der Feigenbaum-Abbildung annähert. Daher findet man für den Grenzwert das gleiche Verhältnis 4.6692016090.

Ellipsen und Kreise renormalisieren sich zu einer Strecke, und die Strecke kann durch die Eigenschaft der Selbstähnlichkeit charakterisiert werden. Auf gleiche Weise renormalisieren sich die logistische und die trigonometrische Abbildung zur Feigenbaum-Abbildung, und auch sie kann durch die Eigenschaft der Selbstähnlichkeit charakterisiert werden.

Feigenbaum hatte ein anspruchsvolleres Bild von dem ganzen Prozeß. Danach handelt es sich um eine Art von dynamischen System, aber es benutzt keine Zahlen, sondern Abbildungen. Es ist ein diskretes System, und bei jedem Schritt wird eine gegebene Abbildung in die nächste transformiert, indem man in ein Mikroskop sieht und eine Vergrößerungsphotographie herstellt. Die Feigenbaum-Abbildung ist ein Attraktor für dieses System. Es ist ganz gleich, von welcher Abbildung man ausgeht – logistisch, trigonometrisch, was auch immer –, die Dynamik bringt sie immer näher an die Feigenbaum-Abbildung heran. Daher werden die Eigenschaften, die nur von den späteren Stadien der Vergrößerungsprozedur abhängen, denen der Feigenbaum-Abbildung immer ähnlicher.

Insbesondere erhält man nur eine Zahl, nämlich 4.6692016090, denn es gibt nur einen Attraktor in diesem dynamischen System von Abbildungen. Die magische Zahl von Feigenbaum ist wie π eine natürliche und fundamentale mathematische Konstante. Falls die grün tentakelten Mathematoiden der großen Magellanschen Wolke stark in Dynamik sind, könnten sie denken, daß dies nur eine technische Spielerei ist, um ein Signal an den Rest des intelligenten Universums zu senden.

Feigenwerte

Die Physiker, die sich mit Phasenübergängen beschäftigten, waren an diese Art von Universalität gewohnt, die darin besteht, daß verschiedene mathematische Modelle zu den gleichen numerischen Antworten führen. Sie konnten nicht beweisen, daß dies immer so war, aber sie lernten dennoch, es zu verwerten. Wenn viele Modelle die gleiche Antwort lieferten, konnte man sich dasjenige aussuchen, das die Berechnungen am einfachsten machte.

Als die Mathematiker einmal das Kleingedruckte ausgearbeitet hatten, war Feigenbaum in einer etwas besseren Position. Er konnte beweisen, daß die verschiedenen Abbildungen immer das gleiche Skalierungsverhältnis lieferten. In der strengen Version seiner Theorie erscheint der Wert 4.669 als Eigenwert eines Operators. Ein Eigenwert mißt den Betrag, um den in eine besondere Richtung gestreckt wird. Deshalb nennen Wortspiele liebende Physiker 4.669 einen «Feigenwert».

Die Universalität von Feigenwerten ist relativ, nicht absolut. Das Skalierungsverhältnis ist immer 4.669 für eine Abbildung mit einem Maximum, das dem einer Parabel ähnelt. Besitzt die Abbildung mehrere Maxima oder ein

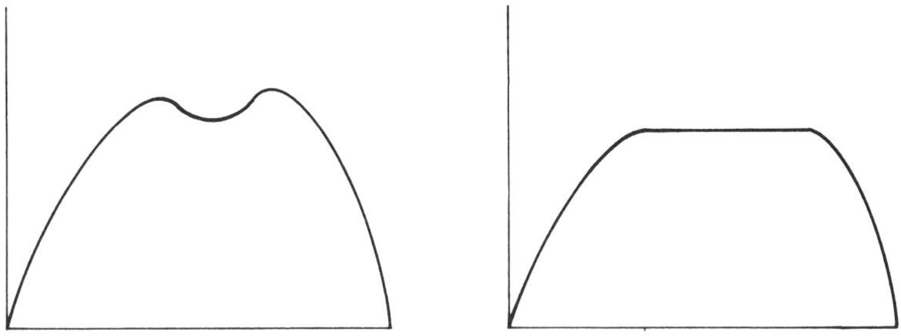

Abb. 85
Abbildungen mit mehrfachen oder flachen Maxima führen zu unterschiedlichen Feigenwerten.

Maximum von deutlich anderer Gestalt – ist es zum Beispiel flach oder spitz –, dann hat das Skalierungsverhältnis einen anderen Wert (Abbildung 85). Es gibt eine ganze Reihe von Abbildungen, die diesen neuen Wert als Skalierungsverhältnis besitzen. Diese ungeheuer vielfältige Reihe von Abbildungen wird in universellen Klassen zusammengefaßt, und in jeder dieser Klassen ist das Skalierungsverhältnis immer gleich.

Der Dynamik von nichtlinearen Abbildungen werden noch andere Zahlen zugeordnet, die ähnlich universell sind. Zum Beispiel ist das Skalierungsverhältnis 4.669 für die Feigenbaum-Menge das Verhältnis der Längen der Zweige – oder vielmehr ihrer horizontalen Schatten, wie sie durch den Parameter k gemessen werden. Wenn Sie das Bild der Feigenbaum-Menge betrachten, werden Sie bemerken, daß sich die kleineren Zweige nicht so schnell öffnen wie die größeren. Das Ausmaß, in dem sich die Zweige öffnen, wird auch durch eine universelle Konstante skaliert, aber es ist eine andere. Diesmal ist es 2.5029078750957.

Das zweischneidige Schwert

All dies hatte zwar kuriose aber dennoch bedeutende Folgen für experimentelle Tests von chaotischen Modellen. Viele reale Systeme scheinen eine Reihe von Periodenverdopplungen zu vollziehen – wir werden gleich einem begegnen. Ein natürliches Modell ist dann ein dynamisches System nach dem Prinzip der logistischen Abbildung. Wegen dem Universalitätsergebnis von Feigenbaum können zwei Vorhersagen für das Experiment gemacht werden. Das Größenverhältnis zwischen zwei aufeinanderfolgenden Intervallen sollte ungefähr 4.669 betragen, und das Ausmaß, in dem sich die Zweige öffnen, sollte ein Verhältnis von ungefähr 2.502 annehmen.

Diese Vorhersagen können direkt überprüft werden. Man macht die Beobachtungen und berechnet die Zahlen. Somit ist die Theorie falsifizierbar. Ist sie falsch, erhält man statt dessen Zahlen wie 6.221 und 0.074. Es wäre tatsächlich eine bemerkenswerte Übereinstimmung, wenn man Werte erhält, die nahe bei den vorhergesagten Feigenwerten liegen, es sei denn, die Theorie ist im wesentlichen richtig.

Beachten Sie, wir erhalten quantitative numerische Vorhersagen aus einem rein qualitativen Modell. Welch Wunder!

Aber das Wunder trägt ein Preisschild. Das wirkliche Phänomen, das dies ermöglicht – die Universalität – bedeutet auch, daß die Experimente nicht zwischen den Abbildungen in einer Universalitätsklasse unterscheiden können. Die trigonometrische Abbildung wird den gleichen experimentellen Test erfüllen wie die logistische, und so wird dies jede Abbildung mit einem einzigen Maximum tun.

Wenn wir annehmen, daß das Experiment tatsächlich die vorhergesagten Zahlen von ungefähr 4.669 und 2.502 hervorbringt, können wir daher sicher sein, daß das Verhalten durch ein diskretes dynamisches System beschrieben werden kann, das an den Ästen der Feigenbaum-Menge bis ins Chaos heraufklettert. Doch durch welches System genau, ist eine andere Sache. Der Test gilt für eine ganze Klasse von Gleichungen, nicht für eine besondere.

Diese Prozedur ist sehr verschieden von der traditionellen Auffassung eines Experiments, in der die Vorhersage einer einzigen spezifischen Modellgleichung mit der Wirklichkeit verglichen wird.

Eine andere Sache. Nehmen Sie an, Sie wüßten nicht, daß der Feigenwert 4.669 universell ist. Nehmen Sie an, die logistische Abbildung wäre die einzige Abbildung mit nur einem Maximum, die Sie kennen. Indem Sie die Berechnungen, die Feigenbaum zu seiner Theorie geführt haben, wiederholen, könnten Sie die Zahl 4.669 aus dieser spezifischen Gleichung herausziehen. Wenn sie dann durch ein Experiment bestätigt wird, könnten Sie denken, daß Sie einen starken Beweis zugunsten des Modells der logistischen Abbildung erhalten hätten. Sie würden nicht bemerken, daß jedes andere Modell von ähnlichem qualitativen Typ ihnen exakt die gleiche Zahl liefern würde!

Stellen Sie sich zum Beispiel vor, daß Sie in einer anderen Inkarnation in einem alternativen Universum als Galilei wiedergeboren werden. Sie entwerfen eine Theorie, nach der Objekte, die in die Luft geworfen werden, eine Parabel beschreiben. Sie berechnen ein paar Zahlen, führen das Experiment durch und erhalten eine gute Übereinstimmung. Sie folgern vernünftigerweise, daß die Parabel korrekt ist. Es kommt Ihnen niemals der Gedanke, daß vielleicht eine ganze Menge anderer Theorien die gleichen Zahlen liefern und Sie vielleicht keineswegs die Parabel bestätigt hätten.

So ist Feigenbaums Entdeckung der Universalität ein zweischneidiges Schwert. Sie macht es verhältnismäßig einfach, eine bestimmte Klasse von chaotischen Modellen experimentell zu testen. Jedoch unterscheidet sie nicht zwischen den verschiedenen Modellen in dieser Klasse.

Eine Möglichkeit besteht darin, empfindlichere Tests zu suchen, zum Beispiel die detaillierte Struktur der periodenverdoppelnden Sequenz, und nicht nur das Verhalten in der Nähe des Häufungspunktes, dem äußersten Rand der Feigenbaum-Menge.

Eine andere Möglichkeit wäre zu akzeptieren, daß für einige Zwecke, wie zum Beispiel die Frage nach dem Verhalten am äußersten Rand der Feigenbaum-Menge, nicht zwischen den verschiedenen Modellen unterschieden werden muß. Nicht nur qualitativ, sondern auch quantitativ. Für diese Zwecke ist jede Theorie in der Universalitätsklasse gleichermaßen geeignet.

Turbulente Tagträume

Wie ich schon sagte, hatte Feigenbaum zunächst über die Turbulenz nachgedacht, die ein sehr spezifisches und kompliziertes Gleichungssystem für Bewegungen einer Flüssigkeit beinhaltet, die Navier-Stokes-Gleichungen. Anstatt jedoch diese zu untersuchen, betrachtete er eine vereinfachte künstliche Gleichung, die logistische Abbildung. Hierbei machte er eine kostenlose Entdekkung: die Universalität. Er hätte sie niemals aus komplizierten Gleichungen erhalten – selbst wenn diese wirklichkeitstreuer gewesen wären. Manchmal kann Wirklichkeitstreue von Übel sein.

Die mathematischen Techniken zum Untersuchen von Differentialgleichungen beinhalten ein umfangreiches Repertoire an Tricks, mit denen ein Problem in ein scheinbar unterschiedliches umgewandelt wird. Dies sind Veränderungen der Variablen, durch die die Form der Gleichungen geändert wird, ohne das unterliegende Modell zu ändern. Dies sind Reduktionsmethoden, die eine Menge von Variablen aus der Überlegung eliminieren. Es ist technisch schwierig, diese Methoden auf die Navier-Stokes-Gleichungen anzuwenden. Aber Sie können von dieser Möglichkeit träumen, ohne den Schwierigkeiten ins Gesicht sehen zu müssen.

Nun erfordert es eine ganze Menge, von einer mathematischen Analyse zu erwarten, sie könne die echte logistische Abbildung aus den Navier-Stokes-Gleichungen herausziehen. Ohne die Universalität wäre jede Analyse der logistischen Abbildung nur ein Beispiel, das vielleicht für nichts anderes charakteristisch ist, eine isolierte, nutzlose Berechnung. Das Wesen des Chaos jedoch, das Dehnen und Falten, ist wahrscheinlicher in turbulenten Strömumgen zu sehen. Die einfachsten Systeme, die das Dehnen und Falten an den Tag legen, sind der logistischen Abbildung qualitativ ähnlich. Wegen der Universalität wird jedes von ihnen die gleichen Feigenwerte liefern.

Folgerung: Falls tief in den Navier-Stokes-Gleichungen ein mathematischer Prozeß begraben ist, der eine Abbildung mit nur einem Maximum beinhaltet, dann wird eine periodenverdoppelnde Kaskade mit einem Skalierungsverhältnis von 4.669 auftreten. Um diese Vorhersage zu treffen, müssen Sie die

Abbildung nicht herausziehen. Sie müssen lediglich vermuten, daß eine solche Abbildung irgendwo vorhanden ist. Es ist eine Vorhersage mit allen Vorteilen des Diebstahls vor ehrlicher Arbeit.

Es ist jedoch eine gute Vorhersage, was auch immer sie für einen ethischen Status besitzt. Sie können weggehen, ein Experiment durchführen und sehen, ob die Zahl 4.669 auftritt. Und wenn dies geschieht, haben Sie einen offensichtlichen Grund für die Annahme, daß in den Navier-Stokes-Gleichungen tatsächlich chaotische Dynamik, ein seltsamer Attraktor, eine Abbildung mit nur einem Maximum verborgen ist. Ein experimenteller Beweis zugunsten eines mathematischen Theorems.

Absonderlich.

Feigenbaum dachte in dieser Richtung nach und schlug einen neuen Zugang zur Turbulenz vor. Nicht die Anhäufung der zusätzlichen unabhängigen Wirbel, die von Hopf und Landau bevorzugt wurde. Nicht der Zugang «eins, zwei und drei gibt Chaos» von Ruelle und Takens. Statt dessen ein Zugang über sich anhäufende Periodenverdopplungen, die immer schneller eintreten, die Äste der Feigenbaum-Menge erklimmen und die Früchte des Chaos aus den Zipfeln ihrer Zweige pflücken.

Dies war alles äußerst spekulativ. Es waren nicht viele Leute bereit, den Sprung von einer einzigen künstlichen Gleichung zur altehrwürdigen partiellen Differentialgleichung für eine Strömung zu akzeptieren. Und sie mochten auch nicht, daß Feigenbaums Theorie keinerlei physikalischen Inhalt besaß. «Es ist ein chaotisches dynamisches System, aber es macht nicht viel aus, welches es ist. Und selbst wenn das Experiment funktioniert, kann man dadurch nicht herausfinden, um welches es sich handelt.» Schlagend.

Aber Feigenbaums Sprung war kein spekulativer Sprung in eine unberechtigte Folgerung. Es war ein Sprung der Vorstellung in eine vollkommen berechtigte Folgerung. Er hatte eine viel größere Chance, richtig zu sein, als die meisten Leute zugestehen wollten.

Der erste Beweis dafür, daß hinter der Idee mehr steckte, als auf den ersten Blick ersichtlich war, lieferten Computerberechnungen mit wirklichkeitsgetreueren Gleichungen für Flüssigkeiten. Manchmal konnten diese dazu bewegt werden, eine periodenverdoppelnde Kaskade hervorzubringen, und dann konnte das Skalierungsverhältnis berechnet werden. Zahlen in der Nähe von 4.669 hatten die bemerkenswerte Angewohnheit, hervorzutreten.

Was fehlte, war ein wirkliches Experiment mit einer realen Flüssigkeit, das eben diese Zahl lieferte.

Wie das Leben so spielt, tappt die Grundlagenforschung charakteristischerweise im dunkeln und das Experiment hat schon stattgefunden. Aber weder Feigenbaum noch die Experimentalisten, die seine Theorie schon getestet hatten, wußten, daß ihre Ergebnisse eine Gemeinsamkeit besaßen.

Die Kälte und die Stille

Flüssiges Helium ist eine der unheimlichsten Substanzen auf der Erde. Wird es bis fast auf den absoluten Nullpunkt abgekühlt, kann es aus eigenem Antrieb aus einem Becherglas herausklettern, eine makroskopische Manifestation der Quantenunschärfe. In der Quantentheorie kann man nicht absolut sicher sein, daß die Flüssigkeit überhaupt im Becherglas ist. Das Helium entweicht durch dieses Quantenschlupfloch. Man kann kein flüssiges Helium auf der Straße finden. Nicht, weil es entwischt, sondern weil es in einem Laboratorium hergestellt werden muß. Hierbei werden komplizierte Methoden verwendet, um sehr tiefe Temperaturen um –270° Celsius zu erzeugen. Aber für den Tieftemperaturphysiker Albert Libchaber war flüssiges Helium ein alter Freund. Und da es sehr rein war und Experimente mit flüssigem Helium sehr «sauber» waren, war es die ganze Anstrengung der Produktion wert.

Bei Zimmertemperatur schwirren die Atome einer Flüssigkeit, durch thermische Bewegung getrieben, zufällig umher. Was wie ein bewegungsloses Becherglas mit Wasser aussieht, ist in Wirklichkeit im atomaren Maßstab ein von Stürmen zerwühlter schäumender Ozean. Diese thermischen Effekte verursachen ein «Rauschen» – nicht im üblichen Sinn, sondern in dem Sinn einer zufälligen Störung von experimentellen Daten. Wenn man im atomaren Maßstab Genauigkeit erzielen will, verdirbt das Rauschen die Ergebnisse. Es ist so, als wolle man einer Nachtigall mitten auf einer Party zuhören. Ihr Gesang wird durch das umgebende Geschwätz übertönt.

Um das Rauschen loszuwerden, muß man den Trubel beenden, das heißt, die thermische Bewegung verlangsamen. Mit anderen Worten, die Temperatur verringern. Die niedrigste mögliche Temperatur ist der absolute Nullpunkt, –273° Celsius. Am absoluten Nullpunkt gibt es kein thermisches Rauschen mehr. Sogar die Atome sind eingefroren.

Aber man kann mit einer Flüssigkeit, die beim Einfrieren fest wird, keine Experimente über die Strömumg anstellen. Man benötigt eine Substanz, die auch bei Temperaturen nahe dem absoluten Nullpunkt flüssig bleibt. Helium ist unter diesem Gesichtspunkt einzigartig. Es ist die einzige Substanz, mit der diese höchst genauen Experimente durchgeführt werden können. Falls man daher Flüssigkeit und hohe Präzision haben möchte, ist man wohl oder übel ein Tieftemperaturphysiker und arbeitet mit flüssigem Helium. Wenn man nicht an Quanteneffekten sondern an klassischen Effekten interessiert ist, ist das Helium sehr entgegenkommend. Es verhält sich wie eine klassische Flüssigkeit, sobald es auf angenehme –269° Celsius erwärmt wird.

Heliumrollen

Im Jahre 1977 war Libchaber wie viele Forscher in der Physik und in der Strömungsdynamik an der Konvektion interessiert. Er wußte, daß andere Experimentalisten wie Swinney und Gollub Zweifel an der Theorie der sich anhäufenden Wirbel von Hopf und Landau hegten. Wäre Libchaber ein Maler gewesen, hätte er Miniaturen gemalt. Wäre er ein Ingenieur gewesen, hätte er Schweizer Uhren hergestellt. Er liebte Dinge, die klein, hübsch und präzise waren. Dies waren genau die Attribute, die ihn zu einem Tieftemperaturphysiker ersten Ranges machten. Während andere Strömungen in einem dreißig Meter langen Windkanal untersuchten, konnte man den Apparat von Libchaber in die Tasche stecken. Und die Flüssigkeitsmenge, die er zum Fließen brachte, war nicht größer als ein Sandkorn.

Libchaber hatte eine winzige, präzise Kammer aus rostfreiem Stahl entworfen und sie mit flüssigem Helium gefüllt. An einigen ausgewählten Stellen wurde die Temperatur der Flüssigkeit durch aus Saphiren gefertigte winzige Geräte aufgezeichnet. Es gab nur Platz für ein oder zwei von ihnen. Dann wurde der Boden der Zelle um den Bruchteil eines Grades stärker erwärmt als die Decke. Hierdurch wurde eine Temperaturumkehr erzeugt, so daß die wärmere Flüssigkeit aufstieg und die kältere sank. Libchaber konnte innerhalb seiner winzigen Zelle so gut wie rauschfreie konvektive Strömumgen erzeugen und ihr Verhalten messen.

Lange zuvor hatte der große Physiker Lord Rayleigh ausgearbeitet, was in einer solchen Zelle passiert, wenn die Konvektion zum ersten Mal einsetzt. Die Flüssigkeit bildet zylinderförmige Rollen, die wie gefällte Baumstämme nebeneinanderliegen. Hierbei drehen sich benachbarte Rollen in entgegengesetzter Richtung (Abbildung 86). Auch Lorenz hatte dieses System untersucht, doch Libchaber arbeitete nicht mit einem mathematischen Näherungsmodell, sondern mit einem realen System.

Libchabers Zelle war so klein und sorgfältig entworfen, daß sie Platz für

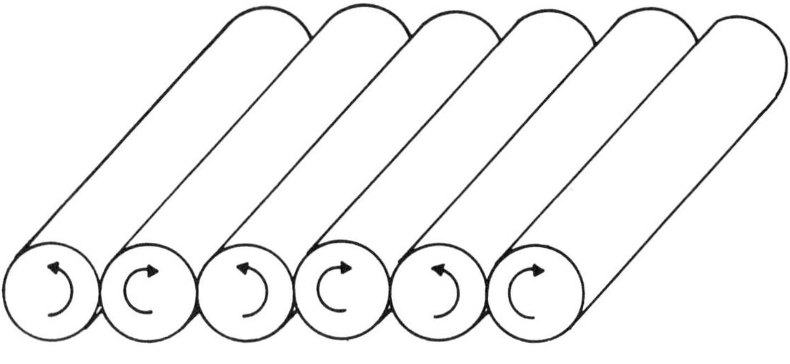

Abb. 86
Parallele Rollen in der Konvektion einer Strömung: Benachbarte Rollen drehen sich in entgegengesetzte Richtungen.

genau zwei Rollen bot. Wenn der Boden der Zelle etwas erwärmt wurde, fingen die Rollen an zu schwanken und wackelten wie zwei Bauchtänzerinnen im Gleichschritt. Dies war wiederum in Übereinstimmung mit den klassischen Erwartungen.

Was danach geschah, jedoch nicht. Eine neue Oszillation tauchte auf. Jedoch war ihre Periode im Gegensatz zu den Schwankungen von Hopf und Landau nicht unabhängig von den bereits existierenden Schwankungen. Sie war genau doppelt so groß wie die vorhergehende Periode. Und bei leicht höherer Temperatur konnten Oszillationen mit der vierfachen, achtfachen und vielleicht auch sechzehnfachen Periode undeutlich beobachtet werden. Bei Temperaturen über –267° Celsius wurden die Messungen wegen dem ohrenbetäubenden thermischen Rauschen der Atome unmöglich.

Libchaber entdeckte diese Oszillationen anhand von Potenzspektren, die er aus seinen Beobachtungen berechnet hatte (Abbildung 87). Erinnern Sie sich, die Spitzen in einem Potenzspektrum entsprechen starken Frequenzkomponenten. In der Bildfolge sehen Sie zuerst eine einzige Spitze, dann mehrere, die immer dichter beieinanderliegen. Ihr Abstand halbiert sich jedes Mal. Dies bedeutet, daß sich die Periode jedes Mal verdoppelt, denn sie ist umgekehrt

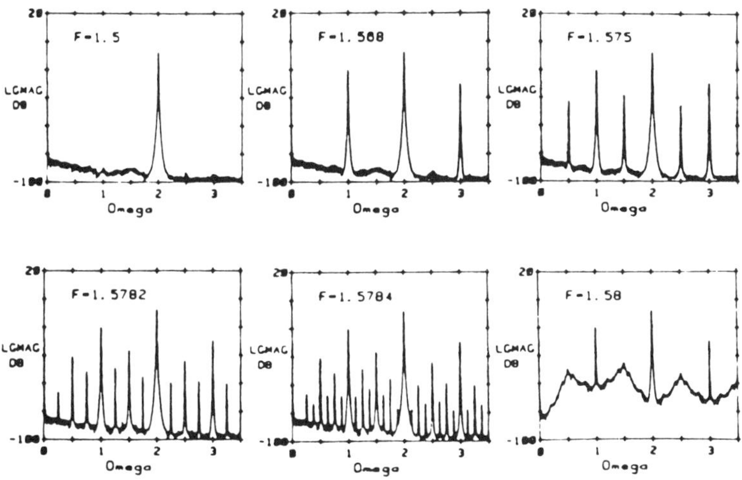

Abb. 87
Der experimentelle Nachweis einer Feigenbaum-Menge bei der Konvektion. Jede neue Spitze erscheint zwischen zwei alten und läßt auf Periodenverdopplung schließen. Zu sehen sind vier Folgen von Periodenverdopplungen, denen Chaos folgt.

proportional zur Frequenz. Das letzte Potenzspektrum zeigt breite Bänder, ein Anzeichen für Chaos.

Libchaber hatte eine periodenverdoppelnde Sequenz gefunden. Eine physikalische Feigenbaum-Menge. Für ihn war das ein neues und verwirrendes Phänomen.

Im Jahre 1979 jedoch nahm er Kontakt mit Feigenbaum auf. Nun wußte er, was seine Beobachtungen bedeuteten und was er damit anfangen sollte. Wie ein Zauberer hatte Feigenbaum das Kaninchen der Universaltiät aus dem Zylinder des Chaos gezogen. Libchaber mußte nur noch das Skalierungsverhältnis für seine Folge von Periodenverdopplungen berechnen und sehen, ob es nahe bei 4.669 lag.

Und es lag in der Nähe, nahe genug, um weitere und genauere Experimente durchzuführen.

Innerhalb weniger Jahre führten Wissenschaftler in aller Welt vielfältige Experimente durch und bestätigten Feigenbaums Vorhersage ganz und gar. Nicht nur für turbulente Strömungen, sondern für alle möglichen physikalischen Systeme, für elektronische, optische und sogar biologische. Die Leute, die Orte, die Kultur – nun war auch die Zeit reif. Es paßte alles zusammen.

Das Chaos war eine Tatsache und keine Theorie.

Die kleinen Feigenbaum-Mengen wuchsen zu einer großen Wissenschaft heran.

11 *Das Gefüge der Realität*

Wir besitzen
eine Karte des Universums
für Mikroben,
wir besitzen
die Karte einer Mikrobe
für das Universum.

Miroslav Holub, Wings

Es wird erzählt, daß ein Farmer ein Team von Wissenschaftlern damit beauftragt hatte, ihm eine Empfehlung zur Verbesserung seiner Milchproduktion auszuarbeiten. (Unterbrechen Sie mich, wenn Sie die Geschichte schon gehört haben.) Nach sechs Monaten Arbeit legten sie ihre Studie vor. Der Farmer fing an, sie zu lesen, und blieb gleich am ersten Satz hängen: «Betrachten Sie eine kugelförmige Kuh.»

In dieser uralten Geschichte liegt eine wichtige Botschaft. Die Formen, die wir in der Natur sehen, und die traditionellen geometrischen Formen der Mathematik haben nicht immer viel Ähnlichkeit miteinander.

Manchmal aber schon. Im Jahre 1610 sagte Galilei, die Sprache der Natur sei die Mathematik und «ihre Charaktere sind Dreiecke, Kreise und andere geometrische Figuren». Seine dramatischen Erfolge in der Dynamik erklären seinen Standpunkt. Jonathan Swift jedoch machte 1726 eine solche Philosophie in Gulliver's *Voyage to Laputa, Baluibarbi, Glubbdubdrib, Luggnagg and Japan* lächerlich: «Wenn Sie die Schönheit einer Frau oder eines anderen Lebewesens preisen wollen, beschreiben Sie sie in Rhomben, Kreisen, Parallelogrammen, Ellipsen und anderen Begriffen aus der Geometrie.»

Diese Zitate finden ein modernes Echo in einer vielzitierten Aussage von Benoît Mandelbrot in *The Fractal Geometry of Nature*: «Die Wolken sind keine Kugeln, die Berge sind keine Kegel und die Küstenlinien sind keine Kreise. Die Rinde ist nicht glatt und der Blitz hat auch keine gerade Bahn.» Im Gegensatz zu seinen Vorgängern entschied Mandelbrot, IBM Fellow am IBM-Thomas-J.-Watson-Forschungszentrum und Professor an der Yale University, seine Schlüsse daraus zu ziehen. Zwischen den späten fünfziger und frühen siebziger Jahren entwickelte er eine neue Art der Mathematik, die fähig ist, die strukturierte Irregularität der Natur zu beschreiben und zu analysieren. Für die neuen geometrischen Formen prägte er den Namen «Fraktale».

Während der siebziger Jahre, als beide noch in den Kinderschuhen steckten, schienen das Chaos und die Fraktale keinerlei Zusammenhang zu besitzen. Sie sind jedoch mathematische Cousins. Beide schlagen sich mit der Struktur der Unregelmäßigkeit herum. Bei beiden steht die geometrische Vorstellungskraft an erster Stelle. Aber beim Chaos ist die Geometrie Dienerin der Dynamik, während sie bei den Fraktalen dominiert. Die Fraktale beschenken uns mit einer neuen Sprache, in der sich die Gestalt des Chaos beschreiben läßt.

Einheiten des Maßstabs

Physikalische Phänomene finden gewöhnlich in charakteristischen Maßeinheiten statt. Die Struktur des Universums wird zum Beispiel am besten in Längeneinheiten von Millionen Lichtjahren beschrieben. Die Struktur einer Mikrobe dagegen erfordert Einheiten in der Nähe eines Mikrometers. Ich vermute, daß dieses Zusammenspiel von Phänomenen und Maßeinheiten in Wirklichkeit ein Kunstprodukt der Begrenzungen des menschlichen Geistes ist und keine echte Wahrheit über die Natur. Unser Geist kann nicht etwas so Großes wie das Universum auf dem Niveau eines kleinen Details erfassen. Deshalb zergliedern wir es in ausgedehnte Strukturen, wie galaktische Supersternhaufen, und dann zergliedern wir diese in ihre Komponenten, wie galaktische Sternhaufen, diese wiederum in Galaxien, die Galaxien in einzelne Sterne usw. Im Gegensatz dazu wirkt die Natur auf alle Größenordnungen gleichzeitig ein. So führen unsere Versuche, die Natur zu verstehen, notwendigerweise Maßeinheiten ein, die uns «natürlich» zu sein scheinen.

Dieser Zugang funktioniert gut bei Phänomenen, die nur einen kleinen Bereich von Einheiten erfordern. Er funktioniert weniger gut bei Phänomenen, für die ein großer Bereich von Maßstabseinheiten wesentlich ist. Zum Beispiel breitet sich der Mechanismus von Phasenübergängen, bei denen eine Ansammlung von Milliarden von Atomen plötzlich ihre gesamte physikalische Charakteristik ändert, gewöhnlich über einen ziemlich großen Maßstabsbereich aus. Hierbei werden das Mikroskopische und das Makroskopische miteinander vermischt. Dies ist einer der Gründe dafür, daß sich die Mathematik von Phasenübergängen als sehr schwierig erwiesen hat.

Eine der neueren Techniken zur Behandlung solcher Probleme ist eben aufgetreten: die Renormalisierung. Wie wir gesehen haben, ist dies eine Methode, mit der die infinitesimale Grenzstruktur eines Objektes oder Prozesses gefunden werden kann, indem wiederholt immer kleiner werdende Teile des Ganzen vergrößert werden. Selbstähnliche Objekte haben per Definition keine charakteristischen Längeneinheiten. Sie sehen in vielen verschiedenen Maßstäben ziemlich genau gleich aus.

Die orthodoxen Formen der Geometrie – Dreiecke, Kreise, Kugeln, Zylinder – verlieren ihre Struktur, wenn sie vergrößert werden. Wir haben gesehen, wie ein Kreis zu einer eigenschaftslosen Strecke wird, wenn er in genügend großem Maßstab betrachtet wird. Leute, die die Erde für flach halten, glauben daran, weil sie für einen winzigen Menschen so aussieht. Mandelbrot erfand den Begriff «Fraktal», um einen sehr unterschiedlichen Typ von geometrischen Objekten zu beschreiben. Es sind Objekte, die über einen großen Bereich von Maßstäben immer wieder eine detaillierte Struktur an den Tag legen. Tatsächlich besitzt ein ideales mathematisches Fraktal in einem unendlichen Bereich von Maßstäben eine Struktur.

Schneeflocken und Küstenlinien

Eine Küstenlinie ist ein gutes Beispiel für ein Fraktal, das in der Natur vorkommt (Abbildung 88). Zeichnet man in verschiedenen Maßstäben Karten von Küstenlinien, zeigen alle eine ähnliche Verteilung von Buchten und Landzungen. Jede Bucht hat ihre eigenen kleineren Buchten und Landzungen, diese haben wiederum kleinere Buchten usw. Die gleiche allgemeine Struktur zeigt sich im großartigen Schwung des Golfes von Mexiko, in der Seinebucht, in dem Spalt zwischen den Felsen am Strand von Acapulco oder sogar in den einzelnen

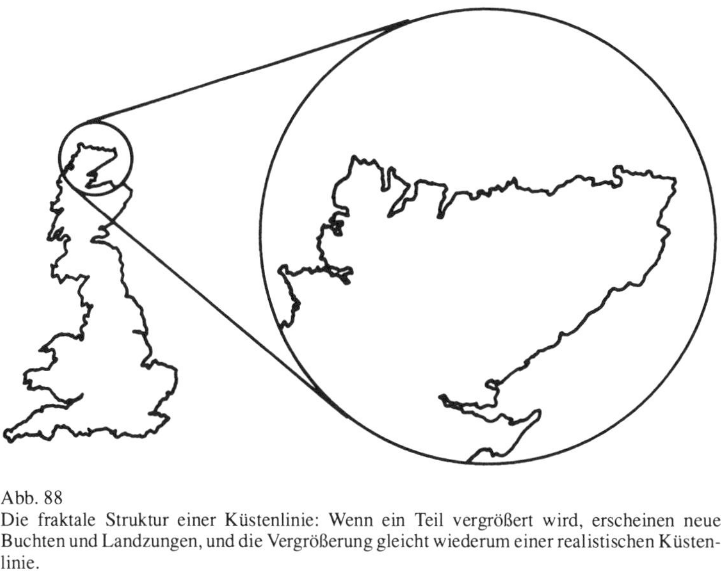

Abb. 88
Die fraktale Struktur einer Küstenlinie: Wenn ein Teil vergrößert wird, erscheinen neue Buchten und Landzungen, und die Vergrößerung gleicht wiederum einer realistischen Küstenlinie.

Kerben eines Felsens. Swifts Knittelferse, die die oben zitierte Parodie von Richardson zur Folge hatten, sind ein Klischee innerhalb der fraktalen Brüderschaft. Sie sind jedoch so treffend, daß sie nicht ausgelassen werden können:

> Zoologe, sieh, auf einen Floh
> Machen kleinere Flöhe Jagd,
> Diese haben noch kleinere, die sie beißen,
> Und so geht es endlos weiter.

Eine mathematische Kurve mit den gleichen allgemeinen Eigenschaften ist die

Abb. 89
Ein mathematisches Fraktal, die Schneeflocken-Kurve.

«Schneeflocken-Kurve» von Helge von Koch aus dem Jahre 1904 (Abbildung 89). Die Buchten und Landzungen entsprechen hier stufenweise kleiner werdenden gleichseitigen Dreiecken. Man kann durch eine Kochsche Schneeflocke keine natürliche Küstenlinie nachmodellieren, denn die Natur formt Küstenlinien nicht aus gleichseitigen Dreiecken. Aber die Schneeflocken-Kurve fängt eine wichtige Eigenschaft von Küstenlinien sehr gut ein, nämlich ihr Skalierungsverhalten. Das natürliche und das mathematische Fraktal besitzen nicht nur in jedem Maßstab eine Struktur. Sie haben in jedem Maßstab die gleiche Struktur.

Wird ein winziges Stück einer Küstenlinie zehnmal vergrößert, sieht es immer noch wie eine Küstenlinie aus. Das gleiche gilt für einen Abschnitt der Schneeflocken-Kurve. Wir sind diesem Begriff schon begegnet, es ist die Selbstähnlichkeit. In dem einen Fall ist die Ähnlichkeit nur statistischer Natur. Die durchschnittlichen Verhältnisse der Buchten und Landzungen bleiben beim Vergrößern gleich, obwohl sich ihre genaue Anordnung ändern kann. In dem anderen Fall ist die Ähnlichkeit mathematisch exakt.

Nicht alle Objekte der Natur verhalten sich bei einer Veränderung des Maßstabs auf diese Art. Swifts Floh zum Beispiel. Ein Floh kann ungefähr einen Meter weit hüpfen. Wenn er tausendmal vergrößert und so groß wie ein Elefant würde, wäre er nicht fähig, tausend Meter weit zu springen. Im Gegenteil, seine Beine würden unter seinem eigenen Gewicht zusammenbrechen. Flöhe haben einen natürlichen Längenmaßstab, Küstenlinien nicht.

Dimensionen von eineinviertel

Der große Physiker Ernest Rutherford sagte: «Qualitatives ist armes Quantitatives.» Jedoch ist es nahezu unmöglich, jedes einzelne Detail eines Fraktals quantitativ zu messen. Glücklicherweise ist ein numerisches Maß für den Grad der Unebenheit eines Fraktals leicht verfügbar. Ursprünglich war es als «Hausdorff-Besicovitch-Dimension» bekannt, denn die beiden Mathematiker Felix Hausdorff und A. S. Besicovitch haben es eingeführt und entwickelt. Heutzutage wird es gewöhnlich «fraktale Dimension» genannt.

Wir sind an den Gedanken gewöhnt, daß eine Gerade eindimensional, eine Ebene zweidimensional und ein Körper dreidimensional ist. In der Welt der Fraktale dagegen bekommt die Dimension eine weiterreichende Bedeutung und muß keine ganze Zahl sein. Die fraktale Dimension einer Küstenlinie liegt gewöhnlich zwischen 1.15 und 1.25, die der Schneeflocken-Kurve beträgt ungefähr 1.26. Daher sind Küstenlinien und Kochsche Schneeflocken gleichermaßen uneben.

Zuerst mag dieser Gedanke absonderlich erscheinen. Kann es sinnvoll sein zu sagen, daß etwas die Dimension eineinviertel besitzt? Aber die Schneeflocke ist offensichtlich zerknitterter und füllt den Raum besser aus als eine glatte

Kurve, die die Dimension eins besitzt. Und sie füllt den Raum nicht so gut aus wie eine Fläche, die die Dimension zwei besitzt. Eine Dimension irgendwo zwischen eins und zwei macht also sehr wohl Sinn. Die Hausdorff-Besicovitch-Dimension wurde definiert, um diesen Gedanken einzufangen. Für gewöhnliche Räume stimmt sie mit der üblichen Dimension überein. Ihre genaue Definition ist kompliziert und wäre nicht sehr aufschlußreich. Der grundlegende Gedanke ist, das d-dimensionale Volumen einer Figur für beliebige nicht ganzzahlige d zu definieren. Die Hausdorff-Besicovitch-Dimension der Figur ist dann der Wert von d, für den sich das d-dimensionale Volumen von unendlich zu null ändert.

Für jede Form gibt es einen besonderen Wert von d, für den das d-dimensionale Volumen einen solchen Sprung macht. Für die Cantor-Menge zum Beispiel kann gezeigt werden, daß d gleich log 2/log 3 ist, dies ist ungefähr 0.6309. Für die Schneeflocke ist d gleich log 4/log 3 = 1.2619.

Die Kochsche Schneeflocke und die Hausdorff-Besicovitch-Dimension wurden erfunden, um die Grenzen der Mathematik aufzuzeigen. Ihre Urheber hätten über die Idee gelacht, daß ihr künstliches Gebräu irgendeinen Zusammenhang mit der wirklichen Welt hätte. Aber Mutter Natur wußte es besser.

Meide die Geometrie

Der junge Benoît Mandelbrot wollte wie sein Onkel Szolem Mandelbrojt Mathematiker werden. Der Onkel gab seinem Neffen einen guten Rat: «Meide die Geometrie.» Die mathematischen Moden legten zu Zeiten des Onkels großen Wert auf genaue Analysis und nur wenig Wert auf bildliche Vorstellungskraft. Der Onkel empfahl dem jungen Mann, besonders einen Beitrag der mathematischen Forschung zu studieren und ihm nachzueifern, der diesen Zugang perfekt beinhaltete. Es war ein dreihundert Seiten umfassender Artikel des französischen Mathematikers Gaston Julia über komplexe Analysis – das Kalkül von $\sqrt{-1}$. Julia zeigte, daß einfache Abbildungen der komplexen Zahlen zu ungeheuer komplizierten Formen führen konnten. Pierre Fatou, ein Rivale von Julia, arbeitete ungefähr zur selben Zeit an den gleichen Fragen. Beide grasten das ganze Gebiet ab. Zumindest schien dies am Ende der vierziger Jahre so. Julia und Fatou zeichneten nur sehr grobe Skizzen von ihren Formen. Mandelbrot war nicht beeindruckt. Wie viele Junge vor und nach ihm nahm er den Rat der Älteren nicht an.

1958 wurde er Mitarbeiter bei IBM und arbeitete an vielfältigen und scheinbar unzusammenhängenden Problemen: über die Häufigkeit von Wörtern in der Linguistik, Fehler in der Nachrichtenübermittlung, die Turbulenz, Galaxienhaufen, Schwankungen der Börsenkurse, das Niveau des Nils ... Am Anfang der sechziger Jahre bemerkte er, daß alle seine Arbeiten in einem gewissen Zusammenhang standen. Sie befaßten sich mit der geometrischen Struktur von unregelmäßigen Phänomenen.

Mandelbrot faßte seine Gedanken 1975 in einem einzigen Wort zusammen: Fraktal. Er verwendete es im Titel eines bemerkenswerten Buches, *The Fractal Geometry of Nature*, das im gleichen Jahr veröffentlicht wurde. Das Buch ist im bildlichen Sinn höchst geometrisch und mit lebendigen und wunderschönen Computergraphiken angefüllt (Abbildung 90). Soviel zu Onkel Szolem.

Die darstellende Kraft der Fraktale war also offensichtlich. «Fraktale Fälschungen» sind künstliche, mit dem Computer erzeugte Darstellungen von Bergen, Küstenlinien, Mondlandschaften und sogar von Musik. Sie weisen eine unheimliche Ähnlichkeit mit den wirklichen Dingen auf. Aber konnte die Theorie der Fraktale über die bloße Beschreibung hinausgehen und eine tiefere, einsatzfähigere Bedeutung für die Wissenschaft erlangen? Konnte sie dazu verwendet werden, neue Phänomene vorherzusagen und unser Verständnis von der Natur zu erweitern? Oder war sie lediglich beschreibender Natur?

Und was war ihr angemessener Platz in der Mathematik?

In der Mitte der siebziger Jahre war die Theorie des Chaos nur einigen Spezialisten bekannt. Mandelbrots Buch erwähnt die chaotische Dynamik als solche nicht. Aber es enthält viele Themen, die einen direkten Zusammenhang mit Chaos besitzen, wie die Turbulenz von Strömungen und die Struktur des

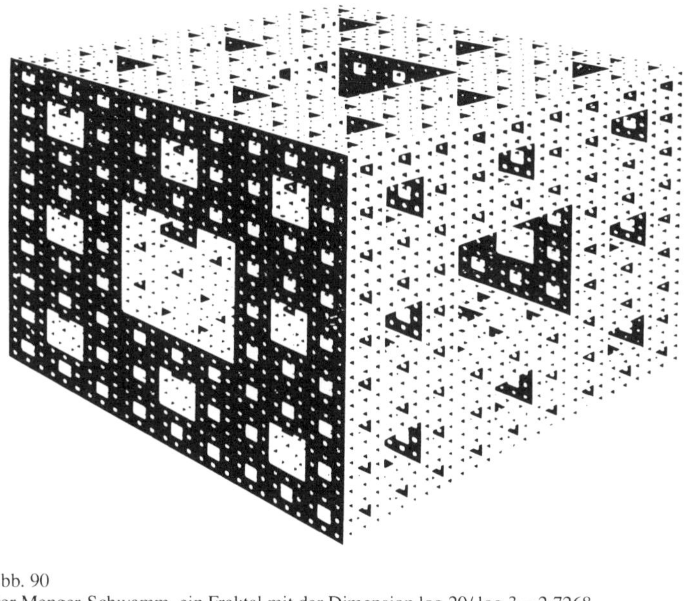

Abb. 90
Der Menger-Schwamm, ein Fraktal mit der Dimension log 20/ log 3 = 2.7268.

Universums im großen Maßstab. Und vielleicht ist das grundlegendste aller Fraktale, die Cantor-Menge, genau das Objekt, das die Geometrie der seltsamen Attraktoren aufzeigt.

Heutzutage sind viele Dinge wesentlich klarer geworden. Insbesondere hat sich herausgestellt, daß der geometrische Unterschied zwischen glatten Formen wie Kreisen und Kugeln – dies sind Mannigfaltigkeiten – und unebenen Formen wie Fraktalen genau der Unterschied zwischen den gewöhnlichen Attraktoren der klassischen Mathematik und den seltsamen Attraktoren des Chaos ist. Tatsächlich ist es heute üblich, einen Attraktor genau dann seltsam zu nennen, wenn er fraktal ist.

Darüber hinaus ist die fraktale Dimension – diese verrückte Zahl, die von Hausdorff und Besicovitch erfunden, jedoch von den angewandten Wissenschaftlern nicht beachtet wurde, bis sie Mandelbrot wiederauferstehen ließ, aufpolierte und ausschlachtete – eine der Haupteigenschaften des Attraktors und beherrscht die verschiedensten quantitativen Eigenschaften der Dynamik.

Heute erscheinen die Fraktale in der Wissenschaft auf zwei verschiedene Arten. Sie können als das primäre Objekt auftreten, als ein beschreibendes Werkzeug für das Studium von unregelmäßigen Prozessen und Formen. Oder sie können eine mathematische Folgerung aus der zugrundeliegenden chaotischen Dynamik sein. Um die Unterschiede und den Umfang der Begriffe zu zeigen, lassen Sie uns beide Arten der fraktalen Modellgestaltung näher betrachten.

Silicon Valley

Die Fraktale besitzen viele direkte Anwendungen auf die Physik von Oberflächen. Flächen sind Orte, an denen viele interessante Dinge geschehen. Schauen Sie aus dem Fenster: Die königliche Komplexität, die wir Leben nennen, hält Hof an der Oberfläche der Erde. Flächen sind die Grenzen zwischen konkurrierenden Regimen, die Orte, an denen fremde Welten miteinander in Berührung kommen. Die Topographie von Flächen ist überall in der Wissenschaft von Bedeutung. Wenn sich Antikörper mit einem Virus binden, oder Enzyme mit einem DNS-Makromolekül, geschieht dies, weil eine gewisse Affinität für die besondere Gestalt der Oberfläche damit verbunden ist. Die Oberfläche eines Poliovirus ist fraktal (Abbildung 91), und dies beeinflußt die Interaktion verschiedener chemischer Moleküle mit ihm. Die für die Industrie so wichtigen chemischen Katalysatoren funktionieren, indem sie Reaktionen auf Oberflächen hervorrufen. Metallurgen sorgen sich um die Form von Bruchflächen, Geologen um die von Gebirgszügen. Die gleiche Morphologie kann in vielen Maßstäben auftreten: Aufnahmen mit einem Rastermikroskop von der Oberfläche von Silikon sehen dem Grand Canyon nicht unähnlich.

Andere Arten der Topographie sind ebenso bedeutend. Erze sind in Felsen

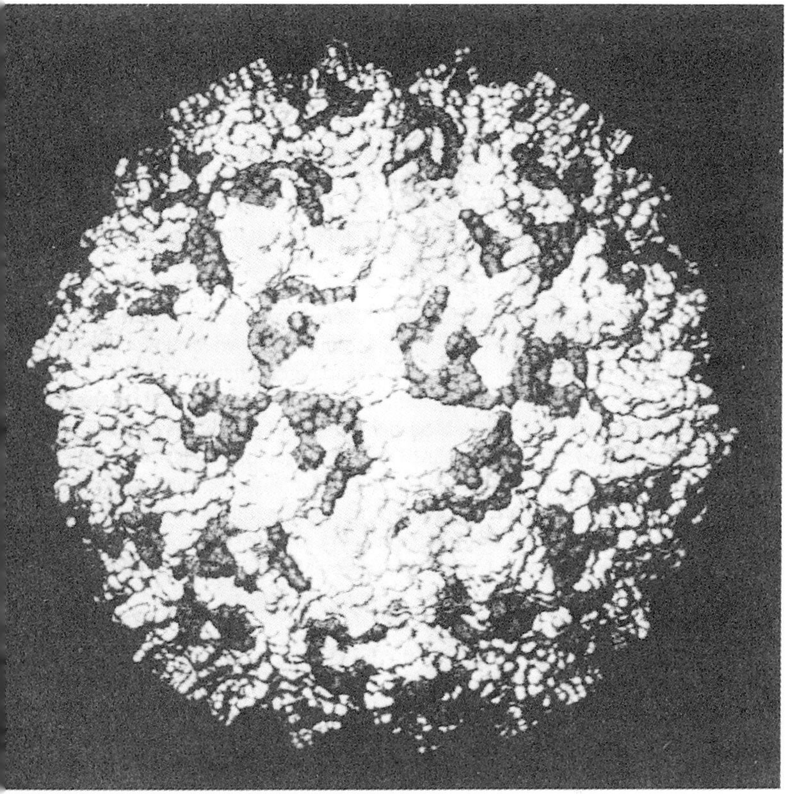

Abb. 91
Eine Computersimulation der Oberfläche eines Poliovirus. Sie zeigt seine grobe unregelmäßige Struktur: Ein fraktales Modell ist geeigneter als eine glatte Fläche (Arthur J. Olson, Research Institute, Scripps Clinic, La Jolla, CA, © 1987).

selten gleichmäßig verteilt. Ton hat eine höchst komplexe Struktur aus locker gepackten molekularen Schichten, und ein offenbar festes Stück Erde kann plötzlich zu einem See aus Matsch werden, wenn sein molekulares Kartenhaus zusammenbricht, wie dies vor wenigen Jahren bei einem Erdbeben in Mexiko vorgekommen ist. Das endgültige Schicksal des Universums hängt von der Verteilung seiner Materie ab.

1980 untersuchte Harvey Stapleton die magnetischen Eigenschaften von eisenhaltigen Proteinmolekülen. Wenn ein Kristall in ein Magnetfeld gebracht und das Feld dann entfernt wird, verliert es die Magnetisierung auf eine charakteristische Art und Weise. Diese «Entspannungsrate» kann quantifiziert werden und beträgt für Kristalle immer 3. Dies ist so, weil ein Kristall ein dreidimensionales Objekt ist. Für Proteine jedoch erhielt Stapleton Werte wie 1.7. Er zeigte, daß dies durch ihre Geometrie erklärt werden konnte. Ein typisches Proteinmolekül ist in einer sehr unregelmäßigen Weise gefaltet und zerknittert. Die Knitterfalten haben Ähnlichkeit mit einem Fraktal; 1.7 kann als die fraktale Dimension erklärt werden.

Kürzlich haben Douglas Rees und Mitchell Lewis gezeigt, daß Oberflächen von Proteinen – zum Beispiel die von Hämoglobin, das den Sauerstoff im Blut transportiert – fraktal sind. Indem sie Daten über die Beugung von Röntgenstrahlen mit einem Computer analysierten, fanden sie heraus, daß Proteinoberflächen eine fraktale Dimension von ungefähr 2.4 besitzen. Dies läßt darauf schließen, daß die Flächen sehr rauh sind – tatsächlich fast so wie ein zerknautschter Papierball, dessen fraktale Dimension bei 2.5 liegt. Rees und Lewis fanden ferner heraus, daß einige Bereiche der Oberfläche eines Proteins glatter sind – das heißt, eine kleinere fraktale Dimension besitzen – als andere. Proteine kleben am besten zusammen, wenn ihre Oberflächen am rauhesten sind. Glatte Bereiche scheinen aktive Stätten für Enzyme zu sein, die sich lockerer mit dem Protein binden. So erlaubt die fraktale Geometrie den Biologen, die Oberflächenstruktur von wichtigen biologischen Molekülen zu quantifizieren und mit ihrer Funktion in Zusammenhang zu bringen.

Aggregation und Perkolation

Wir lebten früher in einem Dorf, und wir hatten einen Kamin, in dem die gefällten Leichen von mit Käfern befallenen Ulmen verbrannt werden konnten. Wir besitzen immer noch einen Kehrbesen: Es war billiger, einen Besen zu kaufen als einen Kaminfeger kommen zu lassen. Ich habe es niemals gemocht, den Schornstein zu fegen, denn ich hatte immer Visionen von einer Kaskade aus Ruß, die sich über alle Möbel ergoß.

Ruß kommt überall hin, weil er weich und bröckelig ist. Er ist weich und bröckelig, weil er aus einer locker gestrickten Aggregation von Kohlenstoffteilchen besteht. Ähnliche Prozesse treten in der elektrolytischen Ablagerung von Metallen (Galvanisierung) und bei der Korrosion auf. 1983 haben T. A. Witten und Leonard Sander ein maßgebliches Modell eines solchen Prozesses aufgestellt, daß «Diffusion Limited Aggregation» oder kurz DLA genannt wird. Im DLA zerstreuen sich einzelne Teilchen zufällig, bis sie mit dem wachsenden Aggregat zusammentreffen und an der Stelle des Zusammentreffens festkleben (Abbildung 92). Computersimulationen dieses Prozesses auf einer flachen Fläche haben locker verzweigte Strukturen mit der fraktalen Dimension 1.7 hervorgebracht, die wie sehr unregelmäßige Farne aussehen. Ähnliche Prozesse

Abb. 92
Ein auf einem Computer simulierter DLA-Prozeß (Reproduktion mit freundlicher Genehmigung von *Nature*, vol. 322, p. 791, © Macmillan Magaziners Ltd.).

im dreidimensionalen Raum führten zu fraktalen Haufen mit Dimensionen um 2.5.

Wenn Gold auf einer Fläche abgelagert wird, perlt es zuerst in Tropfen wie das Wasser im Bad nach einer Dusche oder wie der Tau auf einem Spinnennetz. Das Wachstum dieser Tropfen entspricht sehr gut dem DLA-Modell. Wird Goldkolloid auf einer flachen Fläche abgelagert, entstehen Tropfen mit einer Dimension um 1.75, was nahe am simulierten Wert liegt. Bei der Ablagerung von Gold gibt es auch einen interessanten fraktalen Phasenübergang. Wenn immer mehr Gold hinzugefügt wird, beginnen die verzweigten Tropfen, sich zu vereinigen, bis sie sich in einem klar definierten kritischen Zustand alle zu einer einzigen Masse vereinigen. Dieser «Perkolationsübergang» ist von beachtlicher Bedeutung, und er tritt in Varianten in vielen verschiedenen physikalischen

Systemen auf. Auch die Perkolation selbst kann mit Hilfe von Fraktalen modellhaft dargestellt werden.

Wie sich Öl und Wasser nicht vermischen

Ein sehr ähnlicher Verzweigungsprozeß wurde schon viel früher betrachtet und heißt «zähflüssige Fingerbildung» (Abbildung 93). Dieses Thema ist für die Ölindustrie von einiger Bedeutung. Um Öl zu fördern, wird in die Quelle Wasser unter Druck hineingepumpt. Da Öl und Wasser sich nicht vermischen, wird das Öl aus der Förderquelle herausgepreßt. Jedoch ist die Art und Weise, auf die das Wasser durch das Öl fließt, überraschend kompliziert, und die Menge des geförderten Öls ist nicht so groß, wie man wünschen mag. Ein besseres Verständnis der Vorgänge stellt die Hoffnung auf eine effizientere Förderung in Aussicht.

Die experimentelle Standardanordnung zur Untersuchung dieses Problems ist die «Hele-Shaw-Zelle». Sie besteht aus zwei flachen Glasplatten, zwischen

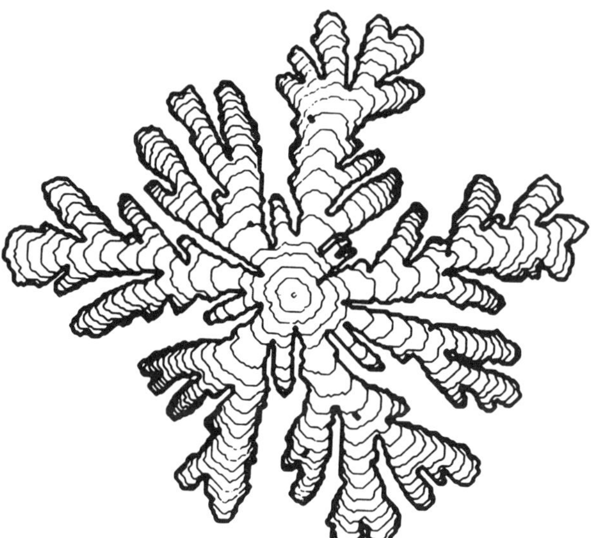

Abb. 93
Die «zähflüssige Fingerbildung» von Öl, das in Wasser gepumpt wird (Reproduktion mit freundlicher Genehmigung von *Nature*, vol. 321, p. 668, © Macmillan Magaziners Ltd.).

denen sich eine dünne Schicht aus Öl befindet. Durch ein Loch in der Mitte der einen Platte wird Wasser hinzugefügt. Zuerst verteilt es sich in einer kreisförmigen Scheibe. Wenn aber die Trennlinie zwischen Öl und Wasser zu gerade wird, wird sie instabil und entwickelt Beulen, die dann zu Fingern heranwachsen und in einem sternförmigen Muster in das Öl dringen. Diese Finger erleben wiederholt die gleiche Art der Instabilität und sie zerspalten daher an den Spitzen, wenn sie zu groß werden. Das Ergebnis ist ein sich wiederholt verzweigendes Wachstum, das dem einer sich entwickelnden Pflanze nicht unähnlich ist. Gemäß den Experimenten von J. Nittman, H. Eugene Stanley und ihren Kollegen beträgt die Dimension ungefähr 1.7. Diese liegt bemerkenswert nahe bei der des DLA, und daher ist nun immer offensichtlicher, daß die beiden Prozesse mathematisch eine Beziehung zueinander haben.

In der Praxis kommt Öl nicht in großen freien Räumen vor, sondern ist mit Partikeln von Fels oder Sand gemischt. Jens Feder und andere haben die «zähflüssige Fingerbildung» in einem porösen Medium untersucht und dabei herausgefunden, daß sich die fraktale Dimension auf etwa 1.62 reduziert. Dies bedeutet, daß das Hineinpumpen von Wasser weniger effektiv ist, wenn das Öl in porösen Felsschichten verteilt ist. Diese Art von mathematischer Analyse sollte den Ölgesellschaften helfen, die kostbare Flüssigkeit effizienter zu fördern.

Das Universum und alles

«Falls ein junger Mann in meinem Laboratorium das Wort ‹Universum› benutzte», sagte Rutherford, «sagte ich ihm, daß es Zeit für ihn sei, zu gehen.» Aber die große Frage des Lebens nach dem Universum besitzt einen schicksalshaften Charme. Auch die Fraktologen sind dagegen nicht immun.

Früher dachten die Astronomen, daß im großen Maßstab die Struktur des Universums überall gleich sei – eine homogene, gleichmäßig durchgerührte Mischung von Galaxien und Vakuum. Tatsächlich war dieser Glaube Anlaß für ein Paradoxon. Im Jahre 1826 bemerkte Wilhelm Olbers, daß der Nachthimmel gleichmäßig hell sein sollte, weil sich der Durchmesser eines Sterns und das von ihm ausgestrahlte Licht proportional zur Entfernung verringert, wenn diese wächst. Bekanntlich ist der Nachthimmel jedoch nicht gleichmäßig hell. Vorgeschlagene Lösungen für dieses Paradoxon konzentrierten sich auf Mechanismen, die das Licht entfernter Sterne abschirmen, wie zum Beispiel Staubwolken zwischen den Galaxien. Gemäß einem erst kürzlich gemachten Vorschlag sieht der Nachthimmel so aus, wie er ist, weil das Universum nicht unendlich lange existiert und uns daher noch nicht jedes entfernte Licht erreicht hat. Diese Theorie versichert, daß Olbers Recht haben wird, wenn wir lange genug warten. Er ist seiner Zeit nur um einige Milliarden Jahre voraus.

In den sechziger Jahren machte Mandelbrot einen anderen Vorschlag. Die

Struktur des Universums kann homogen sein, argumentierte er, ohne daß hieraus eine gleichförmige Verteilung der Materie folgt – vorausgestetzt, die Verteilung ist fraktal. Die endgültige Lösung des Paradoxons von Olbers bleibt unklar. Aber das Universum hat tatsächlich eine komplexe Struktur, die einem Fraktal wesentlich ähnlicher sieht als etwas Gleichförmigen (Abbildung 94).

Die Position einer Galaxie kann sehr genau gemessen werden. Um allerdings dreidimensionale Karten von der Verteilung der Galaxien zu zeichnen, muß auch ihre Entfernung geschätzt werden. Die Standardmethode verwertet eine empirische Hypothese, den Hubble-Effekt, der von dem amerikanischen Astronomen Edwin Hubble 1929 gefunden wurde. Die Astronomen können die

Abb. 94
Die Verteilung der Galaxien in einem Umkreis von tausend Lichtjahren um die Erde. Ist die Verteilung fraktal?

verschiedenen Farben des Lichtes messen, das von einem Stern oder einer Galaxie ausgesendet wird, und erhalten dadurch sein Spektrum. Nach dem Hubble-Effekt ist das Spektrum um so weiter ins Rot verschoben, je entfernter eine Galaxie ist. Ursache ist eben jener Doppler-Effekt, der auch verantwortlich dafür ist, daß Physiker zum Messen von Strömungsgeschwindigkeiten Laser verwenden. Der grundlegende Gedanke ist, daß das Universum sich ausdehnt und daher entferntere Galaxien sich schneller bewegen. Daraus resultiert die Rotverschiebung.

Neue Instrumente und photographische Emulsionen haben es erleichtert, die Rotverschiebung von schwachen, entfernten Galaxien zu messen. Es entsteht ein immer detaillierteres Bild des Universums. Die Galaxien sind nicht gleichförmig verteilt. Statt dessen bilden sie ein schwammähnliches Netz mit riesigen Löchern und gedrehten, spindeldürren Fäden aus galaktischer Materie dazwischen. Die Verteilung ist in allen Maßstäben klumpig mit einer gemessenen fraktalen Dimension von 1.2.

Margaret Geller und John Huchra benutzen fraktale Modelle auf eine ganz andere Weise, um die Statistik der Verteilung der Galaxien zu untersuchen. Zahlreiche Faktoren wie das Verdunkeln von Haufen durch interstellaren Staub verzerren die Beobachtungen. Das Problem ist, Techniken zu entwickeln, die diese Faktoren berücksichtigen. Geller und Huchra beginnen mit einem simulierten fraktalen Modell für die Verteilung der Galaxien, für das die «wahren» Positionen für den Beobachter bekannt sind. Auch die verzerrenden Effekte können simuliert werden. Dann werden an den simulierten Daten Methoden zur Entfernung der Verzerrung getestet und das Ergebnis mit der ursprünglichen Verteilung verglichen.

Ihre neuesten Ergebnisse legen nahe, daß das Universum im größten aller Maßstäbe kein reines Fraktal ist. Es scheint jedoch ein «Multi-Fraktal» zu sein, das in vielen Maßstäben eine detaillierte, jedoch keine selbstähnliche Struktur besitzt. Ob man als Modell für das Universum ein Fraktal wählt oder nicht, hängt von dem Maßstab des Phänomens ab, an dem man interessiert ist.

Fraktale Fälschungen

Eine der ersten «Anwendungen» der Fraktale waren Computergraphiken (Abbildung 95). Um in einem Computer die genauen Daten zu speichern, die zur Rekonstruktion der Krateroberfläche des Mondes benötigt werden, braucht man ungeheuer viel Speicherplatz. Ein solcher Aufwand mag für einen Atlas der Mondgeographie angebracht sein. Er ist jedoch unvernünftig, wenn man einen überzeugenden Hintergrund für einen im Fernsehen laufenden Science-Fiction-Film produzieren will. Für diese Zwecke verwendet man am besten «fraktale Fälschungen». Sie imitieren die gewünschten Formen, ohne sich um die genauen Details zu kümmern.

Abb. 95
Eine fraktale Fälschung von Richard Voss: Der Aufgang eines Planeten über Labelgraph Hill.

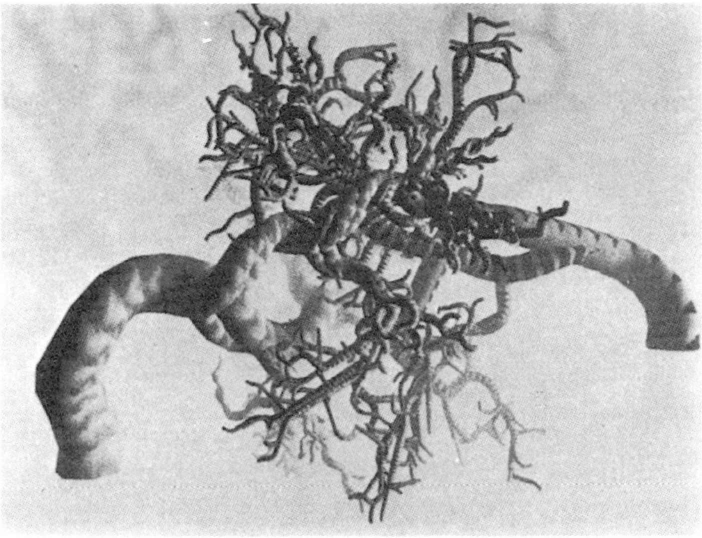

Abb. 96
Der Kuß (Peter Oppenheimer, New York Institute of Technology).

Tatsächlich sind Fraktale und Computer eine vom Himmel geschenkte Verbindung. Eine der wirkungsvollsten Programmiertechniken ist die Rekursion, bei der eine Rechnung in eine Folge von Wiederholungen der Rechnung zerlegt wird. Ein Beispiel für eine Rekursion: Um eine Mauer aus Ziegelsteinen zu bauen, legt man erst eine Lage von Ziegeln und baut dann darauf eine Mauer. Die Prozedur «eine Mauer aus Ziegelsteinen bauen» wird durch Begriffe definiert, die die Prozedur enthalten. In der Praxis muß man noch festlegen, wann das Verfahren endet. In diesem Fall sollte man aufhören, wenn die Mauer hoch genug ist. Auch die Fraktale zerlegen sich in Kopien ihrer selbst: Sie sind rekursive Geometrie. Im Gegensatz zu Mauern geht bei Fraktalen der rekursive Prozeß immer und ewig weiter.

Vor einigen Jahren hat Loren Carpenter einen Computerfilm von einem Flug über eine fraktale Landschaft gemacht und wurde von Pixar, der Abteilung für Computergraphik von Lucasfilms, engagiert. Fraktale wurden im Film *Star Trek II: The Wrath of Khan* benutzt, um die Landschaft des Planeten Genesis zu erzeugen, und in *Return of the Jedi* für die Geographie der Monde des Endor und die Umrisse des Death Star. Peter Oppenheimer hat fraktale Verzweigungsprozesse benutzt, um mit einem Computer abstrakte Kunst (Abbildung 96) und lebensechte stilvolle Bäume und Pflanzen zu erzeugen (Abbildung 97). Richard

Abb. 97
Eine fraktale Fälschung eines Baumes (Peter Oppenheimer, New York Institute of Technology).

Voss hat den ganzen Bereich in Gang gesetzt und ist immer noch aktiv. Sein letzter Triumph ist eine Computergeneration von überzeugend echten Wolken.

Wolken und Regen

Von Wolken erzählen ... S. Lovejoy hat anhand von Daten des Satelliten Geosat echte Wolken analysiert und den bemerkenswerten Schluß gezogen, daß die Wolken nicht nur fraktal sind, sondern daß ihre fraktale Dimension außerdem über sieben Größenordnungen gleich ist (Abbildung 98). Dieser Grad an Gleichförmigkeit ist bei Naturphänomenen so gut wie noch nicht dagewesen. Es bedeutet, daß die Wolken keinen natürlichen Längenmaßstab besitzen. Dies ist eine Überraschung. Die Atmosphäre ist ungefähr zehn Kilometer hoch und die Wolken sind eine Konvektionserscheinung, daher würde man einen sich unterscheidenden Längenmaßstab von ungefähr zehn Kilometern erwarten. Dieser mag existieren, aber er zeigt sich nicht in der Form der Wolken.

Lovejoy hat auch den Regen untersucht und herausgefunden, daß die Ränder von Regengebieten fraktal sind. Überdies fällt der Regen meistens

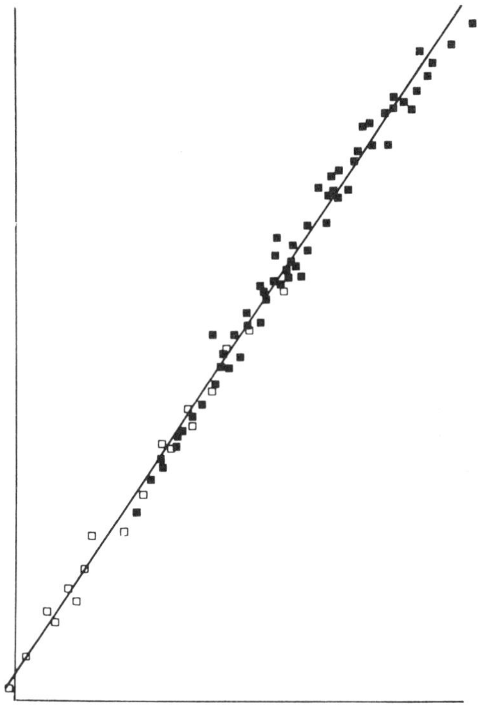

Abb. 98
Die Daten von S. Lovejoy über das Skalierungsverhalten von Wolken zeigen für einen überraschend großen Bereich von Maßstäben eine konstante fraktale Dimension, die sich in der konstanten Steigung der Geraden widerspiegelt. Der Graph zeigt horizontal den Logarithmus des Durchmessers und vertikal den Logarithmus des Flächeninhalts einer Wolke. Die schwarzen Quadrate entsprechen Daten von Satelliten, die weißen Daten von Radar.

in unregelmäßigen Ausbrüchen und die Veränderungen über kurze und lange Zeitskalen sind ähnlich. Daher ist auch die zeitliche Struktur des Regens fraktal. Harold Hastings hat ähnliche Analysen an saurem Regen durchgeführt. Er wollte damit beweisen, daß sich die Belastungen vorhersagen lassen, denen ein Ökosystem unterworfen werden kann. Er hofft auch, gute Indikatoren zu erkennen, die als «Frühwarnsysteme» für Schädigungen durch sauren Regen dienen könnten.

Die «Geschwister»

Die Fraktale sind auf so viele Arten neu, daß man leicht den Fehler macht, sie als vollständig neue Welt anzusehen und sie von der existierenden Mathematik zu isolieren. Das dies nicht stimmt, zeigt sich am wachsenden Kontakt zwischen den Fraktalen und der chaotischen Dynamik. Ein Berührungspunkt zwischen Fraktalen und Chaos ist das Studium von turbulenten Strömungen. Wir haben gesehen, daß der klassische Zugang zur Turbulenz, der auf Lewis Richardson im Jahre 1922 zurückgeht, diese als Kaskade betrachtet, in der die Energie der Strömungsbewegung fortlaufend auf immer kleinere Wirbel übertragen wird. So ein Prozeß ist ganz klar fraktal.

Wie wir weiterhin gesehen haben, ist die Turbulenz ein attraktives Thema für die Anhänger der chaotischen Dynamik. Beide Theorien der Turbulenz sind «Geschwister». Seltsame Attraktoren sind Fraktale. Die gleiche Komplexität der Struktur, die die Fraktale die unregelmäßige Geometrie der Natur nachbilden läßt, führt in der deterministischen Mechanik zu zufälligem Verhalten. Itamar Procaccia hat ausgedehnte Untersuchungen über die Zusammenhänge zwischen den Fraktalen und der Turbulenz durchgeführt. Diese beinhalteten auch turbulente Diffusion und ihre Anwendung auf die oben erwähnten Beobachtungen von Lovejoy über die Formen von Wolken. Ich habe schon beschrieben, wie Harry Swinney und seine Gruppe seltsame Attraktoren aus experimentellen Daten über turbulente Konvektion zurückkonstruierten. Sie haben auch deren fraktale Dimension berechnet, um zu bestätigen, daß die Attraktoren tatsächlich seltsam sind und um diese Seltsamheit zu quantifizieren.

1986 haben K. R. Sreenivasan und C. Meneveau eine spektakuläre experimentelle Untersuchung der Turbulenz unter dem fraktalen Gesichtspunkt veröffentlicht. Sie betrachteten turbulente Strahlen, die von ruhiger Flüssigkeit umgeben waren. Es ist bekannt, daß die Oberfläche des Strahls eine sehr komplizierte Struktur besitzt. Sie fragten sich, ob diese Oberfläche ein selbstähnliches Fraktal ist, und falls ja, welche fraktale Dimension sie besitzt. Ihre Experimente zeigen, daß die Antwort «ja» lautet. Für eine turbulente Schicht, die sich auf einer flachen Platte entwickelt, wurde eine fraktale Dimension von 1.37 gemessen. Dies legt nahe, daß für eine Strömung in einer dreidimensionalen Flüssigkeit die Grenzfläche zwischen Turbulenz und Nicht-Turbulenz eine um eins größere Dimension besitzt, also ungefähr 2.37. «Die überwältigende Schlußfolgerung dieser Arbeit», sagen sie in der Zusammenfassung, «ist, daß mehrere Aspekte der Turbulenz grob durch Fraktale beschrieben werden können und ihre fraktale Dimension gemessen werden kann.» Jedoch warnen sie, daß viel mehr Arbeit nötig ist, bevor die Aussage «die Turbulenz ist fraktal» ohne Einschränkung behauptet werden kann. Eine ähnliche Warnung muß für die Theorien über seltsame Attraktoren geäußert werden: Sie funktionieren am besten bei Beginn der Turbulenz und können für voll entwickelte Turbulenz nicht unbedingt von Nutzen sein.

Der Lebkuchenmann

Die Geschichte der Wissenschaft ist voll von Ironie. So ist das Werk von Fatou und Julia, das den jungen Mandelbrot wegen des fehlenden geometrischen Inhalts von der reinen Mathematik abgebracht hat, als eine zentrale Anwendung der Fraktale auf Hauptgebiete der Mathematik wiederaufgetaucht und wird wegen der bildlichen Schönheit der Fraktale von weiten Kreisen begeistert aufgenommen. Ich muß kaum erwähnen, daß Mandelbrot selbst für diese Wendung des Schicksals verantwortlich ist.

Gaston Julia war ein Student von Poincaré und beschäftigte sich mit Iterationen von Abbildungen der komplexen Zahlenebene. Heute kann man einen solchen Satz nicht einmal aufschreiben, ohne daß daraus sofort voreilige Schlüsse gezogen werden: «Aha, diskrete Dynamik!» Aber zu Julias Zeiten war der Gedanke, die Iteration einer Abbildung hätte etwas mit Dynamik zu tun, nicht bekannt. Die Dynamik war stetig, die Iteration war diskret – sie waren sich so ähnlich wie Sirup und Sand.

Eine komplexe Zahl ist eine Zahl der Form $z = x + y\sqrt{-1}$, wobei x und y gewöhnliche reelle Zahlen sind. Der Begriff «komplex» wird in dem Sinn «sie hat mehrere Komponenten» gebraucht und nicht im Sinn «kompliziert»: Zwei reelle Zahlen x und y entsprechen einer einzigen komplexen Zahl z. Aber wir wissen, daß zwei reelle Koordinaten einen Punkt in der Ebene definieren. Genauso, wie wir uns die reellen Zahlen auf einer Zahlengeraden verteilt vorstellen können, können wir daher sagen, die komplexen Zahlen leben in der komplexen Zahlenebene. Die komplexen Zahlen besitzen ihre eigene Arithmetik, Algebra und Analysis. Sie gehören zu den wichtigsten und schönsten Begriffen der gesamten Mathematik. Sie begründen ihre Existenz auf einem Akt reiner mathematischer Vorstellung: Man läßt zu, daß –1 eine Quadratwurzel besitzen darf und vergrößert den Begriff der Zahl, um diese ungeheure Mutmaßung einzuschließen.

Die Theorie von Julia behandelt komplexe Abbildungen, zum Beispiel $z \rightarrow z^2$+c, wobei c eine Konstante ist. Mit harmlosen mathematischen Jonglierereien kann man sich dies als das komplexe Analogon zur logistischen Abbildung denken. Dahinter steckt die Idee, einen Wert für c zu fixieren und zu fragen, was mit einem gegebenen Anfangswert z passiert, wenn diese Formel iteriert wird.

Oberflächlich gesehen läßt sich ein Hauptunterschied feststellen. Einige Anfangswerte z bewegen sich rasch ins Unendliche, die restlichen nicht. Stellen Sie sich vor, man nimmt einen Pinsel und malt damit die Punkte der komplexen Zahlenebene an. Wenn sich ein Punkt bei der Iteration ins Unendliche bewegt, malt man ihn schwarz an, andernfalls weiß. Hierdurch stellt man das «Einzugsgebiet» des Punktes im Unendlichen dar. Die Julia-Menge ist sein Rand.

Wie Julia und Fatou beobachteten, können die resultierenden Formen unglaublich kompliziert sein. Mit modernen Computern können wir sie mit

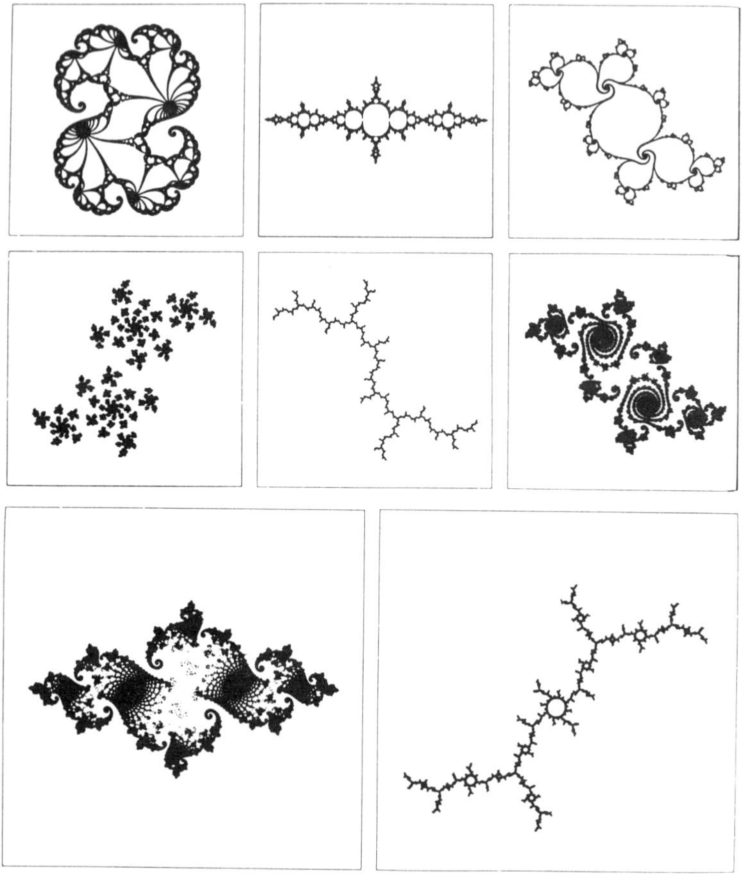

Abb. 99
Julia-Mengen: Eine einfache Idee führt zu komplizierter Schönheit und unendlicher Vielfalt.

Leichtigkeit zeichnen, sie sind auch unglaublich schön. Es entstehen ungeheuer vielfältige Gestalten, wie zum Beispiel Seepferdchen, Kaninchen, Sternnebel oder Windräder (Abbildung 99).

Um unsere Gedanken konsequent weiterzuverfolgen, werde ich mich einer Analogie zwischen der komplexen Abbildung $z \rightarrow z^2$+c und unserer alten Freundin, der logistischen Abbildung $x \rightarrow$ k$x(1-x)$ zuwenden. Hierbei spielen x und z ähnliche Rollen, genauso wie k und c. Jedes c hat seine eigene

Julia-Menge. Analog dazu besitzt jedes k seinen eigenen Attraktor. Doch hier habe ich die Analogie bereits so weit gebeugt, daß sie bald zusammenbricht. Die Julia-Menge ist der Rand des Einzugsgebietes für den Punkt im Unendlichen, also der Rand der Menge aller Anfangswerte, die sich bei der Iteration gegen ihn bewegen. Der Attraktor selbst ist nur der Punkt im Unendlichen. Üben Sie Nachsicht mit mir, das Leben wird leichter, wenn wir diesen Unterschied ignorieren.

Für die logistische Abbildung haben wir ein Bild erhalten, das nicht nur

Abb. 100
Die Mandelbrot-Menge oder der «Lebkuchenmann».

übermittelt, was der Attraktor für ein gegebenes k ist, sondern auch zeigt, wie er sich mit k verändert. Dies ist das Bifurkationsdiagramm, und es führte uns zu einer wunderschönen Entdeckung, der Feigenbaum-Menge. Es gibt ein ähnliches Objekt, das einen Überblick darüber liefert, wie sich die Julia-Menge für ein gegebenes c verändert, wenn c die komplexe Zahlenebene durchläuft. Anstelle der Feigenbaum-Menge erhalten wir den Lebkuchenmann. Eigentlich heißt das Objekt Mandelbrot-Menge (Abbildung 100). Aber wir werden gleich sehen, daß es eher aussieht wie ein Lebkuchenmann mit einem plumpen Körper und einem runden Kopf.

Die Vielfalt der Formen für Julia-Mengen ist ungeheuer. Wir konzentrieren uns auf ein grobes, aber unterscheidendes Merkmal. Einige Julia-Mengen bestehen aus einem Stück, andere fallen auseinander. Das heißt, sie sind entweder zusammenhängend oder nicht zusammenhängend. Die nicht zusammenhängenden sehen aus wie hunderte von Stäubchen, die zusammenhängenden sehen aus wie Kurven oder verschlungene Zeichnungen.

Um einen Lebkuchenmann zu konstruieren, müssen Sie wieder den Pinsel nehmen. Wählen Sie einen Punkt c in der komplexen Ebene. Iterieren Sie die Abbildung $z \rightarrow z^2+c$ für alle möglichen z, um die Julia-Menge für c zu finden. Schauen Sie, ob sie zusammenhängt oder nicht. Wenn sie es tut, malen Sie c schwarz an, wenn nicht, weiß. Wiederholen Sie das für jedes c.

Als Ergebnis erhalten Sie den Lebkuchenmann. Er ist wegen seiner inneren und kuriosen Geometrie bemerkenswert und eine vollkommene Überraschung.

Die beste Art, die Kompliziertheit und Schönheit der Struktur des Lebkuchenmanns zu begreifen, ist *The Beauty of Fractals* von Hans-Otto Peitgen und Peter Richter zu erbetteln, zu leihen, zu stehlen oder (das schlage ich vor) zu kaufen. Es ist ein einzigartiges Objekt, der einzige mathematische Bildband der Welt. Die Bilder sind jedoch keine Computersimulationen von psychedelischer Kunst. Sie sind Momentaufnahmen von einem tiefen, natürlichen und wunderschönen Objekt, dem Lebkuchenmann. Er wird zu Recht als die komplexeste mathematische Gestalt beschrieben, die jemals gefunden wurde. (Dies hat jedoch die Leute nicht daran gehindert, sogar noch komplexere zu erfinden.) Dennoch können Sie einen Computer durch ein etwa zehnzeiliges Programm davon überzeugen, ihn zu zeichnen. Er stellt den Begriff «Komplexität» in ein neues Licht.

Die aufsehenerregenste Eigenschaft der Mandelbrot-Menge ist die Art, wie sie bei stetiger Vergrößerung ihre Struktur beibehält (Abbildung 101). Eine solche Reise in den Lebkuchenmann ist eine Erfahrung, die jeder machen sollte. Man benötigt jedoch einen sehr schnellen Computer, um die Reise schnell und angenehm zu gestalten. Jedes neue Niveau einer Detailvergrößerung enthüllt neue und immer wieder überraschende Strukturen (Abbildung 102): Wirbel, Schnörkel, Seepferdchen, Klumpen, Sprößlinge, knospende Kakteen, dünne Schlangen, Spiralen, insektenähnliche Kleckse, zickzackförmige Blitze.

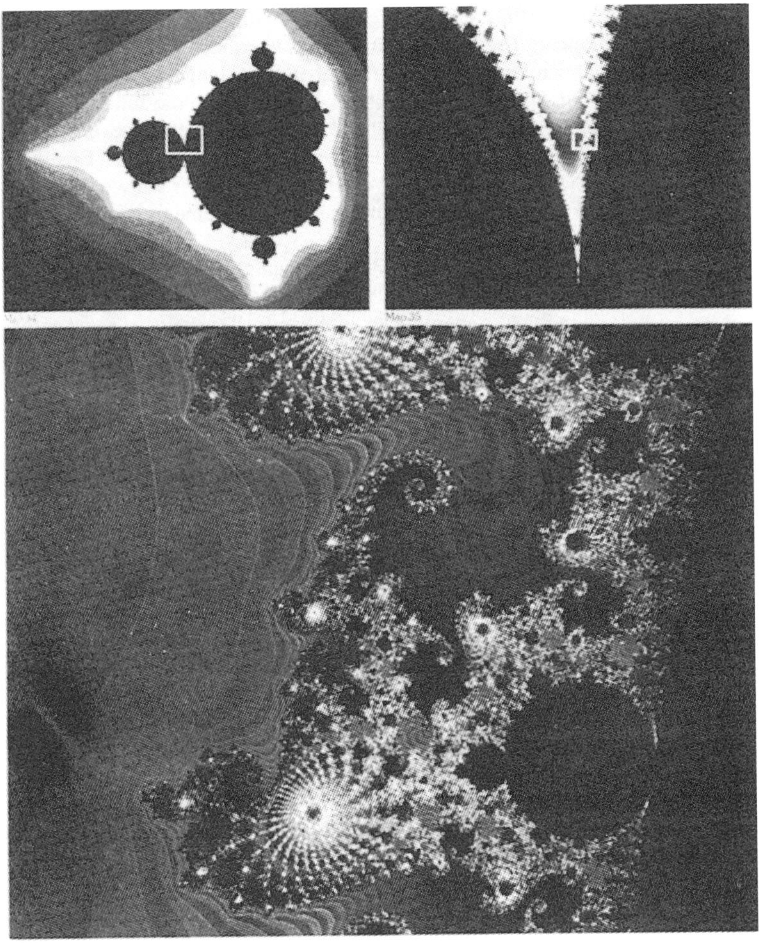

Abb. 101
Vergrößert man den Lebkuchenmann ...

Und hin und wieder, tief vergraben im Lebkuchenmann, vielleicht bei millionenfacher Vergrößerung (Abbildung 103), findet man ... winzige Lebkuchenmänner.

Vollständig bis ins Detail, ihre eigenen Unterlebkuchenmänner eingeschlossen. Genauso wie die Bifurkationsmenge der logistischen Abbildung Fenster

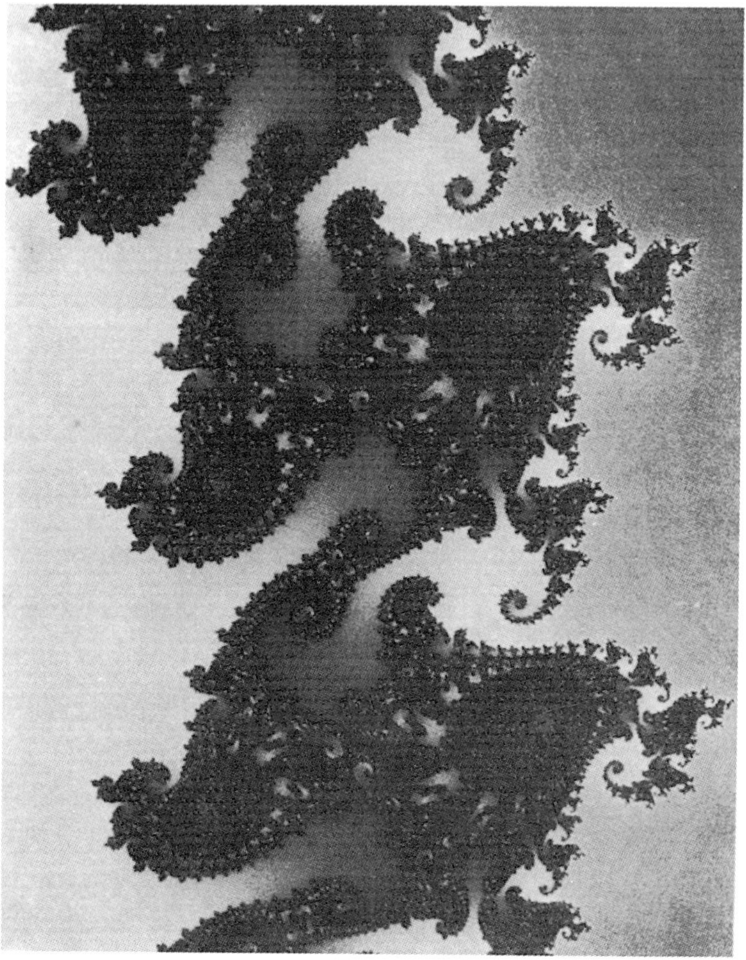

Abb. 102
... kommt man durch das Tal der Seepferdchen ...

besitzt, die vollständige Kopien der Menge selbst enthalten, verhält sich auch der Lebkuchenmann.

Große Flöhe, kleine Flöhe ...

Große Lebkuchenmänner, kleine Lebkuchenmänner.

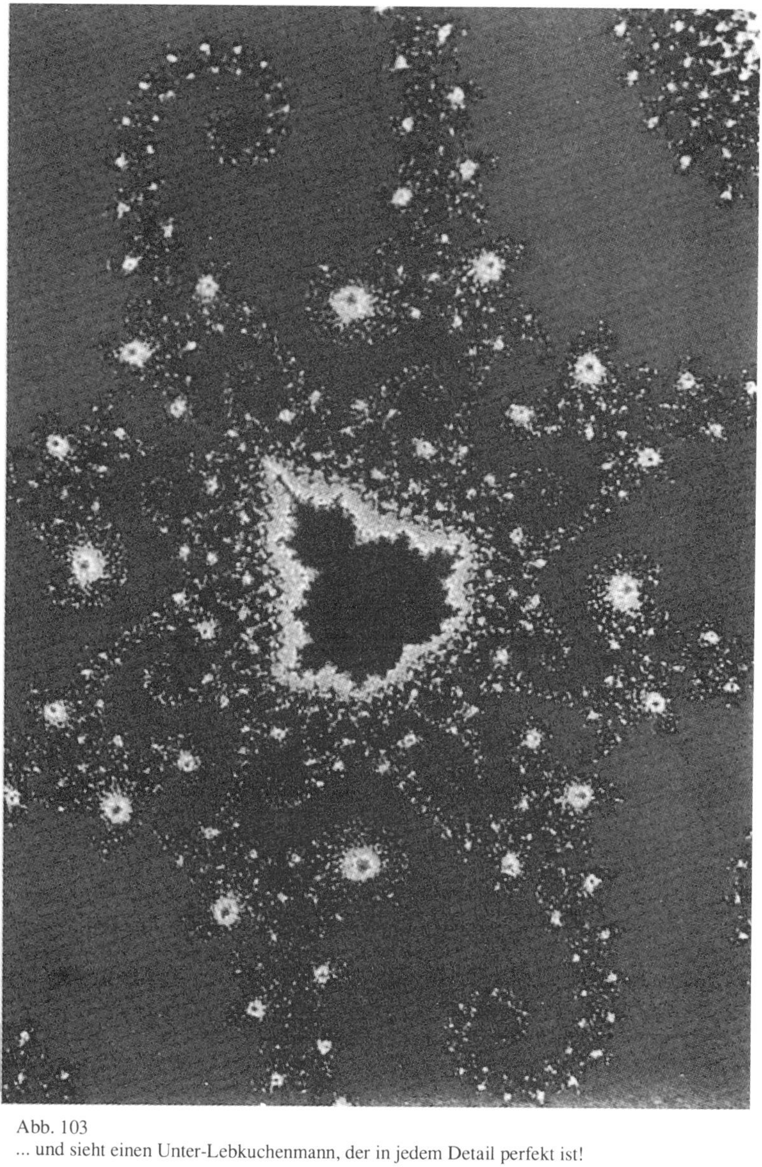

Abb. 103
... und sieht einen Unter-Lebkuchenmann, der in jedem Detail perfekt ist!

Diese Selbstähnlichkeit der Mandelbrot-Menge ist nur eine ihrer bemerkenswerten Eigenschaften. Es gibt jedoch noch eine andere: Wählen Sie einen Punkt c auf dem Rand der Mandelbrot-Menge und renormalisieren Sie die Form der Menge in der Nähe von c, indem Sie immer kleinere Teile in der Nähe immer mehr vergrößern. Was für eine Form erhalten Sie?

Die Julia-Menge, die diesem Wert c entspricht.

Innerhalb der Mandelbrot-Menge stecken alle vorkommenden Julia-Mengen, jede in einem unendlich kleinen Maßstab. Sie sind alle gemütlich ineinander verschmolzen, und jede sitzt genau auf ihrem eigenen Wert für die Konstante c.

Dies ist jedoch nur der Anfang der Geschichte. Ein vollständig neues Subjekt, die komplexe Dynamik, ist im Entstehen. «Komplex» wird hier im Sinn von «komplexe Zahl» gebraucht und nicht von «kompliziert». Trotzdem ist die komplexe Dynamik kompliziert, freilich auch wunderschön. Unter ihren Anwendungen finden sich die Methoden, mit denen in der numerischen Analysis Gleichungen durch sukzessive Approximationen gelöst werden. Denn was ist eine sukzessive Approximation außer der Iteration irgendeiner Abbildung? Es ist eine alte Idee, die auf Sir Isaac Newton zurückgeht oder noch älter ist. Aber Fraktale und Chaos haben neues Leben in die alten Knochen gehaucht.

Die fraktale Kuh

Von der Einfachheit der Schneeflocke zur Komplexität der Mandelbrot-Menge: eine natürliche mathematische Weiterentwicklung, jedoch eine äußerst verschiedene Perspektive.

Die Kochsche Schneeflocken-Kurve interessiert die Mathematiker, weil sie eine unendliche Länge besitzt und dabei eine endliche Fläche einschließt. Und sie ist stetig, hat aber in keinem Punkt eine wohldefinierte Richtung. Sie und viele ähnliche Objekte wurden um die Jahrhundertwende erdacht, um diese und andere Pathologien zu dramatisieren. Es gab Kurven, die den Raum ausgefüllt haben, und Kurven, die sich selbst in jedem Punkt schnitten. Voss sagt:

> *Die Gedanken machten sich Vorstellungen von seltsamen Monstern ohne Gegenstück in der Natur. Hatten die Mathematiker einmal diese Monster entdeckt und sich selbst für eine höhere Kreativität als die der Natur beglückwünscht, verbannten sie die pathologischen Bestien, größtenteils unbesehen, in einen mathematischen Zoo. Sie konnten sich weder vorstellen, daß ihre Kreationen den Naturwissenschaftlern nutzen, noch daß sie sich dafür interessierten. Die Natur jedoch war nicht so leicht zu schlagen.*

Dieses frühe Gebräu von reinen Mathematikern und verschiedenen offensichtlich nicht verwandten Forschungen in anderen Bereichen der Wissenschaft vereinigte sich in der Vorstellungskraft von Benoît Mandelbrot, und er kreierte ein neues mathematisches Modell der Natur. Fast alle gegenwärtigen Arbeiten über Fraktale, in der Theorie und in den Anwendungen, können auf sein Buch aus dem Jahre 1975 zurückgeführt werden. Es war eine aufsehenerregende Übung der mathematischen Vorstellungskraft.

Aber nun bewegt sich die Theorie der Fraktale weiter. Die frühen Spekulationen haben ihren Zweck erfüllt und regen neue und tiefere Forschungen an. Wie in jedem sich entwickelnden Forschungsbereich rennen die attraktiven frühen Einfachheiten gegen die eigensinnigen Komplexitäten der Natur an. Zum Beispiel scheint der passende Begriff der fraktalen Dimension von einer Anwendung zur nächsten zu variieren. Es ist ein wichtiges mathematisches Problem zu verstehen, in welcher Beziehung all diese verschiedenen Dimensionen zueinander stehen. Es ist noch vieles nicht verstanden.

Die Anwendbarkeit der Fraktale ist vielfältig, aber nicht universell. Die fraktale Kuh ist nicht notwendig realistischer als eine kugelförmige. Es sollte auch bemerkt werden, daß nicht alle Anwendungen wesentlichen Gebrauch von der Konzeption eines Fraktals machen. Arbeiten, die vor zwanzig Jahren als ein «Potenzgesetz», hergeleitet aus einer Zeichnung von doppelt logarithmierten Daten präsentiert wurden, werden heute als die Messung einer fraktalen Dimension vorgeführt. Dies sind Moden in der Wissenschaft, und sie folgen den Schlagwörtern genauso wie den bedeutenden Durchbrüchen.

Aber hinter den Fraktalen steckt mehr als nur ein paar Schlagwörter. «Keiner wird morgen als wissenschaftlich belesen gelten, der nicht mit den Fraktalen vertraut ist», sagt der Physiker John Wheeler. Die Fraktale enthüllen eine neue Herrschaft der Natur, die eine mathematische Modellgebung zuläßt. Sie öffnen unsere Augen für Muster, die sonst für formlos gehalten werden könnten. Sie werfen neue Fragen auf und liefern neue Antworten. «Die Fraktale», sagt die Wissenschaftsschriftstellerin Jeanne McDermott, «erobern das Gefüge der Realität.»

12 *Zurück zu Hyperion*

Lodernd saß Hyperion noch auf seinem Feuerball
und atmete den Weihrauch ein, der von den Menschen
aufstieg zum Sonnengott; doch nicht sicher war er:
denn wie uns Sterbliche böse Omen erschrecken und verwirren,
so schauderte auch er: nicht vor Hundegeheul
oder vor dem verhaßten Schrei des Unglücksvogels,
noch dem Umgehn eines Geistes beim ersten Schlagen
seiner Totenglocke, noch vor Prophezeihungen bei
mitternächt'ger Lampe, sondern Entsetzen,
angemessen einer Riesenkraft, peinigte Hyperion oft.

John Keats, Hyperion

Durch die Geschichte der Dynamik laufen zwei beständige Fäden, einer oben am Himmel und einer unten auf unserer Erde, so wie schon Thales mit seinen Augen am Himmel war und mit seiner Nase im Graben; so wie Galilei über die Jupitermonde und über eine im Luftzug schwingende Kirchenlampe nachdachte. Es ist die große Vereinheitlichung der Newtonschen Gravitation: die Planeten und die Bahn einer Kanonenkugel. Astronomische Beobachtungen lieferten schon früh einen wichtigen Antrieb zur Begründung der Statistik; aber genauso wichtig für die Statistik waren die Körpergrößen von Kindern. Poincaré sah sein «homoklines Gewirr» zuerst in der Mathematik eines Staubpartikels in den Gravitationsbrunnen von Jupiter und Saturn; Smales Verständnis von der Dynamik wurde dagegen indirekt durch ein Problem über den Radar angeregt.

Bis jetzt war unsere Abhandlung über Chaos weitestgehend erdgebunden, größtenteils sogar auf das Laboratorium beschränkt. Im All jedoch existiert Chaos im größten aller Maßstäbe. Die Bewegung der Satelliten, das Langzeitverhalten von Pluto und die Struktur des Universums selbst gehören dazu.

Im ersten Kapitel erwähnte ich das seltsame, chaotische Verhalten von Hyperion, einem Mond des Saturn. Lassen Sie uns damit beginnen.

Die kosmische Kartoffel

Die geläufigste Form für Himmelskörper ist eine Kugel oder genauer ein Sphäroid: Die Erde ist zum Beispiel an ihren Polen um einige Prozent abge-

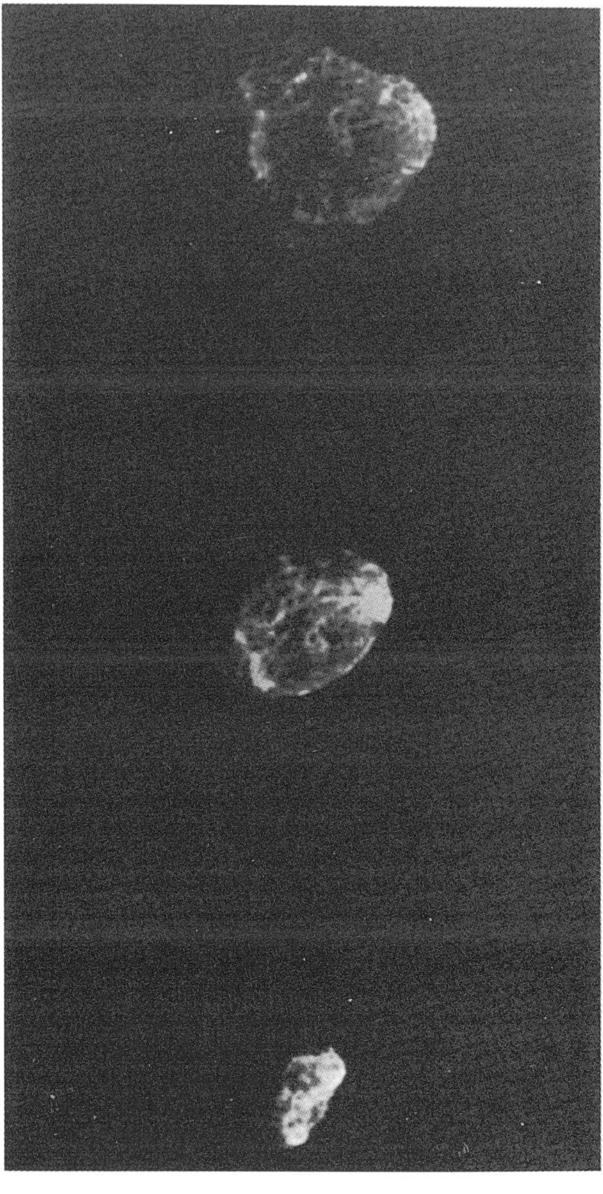

Abb. 104
Drei von Voyager aus aufgenommene Ansichten von Hyperion, dem widerspenstigen Mond des Saturn.

flacht. Hyperion dagegen ist ein Ellipsoid, dessen Hauptachsen 190 km lang, 145 km breit und 114 km hoch sind. Hyperion sieht aus wie eine riesige kosmische Kartoffel (Abbildung 104).

In Übereinstimmung mit den Entdeckungen von Kepler und Newton ist die Bahn des Hyperion um den Saturn annähernd elliptisch. Das Ausmaß, in dem eine Ellipse von einem Kreis abweicht, wird durch eine Größe gemessen, die Exzentrizität heißt. Die Bahn des Hyperion hat eine Exzentrizität von ungefähr zehn Prozent. Dies ist ungewöhnlich viel für Planeten und Monde des Sonnensystems, aber es bedeutet nur, daß die Bahn ein leicht abgeflachter Kreis ist.

Hyperions Position auf der Bahn ist regelmäßig und vorhersehbar. Man könnte sie für Jahrzehnte im voraus berechnen und wäre dabei bis auf den Bruchteil einer Sekunde genau. Was Hyperion unter den Monden und Planeten unseres Sonnensystems praktisch einmalig macht, ist seine Haltung auf der Bahn: die Richtungen, in die seine drei Achsen zeigen. Die meisten Planeten rollen auf ihrer Bahn wie Fußbälle auf einem ebenen Spielfeld. Hyperion sieht eher aus wie ein Rugbyball, der über ein Schlachtfeld springt. Wenn man die Position seines Mittelpunktes einfrieren und nur beobachten könnte, auf welche Art er sich relativ zu ihm bewegt, würde man sehen, daß er beinahe zufällig in jede mögliche Richtung pendelt.

Seine Position auf der Bahn und seine Haltung werden durch die gleichen physikalischen Gesetze und dieselben mathematischen Gleichungen bestimmt. Seine Position entspricht einer regelmäßigen Lösung dieser Gleichungen, seine Haltung jedoch einer unregelmäßigen Lösung. Hyperions Purzelbäume beruhen nicht auf zufälligen äußeren Einflüssen, sondern auf dynamischem Chaos.

Warum ist Hyperion chaotisch und warum sind alle anderen Himmelskörper normal? Liegt es an der Kartoffelform? Sind alle Kartoffeln chaotisch?

Keineswegs. Die Gründe sind subtiler, komplizierter und wesentlich interessanter. In der Geschichte des Sonnensystems haben sich zu verschiedenen Zeiten auch andere Körper in einer Periode des dynamischen Chaos befunden und wieder herausentwickelt. Aber es ergab sich so, daß Hyperion diesen Prozeß zu genau der Zeit durchmacht, in der die Menschheit Interesse an ihm bekommen hat.

Der Vampir-Doppelgänger

Die Bewegung eines starren Körpers ist ein klassisches Problem, das zuerst von Euler angegangen wurde. Zahlreiche wichtige Prinzipien ergeben sich aus der Darlegung von Euler: Wir können erstens so tun, als ob der Schwerpunkt des Körpers fest bleibt, und nur die zu ihm relative Bewegung behandeln. Zweitens ist die Form des Körpers im wesentlichen irrelevant. Die Bewegung wird durch seine Trägheitsachsen bestimmt. Jedem festen Körper, gleichgültig wie ungleichmäßig seine Form oder Dichte ist, entspricht ein Trägheitsellipsoid. Dies ist ein recht gespenstiger Begleiter, der starr am Körper befestigt ist, jedoch selbst keine Masse besitzt. Wie schon sein Name suggeriert, ist er ellipsenförmig. Die Länge einer jeden Achse des Trägheitsellipsoids ist proportional zur Trägheit des Körpers, wenn er um diese Achse gedreht wird. Somit entsprechen längere Achsen größerer Trägheit.

Wenn sich der Körper bewegt, bewegt sich auch sein Geist. Er ist ein Doppelgänger. Wenn sich der Körper gleichmäßig dreht, dreht sich auch der Geist gleichmäßig. Wenn der Körper Purzelbäume schlägt, schlägt auch der Geist Purzelbäume. Kommen wir zu einer Umgestaltung des Verhältnisses Geist-Körper: Wir lassen den Geist wie einen Vampir die materielle Substanz des Körpers aufsaugen, so daß wir einen soliden Geist und einen unheimlichen, geisterhaften Körper haben, der immer noch wie eine lebende Hülse an ihm befestigt ist. Wie verändert sich die Bewegung? Überhaupt nicht. Der Körper und sein Geist besitzen die gleichen Trägheitseigenschaften, deshalb ist ihre Bewegung dieselbe.

Mit anderen Worten, wenn man sich mit der Bewegung von festen Körpern beschäftigt, kann man sich auf gleichförmige Ellipsoide beschränken. Die Tatsache, daß Hyperion aussieht wie eine Kartoffel, ist irrelevant. Aber die Tatsache, daß das Geisterellipsoid einer Kartoffel drei verschieden lange Achsen besitzt, ist entscheidend.

Trotz alledem war Euler nicht in der Lage, die Gleichungen für einen starren Körper in allgemeiner Form zu lösen. Klassische Entdeckungen, Kraftakte der Analysis, konnten einige sehr spezielle Fälle lösen, wie die Bewegung eines kreisförmig symmetrischen Kreisels. Die Mathematiker fanden jedoch einige allgemeine Prinzipien. So ist eine der einfachsten Bewegungen die Drehung des Körpers um eine seiner Trägheitsachsen. Wann ist eine solche Bewegung stabil? Wenn die Achse entweder die längste oder die kürzeste ist, aber nicht, wenn sie die mittlere ist.

Sie können dies leicht experimentell nachprüfen. Ein Buch ist ein gutes Beispiel für einen Körper mit drei nicht gleich langen Trägheitsachsen. Sie verlaufen durch den Mittelpunkt des Buches und sind tief in den Seiten vergraben. Die längste Trägheitsachse verläuft von der Mitte des hinteren Deckels zur Mitte des vorderen Deckels, die kürzeste in der Mitte von oben nach unten. Die dazwischenliegende dritte verläuft von der Mitte des Rückens zur Mitte des seitlichen Randes (Abbildung 105).

Sie werden bemerkt haben, daß die längste Trägheitsachse die kürzeste des Buches ist und umgekehrt. Dies ist kein Fehler. Die Trägheit ist dort am größten, wo sich die Masse am schnellsten bewegt. Wenn Sie das Buch mit einer gegebenen Geschwindigkeit um die kürzeste Achse drehen, dann sind die Punkte an den Ecken des Buches weit von der Achse entfernt und drehen sich schneller. Wenn Sie es auf der anderen Seite mit der gleichen Geschwindigkeit um die längste Achse drehen, liegen die Eckpunkte des Buches näher an der Achse und bewegen sich daher langsamer. Übrigens stolpert meine Geistesme-

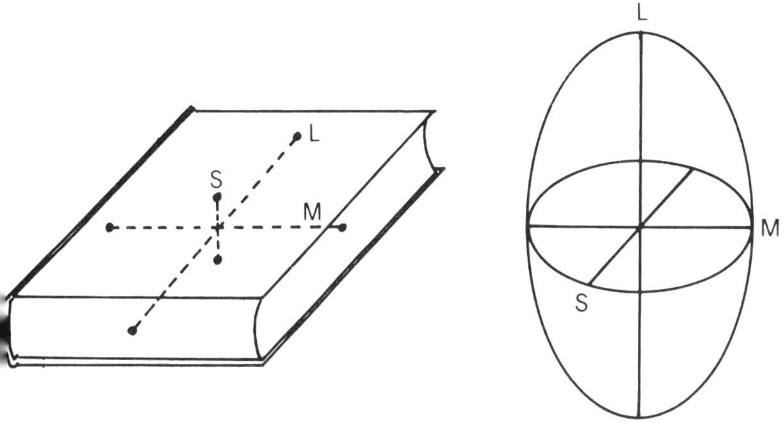

Abb. 105
Ein Buch und sein Trägheitsellipsoid. Die kürzeste Achse (S) des Buches entspricht der längsten Achse (L) des Ellipsoids und umgekehrt. Die beiden mittleren Achsen (M) entsprechen einander.

thapher über dieses Problem – der Geist ist nicht wirklich das Trägheitsellipsoid selbst, sondern ein gleichförmiger ellipsenförmiger Körper, der das gleiche Trägheitsellipsoid wie der ursprüngliche Körper besitzt. Er ist dort dick, wo das Trägheitsellipsoid dünn ist, und er ist dünn, wo es dick ist.

Wie dem auch sei, nehmen Sie sich ein Buch. Irgendein schweres (im physikalischen, nicht im metaphorischen Sinn) ist am besten, «Krieg und Frieden» oder ein Lexikon. Halten Sie es so zwischen Ihren Handflächen, daß Ihnen der Titel auf dem Rücken entgegenblickt, und drehen Sie es dann um seine kürzeste Achse. Sie werden keine Schwierigkeiten haben, dies zu tun. Halten Sie es nun oben und unten mit horizontalem Rücken fest und drehen es um seine längste Achse. Wieder gibt es keine Schwierigkeit. Zum Schluß halten Sie es in der Mitte des Rückens und in der Mitte des seitlichen Randes und versuchen Sie, es um die mittlere Achse zu drehen. Sie werden feststellen, daß das Buch sich weigert, sich richtig zu drehen, und statt dessen zu schlingern und zu purzeln beginnt. Dies ist so, weil Drehungen um die Achse mittlerer Größe instabil sind. Wenn Sie das nächste Mal an einen steinigen Strand kommen, nehmen Sie sich einen ellipsenförmigen Stein mit ungleichlangen Achsen und versuchen Sie, ihn schnell um die mittlere Achse zu drehen. Sie werden feststellen, daß es sehr schwierig ist, seine Schlingerbewegungen zu beenden.

Die Geometrie der Schleuderbahn

1984 haben Jack Wisdom, ein Astronom am Massachusetts Institute of Technology, und seine Kollegen Stanton Peale und Francois Mignard in der Zeitschrift *Icarus* einen Artikel mit dem Titel *The Chaotic Rotation of Hyperion* veröffentlicht. In diesem berechneten sie voraus, daß Hyperion chaotisch durch den Raum purzelt. Die Herleitung dieser Berechnungen läßt sich in etwas vereinfachter Form folgendermaßen nachvollziehen:

Die Bahn des Hyperion ist eine Ellipse, die sich jedoch langsam verändert. Wenn wir dies ignorieren, können wir als Modell für die Bewegung des Mondes auf der Bahn eine feste Ellipse wählen. Diese Approximation ist annehmbar, weil Hyperion viel schneller herumpurzelt, als sich seine Bahn verändert. Als Modell für Hyperion nehmen wir ein geeignetes Ellipsoid, daß sich um seine längste Achse dreht. Weiterhin nehmen wir an, daß diese Achse senkrecht zur Ebene der Bahn verläuft. Seine Bewegung kann dann durch die Geometrie der Drehung und der Bahn festgehalten werden, die wie folgt beschrieben wird: Weil wir die Richtung der längsten Trägheitsachse festgelegt haben, sagt uns nur ein weiterer Winkel genau, wie sich Hyperion verhält. Wir müssen nämlich wissen, in welche Richtung die kürzeste Achse zeigt. Hierdurch ist dann auch die mittellange Achse bestimmt, denn sie steht rechtwinklig auf den beiden anderen. Wir nennen die Richtung der kürzesten Achse Drehwinkel. Eine weitere Zahl wird uns sagen, wo sich Hyperion auf seiner Bahn befindet, nämlich der Winkel zwischen seiner Position und einem festen Punkt auf der Bahn. Bequemerweise wählt man das Periastron – den Punkt, der Saturn am nächsten liegt – als diesen festen Punkt. Den entsprechenden Winkel nennt man Bahnwinkel oder mit dem gebräuchlicheren Begriff «wahre Anomalie». Die Anziehungskraft, die Saturn auf Hyperion ausübt, hängt von diesem Bahnwinkel ab, der wiederum von der Zeit abhängt. Also kann die Gravitation des Saturn durch ein zeitabhängiges Schwerefeld besonderer Art dargestellt werden.

Wie dem auch sei, man kann für all dies Gleichungen aufschreiben und gelangt zu einem vereinfachten mathematischen Modell mit drei Bestandteilen. Der erste ist der Drehwinkel, der zweite die Veränderungsrate des Drehwinkels und der dritte ist die Zeit – oder, äquivalent, der Bahnwinkel.

Die Anziehungskraft des Saturn kommt als zeitabhängige Kraft in dieses Modell. Wenn diese Anziehungskraft konstant in der Zeit wäre, wären die Gleichungen ein System mit einem Freiheitsgrad, und es wäre möglich, sie explizit zu lösen. Dies würde nicht Chaos bedeuten. Die Zeitabhängigkeit der Anziehungskraft macht jedoch die Gleichungen zu einem System mit «anderthalb» Freiheitsgraden, in dem Chaos eine lebensfähige Alternative darstellt. Der zusätzliche halbe Freiheitsgrad ist die Zeit. Üblicherweise besitzt ein Hamiltonsches System mit n Variablen $n/2$ Freiheitsgrade, weil die Variablen gewöhnlich in Paaren Position-Moment auftreten. Hier bilden der Drehwinkel und seine

Veränderungsrate ein solches Paar. Aber die Zeit ist allein, daher die seltsame Terminologie.

Die Gleichung kann mit einem Computer numerisch gelöst werden. Um das Ergebnis darzustellen, ist es am einfachsten, einen Poincaré-Schnitt zu zeichnen (Abbildung 106). Dieser zeigt den Drehwinkel und seine Veränderungsrate in gleichmäßigen Zeitintervallen. Von einem Intervall zum nächsten springt der Punkt, der den Zustand des Mondes repräsentiert, von einer Position des Poincaré-Schnitts in eine andere. Der Poincaré-Schnitt zeigt nicht, wohin sich der Punkt zwischen den Zeitintervallen bewegt, aber wir müssen uns darum keine Sorgen machen. Chaos läßt sich auch so von Regelmäßigkeit unterscheiden.

Der Poincaré-Schnitt zeigt eine Folge von geschlossenen Kurven und einen großen X-förmigen, getüpfelten Bereich. Die Kurven repräsentieren periodische oder quasiperiodische Bewegungen. Der entsprechende Punkt springt bei jedem Intervall regelmäßig auf einer der geschlossenen Kurven herum. Der getüpfelte Bereich repräsentiert chaotische Bewegung. Der entsprechende

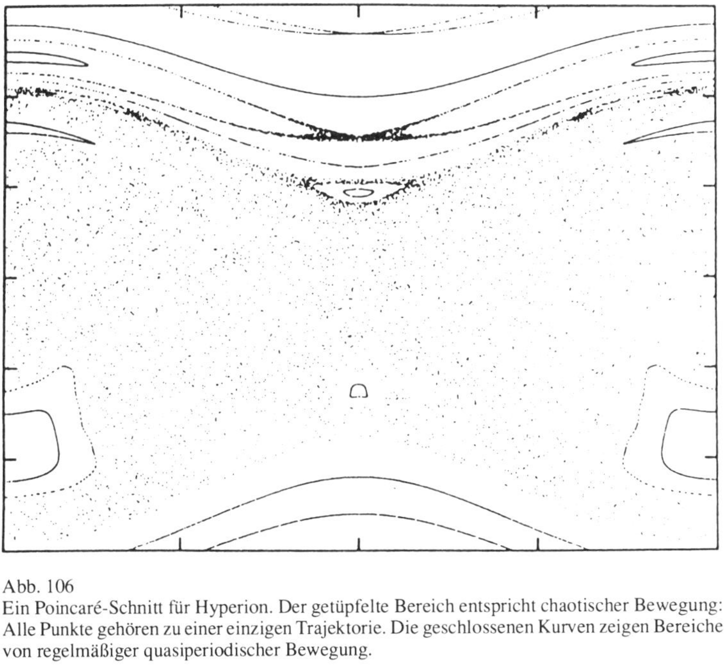

Abb. 106
Ein Poincaré-Schnitt für Hyperion. Der getüpfelte Bereich entspricht chaotischer Bewegung: Alle Punkte gehören zu einer einzigen Trajektorie. Die geschlossenen Kurven zeigen Bereiche von regelmäßiger quasiperiodischer Bewegung.

Punkt springt bei jedem Intervall zufällig über den gesamten getüpfelten Bereich. Hyperion kann sich im Prinzip auf eine dieser beiden Arten verhalten. Aber die Energie seiner Bewegung sagt, auf welche, und das Chaos gewinnt.

Jeder Punkt im Bild repräsentiert den Zustand von Hyperion. Die horizontale Koordinate ist sein Drehwinkel, und die vertikale ist die Rate, mit der sich dieser Winkel verändert. Der Punkt springt zwischen zwei Drehungen um die Bahn von einer Position des Bildes in eine andere. Bei quasiperiodischer Bewegung springt der entsprechende Punkt in fast gleichgroßen Sprüngen immer auf einer der geschlossenen Kurven. Alles verhält sich höchst regelmäßig.

Bei chaotischer Bewegung springt er ziemlich zufällig über den gesamten getüpfelten Bereich, der fast das ganze Bild ausfüllt. Der gesamte Bereich wird von einer einzigen Trajektorie ausgefüllt, wenn man lange genug wartet.

Die Scharfsichtigen unter Ihnen werden eine zweite chaotische Zone bemerkt haben. Sie ist viel kleiner und wie ein dünnes X mit langen hinterherschleifenden Armen geformt. Sie liegt gerade oberhalb des großen chaotischen Bereichs. Dies ist eine andere chaotische Bewegung. Weil sie nur solch einen kleinen Bereich ausfüllt, ist sie nicht sehr bedeutend.

Die Gezeitenreibung

Das Gravitationsfeld des Saturn übt zudem noch einen sehr subtilen Einfluß auf Hyperion aus. Weil die Schwerkraft bei wachsender Entfernung abnimmt, zieht Saturn die zugewandte Seite von Hyperion stärker an als die abgewandte Seite. Diese «Gezeitenanziehung» zwingt Hyperion dazu, sich um seine längste und nicht um seine kürzeste Trägheitsachse zu drehen, obwohl beide bei nicht vorhandener Schwerkraft des Saturns stabil wären. Stellen Sie sich Hyperion in Schräglage auf einer horizontalen Bahn vor, wobei sich die eine Seite gegen Saturn schiebt und die andere wegneigt. Nehmen Sie an, daß die Seite, die Saturn am nächsten ist, unter der Horizontalen geneigt ist. Im Raum gibt es keinen Unterschied zwischen oben und unten. Um also den Sachverhalt beschreiben zu können, muß man festlegen, was was ist. Saturn zieht also stärker an der ihm zugewandten Ausbuchtung. Dies zwingt den Mond dazu, etwas hochzukippen und hierbei die Drehachse näher an die Vertikale zu bringen. Nach langen Zeitperioden hat die Gezeitenkraft den Effekt, daß die Drehachse senkrecht zur Bahnebene steht. Dies gilt für alle Körper, nicht nur für Hyperion. Der Prozeß benötigt eine lange Zeit, weil der Unterschied der Kräfte auf die beiden Ausbuchtungen sehr gering ist und andere Erscheinungen diesem Effekt entgegentreten können.

Wisdom beschreibt eine experimentelle Analogie: «Dieser Prozeß wird sehr nett illustriert, indem man eine halbvolle Flasche schüttelt, die sich zu Anfang um die längste Achse dreht.» Versuchen Sie es. Aber vergewissern Sie sich zuerst, daß sie gut zugeschraubt ist. Rufen Sie sich ins Gedächtnis zurück, daß die längste körperliche Achse – die Symmetrieachse, die von oben nach unten in der Mitte der Flasche verläuft – die kürzeste Trägheitsachse ist. Sie werden feststellen, daß die Flasche sich weigert, sich um die längste Achse zu drehen, obwohl eine volle Flasche sich ebenso um die längste Achse drehen würde, wie es auch *Krieg und Frieden* tat. Statt dessen dreht sie sich, bis sie um die kürzeste körperliche Achse rotiert – um die längste Trägheitsachse. Die Bewegung der Flüssigkeit innerhalb der Flasche erzeugt eine Art von Gezeitenreibung, die einen ähnlichen Effekt besitzt wie die Gezeitenkräfte, die Saturn Hyperion aufzwingt.

Aus diesem Grund wird im Modell angenommen, daß die Drehachse senkrecht auf der Bahnebene steht. Es gibt noch andere Annahmen. Glücklicherweise kann durch eine sorgfältige Analyse gezeigt werden, daß das Chaos weiterbesteht, wenn das System einmal im chaotischen Bereich ist, sogar wenn die Annahmen des Modells gelockert werden. Im chaotischen Bereich jedoch wird in diesem detallierteren Modell die Orientierung der Drehachse, die rechtwinklig auf der Bahnebene steht, instabil – was, wie wir gerade gesehen haben, auf den Gezeiteneffekt zurückzuführen ist.

Wie es entstand

Dies kompliziert das Bild, aber wir sind endlich in der Lage zu sehen, wie Hyperion in seinen gegenwärtigen chaotischen Zustand gekommen ist.

In ferner Vergangenheit war Hyperions Umdrehungsperiode («Tag») wesentlich schneller als seine Bahnperiode («Jahr»). Seine Bewegung war damals regelmäßig und quasiperiodisch. Im Laufe von Jahrmillionen verlangsamten die Gezeitenkräfte des Saturn seine Drehungen und (wie wir im Experiment mit der Flasche gesehen haben) Hyperion richtete sich hochkant auf, so daß seine Drehachse die längste Trägheitsachse war und diese senkrecht zur Bahnebene stand. Als jedoch Hyperion einmal genügend Energie verloren hatte und in den chaotischen Bereich eintrat, war die Arbeit von Millionen von Jahren in nur wenigen Tagen dahin. Innerhalb von drei oder vier Bahnumdrehungen fing Hyperion an, in alle Richtungen zu purzeln.

Ich muß sie warnen, da diese Theorie des chaotischen Taumelns von Hyperion noch nicht durch direkte Beobachtungen bestätigt werden konnte. Allerdings stehen die Bilder von Voyager in Einklang mit seinem chaotischen Verhalten und sind nicht mit einem bekannten regelmäßigen Zustand vereinbar. Die Theorie scheint ein sehr guter Tip zu sein. Es könnte möglich sein, sie über längere Zeit zu testen, indem man die Intensität des Lichtes analysiert, das von Hyperion zurück zur Erde reflektiert wird. Diese sollte sich dann auch unregelmäßig verändern.

Hyperion ist der einzige Mond im Sonnensystem, der gerade jetzt auf diese Art taumeln kann. Jedoch legt unsere Analyse auch nahe, daß alle ungleichmäßig geformten Monde in einem bestimmten Stadium ihrer Entwicklung durch eine Zeit des chaotischen Purzelns laufen müssen. Phobos und Deimos, die beiden Monde des Mars, müssen sich irgendwann in ferner Vergangenheit chaotisch verhalten haben. Das gleiche gilt für Nereid, den kleineren Mond des Neptun.

Resonanz

In Abbildung 106 liegt mehr als nur Chaos. Gegen den Rand des chaotischen Bereichs können Sie unten links und rechts eine Insel regelmäßiger Bewegung sehen. Diese entspricht einer synchronen Bewegung, in der Hyperion Saturn immer die gleiche Seite zuwendet, wie dies der Mond auch mit der Erde tut. Hyperion könnte sich schließlich aus dem Chaos zum Gleichlauf erheben. Es können noch andere Inseln gesehen werden. Zum Beispiel entspricht die kleine oben im chaotischen Bereich einer zweimaligen Drehung von Hyperion pro Umlaufbahn. Diese Inseln haben Ähnlichkeit mit denen, die Hénon und Heiles oder Chirikov entdeckt haben (vgl. Kapitel 8). Die Inseln entsprechen Resonanzen, wobei verschiedene Formen der Bewegung mit Perioden auftreten, die in einem einfachen numerischen Verhältnis wie 1:1, 2:1 oder 3:2 zueinander stehen. So hat Titan, ein anderer Mond des Saturn, eine Umlaufzeit, die sich zu der von Hyperion ungefähr in der Resonanz 4:3 befindet. Konkret braucht Hyperion für eine Bahn 21.26 und Titan 15.94 Tage. Das Verhältnis dieser beiden ist 1.3337 und liegt überzeugend nahe an 4:3.

Im gewöhnlichen Sprachgebrauch bedeutet Resonanz einen vollen Ton. In der Vorstellung von Bashõ:

> Eines ehrwürdigen Teiches
> Stille brechend
> Sprang ein Frosch ins Wasser –
> Eine tiefe Resonanz.

Der mathematische Begriff Resonanz ist dem nicht unähnlich – der vom Dichter gehörte volle Ton wurde von Teilen eines vibrierenden Objekts (hier das Wasser) erzeugt, die sich miteinander im Gleichschritt bewegten.

Resonanzen sind in der Hamiltonschen Dynamik von Bedeutung, und oft ist mit ihnen Chaos verbunden. Um zu sehen, wie dies auftritt, betrachten wir zuerst das klassische Bild eines Hamiltonschen Systems in der Nähe einer periodischen Bahn. In einem Poincaré-Schnitt besteht es nur aus einer Reihe von konzentrischen Kreisen (Abbildung 107). Der Mittelpunkt entspricht der periodischen Bahn. Jeder ihn umgebende Kreis führt eine zweite, von der ersten unabhängige Periode ein, nach der die Bewegung quasiperiodisch ist.

Das Bild besitzt den Vorteil der Einfachheit – aber den Nachteil, falsch zu

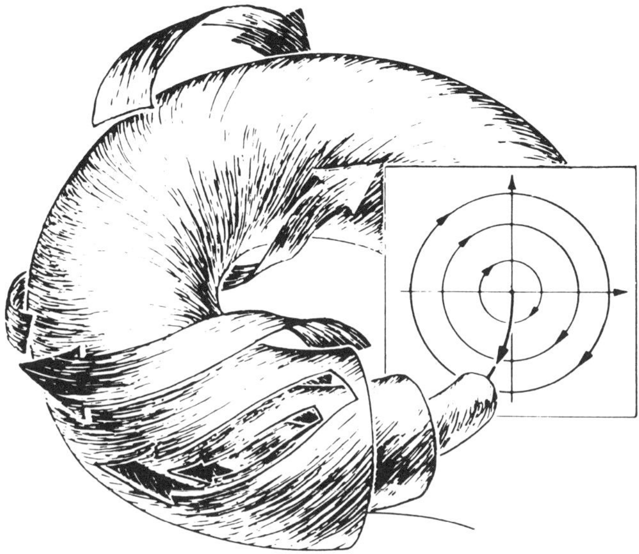

Abb. 107
Das klassische Bild von einem Poincaré-Schnitt in der Nähe einer periodischen Trajektorie. Jeder Kreis repräsentiert eine quasiperiodische Bewegung mit zwei verschiedenen Perioden.

sein. In Wirklichkeit sind für den, der sie deuten kann, klare Anzeichen dafür vorhanden, daß etwas Komplizierteres vorgehen muß. Ich habe gerade festgestellt, daß die zusätzliche Periode von der ersten unabhängig ist. Tatsächlich stimmt dies nicht immer. Die zweite Periode verändert sich stetig von einem Kreis zum nächsten. Betrachten Sie das Verhältnis der beiden Perioden. Wenn es irrational ist, dann sind die Perioden unabhängig. Ist es jedoch rational, verbinden sie sich, und es entsteht eine echte periodische Bewegung. Sie befinden sich in Resonanz. Nun liegen die rationalen Zahlen aber dicht beieinander. Jedes noch so kleine Intervall enthält eine rationale Zahl. Aus den von Poincaré gefundenen Gründen scheitert die klassische Analysis in der Nähe von Resonanzen. So erwartet man in der Nähe einer dichten Menge von klassischen Kreisen der Resonanz Schwierigkeiten.

Trotz dieser Sorge hat das klassische Bild für sehr ungewöhnliche Systeme Gültigkeit. Diese heißen integrierbar. Durch eine gemeine Laune des Schicksals sind die integrierbaren Systeme diejenigen, die durch eine explizite Formel gelöst werden können. So führt uns die klassische Betonung der expliziten

Lösungen zur Untersuchung von Systemen, die nicht wirklich repräsentativ sind. Aber wenn wir dem Beispiel von Poincaré und Birkhoff folgen, können wir das wahre, typische Bild herausarbeiten.

Es ist unglaublich komplex und wurde vor wenigen Jahren von dem Physiker Michael Berry zutreffend beschrieben:

> *Stellen Sie sich ein gewundenes Kabel vor, dessen unterste Schicht aus einer Schleife aus dünnem Draht besteht, die mit konzentrischen Plastikmänteln bedeckt ist. Über dieser Schicht liegt spiralförmig eine verkleidete Schleife zweiten Grades, auf dieser wiederum liegen Schleifen dritten, vierten ... Grades. Alle Schichten sind mit Plastikmänteln umhüllt, und die Anzahl der Spiralen nimmt kein Ende. Zwischen den Schleifen befinden sich außerdem noch Hohlräume, von denen jeder mit einem unendlich langen verworrenen Draht gefüllt ist.*

Die Plastikwindungen entsprechen regelmäßiger quasiperiodischer Bewegung. Die Mäntel zweiten Grades sind Resonanzen, Mäntel dritten Grades und dergleichen sind empfindlichere mehrfache Resonanzen. Die verworrenen Drähte sind chaotische Trajektorien.

Dies ist kein Computerexperiment. Es ist ein Theorem, ein sehr schwieriges Theorem. Andrei Kolmogorov hat als erster bemerkt, daß ein solches Ergebnis wahr sein könnte, und skizziert, wie es bewiesen werden könnte. Vladimir Arnold, ein Student von Kolmogorov, der einer der führenden Mathematiker der Welt und eine Autorität in der Dynamik geworden ist, erdachte sich einen strengen Beweis und überwand dabei ernsthafte technische Schwierigkeiten. Die Ergebnisse wurden schließlich von Jürgen Moser erweitert. Die vereinten Anstrengungen aller drei führten zu dem, was heute das KAM-Theorem (kurz für Kolmogorov-Arnold-Moser) heißt. Die von diesem Theorem vorausgesagten regelmäßigen quasiperiodischen Trajektorien nennt man KAM-Tori. Die in Kapitel 8 beschriebene Arbeit von Chirikov setzt allerdings der Existenz von KAM-Tori Grenzen und damit auch der Gültigkeit des KAM-Theorems.

Ralph Abraham und Jerry Marsden, zwei amerikanische Mathematiker, die eine der Bibeln zur Theorie der dynamischen Systeme geschrieben haben, nennen dieses Bild den VAK (Abbildung 108). Dies steht für «Vague Attraktor of Kolmogorov». VAK ist auch der Name für die Göttin der Vibration in der Rigweda, was angemessen ist.

Der VAK hat die gleiche beunruhigende Eigenschaft, die auch die Fraktale von Mandelbrot und die Feigenbaum-Menge von Feigenbaum haben: die Selbstähnlichkeit. Die winzigen Inseln im VAK sehen auf den ersten Blick wie das klassische Bild von konzentrischen Kreisen aus. Aber das ist nur ein Ergebnis der Begrenztheit von Zeichnungen. Jede Insel besitzt die gleiche Komplexität, tatsächlich die gleiche qualitative Gestalt, wie der vollständige VAK selbst. Und da das einfache klassische Bild atypisch und irreführend ist,

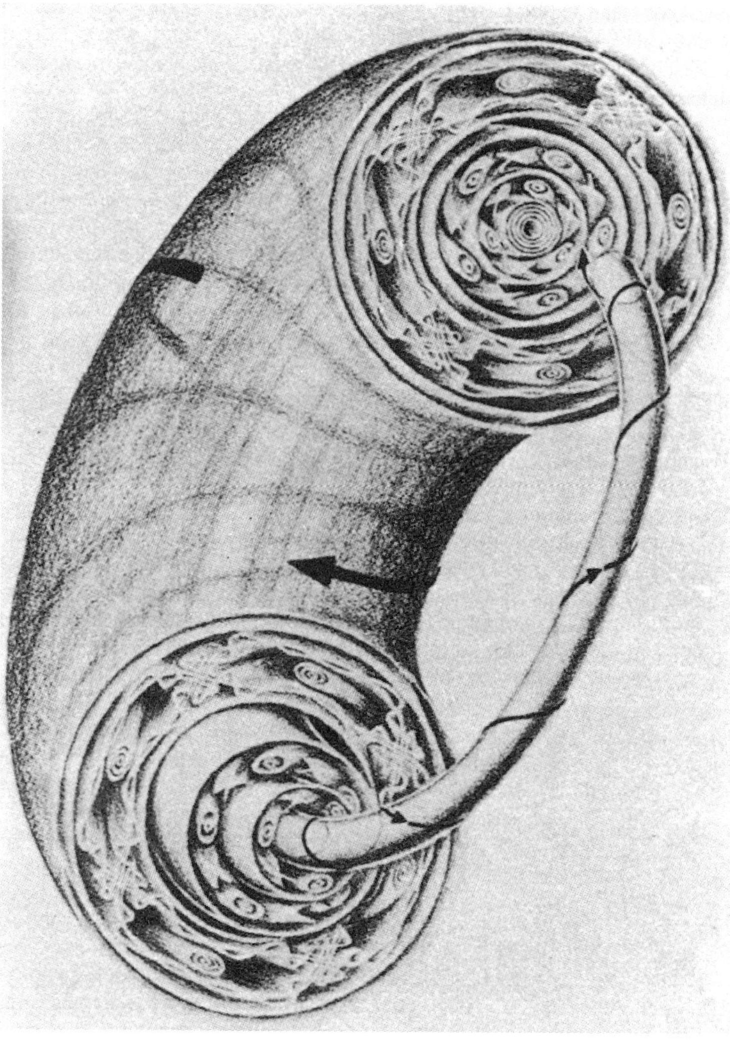

Abb. 108
So sieht es in Wirklichkeit in der Nähe einer typischen periodischen Trajektorie aus: der Attraktor von Kolmogorov. Nur einige der klassischen quasiperiodischen Bewegungen sind vorhanden. Ansonsten winden sich chaotische Trajektorien durch Resonanzinseln (Ralph Abraham und Jerrold E. Marsden, *Foundations of Mathematics*, © 1978 by Addison Wesley Pub. Co.).

ist die komplizierte selbstähnliche Struktur des VAK nicht der Alptraum irgendeines verrückten Mathematikers. Es ist das, was wirklich geschieht.

Kirkwood-Lücken und Hilda-Klumpen

Die Resonanzen sind sehr prominent auch in einem anderen astronomischen Rätsel vertreten, in den Lücken des Asteroidengürtels. Der größte Asteroid, Ceres, wurde 1802 von Wilhelm Olbers entdeckt – dem Mann mit dem Paradoxon – und hat einen Durchmesser von ungefähr 690 km. Die kleinsten sind nur wenig größer als riesige Felsen. Es gibt Zehntausende von ihnen. Die meisten Asteroiden kreisen zwischen den Bahnen von Mars und Jupiter, obwohl ein paar viel näher an die Sonne kommen.

Die Bahnen der Asteroiden sind nicht gleichmäßig zwischen Mars und Jupiter verteilt. Ihre Radien neigen dazu, sich um einige Werte zu ballen und von anderen wegzubleiben (Abbildung 109). Daniel Kirkwood, ein amerikanischer Astronom, hat um 1860 als erster auf dieses Fehlen der Gleichmäßigkeit aufmerksam gemacht. Er bemerkte auch, wo die prominentesten Lücken auftreten. Würde ein Körper die Sonne in einer dieser Kirkwood-Lücken umkreisen, wäre seine Umlaufzeit in Resonanz mit der des Jupiter. Folgerung: Die Resonanz mit Jupiter stört irgendwie jeden Körper in solchen Bahnen und verursacht eine Art von Instabilität, die ihn in Entfernungen abdriften läßt, an denen keine Resonanz mehr auftritt. Die besondere Rolle des Jupiters ist erwartet. Im Vergleich zu anderen Planeten ist er ausgesprochen massereich.

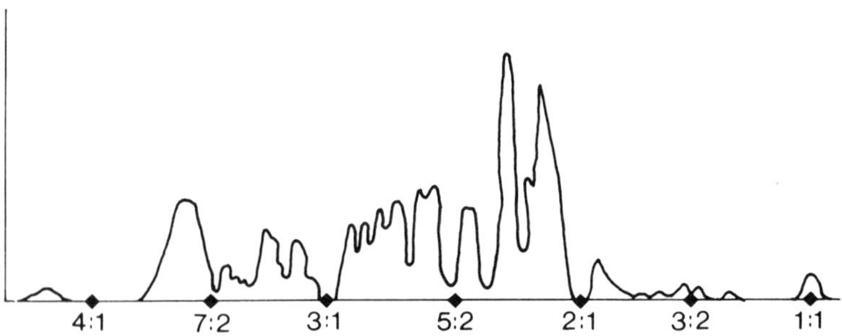

Abb. 109
In gewissen Entfernungen zur Sonne bilden die Asteroiden Haufen und lassen in anderen Lücken. Resonanzen mit Jupiter scheinen hierfür verantwortlich zu sein. Der Graph zeigt vertikal den Anteil an Asteroiden und horizontal das Verhältnis der Umlaufzeit des Jupiter zur Umlaufzeit des Asteroiden.

Die Lücken sind in neueren Daten offensichtlich, besonders die bei den Resonanzen 2:1, 3:1, 5:2 und 7:2. Auf der anderen Seite findet sich bei der Resonanz 3:3 ein Klumpen von Asteroiden, die Hilda-Gruppe.

Die Resonanzen wurden von den Astronomen als eine Art Behälter für alles benutzt. Der Mond blickt immer zur Erde, also besteht eine 1:1-Resonanz zwischen seiner Umlaufzeit und seiner Drehperiode. Merkur benötigt 88 Tage, um sich einmal um die Sonne zu drehen, und 59 Tage für eine Drehung um seine Achse, also befinden sich Merkurs Umlaufzeit und Drehperiode in 2:3-Resonanz. Diese Resonanzen sind vermutlich stabil, ansonsten wären die betreffenden Körper niemals in eine solche Beziehung getreten. Daher «erklärt» die Resonanz die beobachteten Phänomene.

Aber für die Asteroiden, ausgenommen die Hilda-Gruppe bei 3:2, scheint die Erklärung die Instabilität der Resonanzen zu sein! Die einzige Möglichkeit, diese Schwierigkeit zu lösen, besteht eindeutig darin, den Mechanismus der Instabilität auszuarbeiten: Vielleicht ist er in jedem Kontext anders. Weiterhin muß an der Resonanz 3:2 etwas Ungewöhnliches sein, was die Hilda-Gruppe erklärt.

Spitzen von hoher Exzentrizität

Bis vor kurzem waren weder analytische noch numerische Methoden in der Lage, eine genügende Langzeitanalyse für irgendeine dieser Resonanzen hervorzubringen. Aber Fortschritte in den Berechnungsmethoden und die Einführung neuer theoretischer Prinzipien fangen an, etwas Licht auf die Sache zu werfen. Besonders die Resonanz 3:1 wird heutzutage sehr gut verstanden.

Die Computerberechnungen zeigen, daß ein Asteroid, der auf einer Bahn kreist, die einer 3:1-Resonanz mit Jupiter genügen würde, einem sehr unregelmäßgen Weg folgen kann. Tatsächlich kann sich die Exzentrizität seiner Bahn sehr heftig und beinahe zufällig ändern (Abbildung 110). Dies ist ein anderes astronomisches Beispiel für dynamisches Chaos. Die Unregelmäßigkeiten passieren auf einer Zeitskala, die für den kosmischen Standard kurz, für den Standard unserer Berechnungen dagegen lang ist: ungefähr 10'000 Jahre.

Um zu sehen, was wirklich passiert, benötigte man viel größere Zeitskalen, die Millionen von Jahren überdecken. Eine typische chaotische Trajektorie zeigt dann Ausbrüche von hoher Exzentrizität, die von Perioden niedriger Exzentrizität mit gelegentlichen Hochexzentrizitäts-Spitzen unterbrochen werden. Ein Körper wird in einer solchen Bahn bei niedriger Exzentrizität einem ungefähr kreisförmigen Weg folgen, bei hoher Exzentrizität dagegen einem viel längeren und dünneren ellipsenförmigen Weg.

Ein numerisch berechneter Poincaré-Schnitt hilft bei der Erklärung dieser Ergebnisse (Abbildung 111). Er zeigt zwei verschiedene chaotische Bänder. In dem einen Band ist die Exzentrizität niedrig, in dem anderen hoch. Nun zeigt

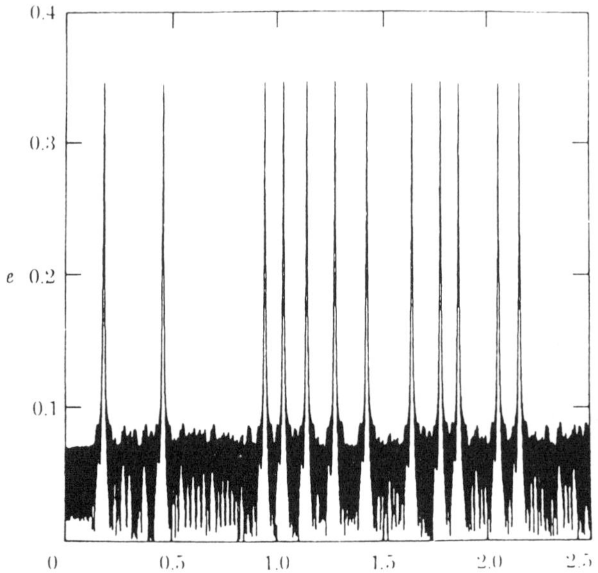

Abb. 110
Die Exzentrizität *e* der Bahn eines Asteroiden, der in der Resonanz 3:2 mit Jupiter steht. Die Spitzen entsprechen plötzlichen, großen Veränderungen der Exzentrizität. Die horizontale Skala zeigt die Zeit in Millionen Jahren.

der Poincaré-Schnitt aufeinanderfolgende «Schnappschüsse» der Bewegung eines Körpers auf seiner Bahn. Eine detailliertere Analyse macht deutlich, daß der Körper die meiste Zeit auf dem Band niedriger Exzentrizität kreist. Gelegentlich wird er von dem Band hoher Exzentrizität eingefangen. Die Bewegung ist ziemlich schnell, so daß er dort nicht lange bleibt. Daher sehen Sie eine kurze Spitze hoher Exzentrizität.

Mars als Ausputzer

Wie erklärt dies die 3:1-Kirkwood-Lücke?

In einem Ausbruch oder an einer Spitze wächst die Exzentrizität der Asteroidenbahn. Es stellt sich heraus, daß ein Asteroid, dessen Bahn eine Exzentrizität von 0.3 oder mehr besitzt, die Marsbahn kreuzt. Bei jeder dieser Kreuzungen besteht die Möglichkeit, daß er Mars zu nahe kommt und seine Bahn dadurch

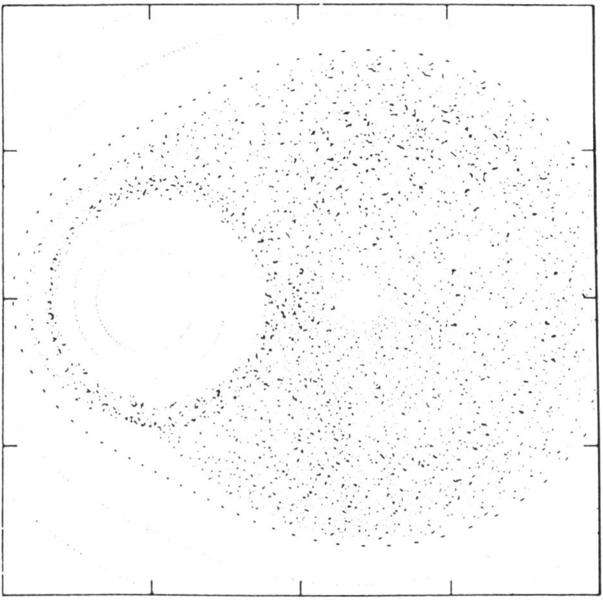

Abb. 111
Ein Poincaré-Schnitt für einen Asteroiden, der in der Resonanz 3:2 mit Jupiter steht, besitzt zwei chaotische Bänder, die die Exzentrizitätsspitzen erklären.

ernsthaft gestört wird. Ein Asteroid, der die Marsbahn oft genug kreuzt, wird schließlich zu nahe an ihn herankommen und in eine gänzlich andere Bahn geschleudert werden. Bevor bemerkt wurde, daß Chaos hohe Exzentrizität erzeugen kann, war das Kreuzen der Marsbahn kein plausibler Mechanismus. Es wurde erwartet, daß Asteroiden in der Nähe der 3:1-Kirkwood-Lücke deutlich von Mars entfernt bleiben würden, und es gab keinen Grund dafür, eine plötzliche Veränderung der Exzentrizität zu erwarten. Aber nun gibt es einen Grund, die Mathematik des Chaos. Es sieht so aus, als wäre die 3:1-Kirkwood-Lücke da, weil Mars sie sauber hält und nicht wegen einer Aktion des Jupiter. Jupiter schafft die Resonanz, die den Asteroiden zum Kreuzen der Marsbahn zwingt. Mars kickt ihn dann in die Kälte und Dunkelheit. Jupiter gibt die Vorlage, Mars schießt das Tor.

Ein Vergleich zwischen dem Rand dieses chaotischen 3:1-Bereichs und der tatsächlichen Verteilung der Asteroide ist auffallend gut (Abbildung 112). Es stellt sich heraus, daß einige quasiperiodische Trajektorien wie die chaotischen

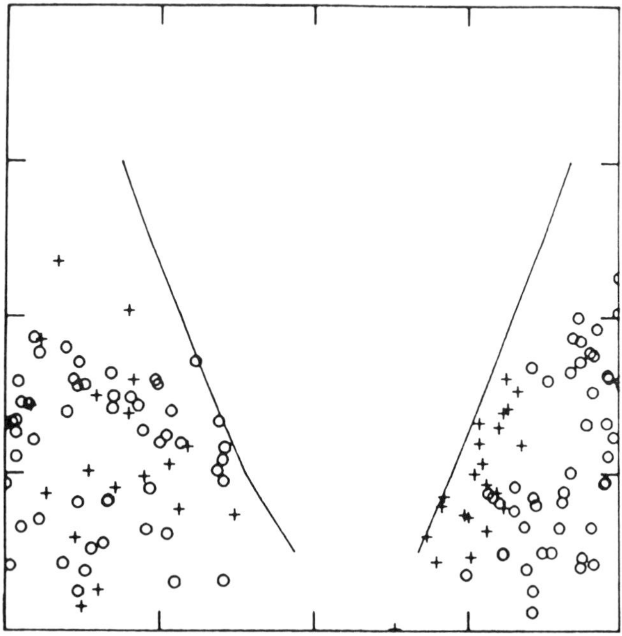

Abb. 112
Der Rand der chaotischen Zone 3:1 in der Theorie und der Beobachtung. Theoretisch sollte der Bereich zwischen den beiden Linien keine Asteroiden zeigen. Die Punkte und Kreise entsprechen den beobachteten Werten und bestätigen die Theorie.

zum Kreuzen der Marsbahn führen. Dies wurde beim Zeichnen des Randes berücksichtigt.

Der gleiche Mechanismus, der die Asteroiden von Mars wegschleudern läßt, kann auch Meteoriten dazu bringen, die Bahn der Erde zu erreichen. Die 3:1-Resonanz mit Jupiter scheint dafür verantwortlich zu sein, daß Meteoriten aus dem Asteroidengürtel in die Erdbahn gelangen und verglühen, wenn sie in die Atmosphäre unseres Planeten eintreten.

Es wird schwierig sein, ein dramatischeres Beispiel für die innere Einheit des gesamten Sonnensystems oder ein besseres Beispiel für die Allgegenwart des Chaos zu finden.

Das Digitale Planetarium

Was ist mit der Hilda-Gruppe, die sich bei der Resonanz 3:2 zusammenbraut? Was ist mit anderen Resonanzen?

Sogar ein Supercomputer mußte für Berechnungen langzeitiger Himmelsmechanik Schlimmes durchmachen. Wisdom und mehrere Kollegen, darunter James Applegate, Michael Douglas, Yekta Gürsel und Gerald Sussman, entschieden, daß es nur eine Antwort gab: einen eigenen Computer zu bauen. Es mußte eine hochspezialisierte Maschine sein, deren einziger Lebenszweck darin bestand, das Verhalten einer kleinen Zahl von Körpern zu berechnen, die sich in ungefähr kreisförmigen Bahnen unter Newtonscher Gravitation bewegen. Nach Kundenangaben gebaute Computer können Hintertürchen ausnutzen, die für Standardcomputer nicht erreichbar sind. Wenn man nur einen Job ausführen muß, kann man Abkürzungen finden.

Die Wissenschaftler nannten ihren kundengerechten Himmelscomputer das «Digitale Planetarium». Ein Planetarium ist eine altmodische mechanische Vorrichtung mit Zahnrädern und Getrieben, die die Bahnbewegung der Planeten simuliert. Es ist dem Mechanismus von Antikythera nicht unähnlich, nur das die Griechen ihre Vorrichtung zweitausend Jahre früher besaßen.

Das Digitale Planetarium ist ein Parallelrechner: Er führt mehrere Jobs gleichzeitig aus. Dies ist nur einer der Tricks, ihn zu beschleunigen. Während ein konventioneller Computer beim Ablauf eines Programms in jeder Phase Anweisungen aus seinem Speicher holen muß, führt das Digitale Planetarium viele seiner Berechnungen auf der Hardware durch. Die Mathematik ist permanent eingedrahtet. Zum Beispiel benötigt das Digitale Planetarium für eine einzelne arithmetische Operation die gleiche Zeit wie ein VAX 11/780 (wenn Sie auf Details bestehen: 1.25 Mikrosekunden für eine 64-Bit-Fließkomma-Multiplikation). Dagegen führt es einen Integrationsschritt für eine Zehnkörper-Gleichung ungefähr sechzigmal schneller aus als ein VAX. Der VAX ist ein populärer (aber alternder) Computer von der Größe eines Kleiderschranks, der für wissenschaftliche Forschungen konstruiert wurde.

Das Digitale Planetarium wurde dazu benutzt, die Bewegung des Sonnensystems sowohl für die zukünftigen 110 Millionen Jahre wie für die vergangenen 110 Millionen Jahre zu untersuchen, also für eine Zeitspanne von über 200 Millionen Jahren. Pluto hat die Astronomen lange verwirrt. Seine Bahn ist wesentlich exzentrischer als die der anderen Planeten und auch sehr viel mehr geneigt. Vor kurzem haben Wisdom und Sussman eine andere Besonderheit von Pluto gefunden. Unter Verwendung des Digitalen Planetariums zeigten sie, daß seine Bahn in ihrem mathematischen Modell chaotisch ist. Um dies zu zeigen, ließen sie das Planetarium zweimal laufen, wobei Pluto leicht verschiedene Anfangspositionen besaß. Nach mehreren hundert Millionen Jahren war Pluto auf den beiden so erhaltenen Bahnen jeweils auf der entgegengesetzten Seite der Sonne. Ein kosmischer Fall des Schmetterlingseffekts.

Das Digitale Planetarium wird nun benutzt, um die Resonanzen 2:1 und 3:2 zu untersuchen. Es hat schon herausgefunden, daß für die Resonanz 2:1, bei der eine Lücke im Asteroidengürtel erscheint, eine beträchtliche chaotische Zone existiert. Aber für die Resonanz 3:2, bei der der Hilda-Klumpen liegt, gibt es keinen chaotischen Bereich.

Mathematisch gesehen ist jede Resonanz ein einzigartiges Tier mit eigenen speziellen Eigenschaften. Es gibt keinen Grund, warum sich die Resonanz 3:2 so verhalten soll wie 3:1 oder 2:1, ebensowenig wie die Zahl 3/2 das gleiche sein sollte wie 3 oder 2. Offensichtlich ist die effektive Abwesenheit von Chaos eine der verblüffenderen Aspekte der Resonanz 3:2. Ohne Chaos entfällt die Voraussetzung für eine Bahn, an Exzentrizität zu gewinnen. Ohne wachsende Exzentrizität wiederum kann kein anderer Planet, wie Mars, sie ablenken. Die Hildas scheinen eine «ökologische Nische» im Universum des Chaos gefunden zu haben.

13 *Die Unausgeglichenheit der Natur*

Die unendliche Produktenkraft der Pflanzen und Thiere wird nur durch das Gedränge und den Kampf derselben um gehörige Nahrungsmittel in Schranken gehalten. Es ist nicht unmöglich, daß die ganze Erdoberfläche, wenn alle anderen Pflanzen=Gattungen untergiengen, von einer einzigen bekleidet werden könnte, z.B. von Eichen oder Disteln, oder daß, wenn alle anderen Bewohner ausstürben, die ganze Erde binnen wenigen Menschenaltern von einer einzigen Nazion bevölkert werden könnte, z.B. von Deutschen oder Franzosen.

Thomas Malthus, An Essay on the Principle of Population

Es war einmal ein Mann, der ein Glas voller Fliegen hütete.

Ja, die Welt ist voll mit seltsamen Besessenheiten, aber dies war keine davon. Er war nicht irgendein Exzentriker, der sich ungewöhnliche Haustiere hielt. Er war ein Wissenschaftler und untersuchte, wie sich eine Population von Schmeißfliegen in beschränktem Raum und bei begrenzter Nahrung mit der Zeit verändern würde. Sein Name war A. J. Nicholson und sein Gebiet war die Ökologie. Heutzutage hören wir den Namen «Ökologie» sehr oft, gewöhnlich im Zusammenhang mit «grüner» Politik. Als Wissenschaft ist die Ökologie die Erforschung unseres Lebensraumes, besonders der Wechselbeziehungen zwischen den Tieren und den Pflanzenarten.

An manchen Tagen sind fast 10'000 Schmeißfliegen im Behälter von Nicholson. Zu anderen Zeiten reduziert sich die Population auf einige hundert (Abbildung 113). Die Fliegenpopulation wächst über den Platz im Behälter hinaus, doch dann nimmt ihre Zahl jäh ab. Ist wieder genügend Platz vorhanden, vermehren sich die Fliegen erneut. Nach ungefähr achtunddreißig Tagen wiederholt sich der Zyklus. Er ist nicht immer ganz gleich, sondern schwankt um einen periodischen Rhythmus.

Der Rhythmus und Nicht-Rhythmus von Tierpopulationen war für die Menschheit immer lebenswichtig. Unerwartete Heuschreckenplagen verursachen Hunger und Tod. Andere Schädlinge, seien es Kaninchen, Känguruhs oder Opossums, können Ackerland und Obstplantagen verwüsten. Populationen von Bakterien und Viren schwanken ebenfalls von Jahr zu Jahr. Eine der längsten verfügbaren Zeitreihen ist die der Population von Luchsen und Hasen in Kanada, die von der Hudson Bay Trading Company aufgezeichnet wurde.

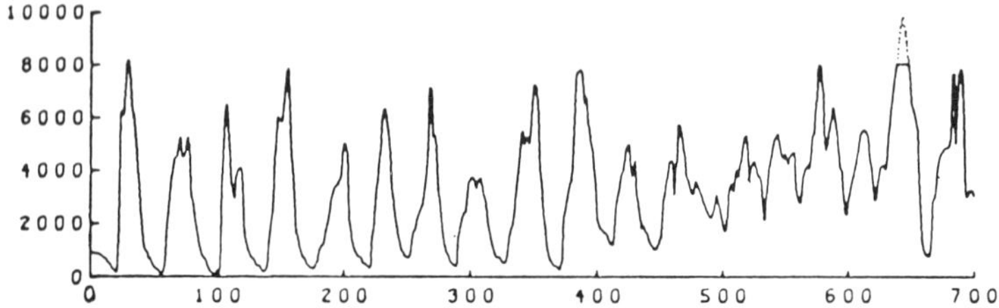

Abb. 113
Schwankungen in einer Population von Schmeißfliegen. Die horizontale Skala zeigt die Zeit in Tagen.

Die Zikade gehört zu der Gattung Homoptera oder Gleichflügler. Die meisten Gleichflügler haben ein sehr kurzes Leben, drei Zikadenarten jedoch nicht. Die erwachsenen Weibchen bohren Löcher in Bäume und legen Eier hinein. Diese sind nach wenigen Wochen ausgebrütet. Die Nymphen fallen auf den Boden, graben sich in die Erde und beginnen, an den Wurzeln der Bäume zu fressen. Sie bleiben siebzehn Jahre unter der Erde, manche Arten dreizehn Jahre. Dann kommen sie hervor und verwandeln sich in ausgewachsene Zikaden.

Die Erwachsenen leben nur wenige Wochen. Die Erwachsenen scheinen das Instrument der Nymphen zur Vermehrung zu sein.

Was haben sie vor? Es ist ein wirkliches Rätsel. Eine der vielen Spekulationen behauptet, daß Primzahlen wie 13 oder 17 die Resonanz mit anderen, kürzeren Zyklen potentieller räuberischer Lebewesen meiden. Aber das ist eine Vermutung.

Einige dieser Schwankungen sind regelmäßig, andere nicht. Ist das dynamische Bild nur eine Metapher? Oder sollte der Begriff «Dynamik der Population» wörtlicher genommen werden? Wenn die Periodizität das einzige Phänomen ist, ist es fast unmöglich, diese Frage zu beantworten. Beim Auftreten von Chaos sind dagegen strengere Testmethoden verfügbar. Beobachten wir die Fußspuren des Chaos in den Unregelmäßigkeiten von Populationen?

Dies ist gut möglich.

Haie und Garnelen

Der Gedanke, daß ein ökologisches System von einer Art Dynamik angetrieben wird, ist schon lange vorhanden. Der italienische Mathematiker Vito Volterra verbrachte den Ersten Weltkrieg bei der Luftwaffe und entwickelte lenkbare Luftschiffe als Waffen. Er hat als erster vorgeschlagen, in Luftschiffen Helium anstelle von leichtentzündlichem Wasserstoff zu verwenden. Als der Krieg zu

Ende war, lenkte er seine Gedanken in friedliche Bahnen, und stellte mathematische Modelle für die Wechselbeziehungen zwischen räuberischen Lebewesen und ihren Opfern auf. Er fand ein System von Differentialgleichungen als Erklärung für die periodischen Schwankungen der Fischpopulation im Mittelmeer.

Volterras Zyklen (Abbildung 114) können durch ein rein verbales Argument plausibel gemacht werden. Nehmen Sie an, daß eine kleine Anzahl von Räubern – sagen wir Haie – ein Gewässer unsicher macht, das eine große Anzahl von Opfern – sagen wir Garnelen – enthält. Ich benutze diese Begriffe nur wegen ihrer Realitätsnähe. Die Garnelenpopulation ist durch die verfügbare Nahrung begrenzt und kann zusätzlich durch die Räuber vermindert werden. Die Haipopulation ist auf der anderen Seite durch die Anzahl der Garnelen begrenzt. Zu Beginn unseres Modells gibt es genug Garnelen, so daß die Haipopulation drastisch wächst. Die Garnelenpopulation beginnt abzunehmen, wenn die Haie sie dezimieren. Bald gibt es zu viele Haie und nicht genug Garnelen. Hungernde

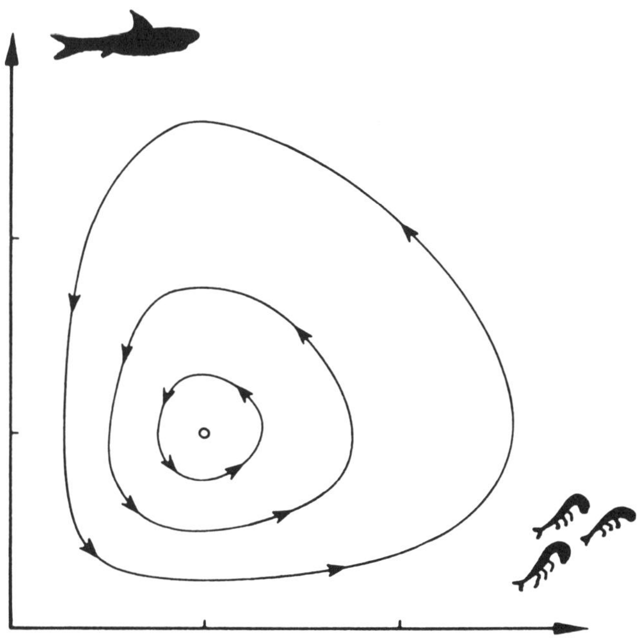

Abb. 114
Die Räuber-Opfer-Zyklen von Volterra.

Haie sterben an Nahrungsmangel und werden durch die Verwesung an die Wasseroberfläche getrieben. Ihre Anzahl nimmt also ab. Dies erlaubt den Garnelen, sich schneller zu vermehren. Die Garnelenpopulation explodiert. Von hier ab wiederholt sich der Zyklus.

Transluminale Kaninchen

Nach einer Klischeevorstellung ist das Wachstum einer Population exponentiell, wenn keine Beschränkung vorliegt. Wenn – wie gemeinhin angenommen wird – eine Durchschnittsfamilie 2.3 Kinder hat, hat sie eine Wachstumsrate von $2.3/2 = 1.15$, und nach n Generationen werden 1.15^n Nachfahren da sein. Da 1.15^5 sehr nahe an zwei liegt, verdoppelt sich die Bevölkerung jeweils nach 5 Generationen. Rechnet man für eine Generation dreißig Jahre, verzehnfacht sich die Bevölkerung jedes Jahrhundert.

Das erste mathematische Modell für das Wachstum einer Bevölkerung findet sich 1220 im Werk von Leonardo von Pisa. Leonardo ist auch unter dem Namen «Fibonacci» bekannt, obwohl ihm dieser Name im neunzehnten Jahrhundert von dem Mathematikhistoriker Guillaume Libri gegeben wurde und keinerlei historische Grundlage besitzt. Sein Modell war irgendwie ironisch. Es war eher ein Puzzle als ein seriöser Beitrag zur mathematischen Ökonomie. Es nahm jedoch einige bedeutende Gedanken vorweg. Leonardo beschäftigte sich mit dem Vermehrungsverhalten von Kaninchen, nicht im biologischen, sondern im zahlenmystologischen Sinn. Leonardo nahm als Grundeinheit ein Kaninchenpaar – diese Hypothese ist immerhin sehr realistisch. Nehmen Sie an, am Anfang gibt es ein Paar von unreifen Kaninchen. Diese sind innerhalb einer Saison ausgereift. In jeder nachfolgenden Saison werfen sie ein unausgereiftes Paar, das wiederum innerhalb einer Saison heranreift. Und natürlich werfen alle neuen reifen Paare wiederum pro Saison ein unreifes Paar. Nehmen Sie an, daß die Kaninchen und ihre zeugungsfähigen Triebe niemals sterben. Wie viele Kaninchenpaare werden nach n Saisons gezeugt sein?

Nehmen Sie an, in der Saison n gebe es M_n reife Paare und I_n unreife Paare. Dann beginnen wir in der Saison 1 mit $M_1 = 0$ und $I_1 = 1$. Die Wachstumsgesetze lauten

$$I_{n+1} = M_n,$$

$$M_{n+1} = M_n + I_n.$$

Dies heißt, daß die M_n reifen Paare in der Saison n M_n unreife Paare gebären, dies sind aber I_{n+1}. Und die I_n unreifen Paare aus der vorhergehenden Saison kommen zum existierenden Pool der M_n reifen Paare dazu. Dies gibt die Formel für M_{n+1}.

Wenn wir diese Zahlen in einer Tabelle aufschreiben, erhalten wir:

n	M_n	I_n	Total
1	0	1	1
2	1	1	2
3	2	1	3
4	3	2	5
5	5	3	8
6	8	5	13
7	13	8	21
8	21	13	34

Dies sind die berühmten Fibonacci-Zahlen. Jede ist die Summe ihrer beiden Vorgänger. Wir sehen hier ein diskretes dynamisches System. Das Zeitintervall ist eine Saison und der Zustand des Systems ist das Zahlenpaar (M_n,I_n). Das Wachstumsgesetz ist die Dynamik.

Die Gleichung hat eine exakte Lösung. Wenn wir die goldene Zahl $\tau = 1/2(1+\sqrt{5}) = 1.618034...$ einführen, kann folgendes gezeigt werden:

M_n ist die nächste ganze Zahl zu $\tau^n/\sqrt{5}$,
I_n ist die nächste ganze Zahl zu $\tau^{n-1}/\sqrt{5}$.

Ich möchte nicht ausführen, warum dies so ist. Doch wenn Sie es mir nicht glauben, können Sie es auf ihrem Rechner nachprüfen. Der springende Punkt ist, daß die Bevölkerung im Modell von Leonardo sehr gut angenähert um einen Faktor von 1.618034 in jeder Saison wächst.

Einmal mehr haben wir dieses exponentielle Wachstum vor uns. Wenn es nicht aufgehalten wird, wird nach 114 Generationen das Volumen an Kaninchen das des bekannten Universums übertreffen. Lange vorher würde die Erde von einer Kaninchenkugel verschlungen, die sich schneller ausbreitet als das Licht.

Die Grenzen des Wachstums

Dies ist natürlich absurd. In der Praxis wird ein äußerer Einfluß ins Spiel kommen und die Population auf vernünftigere Zahlen begrenzen. Der verfügbare Sauerstoff wäre zum Beispiel ein solcher Faktor, wahrscheinlicher noch wäre fehlender Raum, fehlende Nahrung oder beides.

Daher muß die diskrete Dynamik von Leonardo modifiziert werden, um eine Sperre bei großer Bevölkerung zu gewährleisten. Im Jargon der Ökologen heißt dies «dichteabhängiges Wachstum der Population», weil die Geburtenrate von der Dichte der gegenwärtigen Kreaturen abhängt – dem Quotienten zwischen der aktuellen Bevölkerung und der von der Umgebung zugelassenen maximalen Bevökerung.

Leonardos Modell ist nicht nur in der Zeit diskret, sondern auch in der Anzahl der Kaninchen. Es ist einfacher, Gleichungen zu untersuchen, die in der Anzahl der Kaninchen stetig sind, aber in der Zeit diskret bleiben. Um dies auszuführen, ersetzen wir die Anzahl der Kaninchen durch ihr Verhältnis x zur maximalen Population. Nun verläuft x zwischen 0 und 1, und zwar in vielen winzigen, diskreten Schritten. Ist jedoch die maximale Population zum Beispiel eine Milliarde, dann haben die Schritte eine Größe von 0.000000001 und Sie werden sie nur schwer bemerken. Ihr Computer auch nicht.

Die einfachsten Modelle für das Bevölkerungswachstum sind iterativ so wie das von Leonardo: Die Dichte der Population in einer gegebenen Saison hängt auf eine vorhersagbare Weise von der Dichte in der vorhergehenden Saison ab. Mit anderen Worten, wir haben ein iteratives Modell, ein diskretes dynamisches System der Form

$$x_{n+1} = F(x_n),$$

wobei x_n die Dichte in der Saison n und F irgendeine wohlbestimmte Abbildung ist.

Es wurden ungeheuer vielfältige Abbildungen F vorgeschlagen. Jede sollte einen angeblichen Aspekt des Vermehrungsprozesses festhalten. Wenn man diese Abbildungen mit klassischen Methoden untersucht, hat man zuerst den Eindruck, daß jede zu höchst unterschiedlicher Dynamik führen sollte. So wird man versuchen, Methoden zu entwickeln, mit deren Hilfe getestet werden kann, welche Abbildung am besten zu den Daten paßt, in der Hoffnung, daß man das beste Modell findet, und dabei etwas über die zugrundeliegende Biologie lernt.

Das könnte ein Fehler sein. Die meisten Abbildungen in der Literatur haben eines gemeinsam: Sie definieren eine Kurve mit nur einem Maximum. Daher verhalten sich qualitativ alle wie die logistische Abbildung. Insbesondere werden alle mehrere auffallende Eigenschaften besitzen – als wichtigste die Feigenbaum-Menge mit ihrer periodenverdoppelnden Kaskade. Ebenso werden der «Feigenwert» 4.669 und periodische Zyklen mit Perioden ungleich 2^n in allen Abbildungen auftauchen.

Es ist nicht so, daß die verschiedenen Modelle nicht quantitativ unterschieden werden können. Sie müssen sich jedoch vergegenwärtigen, daß man in der experimentellen Ökologie wirklich gute Daten nur schwer erhält. Daher können ernsthafte Probleme entstehen. Es ist wahrscheinlich das beste zu akzeptieren, daß der experimentelle Augenschein, so wie er ist, eine ganze Klasse von Modellen hervorbringt und nicht nur ein einziges.

Wie auch immer, das Fazit von all dem ist, daß sogar die einfachsten Modelle für das Wachstum einer Population in beschränkter Umgebung Periodizität und Chaos erzeugen können. Wie wir gesehen haben, ist in realen Populationen

Periodizität üblich. Ebenso üblich sind Zufallsschwankungen, die uns vor ein apartes Problem stellen: Welcher Anteil von ihnen ist auf äußere Einflüsse zurückzuführen und welcher auf echtes deterministisches Chaos?

Die Kombination von Umständen

Die erste Person, die die Vorgänge richtig einschätzte, scheint Robert May gewesen zu sein. Sein Artikel in *Nature* – mit seiner leidenschaftlichen Bitte, das komplexe Verhalten einfacher Modelle weiter zu verstehen – wurde bereits erwähnt. Kürzlich äußerte May in den *Proceedings of the Royal Society*, vol. 413A (1987) einige Gedanken darüber, warum es so lange gedauert hat, bis die Leute das herausgefunden haben, was im wesentlichen für jeden offensichtlich gewesen sein sollte, der mit einem Tischrechner oder sogar nur mit Bleistift und Papier ausgerüstet ist.

> *Wenn diese einfachen Gleichungen, die auf natürliche Art in vielen Zusammenhängen entstehen, solch überaschende Dynamik erzeugen, stellt sich die interessante Frage, warum es so lange gedauert hat, bis sich das Chaos so in den Mittelpunkt der Bühne bewegt hat, wie es innerhalb der letzten zehn Jahre geschehen ist. Ich glaube, die Antwort liegt teilweise darin begründet, daß ein weitverbreitetes Verständnis für die Bedeutung des Problemfeldes Chaos warten mußte, bis es von Leuten entwickelt wurde, die genügend einfache Systeme betrachteten, um auf der Suche nach praktischen Anwendungen allgemeine Grundzüge zu erkennen. Dies mußte bis zu einem Zeitpunkt dauern, wo der Computer numerische Untersuchungen leicht gemacht hat.*

Dies entspricht meiner schon früher gemachten Bemerkung, daß eine Kombination von Umständen nötig ist – die Zeit, der Ort, die Person, die Kultur –, damit ein neuer Gedanke Wurzeln fassen kann. Jedenfalls waren, wie auch May schrieb, einige Umstände schon vorher günstig für das Thema Chaos, allerdings nicht alle. Denn im Ergebnis erhielt das Thema niemals ausreichend eigene Identität, um überhaupt als Thema erkannt zu werden. Das gleiche gilt auch für die Fraktale. Obwohl verschiedene Teile des Puzzles über Generationen verfügbar waren, waren die besonderen Talente des Benoît Mandelbrot nötig, um sie zusammenzubringen und die Leute davon zu überzeugen, daß das resultierende Bild von Bedeutung war.

Tatsächlich waren sich in den fünfziger Jahren mehrere Populationsbiologen in gewissem Sinn des Problems Chaos bewußt. Zum Beispiel untersuchte 1950 P. A. P. Moran Insekten und 1954 W. E. Ricker Fischpopulationen. Sie fanden stabile Lösungen, Periodizität und sogar Chaos. Aber zu dieser Zeit lag das Interesse in den stabilen Lösungen, und das Chaos – das nur durch mühsame

Arbeit mit dem Tischrechner beobachtet wurde – wurde weder verstanden noch wurde ihm getraut.

1970 jedoch war die notwendige Kombination der Faktoren zustande gekommen. Von da an war es unmöglich, das bei numerischen Simulationen auftretende Chaos nicht zu bemerken. Jeder, der auf einem Computer mit der Iteration von Abbildungen gespielt hat – dies ist ein sehr leicht zu programmierender Vorgang –, wird bestätigen, daß die größte Schwierigkeit oft darin liegt, Chaos zu vermeiden, und nicht darin, es herzustellen.

Ausgenommen natürlich, Sie suchen bewußt danach.

Bakterien sind überall, aber ohne ein Mikroskop wird man sie niemals sehen. Galaxien sind überall, aber ohne ein Teleskop sehen sie wie leicht verschwommene Sterne aus. Subatomare Teilchen sind nicht nur überall, sondern auch alles. Trotzdem braucht man Beschleuniger für viele Millionen Dollar, um ihre Existenz nachzuweisen. In der Geschichte der Wissenschaft hat die Erfindung neuer Instrumente immer zu unmittelbarem Fortschritt geführt. Für unseren Problemkreis war der Computer das entscheidende Stück der Ausrüstung. Aber Instrumente allein reichen nicht aus. Um zu erkennen, daß das, was das neue Instrument enthüllt hat, von Bedeutung ist, ist der Verstand eines Wissenschaftlers nötig. Und um herauszufinden, warum das neue Instrument dieses neue Phänomen enthüllt, ist sogar noch mehr Verstand nötig.

Die Ei-gegen-Fliege-Rechnung

Lassen Sie uns die Daten von Nicholson über Schmeißfliegen näher betrachten.

Nicholson fütterte seine Fliegen mit einer einheitlichen, aber begrenzten Proteinnahrung. Wenn ihre Population groß war, gab es für die Fliegen nicht genug Futter, um sich richtig zu vermehren. Es wurden nicht viele Eier gelegt, und die Population brach zusammen. Die resultierende kleinere Fliegengeneration hatte Nahrung im Überfluß, und so fing sich die Population rasch wieder.

Oben habe ich ausgeführt, daß das Zusammenspiel von Räubern und Opfern zyklisches Verhalten hervorbringen kann. Das gleiche Argument würde uns dazu bringen, in der Schmeißfliegenpopulation von Nicholson eine periodische Schwingung zu erwarten. Und tatsächlich ist die Haupteigenschaft der experimentellen Daten innerhalb eines Zeitraumes von zwei Jahren eine ziemlich regelmäßige Schwingung mit einer Periode von ungefähr achtunddreißig Tagen.

Aber die Daten schwingen nicht nur.

Viele der Spitzen sind M-förmig anstatt Λ-förmig, also doppelt. Dies legt nahe, daß eine zusätzliche Bewegung mit hoher Frequenz die Grundschwingung überlagert. Die Höhe der Spitzen ändert sich ziemlich regelmäßig nach einem Schema, das sich nach drei Spitzen wiederholt. Auf eine kleine Spitze folgt eine mittlere und eine große, dann wiederholt sich der Zyklus.

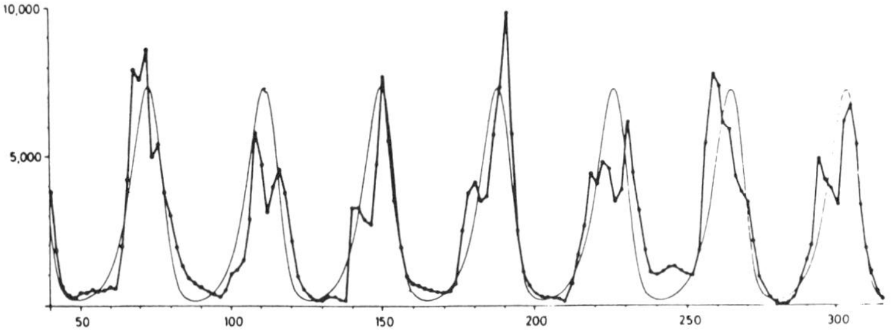

Abb. 115
Ein zeitverzögertes Modell der Grundschwingung in den Fliegendaten.

Überdies werden die Oszillationen nach ungefähr 450 Tagen immer unregelmäßiger.

Wenn Sie denken – wie dies allgemein üblich ist –, daß regelmäßige Zyklen die kompliziertesten Dinge sind, die eine natürliche und sich selbst überlassene Population hervorbringt, dann müssen Sie zur Erklärung der Daten von Nicholson zusätzliche Faktoren finden. War die Versorgung mit Nahrung wirklich konstant? Gab es Krankheitserreger? Wie genau war die Zählung?

Aber wir wissen nun, daß alle in den Daten der Fliegen beobachteten Effekte in der diskreten nichtlinearen Dynamik üblich sind. Periodizität, Quasiperiodizität, Chaos.

Viele biologische Erscheinungen beinhalten Zeitverzögerungen. Ein Krankheitserreger zum Beispiel durchlebt eine Inkubationszeit. Daher kann zwischen dem Zeitpunkt, zu dem sich eine Person infiziert, und dem, zu dem sie die ersten Symptome zeigt, eine längere Zwischenzeit liegen. Für Windpocken beträgt sie vierzehn bis fünfzehn Tage, für AIDS fünf bis zehn Jahre. Sich vermehrende Zyklen enthalten Tragezeiten. Wird einem Tier die Nahrung entzogen, arbeitet es sich zuerst durch seinen eingebauten Fettspeicher. Erst danach beginnt es, ernsthaft zu hungern.

May zeigte, daß ein sehr einfaches, zeitverzögernde Effekte enthaltendes Modell aufgestellt werden kann, das den achtunddreißig Tage langen Zyklus von Explosion und Zusammenbruch der Schmeißfliegenpopulation imitiert (Abbildung 115). Die glatten theoretischen Kurven passen ziemlich gut zu den gezackten experimentellen Daten.

George Oster hat die Untersuchungen weitergeführt. In seinem Modell wird die Größe der Population von zwei hauptsächlichen Faktoren beeinflußt. Der erste verkörpert eine Verzögerung. Es ist die «Reifezeit» – die Zeit, in der sich ein Ei in ein sich fortpflanzendes Tier verwandelt. Der zweite ist eine nichtlineare Abhängigkeit zwischen der Fortpflanzungrate und der Nahrungsversorgung. Die Ergebnisse des Modells (Abbildung 116) enthalten stabile Zustände, periodische Zustände mit verschiedenen Perioden wie 3 oder 6 und gutentwik-keltes Chaos. Eine Methode zur dynamischen Imitation von Zeitverzögerungen besteht darin, ein Modell mit zwei Altersklassen zu verwenden. In der Tat ist das Kaninchenmodell von Leonardo so angelegt. Die Klassen sind die unreifen und die reifen Paare. Die Verzögerung entsteht, weil sich die unreifen nicht in

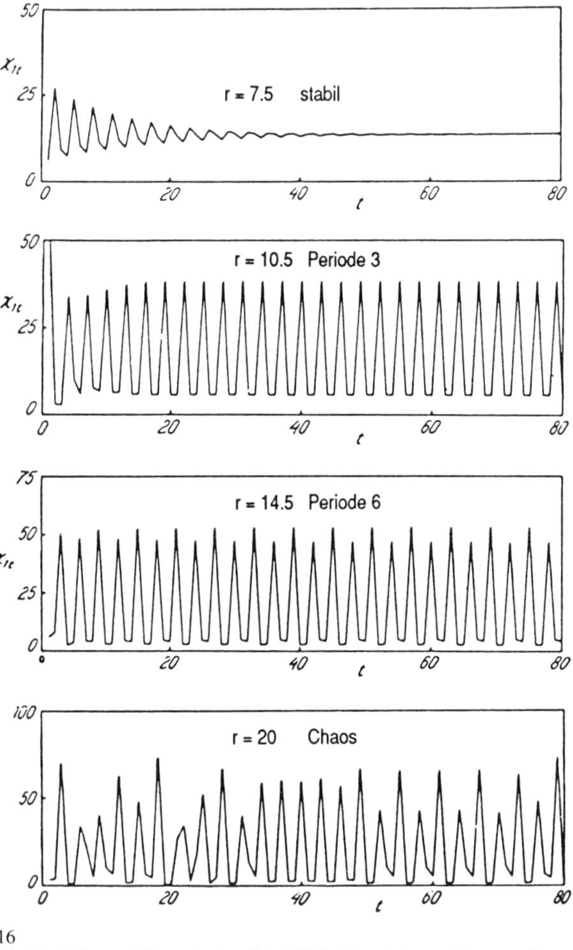

Abb. 116
Mehrfache Perioden und Chaos in dem Modell der Populationszyklen von George Oster.

der ersten Saison vermehren. Statt dessen verbringen sie ihre Zeit damit, sich in reife Paare zu verwandeln. Aber im Modell von Leonardo sind die Wachstumsraten linear und ohne Beschränkung bei großen Populationen, daher vermehren sich seine Kaninchen exponentiell. Das Modell von Oster enthält eine nichtlineare Begrenzung.

Das Modell kann periodische Ausbrüche des Eierlegens erzeugen, die den zugrundeliegenden Zyklus überlagern und zu einer M-förmigen Doppelspitze in der Population führen. Es kann auch zulassen, daß sich die Höhen der Spitzen verändern. Und es kann Chaos produzieren. Oster wollte quantitative und nicht nur qualitative Übereinstimmung mit den Daten erhalten. So kann die gesamte von Nicholson beobachtete Vielfalt der Dynamik nur die Konsequenz aus einem einzigen deterministischen Gesetz sein. Es sind keine unerklärbaren Effekte nötig.

Wackelige Balance

Bis vor kurzem haben die Populationsbiologen zumindest implizit angenommen, daß der natürliche Zustand einer Population stationär ist. In der Praxis jedoch wird dieser wünschenswerte Sachverhalt – die «Ausgeglichenheit der Natur» – durch dichteabhängige Effekte und Rauschen aus der Umgebung durcheinandergebracht. Für den Experimentalisten bestand das Problem darin, aus den geräuschvollen Daten die zugrundeliegenden stationären oder periodischen Zustände herauszufiltern. Aber wenn die gleiche einfache Dynamik, die zu stationären Zuständen und zu Periodizität führt, auch Chaos hervorbringen kann, dann kann der unterliegende Zustand selbst chaotisch sein, und das Problem, die zugrundeliegende Struktur herauszufiltern, wird weitaus heikler.

In der Vergangenheit haben die Biologen vorwiegend gemittelte Größen betrachtet und untersucht, welche Beziehung die Durchschnittsgrößen miteinander haben. Dies entspricht etwa dem thermodynamischen Zugang zum Gas: Lege besonderen Wert auf Durchschnittswerte wie die Temperatur und den Druck. Dies funktioniert sehr gut bei Gasen und sehr schlecht bei Populationen. Die Ursache könnte sein, daß Populationen weniger Lebewesen enthalten als Gase Moleküle. Rauschen aus der Umgebung, wie Räuber, das Klima oder die Verfügbarkeit von geeigneter Nahrung, wirkt tatsächlich auf Individuen. Ebenso treten Veränderungen der Population auf dem Niveau eines Individuums ein. Überdies kann sich die Dynamik einer Population aufgrund von sehr lokalen Effekten dramatisch verändern.

M. P. Hassell und May haben kürzlich untersucht, wie der Gartenschädling Mottenschildlaus auf Schneeballbüschen verteilt ist. Ihre Daten führten sie zu dem Schluß, daß ein dreistufiger Mechanismus wirkt. Zuerst verteilen sich die Insekten in Flecken. Als zweites kann die Dichte in jedem Flecken unterschiedlich sein, so daß die dichteabhängigen dynamischen Effekte von Flecken zu

Flecken variieren können. Als drittes kann Rauschen aus der Umgebung jeden Flecken unterschiedlich beeinflussen.

Für die Untersuchung eines solchen Systems ist es wichtig, zuerst die Dynamik zu betrachten und dann die Ergebnisse zu mitteln, und nicht zuerst Mittelwerte zu nehmen und dann die Dynamik zu betrachten. Wenn man zum Beispiel ein Dutzend Flecken mit jeweils unterschiedlicher Populationsdichte auswählt und untersucht, wie sich die durchschnittliche Populationsgröße von Generation zu Generation verändert, wird man nicht das Schema erhalten, daß bei einer einheitlichen Population mit mittlerer Dichte auftritt. Dies ist so, weil die Dynamik nichtlinear ist und die Nichtlinearität Mittelwerte nicht respektiert.

Betrachten Sie als Analogie ein Auto, das eine Strecke von 30 km mit einer Geschwindigkeit von 20 km/h hin- und mit 60 km/h zurückfährt. Wie groß ist die durchschnittliche Geschwindigkeit? Wenn Sie die Geschwindigkeiten addieren und davon die Hälfte nehmen, erhalten Sie 40 km/h. Das ist jedoch falsch. Das Auto benötigt für den Hinweg anderthalb Stunden und für den Rückweg eine halbe Stunde, also insgesamt zwei Stunden. Daher beträgt die Durchschnittsgeschwindigkeit 60 : 2 = 30 km/h. Der Grund dafür, daß das Addieren und Halbieren nicht den richtigen Durchschnittswert liefert, liegt darin, daß die Geschwindigkeit umgekehrt proportional zur Zeit ist. Und dies ist eine nichtlineare Beziehung. Mit anderen Worten, Sie müssen die Durchschnittswerte an der richtigen Stelle bilden.

Aus eben diesen Gründen wirft die chaotische Dynamik vollständig neue und schwierige Probleme bei der Interpretation und Analyse von Daten auf. Es ist besser, ein klares, wenn auch schwieriges Problem zu haben, als in einem Wolkenkuckucksheim zu leben.

Die Windpocken

Bakterien und Viren sind Lebewesen. Es kann sehr wichtig sein zu wissen, wie ihre Populationen schwanken. Bei einer Masernepidemie bestimmt letzten Endes die Population der Masernviren das Ausmaß und die Schwere der Infektion. Daher hat die Dynamik von Populationen direkte Anwendungen auf die Epidemiologie. So gelten die Bemerkungen des vorhergehenden Abschnitts im wesentlichen auch für die Epidemiologie des tückischen und tödlichen Krankheitssyndroms AIDS, das wahrscheinlich von dem Human Immunodeficiency Virus (HIV) verursacht wird. Die Verbreitung des HIV ist gleichfalls fleckenartig und wird mit Faktoren wie dem Sexualverhalten in Zusammenhang gebracht. Studien über AIDS, die sich auf durchschnittliche Inkubationszeiten und durchschnittliches Sexualverhalten gründen, können irreführend sein. Diese Frage verdiente es, näher betrachtet zu werden, denn die Kontrolle – und vielleicht sogar die Heilung – dieser Krankheit hängt stark davon ab, ob gute Modelle für die Übertragung der Viren gewonnen werden können.

Ob die Populationsdynamik im allgemeinen und das Chaos im besonderen

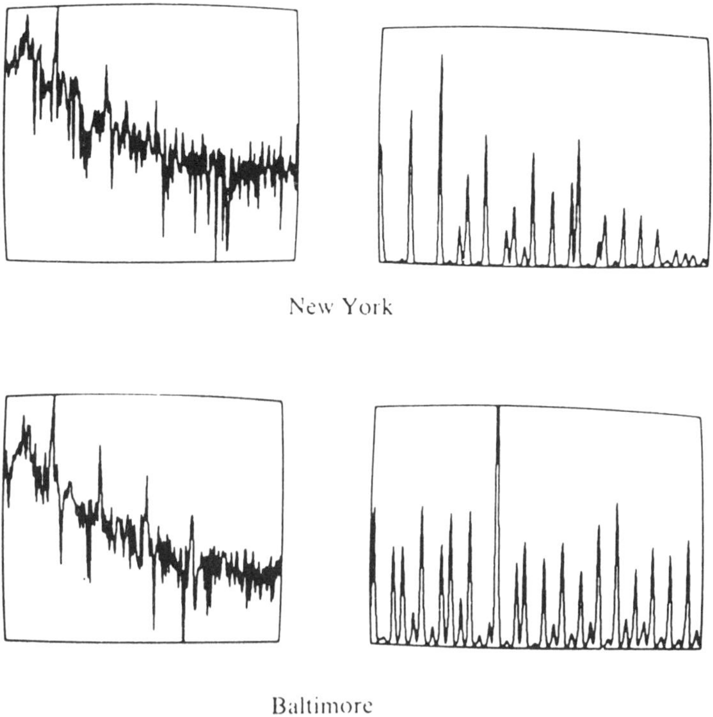

Abb. 117
Die Masern in New York und Baltimore. Links die rohen Daten, rechts das Potenzspektrum.

zur Kontrolle von AIDS beitragen kann, ist im Augenblick reine Spekulation. Es gibt jedoch definitive Beweise dafür, daß einige Krankheitsepidemien mit Chaos in Zusammenhang stehen können. Das Problem, chaotische Dynamik aus den experimentellen Daten herauszufiltern, entstand schon früher im Zusammenhang mit der Turbulenz. Ich habe die Methode von Packard und Takens erwähnt, bei der zur Rekonstruktion der Topologie des Attraktors genügend viele «gefälschte» Zeitreihen zusammengesetzt werden. Aber die Methode funktioniert im Prinzip bei allen Zeitreihen und nicht nur bei denen, die im Labor eines Physikers gewonnen werden. Aus medizinischen Aufzeichnungen sind ausgedehnte Zeitreihen von Epidemien erhältlich.

W. M. Schaffer und M. Kot wendeten die Methode von Packard und Takens zur Rekonstruktion von Attraktoren auf Krankheiten an. Sie verwendeten Daten

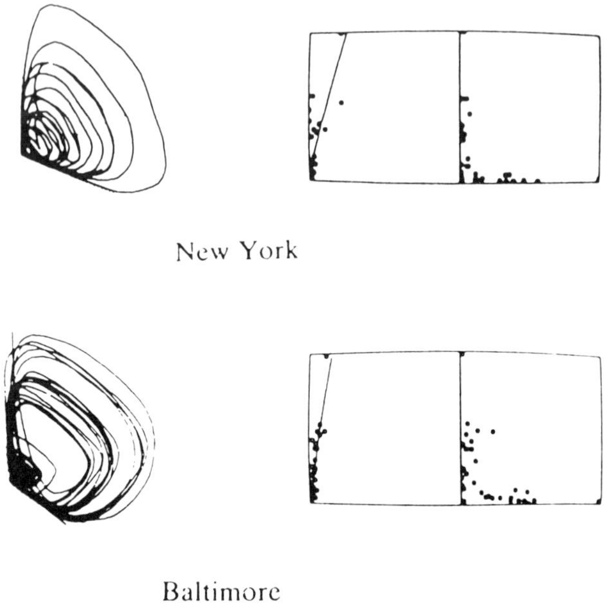

Abb. 118
Rekonstruierte seltsame Attraktoren (links) und Poincaré-Abbildungen (rechts) für die Maserndaten aus Abbildung 117.

über Mumps, Masern und Windpocken in New York und Baltimore aus der Zeit vor den Massenimpfungen (Abbildung 117). Für jede Krankheit gibt es eine Zeitreihe, die die Anzahl der Fälle pro Monat verzeichnet. Ihre Ergebnisse zeigen, daß in beiden Fällen ein zweidimensionaler Attraktor vorhanden zu sein scheint (Abbildung 118). Dieser besitzt jeweils einen eindimensionalen Poincaré-Schnitt, der das Vohandensein von Chaos nahelegt. Tatsächlich scheint die Dynamik von einer Abbildung mit nur einem Maximum kontrolliert zu werden, die qualitativ der logistischen Abbildung gleicht. Eine unabhängige Analyse von Daten über Masern in Kopenhagen durch L. F. Olsen und H. Degn führt zu einer fast identischen Abbildung. Dies läßt vermuten, daß die Ergebnisse nicht nur bloßer Zufall sind. Schaffer kam wieder auf Populationen von größeren Lebewesen zurück und zeigte, daß die wohlbekannten Daten über Luchse und Hasen aus der Hudson Bay auf fast die gleiche Art Chaos an den Tag legen.

Konventionelle Zugänge zur Verbreitung von Epidemien konstruieren spezifische Modelle von den involvierten physiologischen Prozessen und den

Übertragungsmechanismen. Der Zugang mittels Chaos ergänzt diese, indem er sich auf die empirischen Beobachtungen konzentriert und versucht, die unterliegende Dynamik direkt abzuleiten. Der Hauptnachteil dieser Betrachtungsweise ist, daß ziemlich lange Zeitreihen benötigt werden und diese selten erhältlich sind. Beide Methoden zusammen sind wahrscheinlich besser als jede für sich allein.

Herzstillstand!

Die Epidemiologie ist nicht die einzige wichtige Anwendung von Chaos in der Medizin. Die chaotische Dynamik wurde verwendet, um das unkontrollierte Verhalten von Zellen nachzubilden, die von Krebs befallen werden, um Hirnwellen zu analysieren und um die Genetik zu untersuchen. Es gibt auch eine ausführliche Studie über die Unregelmäßigkeiten bei Herzschlägen (Abbildung 119), die von Leon Glass und seinen Kollegen von der McGill University in Montreal stammt. Damit möchte ich mich nun befassen.

Ein normales menschliches Herz schlägt zwischen fünfzig- und hundertmal pro Minute, und das jeden Tag, jahrein, jahraus. Allerdings können bei den Herzschlägen mehrere Unregelmäßigkeiten vorkommen. Einige von ihnen können tödlich wirken – zum Beispiel das Kammerflimmern, bei dem sich verschiedene Herzmuskeln unrhythmisch zusammenziehen. Es ist offensichtlich wichtig, die dynamische Natur der Herzschläge zu verstehen.

Mathematische Modelle von Herzschlägen gehen auf die Arbeit von W. Mobitz, Balthasar van der Pol und J. van der Mark aus den zwanziger Jahren zurück. Das Modell von van der Pol besitzt einen engen Zusammenhang mit seinen Gleichungen für die Schwingungen einer Elektronenröhre, die früher als Beispiel für einen Grenzzyklus erwähnt wurden. Van der Pol und van der Mark sind sogar auf Chaos getroffen. Jedoch hielt dies zu der Zeit niemand für bedeutend. Es ist zwar weithin nicht bekannt, aber die nichtlineare Dynamik hatte seit ihren frühesten Tagen Verbindungen mit physiologischen Prozessen. Es kann daher kaum eine Überraschung sein, daß Fortschritte in der nichtlinearen Dynamik neue Zugänge zu den Herzschlägen eröffnen können.

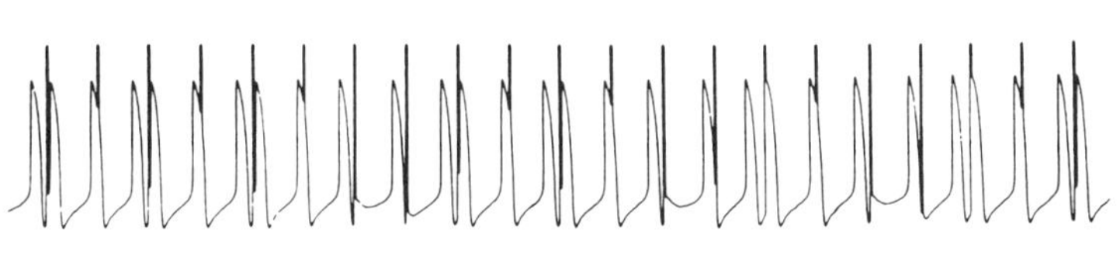

Abb. 119
Das Wenckebach-Phänomen: unregelmäßige Schwankungen bei Herzschlägen. Beachten Sie daß die Lücken zwischen den engen und breiten Spitzen kein Muster bilden.

Ob die chaotische Dynamik für Unregelmäßigkeiten im menschlichen Herz verantwortlich ist oder nicht, ist höchst umstritten. In gewissem Sinn bedarf es gar nicht einer so komplizierten Dynamik, um Sie zu töten. Die Quasiperiodizität, ja sogar periodische Schwingungen mit einer zu großen Amplitude erfüllen diese Aufgabe auch fehlerlos. Oder, um es morbide zu formulieren, es ist in der Tat ein stationärer Zustand, in dem wir alle enden. Natürlich ist es auch nicht leicht, Beobachtungsmaterial über tödliche Unregelmäßigkeiten von Herzschlägen zu erhalten. Die Mediziner retten verständlicherweise lieber das Leben eines Patienten, als die Details aufzuzeichnen, an denen er stirbt.

Der angestoßene Rotator

Ein wichtiger Typ von Herzrhythmusstörungen umfaßt das Zusammenwirken von zwei regulären periodischen Effekten, die parasystolische Rhythmen heißen. Ein angetriebener Oszillator ist ein einfaches mathematisches Modell, das die ausgedehnte Dynamik festhält. Ein natürlicher Oszillator wird durch eine äußere, sich periodisch verändernde Störung angeregt. Das interessante Phänomen ist das Zusammenwirken dieser beiden Oszillationsmodelle. Wir haben schon am Hufeisen von Smale gesehen, daß sich ein angetriebener Van-der-Pol-Oszillator chaotisch verhalten kann. Daher ist es nicht unwahrscheinlich, daß dies parasystolische Rhythmen auch tun.

Die Physiker und Mathematiker, die sich mit Chaos beschäftigen, haben ihren eigenen bevorzugten angetriebenen Oszillator. Wie das Hufeisen von Smale ist es die entblößteste Version der Dynamik, die noch die Schlüsseleigenschaften enthält. Es ist der «angestoßene Rotator», der durch die Kreisabbildung beschrieben wird. Es ist eher ein stroboskopischer Schnappschuß, ein diskreter Poincaré-Schnitt von einem angetriebenen Oszillator. Der Zustand des Systems wird durch einen Punkt auf einem Kreis definiert. Bei jedem disketen Zeitschritt ändert sich gemäß einer festen Regel der Winkel, in dem der Punkt sitzt. Zusätzlich wird eine sich periodisch verändernde Störung hinzugefügt. Ist zum Beispiel x der Winkel zur Zeit t, dann könnte $x+1+\sin(t)$ der Winkel zur Zeit $t+1$ sein. Hierbei ist $x \to x+1$ die natürliche Bewegung des Oszillators und $\sin(t)$ repräsentiert die Wirkung der Kraft. Allgemeiner können wir $x+\mathrm{k}+\mathrm{A}\ \sin(t)$ betrachten, wobei die Konstante k die Frequenz des natürlichen Oszillators relativ zur Frequenz der Krafteinwirkung adjustiert und A die Amplitude der Krafteinwirkung bestimmt.

In Systemen wie diesem passiert etwas sehr Interessantes, sogar bevor Chaos einsetzt. Ihre Frequenzen werden eingefangen. Die Frequenz der …fteinwirkung und die natürliche Schwingungsfrequenz kommen in einem …hen numerischen Verhältnis in Gleichschritt. Zum Beispiel können drei …der Krafteinwirkung gleich vier Perioden der natürlichen Schwin…es ist ein 3:4 Frequenzeinfang. Ein Astronom würde sagen, sie stehen in Resonanz. Tatsächlich handelt es sich im wesentlichen um dasselbe Phänomen.

Wirkt keine Kraft, dann ist A gleich null und die Dynamik ist leicht herauszuarbeiten. Bei jedem Zeitintervall wird k zu x addiert, also wird nach n Zeitintervallen x zu $x+n$k. Ist nun k ein rationales Vielfaches von 360°, so wird die Dynamik periodisch, falls nicht, wird sie nicht periodisch.

Ist A ungleich null, dann hat die von der Kraft verursachte Nichtlinearität zur Wirkung, daß die periodischen Lösungen bestehen bleiben, selbst wenn sich k ein wenig von einem gegebenen rationalen Vielfachen wegbewegt. Dies führt zu Bereichen von Verhalten mit Frequenzeinfang, die nach dem russischen Mathematiker Vladimir Arnold Arnold-Zungen heißen. In Abbildung 120 sind es die verdrehten dreieckigen Bereiche.

Arnold hat kürzlich eine amüsante Geschichte erzählt, die die Haltung der Mathematiker gegenüber den Physiologen widerspiegelt. Arnold war ein Student des 1987 verstorbenen Andrei Kolmogorov, einer führenden Persönlichkeit in der russischen Mathematik. Arnold sagte über Kolmogorov: «Er unterschied sich von den anderen Professoren, denen ich begegnet bin, durch seinen großen Respekt vor der Persönlichkeit des Studenten. Ich erinnere mich nur an einen Fall, in dem er meine Arbeit behinderte. 1959 bat er mich, in meiner Arbeit über die Selbstabbildungen des Kreises den Abschnitt über die Anwendungen auf Herzschläge wegzulassen und fügte hinzu: ‹Dies ist nicht eines der klassischen Probleme, an denen man arbeiten sollte.› Die Anwendung für die Theorie von Herzschlägen wurde 25 Jahre später von L. Glass veröffentlicht, während ich meine Anstrengungen auf die Anwendung der gleichen Theorie auf die Himmelsmechanik konzentrieren mußte.»

Die Geschichte erhält eine ironische Note, weil Kolmogorov selbst eine sehr großzügige Haltung gegenüber der Mathematik einnahm und an Anwendungen für die Biologie arbeitete.

Die Königin bückt sich

In der Darstellung des folgenden werden wir scheinbar vom Thema abschweifen, denn der Frequenzeinfang erfordert neue mathematische Techniken. Sie sind insofern neu, als sie vorher nicht zu diesem Zweck verwendet wurden, ja eigentlich wurden sie bisher noch nie für einen praktischen Zweck verwendet, obwohl sie zu den wunderschönsten Ideen der Mathematik gehören. Ich spreche von der Zahlentheorie.

«Die Mathematik», sagte Karl Friedrich Gauß, «ist die Königin der Wissenschaften, und die Arithmetik ist die Königin der Mathematik.» Mit Arithmetik meinte er die Zahlentheorie, allerdings nicht 2+2=4. Der offenkundige Gegenstand der Zahlentheorie – die Muster und Verworrenheiten der gewöhnlichen ganzen Zahlen – ruft keine unmittelbaren Anwendungen auf die Wissenschaft hervor. «Das Thema an sich ist besonders interessant und elegant, aber die Folgerungen haben nur wenig praktische Bedeutung», schrieb W. W. Rouse Ball 1896. Wenn man der üblichen Teilung in der Mathematik nach «rein» und «angewandt» folgt, ist die Zahlentheorie so rein wie sie nur wollen. Sie ist Welten entfernt von den traditionellen angewandten Themen wie der Dynamik.

Jetzt nicht mehr.

Die Zahlentheorie erklärt die wunderschönen und komplexen Muster des Frequenzeinfangs bemerkenswert detalliert. Zum Beispiel kann die Reihenfolge, in der Bereiche mit Frequenzeinfang auftreten können, durch die sogenannten «Farey-Folgen» gefunden werden. Eine Farey-Folge besteht aus allen der Größe nach angeordneten rationalen Zahlen p/q zwischen 0 und 1, für die q eine gegebene Größe nicht überschreitet. Ist zum Beispiel q höchstens 5, dann lautet die entsprechende Farey-Folge

$$0/1, 1/5, 1/4, 1/3, 2/5, 1/2, 3/5, 2/3, 3/4, 4/5, 1/1.$$

Dies ist nicht die einzige Stelle in der chaotischen Dynamik, an der die Zahlentheorie auftritt. Was vor noch nicht langer Zeit allgemein für den nutzlosesten Zweig der Mathematik gehalten wurde, erhielt plötzlich eine neue Bedeutung in der Theorie der dynamischen Systeme. Ian Percival und Franco Vivaldi haben kürzlich eine wunderschöne Anwendung der klassischen Zahlentheorie auf chaotische Abbildungen eines Torus veröffentlicht. Und nur vor ein paar Monaten hörte ich Predrag Cvitanovic, einen mathematischen Physiker, der sich in der chaotischen Dynamik betätigt, sagen: «Meine Hauptreferenz ist Hardy und Wright». Dies ist die Bibel der klassischen Zahlentheorie.

Ein Hühnerherz

So viel zum Frequenzeinfang. Nun zum Chaos.

In einem angetriebenen Oszillator ist Chaos der Höhepunkt einer Folge von Veränderungen in den eingefangenen Frequenzen. Um Quasiperiodizität und Chaos am Herz zu untersuchen, wählten sich daher Glass und seine Kollegen einen angestoßenen Rotator als Modell und untersuchten seinen Frequenzeinfang. Sie hielten dies besonders geeignet für Herzschläge.

Doch nicht nur das: Sie testeten ihr Modell auch experimentell (Abbildung 120), natürlich nicht an einem menschlichen Herzen. Statt dessen verwendeten sie Zellen aus dem Herzen eines Hühnerembryos. Solche Zellen können spontan pulsieren, und sie entsprechen einem natürlichen Oszillator. Die Zellen werden aus der Herzkammer des Huhns getrennt und in einem Nährboden wieder zusammengesetzt. Die resultierenden Zellaggregate sind klein – ungefähr 200 Mikrometer im Durchmesser – und pulsieren zwischen sechzig- und hundertmal pro Minute.

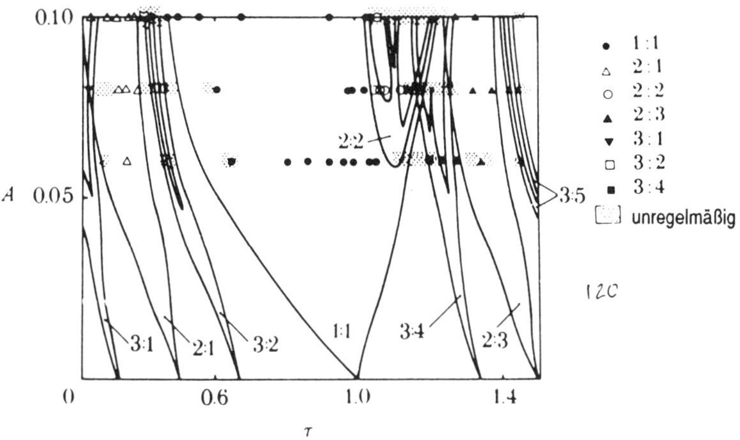

Abb. 120
Die Theorie und das Experiment bei dem angestoßenen Rotator als Modell für Herzschläge.

In die pulsierende Masse wird eine gläserne Mikroelektrode gesteckt, mit der winzige periodische elektrische Stöße erzeugt werden können, die der Kraft entsprechen. Die Wirkung ist die gleiche, als habe das Miniaturhühnerherz einen Miniaturherzschrittmacher erhalten. Indem die Frequenz und die Amplitude des elektrischen Impulses verändert werden, können verschiedene Typen von Frequenzeinfang und Chaos erzeugt werden.

Das verzweigte Muster des Frequenzeinfangs kann in Experimenten erkannt werden, weil es viel Struktur besitzt. Das Chaos dagegen ist – chaotisch. Wenn bei einem Experiment sehr detalliert der vorchaotische Frequenzeinfang ermittelt wird, und an den Stellen, an denen das gleiche Modell Chaos vorhersagt, unregelmäßiges Verhalten zu beobachten ist, dann ist dies ein starker – obwohl indirekter – Beweis dafür, daß in der realen Welt Chaos existiert. Man kann das Chaos an seiner Begleitung erkennen.

Die Ergebnisse von Glass passen sehr gut zu seinem theoretischen Modell eines angestoßenen Rotators und zeigen, daß Aggregate von Hühnerherzzellen chaotisch schlagen können.

Medizinische Mathematik

Ein 200 Mikrometer großes Aggregat von Hühnerherzzellen ist offensichtlich nicht das gleiche wie ein wirkliches Herz. Und ein künstlicher elektrischer

Herzschrittmacher ist nicht das gleiche wie der natürliche Rhythmus eines Herzens. Es ist bemerkenswert, wie gut die dynamische Theorie und das physiologische Experiment übereinstimmen. Daher läßt sich nur schwer behaupten, daß die chaotische Dynamik keinerlei Bedeutung für reale Herzschläge besitzt.

Lebende Organismen legen ungeheuer vielfältige Verhaltensweisen an den Tag. Einige von ihnen sind so komplex, daß man sich nur schwer vorstellen kann, die Mathematik könne Erklärungsmodelle hervorbringen. Ich finde es sehr problematisch, eine mathematische Theorie über Mutterliebe aufzustellen, und ich bezweifle, daß unsere Welt besser wäre, wenn irgendein irregeleitetes Genie eine finden würde. Andere Modelle dagegen sind relativ einfach. Die Dynamik des Herzens ist sicherlich eher zugänglich als die Psychodynamik von Emotionen.

Viele Organe arbeiten wie spezialisierte Teile einer Maschine, einer hochentwickelten Maschine natürlich, die weit außerhalb unserer Fähigkeiten zur Herstellung oder Nachahmung liegt. Wir können jedoch schon künstliche Herzen bauen, die gut genug sind, Menschen das Leben zu erhalten, wenn ihr natürliches Herz versagt. Um im «Maschinenbild» zu bleiben: Es ist an der Zeit, daß wir unser viktorianisches Vorurteil ablegen, eine Maschine sei sehr einfach und vorhersagbar. Wenn uns die chaotische Dynamik etwas lehrt, dann sicher die Erfahrung, daß ein einfaches System einige sehr hochentwickelte Dinge ausführen kann.

Die Wissenschaftler in aller Welt beginnen zu erkennen, daß die Mathematik der dynamischen Systeme den gähnenden Abgrund zwischen Theorie und Praxis überspannt. Die Mathematiker arbeiten an Begriffen und Techniken, um der Realität der nichtlinearen Dynamik entgegenzutreten. Dies eröffnet Aussichten, zum Wesentlichen vieler dynamischer Effekte in der realen Welt vorzudringen. Die physiologischen Tätigkeiten des Körpers – das Herz, die Lunge, die Leber, die Nieren, die Schilddrüse, die Kniegelenke und weniger offensichtliche Teile der menschlichen Maschine – fangen an, mathematischen Sinn zu ergeben.

Eine Fehlfunktion zu erkennen ist nicht das gleiche, wie sie zu heilen. Wie jedoch jeder Automechaniker weiß, kann man einen Fehler nur schwer bereinigen, wenn man seine Ursache nicht erkannt hat. Die Theorie der dynamischen Systeme nimmt heute eine ernsthafte Rolle im Fortschritt des medizinischen Wissens ein. Wie Glass bezüglich der Tätigkeiten des Herzens sagt: «Volles Verständnis kann nur dadurch erreicht werden, daß die nichtlineare Mathematik in die experimentelle Physiologie und die klinische Kardiologie integriert wird.»

14 *Leb wohl, Deep Thought*

«Ihr werdet sie wirklich nicht mögen», bemerkte Deep Thought.
«Verrate sie uns!»
«Na gut», sagte Deep Thought «Die Antwort auf die ‹Große Frage› ...»
«Ja ...!»
«Nach dem Leben, dem Universum und allem...», sagte Deep Thought.
«Ja ...!»
«Lautet ...», sagte Deep Thought und stockte.
«Ja ...!»
«Lautet ...»
«Ja ...!!!...?»
«Zweiundvierzig», sagte Deep Thought unendlich würdevoll und ruhig.

Douglas Adams, The Hitchhiker's Guide to the Galaxy

Stellen Sie sich vor, der «Umfassende Verstand» von Laplace könnte tatsächlich seinen Anweisungen folgen und «die Bewegungen der größten Weltkörper und des kleinsten Atoms durch eine und dieselbe Formel ausdrücken» und «diese Data der Analysis unterwerfen». Würde er eine vernünftigere Antwort erhalten als Luunquoal und Phouchg in *The Hitchhiker's Guide to the Galaxy* von Douglas Adams? Vielleicht nicht.

Der umfassende und der beachtliche Verstand

Lassen Sie mich einige materielle Betrachtungsweisen ausklammern, die oft nicht für relevant gehalten werden – obwohl ich mich frage, ob sie nicht gerade der Kern der Sache sind. Ich ignoriere also die unangenehme Frage, worauf der «Umfassende Verstand» seine Gleichungen niederschreiben würde, vorausgesetzt, sie enthalten zumindest sechs Variable – die Position und die Geschwindigkeit – und diese für jedes Teilchen im Universum. Er würde mehr Papier und Tinte benötigen, als erhältlich wäre, wenn das ganze Universum ausschließlich aus diesen Substanzen bestehen würde. Wie ein anonymer Dichter aus dem siebzehnten Jahrhundert schreibt:

Wäre die ganze Welt aus Papier,
Und jedes Meer voll Tinte,
Und jeder Baum aus Brot und Käse,
Was sollten wir dann trinken?

Ich will auch nicht fragen, was für ein Gehirn der «Umfassende Verstand» benötigen würde, um seine große Gleichung für das Leben und das Universum zu speichern, geschweige denn, darüber nachzudenken. Es müßte jedenfalls ein Gehirn sein, das größer ist als das Universum, was klar impliziert, daß der «Umfassende Verstand» außerhalb des Universums steht und hineinschaut. Aus Gründen, die dem Heisenbergschen Unschärfeprinzip ähnlich sind, ist dies keine schlechte Idee. Wäre der «Umfassende Verstand» nämlich ein Teil des Universums, dann würde er jedesmal, wenn er über den Wert von $dx_{7345232115}/dt$ nachdenkt, gerade das verändern, worüber er nachdenkt.

Wenn wir akzeptieren, daß der «Umfassende Verstand» wirklich allwissend ist, dann hat Laplace einen guten Standpunkt. Wenn das Universum wirklich deterministischen mathematischen Gesetzen unterliegt, dann kann der «Umfassende Verstand» diese benutzen und mit ihrer Hilfe vorherbestimmen, was das Universum tun wird.

Aber dies ist ein äußerst nebulöses Stück Philosophie und ein ausgezeichnetes Beispiel dafür, wie man beim Betrachten von Extremen Unsinn erhält. Wenn wir nicht mit übermenschlichen, sondern mit menschlichen Maßstäben Folgerungen ziehen möchten, dann müssen wir realistischere Anforderungen stellen.

Ich habe ein etwas geringeres Wesen im Sinn als das Ideal von Laplace – sagen wir einen «Beachtlichen Verstand». Er besitzt eine enorme Geisteskraft, mehr als alle Menschen zusammen. (Denken Sie darüber nach: Wenn man alle Menschen zusammensteckt, scheint ihre Intelligenz negativ zu sein.) «Groß, wirklich groß. Sie werden nicht glauben, wie riesig irre groß», um Adams erneut zu zitieren. Um dem «Beachtlichen Verstand» einen entscheidenden Vorteil zu verschaffen, werde ich ihn mit einem weitgehend reduzierten Problem konfrontieren: ein Miniaturuniversum innerhalb begreifbarer Grenzen, in dem nicht nur der «Beachtliche Verstand», sondern in der Tat jeder kompetente menschliche Mathematiker die Gleichungen nicht nur im Prinzip sondern in der Praxis aufstellen kann. Ein solches reduziertes Problem ist das Hillsche Modell vom restringierten Dreikörperproblem: Neptun, Pluto und ein Staubkorn.

Wie Poincaré in seiner *Mécanique Céleste* voller Verzweiflung feststellt, führt dieses Problem zu Chaos in der Form von homoklinem Gewirr. Wenn die Dynamik chaotisch ist, kann sie nur dann exakt vorausgesagt werden, wenn die Anfangsbedingungen mit unendlicher Genauigkeit bekannt sind. Man benötigt jedoch unendlich viel Platz, um eine Zahl mit unendlicher Genauigkeit zu speichern. Kurz gesagt, der «Beachtliche Verstand» kann nicht einmal in Gang gebracht werden.

Genau das ist die Botschaft für uns gelehrige Affen. Wenn die Dynamik eines Systems chaotisch ist, dann gibt es einen Kompromiß zwischen der Genauigkeit, mit der wir seinen gegenwärtigen Zustand kennen, und dem Zeitraum, für den wir detalliert sagen können, wie es sich verhalten wird. Denn die Beobachtungen müßten fast unmöglich genau sein, um auch nur mittelfristige Vorhersagen zu treffen.

Auf der anderen Seite können wir sehr genaue Voraussagen machen – nicht über das exakte Langzeitverhalten, sondern über die allgemeine qualitative Natur eines Systems. Wir können dem System quantitative Grenzen setzen und seine statistischen Eigenschaften bestimmen.

Wenn Sie nicht gewinnen können, versetzen Sie die Torpfosten!

Designerchaos

Wir können aus dem Chaos viel lernen. Seine erste Botschaft ist allgemeiner Natur: Ziehe keine voreiligen Schlüsse. Unregelmäßige Erscheinungen benötigen keine komplizierten Gleichungen oder Gleichungen mit expliziten Zufallstermen.

Diese Botschaft hat zwei verschiedene Seiten.

Zuerst die Verlustseite der Bilanz: Selbst wenn man Glück hat und clever genug ist, sich gute Gleichungen auszudenken, kann man trotzdem Schwierigkeiten haben, das System zu verstehen, das sie modellieren. Auch wenn die Gleichungen sehr einfach sind, muß das Verhalten des Systems dies nicht sein. Ob etwas komplex ist oder nicht, hängt davon ab, welche Fragen man stellt und welchen Standpunkt man einnimmt.

Auf der Gewinnseite finden wir dasselbe. Eine Erscheinung, die kompliziert aussieht, muß in Wirklichkeit nicht so sein. Sie könnte durch ein einfaches – aber chaotisches – Modell bestimmt werden. Designerchaos: Man benutzt typische Typen der Dynamik, um plausible Modelle zu entwerfen.

Manchmal funktioniert es. Die Herzschläge, die Masernepidemien und vielleicht die Purzelbäume von Hyperion sind Beispiele dafür. Nach einem Flirt mit dem Chaos haben wir ein besseres Verständnis für die naturgesetzlichen Probleme, noch dazu eines, das wir wirklich verwenden können.

Manchmal funktioniert es aber auch nicht. Wir haben keinen Beweis dafür, daß die chaotische Dynamik die Qualität von Wettervorhersagen verbessern könnte. Ihr Hauptbeitrag in der Meteorologie besteht zur Zeit in der Erkenntnis, daß wir eine dumme Frage stellen. Vorhersagen für einige Tage oder vielleicht eine Woche – das ist schön und gut. Für einen Monat? Hoffnungslos.

Doch das ist eine persönliche Meinung. Ein Genie könnte sie schon morgen umstürzen. Vielleicht können andere Methoden erfolgreich sein, wo das Lösen der Gleichungen für das Wetter zum Scheitern verurteilt ist. Die Zeit wird es zeigen.

Die Geschichte von zwei Computern

Die Existenz von Chaos führt in der gesamten Wissenschaft zu Problemen. Sie müssen einsehen, daß die Hauptmotivation eines Forschers der Vorgang des

Problemlösens ist, nicht die Lösung selbst. Wenn ein Forscher die Probleme so erfolgreich löst, daß er danach keine mehr zu lösen hat, ist dies für ihn ein Phyrrussieg. Wenn eines Tages ein Arzt ein Allheilmittel für alle Krankheiten findet, geht die Ärzteschaft zum Teufel. Daher ist die Existenz von Chaos für einen Mathematiker in der Forschung keine Katastrophe. Es ist eine Gelegenheit für neue und aufregende Forschungen. Es sollte uns alle für ein paar Jahrzente im Geschäft halten.

Der Erfolg in der Forschung wird dadurch bestimmt, ob man die Probleme, die man in Angriff genommen hat, auch lösen kann. Die Situation wird von der grundlegenden Dummheit der Menschheit gerettet: Es besteht keine ernsthafte Gefahr, daß wir alles lösen werden. So sind die Wissenschaftler intensiv beschäftigt und versuchen, sich das Chaos gefügig zu machen, sind sich aber gleichzeitig sicher, daß es niemals mehr als nur teilweise gezähmt werden kann.

Eines der Probleme, die das Chaos stellt, liegt in der numerischen Analysis – in der Art, in der Computer Berechnungen ausführen. Lassen Sie uns über das Problem nachdenken, den Lorenz-Attraktor zu zeichnen. Üblicherweise geschieht dies, indem man die Lorenz-Gleichungen numerisch löst und die Ergebnisse auf einem Bildschirm zeichnet. Was könnte leichter sein? Der Attraktor ist jedoch chaotisch. Ein chaotischer Attraktor reagiert empfindlich auf die Anfangsbedingungen. Winzige Fehler wachsen sehr schnell zu großen heran. Was wir über den Lorenz-Attraktor wissen, bedeutet, daß unsere Näherungslösung der Differentialgleichung keiner ist!

Wir sind schon bei mehreren Gelegenheiten auf eine seltsame Eigenschaft der chaotischen Dynamik gestoßen: Das gleiche Problem führt zu verschiedenen Lösungen, wenn es auf unterschiedlichen Computerfabrikaten berechnet wird. Wenn Sie zwei Taschenrechner von verschiedenen Firmen zur Verfügung haben, lassen Sie auf beiden die logistische Abbildung mit dem gleichen Anfangswert laufen und warten Sie einige hundert Iterationen ab. Es gibt einen Aufsatz, in dem beschrieben wird, wie ein chaotisches System auf zwei verschiedenen Supercomputern mit einer Genauigkeit von ungefähr fünfzig Dezimalstellen numerisch gelöst wird. Weil die beiden Computer leicht unterschiedliche Betriebssysteme besitzen, behandeln sie numerische Berechnungen leicht unterschiedlich – und liefern schon bald total verschiedene Antworten. Würden sie das Wetter berechnen, würde der eine eine Hitzewelle und der andere einen Schneesturm vorhersagen. Wenn Sie Computer für unfehlbar halten, denken Sie erneut darüber nach.

Trotzdem würden hundert Leute, die auf hundert verschiedenen Computern Lorenz-Attraktoren zeichnen würden, im wesentlichen die gleiche Form sehen.

Wenn Sie glauben, daß Sie mit den exakten numerischen Werten, mit denen Sie ihren Computer gefüttert haben, das Anfangswertproblem für die Lorenz-Gleichungen lösen könnten, dann halten Sie sich selber zum Narren. Wenn Sie jedoch meinen, Sie zeichnen die Gestalt eines Attraktors und nicht eine einzelne Trajektorie auf ihm, dann sind Sie gut in Form. Winzige Fehler, die ihren Punkt vom Attraktor wegbewegen, heben sich sehr schnell selbst auf – genau das bedeutet ein Attraktor. Nur die Fehler, die auf dem Attraktor liegen, blasen sich auf.

Das ist das Argument, und es scheint zu funktionieren. Es ist jedoch auf keinen Fall wasserdicht. Es gibt einige Theoreme, die es mathematisch zu rechtfertigen scheinen. Eines von ihnen sagt grob gesprochen aus, daß das, was man zeichnet, eine Trajektorie der Differentialgleichung ist oder sehr nahe an einer Trajektorie liegt; es ist jedoch nicht die Trajektorie, die man zeichnen wollte. Aber es gibt Interpretationsschwierigkeiten, die einige Zweifel aufwerfen, ob diese Theoreme das aussagen, was die Leute üblicherweise glauben.

Unwiederholbare Experimente

Die gleichen Schwierigkeiten zwingen uns dazu, die konventionelle Vorstellung von einem experimentellen Test zu überprüfen. Üblicherweise beginnt man mit einer Theorie, macht Vorhersagen und führt ein Experiment durch, um sie zu falsifizieren. Wenn sie nicht falsifiziert werden, dann sagt man, man habe die Vorhersagen verifiziert und nimmt an – aus einem pragmatischen und nicht einem logischen Sichtwinkel –, daß die Theorie stimmt.

Schön und gut. Letzte Nacht führte ich ein Experiment durch, um zu sehen, ob das Wasser aufwärts fließen kann, und genau das tat es. Die Physik ist tot.

Sie glauben mir nicht, nicht wahr? Lassen Sie mich von dem Experiment erzählen ...

Was sagen Sie? Ich soll es noch einmal durchführen? Es tut mir leid, aber das kann ich nicht ...

Das kaufen Sie mir nicht ab, nicht wahr? Sie haben Recht. Um überzeugend zu sein, muß ein Experiment wiederholbar sein. Wenn zwei Wissenschaftler das gleiche Experiment in zwei verschiedenen Laboratorien durchführen, sollten sie die gleichen Ergebnisse erhalten. Natürlich müssen alle Effekte, die die Ergebnisse verändern können, berücksichtigt und eliminiert werden. In Bombay ist es wesentlich wärmer als in Novosibirsk: Wenn die Temperatur eine Rolle spielt, muß der indische Wissenschaftler das Experiment in einem Kühlschrank durchführen und der russische muß die Heizung aufdrehen.

Eine chaotische Trajektorie zu gegebenen Anfangsbedingungen ist jedoch ein nicht wiederholbares Experiment. In Wirklichkeit ist es eine nicht wiederholbare Voraussage, wie man aus der Geschichte von den beiden Supercomputern lernt. Sie könnten einwenden, daß das Experiment auf einem bestimmten Computerfabrikat wiederholbar ist. Aber den Laboratorien sollte doch gestattet sein, unterschiedliche Ausrüstungen zu besitzen.

So lehrt uns das Chaos, daß nicht alle Vorhersagen einer Theorie zu wiederholbaren Experimenten führen, selbst wenn diese deterministisch ist. Nur wenn sie gegenüber kleinen Veränderungen der Anfangsbedingungen unempfindlich sind, sind sie gute Testkandidaten, wie die Topologie eines Attraktors oder seine fraktale Dimension.

Dies bedeutet, daß wir zum Beispiel testen können, ob ein chaotisches Modell der Turbulenz genau beschreibt, wie sich die Flüssigkeit als Ganzes verhält. Dagegen können wir nicht testen, ob ein gegebenes Flüssigkeitspartikel tatsächlich die dynamischen Gleichungen von Navier und Stokes befolgt, jedenfalls nicht direkt, nicht auf die Art, wie Galilei seine Theorie von der Bewegung unter der Schwerkraft getestet hat. Einige Details der Theorie entziehen sich allen praktischen Tests.

Um chaotische Systeme zu untersuchen, müssen die experimentellen Methoden neu gebildet werden. In der Tat besteht einer der größten Beiträge zum Chaos darin, daß die Wissenschaftler heute ihre Daten auf eine geometrischere und bedeutungsvollere Art präsentieren – Attraktoren statt Potenzspektren und Poincaré-Schnitte statt Zeitreihen.

Ein Nachtwandel zum Chaos

Es können noch andere Lehren gezogen werden, die nicht für chaotische Dynamik spezifisch sind. Arthur Koestler hat in seinem Buch *The Sleepwalkers* eine wissenschaftliche Entdeckung als eine Folge von Eingebungsfehlern charakterisiert. Wenn neue bedeutende Ideen aufgestellt werden, weiß sie kaum jemand zu würdigen. Die Leute verstehen ihre Bedeutung nicht, und der Fortschritt entsteht durch eine Mischung von Zufall und Nachtwandel.

Natürlich ist dies eine sehr grobe Interpretation. Und die Wissenschaft käme nicht sehr weit, wenn Nachtwandeln das einzige ist, was sie leisten könnte. Die Entwicklungsseite der Wissenschaft ist eine ihrer größten Stärken. Sie verwertet unerwartete Entdeckungen – seien sie Zufall oder nicht – bewußt und macht aus ihnen mehr als nur Kuriositäten.

Aber die Geschichte des Chaos enthält auch ihre Nachtwandler. Viele der Hauptentdeckungen, von denen in unserer Geschichte berichtet wird, haben das gleiche unwirkliche Gebaren. Die Wissenschaftler wurden mißverstanden, erhielten keine Unterstützung und arbeiteten trotz des wissenschaftlichen Establishments – und nicht etwa mit dessen Unterstützung – weiter. Dagegen müssen wir zugunsten dieses Establishments seine Bereitschaft registrieren, den Kurs vollständig zu ändern, als sich die neuen und unorthodoxen Ideen selbst bewiesen. Man kann sich etwas mehr Vorstellungskraft wünschen, aber insgesamt gesehen hat auch der wissenschaftliche Konservatismus seine Berechtigung. Die Pioniere müssen ihre Dschungel alleine rohden, sonst würde die Wissenschaft ihre Zeit nur damit verbringen, halbgare Spinner zu unterstützen.

Als roter Faden zieht sich durch die frühen Arbeiten über Chaos, daß alle Akteure im Herzen Mathematiker waren. Nicht alle von Beruf, Sie erinnern sich.

Lorenz war ein Meteorologe, Hénon ein Astronom, Feigenbaum ein Physiker und May ein Biologe. Aber alle ließen sich von ihrem mathematischen Instinkt führen, wenn eine zu große Konzentration auf die reale Welt das Vertrauen zerstört hätte, ihre Arbeit könnte jemals etwas Besseres sein als eine Übervereinfachung. Wenn Sie in den Gleichungen von Lorenz Physik suchen, werden sie praktisch keine finden. Bessere Approximationen an die wahre Dynamik verhalten sich nicht so wie die von Lorenz – wie ihm seine Kollegen dargelegt haben. Jahrzehnte später sagte einer von ihnen, Willem Malkus, schmerzlich: «Natürlich haben wir das Wesentliche nicht begriffen. Ed hat nicht in Begriffen unserer Physik gedacht. Er dachte über verallgemeinerte oder abstrakte Modelle nach, die das Verhalten enthüllten, das er intuitiv für charakteristisch für einige Aspekte der äußeren Welt hielt.»

Mit anderen Worten, Lorenz dachte wie ein Mathematiker und nicht wie ein Meteorologe.

Eine Kampagne für die wahre Mathematik

Die Entdeckung des Chaos erforderte viele Dinge und viele Wissenschaftler. Sie benötigte reine Mathematiker, um den topologischen Zugang zur qualitativen Dynamik zu entwickeln und generalisierende Fragen zu stellen. Sie benötigte Physiker, um die Antworten mit der realen Welt zu verbinden. Sie benötigte Experten in Laboratorien, um zu überprüfen, ob die Theorien sinnvoll sind. Sie benötigte Elektroingenieure, um Computer mit guten Graphikmöglichkeiten und wirkungsvollen Kapazitäten zu entwerfen und zu bauen.

Welcher Beitrag war der bedeutendste?

Eine dumme Frage. Was halten sie für wichtiger: Ihr Herz, ihre Lunge oder ihr Gehirn?

Nehmen Sie einen Teil weg und Sie sind tot. Es ist die Kombination, die zählt.

Doch als Mathematiker möchte ich auf eine oft geäußerte Kritik an der Mathematik zurückkommen: Sie wird häufig wegen ihres fehlenden Bezugs zur Realität angegriffen. Die Geschichte des Chaos ist jedoch nur eines von vielen Beispielen, die zeigen, daß diese Kritik unangebracht ist. Es ist, als ob man eine Lunge kritisieren würde, weil sie kein Blut pumpen kann.

Wenn Sie den zielorientierten Standpunkt einnehmen, würden Sie einen Durchbruch im Verständnis der Turbulenz zum Beispiel von einem intensiven Forschungsprogramm der Strömungsdynamiker erwarten. In Wirklichkeit waren die Forschungen der Strömungsdynamiker nicht die entscheidenden Beiträge zum Durchbruch durch den seltsamen Attraktor – denn es ist einer, obwohl noch viele Fragen unbeantwortet sind. Die entscheidenden theoretischen Ideen kamen aus der Topologie, einem Gebiet, das bisher nicht als relevant für den Fluß von Strömungen gehalten wurde. Das entscheidende experimentelle Werkzeug war der Laser, der zu der Zeit weit unterschätzt wurde: «Eine Lösung, die nach einem Problem sucht». Und Experten, die dieses Werkzeug benutzen, waren Physiker, die ihr Ansehen mit Phasenübergängen und nicht mit Flüssigkeiten erhalten haben.

Die Wissenschaft ist ein kompliziertes und ineinandergreifendes Gefüge. Die Ideen können von überall her kommen. Eine gute Idee ist wie eine Infektionskrankheit: Sie verbreitet sich schnell. Keiner kann im voraus sagen, wohin sie führt, und keiner kann sie auf vorbestimmte Grenzen beschränken. Ideen kommen nicht mit Aufklebern wie etwa folgendem:

WARNUNG – Topologie
Vermeiden Sie jeden Kontakt mit der realen Welt

Unglücklicherweise nehmen viele Leute stillschweigend an, daß genau dies geschieht.

Die Mathematik wegen ihrer Abstraktion zu kritisieren heißt, das Wesentliche nicht zu begreifen. Gerade die Abstraktion läßt die Mathematik funktionieren. Wenn man sich zu sehr auf die Anwendung einer mathematischen Idee beschränkt, beraubt man den Mathematiker seiner wichtigsten Werkzeuge, der Analogie, der Allgemeinheit und der Einfachheit. Zu Eulers Zeiten war es wahr: Die Analogie zwischen der Elektrostatik und der Strömungsdynamik war für einen Mathematiker offensichtlich, für jeden anderen absurd. Es bleibt auch heute wahr: Wir haben gerade gesehen, wie sich eine Methode, die zur Untersuchung von Chaos in turbulenten Strömungen entwickelt wurde, ebensogut bei der Erforschung von Masernepidemien anwenden läßt.

Jedoch benötigt der Technologietransfer mehr als nur die Technologie. Jemand muß sie übermitteln. Während die Mathematiker dazu ermutigt werden sollten, weiterhin das zu betreiben, was Mathematiker schon immer getan haben – ob die außenstehende Welt ein Wort davon versteht oder nicht –, wird die Mathematik dennoch solange eine Kunstform bleiben, bis genügend Leute bereit dazu sind, sie auf Probleme außerhalb der Mathematik anzuwenden. Die Geschichte des Chaos ist ein Beispiel dafür, wie Wissenschaftler aus allen Bereichen – der Physik, der Biologie, dem Ingenieurwesen, der Chemie, der Physiologie, der Astronomie – wie wirkliche «angewandte Mathematiker» gearbeitet haben. Sie beweisen, was der Begriff «angewandter Mathematiker» bedeuten kann: Sie nehmen die Mathematik ...

... und wenden sie an.

Die Quantenchaologie

Einen interessanten Zweig der Physik, die Quantenmechanik, habe ich bisher ignoriert, sieht man einmal von dem erwähnten Einstein-Zitat ab. Ich habe die

Quantenmechanik nicht erwähnt, weil es keinen guten Grund für die Annahme gibt, die chaotische Dynamik, wie wir sie heute kennen, könnte eine Antwort auf Einsteins Problem liefern. Aber das Chaos hat auch für die Quantenmechanik eine Bedeutung, so lassen Sie mich versuchen, diese Unterlassung ein wenig wiedergutzumachen.

Ich habe die Überschrift und die Darstellung dieses Abschnitts der *Bakerian Lecture* (1987) meines Kollegen Michael Berry entnommen, der Physiker ist und über diese Dinge Bescheid weiß. Diese rennomierte Vortragsreihe der Royal Society wurde von Henry Baker gegründet, und Berry sagte zur Eröffnung, daß zu Bakers Zeiten mit «Chaologie» die Lehre von dem Chaos bezeichnet wurde – die Lehre von der Zeit, «als die Erde wüst und leer war», was uns zu Abbildung 1 (vgl. S. 12) zurückführt. Die Chaologie ist kein aktiver Bereich der Theologie mehr, daher ist der Begriff für eine modernere Interpretation frei geworden: für das Studium des deterministischen Chaos.

Die Quantenmechanik ist die moderne Physik des Universums im atomaren Maßstab. In der Quantenmechanik sind Größen wie die Energie nicht stetig, sie existieren statt dessen in diskreten Brocken, den «Quanten». Die Größe eines einzelnen Quants ist hoffnungslos klein und wird durch eine winzige Zahl, die Plancksche Konstante, bestimmt. Teilchen sind nicht mehr Teilchen, sondern eine Dualität aus Welle und Korpuskel, die durch eine quantenmechanische Wellenfunktion beschrieben wird.

Es ist nicht leicht, die Quantenmechanik auf dem Niveau des menschlichen Fassungsvermögens zu interpretieren. Es gibt in der Tat eine Gedankenschule, die dieses Unterfangen für hoffnungslos hält, weil die Welt der Quanten und die unserer Sinne keine Gemeinsamkeiten besitzen. Andere stimmen dem nicht zu und bieten irgendwelche Interpretationen an. In einer bekannten Auslegung repräsentiert die Wellenfunktion nicht den Zustand eines Teilchens, sondern die Überlagerung aller möglichen Zustände. Wenn eine Beobachtung gemacht wird, dann stürzt die Wellenfunktion auf einen einzigen Zustand zusammen. Vor diesem Zusammenbruch repräsentiert sie die Wahrscheinlichkeit, daß das System in einem gegebenen Zustand angetroffen wird.

Ich mag diese Interpretation nicht so sehr. Wie wir gesehen haben, mochte sie Albert Einstein auch nicht. Lassen Sie mich seinen Brief an Max Born ausführlicher zitieren, um den Zusammenhang aufzuzeigen:

> *Du glaubst an den würfelnden Gott und ich an volle Gesetzlichkeit in einer Welt von etwas objectiv Seiendem, das ich auf wild spekulativem Wege zu erhaschen suche. Ich glaube fest, aber ich hoffe, daß einer einen mehr realistischeren Weg, bezw. eine mehr greifbare Unterlage finden wird, als es mir gegeben ist. Der große anfängliche Erfolg der Quantentheorie kann mich doch nicht zum Glauben an das fundamentale Würfelspiel bringen, wenn ich auch wohl weiß, daß die jüngeren Kollegen dies als Folge der Verkalkung auslegen.*

Trotzdem scheinen quantenmechanische Ereignisse stets auf die Art stattzufinden, die die Quantenmechanik angibt. Obwohl zum Beispiel die Statistik des radioaktiven Zerfalls genau definierte Gesetze einhält, kann niemand vorhersagen, wann es sich ein bestimmtes Atom in den Kopf setzen wird zu zerfallen. Entweder spielt Gott Roulette oder er spielt ein tiefsinnigeres Spiel, das wir noch ergründen müssen.

Ich stimme Einstein zu. Ich mag die zweite Idee – das tiefsinnigere Spiel, das wir noch nicht verstehen – wesentlich lieber.

Nun haben wir ja schon festgestellt, daß das deterministische Chaos für sehr viele beobachtete Zufälligkeiten in der klassischen Mechanik verantwortlich ist. Könnte Quantenchaos für beobachtete Zufälligkeiten in der Quantenmechanik verantwortlich sein? Können wir nun das tiefsinnigere Spiel von Gott erklären?

Bis zum heutigen Zeitpunkt gelingt es uns nicht. Falls es ein tiefsinnigeres Spiel gibt, ist es noch zu tiefsinnig für uns gelehrige Affen. Wir hoffen verzweifelt auf einen genialen Menschen, der uns in die richtige Richtung führt.

In konventionellen Quantensystemen zeigt sich das Chaos auf andere Art als in klassischen Systemen. Was wir über das Chaos in der Quantenmechanik wissen, betrifft nicht die Zufälligkeit der Wellenfunktion, sondern die chaotische Entwicklung der Erwartungswerte der beobachteten Größen. Eine Methode ist die semiklassische Approximation. Mit ihr können bestimmte quantenmechanische Systeme mit Begriffen ihrer klassischen Gegenstücke beschrieben werden.

Ein einigermaßen gut verstandener Systemtyp ist das «Quantenbillard». Das klassische System besteht aus einem elastischen Teilchen, das wie eine Billardkugel auf einem Tisch von unorthodoxer Form am Rand eines Gebietes abprallt

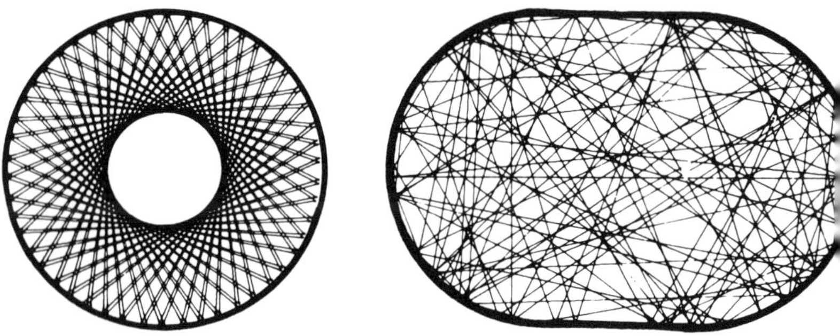

Abb. 121
Klassisches Billard, ein Schlüssel für das Quanten-Chaos. Ein Teilchen prallt wie eine Billardkugel am Rand eines Gebietes ab. Ein kreisförmiges Gebiet führt zu regelmäßigem Verhalten, das Stadion von Bunimovich führt zu Chaos.

(Abbildung 121). Einige Formen wie zum Beispiel ein Kreis führen zu regelmäßiger Dynamik. Andere wie zum Beispiel das Stadion von Bunimovich erzeugen Chaos. Der Unterschied zeigt sich deutlich am Muster der Bahn der Billardkugel.

Das entsprechende Quantensystem ist eine Wellenfunktion, die auf einem durch den Tisch begrenzten Bereich definiert ist und die Wahrscheinlichkeit repräsentiert, mit der ein quantenmechanisches Teilchen an einem bestimmten Punkt gefunden wird. Das klassische Chaos hinterläßt seine Spuren auch in der Quantenlandschaft. Der Unterschied zwischen regelmäßigem und chaotischem Verhalten im klassischen System zeigt sich im Quantensystem als Unterschied in den statistischen Eigenschaften der Energieniveaus. Die Räume zwischen diesen Niveaus sind offenbar zufällig verteilt und können näherungsweise durch eine glatte Kurve beschrieben werden. Wie die Verteilung der Energieniveaus für das Quantensystem von dieser Kurve abweicht, hängt davon ab, ob das klassische System regelmäßig oder chaotisch ist. Paradoxerweise sind die Energieniveaus des Quantenanalogons zu einem regelmäßigen klassischen System eher unregelmäßiger, und die zu einem chaotischen klassischen System

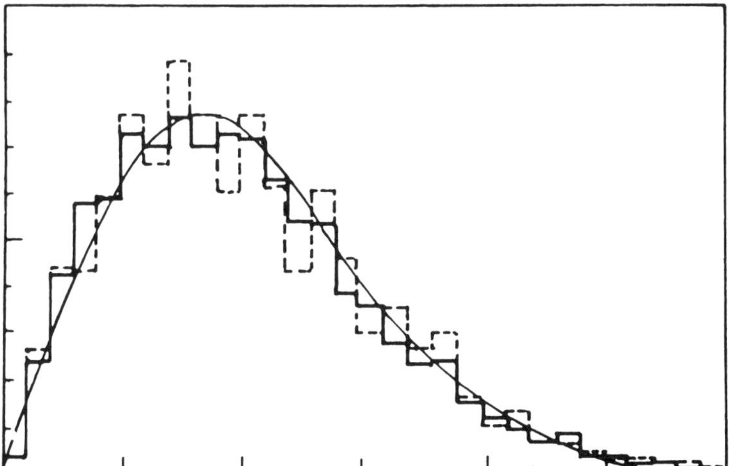

Abb. 122
Wenn die beiden Systeme aus Abbildung 121 quantisiert werden, besitzen die Lücken zwischen den Energieniveaus ihrer Wellenfunktionen unterschiedliche statistische Eigenschaften. Die Abweichungen vom theoretischen Durchschnitt (Kurve) für das Kreis-Billard (gestrichelt) und das Stadion-Billard (durchgezogen).

eher regelmäßiger! Der Grund hierfür bleibt rätselhaft, obwohl der Effekt in Beispielen nachgewiesen werden konnte.

Allerdings muß das Quantengegenstück zu einem chaotischen klassischen System nicht chaotisch sein. Der im vorhergehenden Kapitel erwähnte angestoßene Rotator liefert hierfür ein Beispiel. Der klassische angestoßene Rotator erlebt eine komplizierte Folge von Frequenzeinfängen und wird dann chaotisch. Sein quantenmechanisches Gegenstück dagegen kommt niemals über den Zustand der Quasiperiodizität hinaus: Sein dynamisches Verhalten ist regelmäßig und nicht chaotisch.

Physikalisch macht dies einen Sinn. Das klassische Chaos beinhaltet fraktale Attraktoren, dies wiederum bedeutet Struktur in allen Größenbereichen. In der Quantenmechanik dagegen ist man zumindest gegenwärtig davon überzeugt, daß in einer Größenordnung, die kleiner ist als die Plancksche Konstante, keine Struktur existiert. Daher glätten die Quanteneffekte die feinen Details, die für das wahre Chaos nötig sind.

Das Roulette und der Determinismus

Dennoch können wir über die andere – und tiefsinnigere – Art der Quantenunbestimmtheit wilde Spekulationen anstellen: über die Wellenfunktion.

Die Möglichkeit bleibt bestehen, daß eine neue Version der Quantenmechanik die probabilistische Natur der Wellenfunktion durch etwas Deterministisches, aber Chaotisches ersetzen könnte. Vielleicht befolgt jedes radioaktive Atom eine Art von innerer Dynamik, die sich zu einem Zerfall in einen nicht radioaktiven Zustand kulminiert. Wenn eine derartige Dynamik existiert, könnte sie chaotisch sein. Falls sie chaotisch ist, würde dies eine deterministische Erklärung für die Zufälligkeit des Zerfalls liefern. Kurz gesagt, es ist nicht wichtig, ob Gott Roulette spielt, sondern wie er es spielt.

Das gleiche gilt für die klassische Ebene. Es ist nicht wichtig, daß ein System zufällig ist, sondern woher die Zufälligkeit kommt.

Ich möchte darlegen, daß in Büchern über die Wahrscheinlichkeitstheorie der Wurf einer Münze und die Würfelmetapher das Unpassendste sind, was je erfunden wurde, zumindest, wenn wir unsere Vorstellung vom Zufall nicht ändern.

Ich spreche über einen idealen Würfel, einen vollständig unelastischen Kubus, der auf eine vollkommen ebene unelastische Fläche geworfen wird und dabei gewissen Reibungsgesetzen und der Newtonschen Mechanik unterliegt. Damit können wir die Mathematik präzise einführen. Mir scheint, daß auch dieses Modell aufzeigen sollte, was einen realen Würfel zufällig macht. Nach Laplace jedoch ist es klar, daß der «Umfassende Verstand» den Endzustand des Würfels in dem Moment bestimmen kann, in dem er geworfen wird. Mit einer Videokamera und einem Supercomputer ausgestattet, sollten wir zumindest im Prinzip das Resultat vorhersagen können, bevor der Würfel gefallen ist.

Dies ist nicht nur reine Phantasie. Der amerikanische Chaologe J. Doyne Farmer entwickelte eine Theorie, nach der sich der Zufall beim Roulette wesentlich vergrößern läßt. Trotzdem lassen ihn die Casinos nicht spielen.

Wie dem auch sei, wenn man genau voraussagen kann, was passieren wird, woher kommt dann der Zufall?

Wir wollen an dieser Stelle die Berechnungen nicht für einen Würfel durchführen, statt dessen betrachten wir eine vereinfachte Münze. Auch hieran läßt sich sehen, was vor sich geht. Die Münze ist eine Strecke der Länge eins in einer Ebene. Wenn sie vom Boden aus hochgeworfen wird, erhält sie eine vertikale Geschwindigkeit v und eine Rate r, mit der sie sich pro Sekunde dreht. Die Seite, die oben liegt, wenn sie auf den Boden zurückkehrt, ist das Resultat des Wurfes.

Wenn wir die Fallbeschleunigung mit g bezeichnen, dann benötigt die Münze $2v/g$ Sekunden, bis sie wieder am Boden liegt und macht dazwischen $2rv/g$ Umdrehungen. Die Grenze zwischen Kopf und Zahl liegt bei einer halben Umdrehung, das heißt, wenn $2rv/g$ die Hälfte einer ganzen Zahl ist. Bezeichnen wir diese Zahl mit N, dann wird diese Grenze durch $rv = gN/4$ gegeben.

Wenn ich die Werte von v und r genau kontrollieren könnte, könnte ich die Seite, auf der die Münze landet, vorherbestimmen. Jedoch kann ich in der Praxis diese Werte nur innerhalb gewisser Grenzen kontrollieren. Nehmen Sie zum Beispiel an, ich könnte v zwischen 480 und 520 cm/sek und r zwischen 18 und 22 Umdrehungen pro Sekunde halten. Wie hängt das Ergebnis – Kopf oder Zahl – von r und v ab?

Sie können die Antwort aus der obenstehenden Formel erhalten. Das Rechteck der möglichen Werte von v und r ist in Streifen aufgeteilt: jeweils ein schwarzer für Kopf und ein weißer für Zahl (Abbildung 123).

Jeder bekannte Wert für die Anfangsgeschwindigkeit und die Drehrate liefert eine eindeutige Antwort. Das Ergebnis ist nicht nur deterministisch – ich kann Ihnen tatsächlich im voraus sagen, ob es Kopf oder Zahl sein wird.

Wenn ich jedoch nur weiß, daß v und r in einem gewissen Bereich liegen, kann ich das Ergebnis nicht vorhersagen. Ich kann lediglich das Rechteck als eine Art Dartbrett betrachten. Jeder Münzwurf ist wie ein Pfeilwurf: Trifft der Pfeil einen schwarzen Streifen, erhalte ich Kopf, trifft er einen weißen, erhalte ich Zahl. Wenn die Pfeile gleichmäßig über das Rechteck verteilt sind, dann ist die Wahrscheinlichkeit für Kopf der Anteil der von schwarzen Streifen bedeckten Fläche an der Gesamtfläche.

Mit anderen Worten liegt die Quelle des Zufalls in der Wahl der Anfangsbedingungen. Solange ich diese nicht exakt kontrollieren kann, kann ich auch keine präzisen Vorhersagen treffen.

Hier bricht der Laplacesche Determinismus erneut zusammen – aber auf eine etwas andere Art. Das Münzmodell ist kein chaotisches System. Es ist vollkommen regelmäßig.

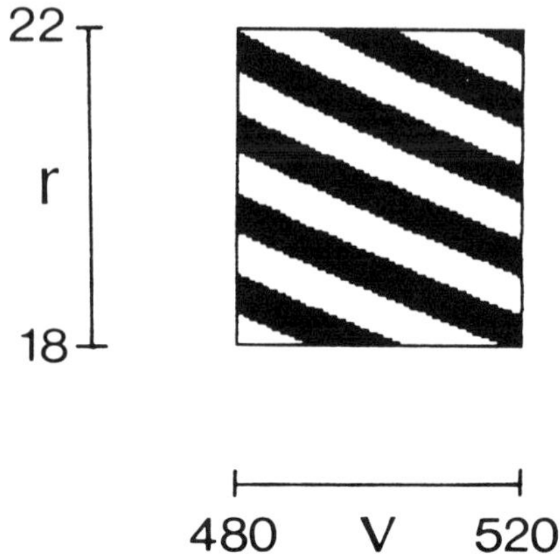

Abb. 123
Die Anfangsbedingungen für den vereinfachten Münzwurf und das resultierende Ergebnis im gestreiften Bereich (schwarz = Kopf, weiß = Zahl).

Plus ça change ...

Chaos ist ein heißes Thema. Es ist der neueste Trend. Aber jedesmal, wenn ein heißes Thema in die wissenschaftlichen Schlagzeilen gerät, stellt sich heraus, daß es schon in ferner Vergangenheit irgendwie bekannt war, in gewisser Weise jedenfalls.

Mit dem Abstand der historischen Entwicklung kann man oft Dinge klar sehen, die den Zeitzeugen nicht klar waren. Der Trick liegt nicht so sehr darin, etwas zu wissen, sondern darin zu wissen, daß man es weiß. Man muß ein wissenschaftliches Problemfeld als wichtig einschätzen und in einen Zusammenhang bringen.

Was das Chaos anbelangt, wurden schon früher Teile dieses Problemkreises erkannt – sie wurden jedoch nie zusammengebracht. Die richtigen Fragen wurden nicht gestellt, und es existierten keine Techniken, die Antworten zu finden. So wurden zwar isolierte Details gesehen, aber niemals das große Bild.

Es ist jedoch klar, daß insbesondere Poincaré mehr sah, als seine Zeitgenossen zu würdigen wußten. Um dies zu belegen, werde ich ein ziemlich langes Zitat aus einem seiner Aufsätze anführen. Sie werden viele der obenstehenden Ausführungen darin wiederfinden, obwohl der Aufsatz fast ein Jahrhundert alt ist. Sein Titel lautet: *Der Zufall.*

Eine sehr kleine Ursache, die für uns unbemerkbar bleibt, bewirkt einen beträchtlichen Effekt, den wir unbedingt bemerken müssen, und dann sagen wir, daß dieser Effekt vom Zufall abhänge. Würden wir die Gesetze der Natur und den Zustand des Universums für einen gewissen Zeitpunkt genau kennen, so könnten wir den Zustand dieses Universums für irgendeinen späteren Zeitpunkt genau voraussagen. Aber selbst wenn die Naturgesetze für uns kein Geheimnis mehr enthielten, können wir doch den Anfangszustand immer nur näherungsweise kennen. Wenn wir dadurch in den Stand gesetzt werden, den späteren Zustand mit demselben Näherungsgrade vorauszusagen, so ist das alles, was man verlangen kann; wir sagen dann: die Erscheinung wurde vorausgesagt, sie wird durch Gesetze bestimmt. Aber so ist es nicht immer; es kann der Fall eintreten, daß kleine Unterschiede in den Anfangsbedingungen große Unterschiede in den späteren Erscheinungen bedingen; ein kleiner Irrtum in den ersteren kann einen außerordentlich großen Irrtum für die letzteren nach sich ziehen. Die Vorhersage wird unmöglich und wir haben eine ‹zufällige Erscheinung›.

Unser zweites Beispiel ist dem ersten sehr ähnlich, wir entnehmen es der Meteorologie. Weshalb bereitet es den Meteorologen so viele Schwierigkeiten, das Wetter mit einiger Sicherheit vorauszusagen? Weshalb scheint uns das Eintreten von Regengüssen und Stürmen gänzlich vom Zufall abzuhängen, so daß manche Leute es für ganz natürlich halten, um Regen und gutes Wetter zu beten, während doch dieselben Leute es lächerlich finden würden, wenn man eine Sonnenfinsternis durch Gebet herbeiführen wollte? Wir wissen, daß die großen Störungen meistens in denjenigen Gebieten der Atmosphäre entstehen, in denen dieselbe sich in unstabilem Gleichgewichte befindet. Die Meteorologen erkennen wohl, daß das Gleichgewicht unstabil ist und daß irgendwo ein Zyklon entstehen wird; aber wo, das können sie nicht angeben; ein Zehntelgrad mehr oder weniger an irgendeiner Stelle, und der Zyklon bricht nicht hier, sondern dort aus, und seine Verwüstungen treffen Gegenden, die sonst verschont geblieben wären. Wenn man diesen Zehntelgrad gekannt hätte, so wäre das Eintreffen des Sturmes vorauszusehen gewesen, aber die Beobachtungen waren weder hinreichend dicht, noch hinreichend genau, und deshalb macht es den Eindruck, als sei alles dem Zufall überlassen (...).
Das Roulettespiel entfernt uns weniger als man zuerst denkt von dem vorhergehenden Beispiel. Stellen wir uns eine Nadel vor, die man in drehende Bewegung um einen festen Stützpunkt versetzen kann, und darunter eine Art Zifferblatt, das in hundert abwechselnd rote und schwarze Abschnitte geteilt ist. Wenn die Nadel über einem roten Abschnitte stehen bleibt, so ist das Spiel gewonnen, andernfalls ist es

verloren. Alles hängt offenbar von dem ursprünglichen Antriebe ab, den wir der Nadel erteilen. Die letztere wird sich etwa zehn- oder zwanzigmal ganz herumdrehen und dann mehr oder weniger schnell zum Stillstand kommen, je nachdem ich sie mehr oder weniger stark gestoßen habe. Wenn der Antrieb nur um ein Tausendstel oder um ein Zehntausendstel variiert, so genügt das, um zu bewirken, daß die Nadel nicht etwa über einem schwarzen Teile, sondern über dem darauffolgenden roten Teile stillsteht. Das sind Differenzen, die unser Muskelsinn nicht wahrnehmen kann und die selbst den feinsten Instrumenten entgehen würden. Es ist mir deshalb unmöglich, vorauszusehen, was die von mir in Bewegung gesetzte Nadel tun wird, und deshalb befinde ich mich in gespanntester Erwartung und hoffe alles vom Zufall.

Poincaré machte sich Gedanken über die Auswirkungen auf Experimente, die wiederum das widerspiegeln, was wir eben beschrieben haben:

Was tun wir, um eine Hypothese zu kontrollieren? Wir können nicht alle Folgerungen prüfen, denn deren Anzahl ist unendlich groß; wir begnügen uns damit, einige zu prüfen, und wenn wir dabei Erfolg haben, gilt uns die Hypothese als gesichert, (denn so viele Erfolge können nicht durch den bloßen Zufall bedingt sein).

Gestreifte Schicksale

Der Phasenraum des Universums ist wie der der Münze mit seinen Schicksalen gestreift, es ist sicherlich ein milliardendimensionaler Phasenraum mit milliardendimensionalen Streifen. Aber gerade das macht die Sache schlecht. Dies würde auch gelten, wenn das Universum ein regelmäßiges nicht chaotisches System ist. Wenn das Chaos zuschlägt, werden die Streifen unendlich dünn, mischen sich wie Spaghetti mit Soße, und belegen die effektive Undeterminiertheit.

Alle deterministischen Wetten sind aus. Das beste, was wir tun können, sind Wahrscheinlichkeiten.

In diesem Sinn sind Würfel eine schlechte Metapher für echten Zufall, aber eine viel bessere Metapher für deterministisches Chaos.

Was ist auf der anderen Seite echter Zufall? Poincaré zeigte, daß auch das Roulette deterministisch ist. Vielleicht gibt es so etwas wie ein echtes Zufallsereignis gar nicht. Alles ist vorherbestimmt, wir sind jedoch nicht fähig, das Schema zu erkennen. Innerhalb jeden geschlossenen Systems ist ein unveränderliches Gesetz ausschlaggebend. Zufallsereignisse treten ein, wenn äußere Einflüsse das ordentliche Funktionieren des Systems stören und nicht als Folge der immanenten Gesetze.

Es gibt kein wirklich abgeschlossenes System, das frei von äußeren Einflüssen ist. In diesem Sinn können zufällige Störungen immer auftreten. Jedoch sind diese auf leicht unbefriedigende Weise zufällig. Mit einer genügenden Anzahl an Informationen kann man sie kommen sehen.

Andererseits treten die auf deterministisches Chaos zurückzuführenden Zufallsereignisse sogar innerhalb eines geschlossenen Systems auf, das durch unveränderliche Gesetze bestimmt wird. Unsere beliebtesten Beispiele für den Zufall – die Würfel, das Roulette, der Wurf einer Münze – scheinen näher am Chaos zu liegen als an den Launen äußerer Ereignisse. Daher sind in diesem veränderten Sinn die Würfel trotz allem eine gute Metapher für den Zufall. Wir haben lediglich unseren Begriff von der Zufälligkeit verfeinert. In der Tat können die deterministischen, aber möglicherweise chaotischen Streifen des Phasenraumes die wahre Quelle der Wahrscheinlichkeit sein.

Die Quantenunschärfe könnte ähnlich bestimmt sein. Ein unendlich intelligentes Wesen mit perfekten Sinnen – Gott, der «Umfassende Verstand» oder «Deep Thought» – könnte tatsächlich dazu in der Lage sein, genau vorherzusagen, wann ein bestimmtes Atom zerfallen wird und ein bestimmtes Elektron seine Bahn verändert. Mit unseren begrenzten Fähigkeiten und unzureichenden Sinnen jedoch werden wir niemals fähig sein, den Dreh zu finden.

Denn gerade weil wir ein Teil des Universums sind, können unsere Anstrengungen, sein Verhalten vorherzusagen, mit dem, was es tun wird, kollidieren. Dieses Problem ist sehr haarig und es könnte sehr gut zu einem unendlichen Rückschritt führen: Ich weiß nicht, wie ein Computer funktionieren würde, wenn seine Atome durch die Ergebnisse seiner eigenen Berechnungen beeinflußt würden.

Beleuchtung und Stütze

Jemand hat einmal gesagt, daß er Tatsachen benutzt hat wie ein «Betrunkener einen Laternenpfahl, als Stütze und nicht zur Beleuchtung».

Betrunkene und Laternenpfähle gehen in der wissenschaftlichen Subkultur ein und aus. Ein Fall ist zum Beispiel der Weg eines Betrunkenen. Der Betrunkene beginnt am Laternenpfahl und torkelt zufällig nach Norden, Süden, Osten oder Westen. Wohin geht er? Was sind die statistischen Regelmäßigkeiten? Zufall oder Chaos?

Joseph Weizenbaum erzählt in *Computer Power and Human Reason* einen anderen Vorfall mit einem Betrunken und einem Laternenpfahl. Ich werde es frei wiedergeben. Der Betrunkene rutscht auf seinen Knieen am Laternenpfahl herum. Ein vorbeikommender Polizist fragt: «Was tun Sie da?»

«Ich suche nach meinen Schlüsseln, Herr Wachtmeister.»

«Haben Sie sie unter dieser Lampe verloren?»

«Nein, ich habe sie im Dunkeln auf der Straße verloren.»

«Warum suchen Sie sie dann unter dieser Lampe?»

«Weil es hier hell genug ist, um sie sehen zu können.»

Wie Weizenbaum behauptet, ist die Wissenschaft wie der Betrunkene. Sie geht von dem aus, was sie weiß, und hält sich dort auf, wo es hell ist. Diese kleine Geschichte wird immer wieder zitiert, um zu zeigen, wie wenig Vorstellungskraft die Wissenschaftler besitzen. Obwohl sie Weizenbaums Buch nicht gelesen haben können, denn er erklärt in der darauffolgenden Passage, warum diese Analogie schlecht ist.

Sie ist schlecht, weil wir in der Wissenschaft nicht wissen, ob die Schlüssel, die wir suchen, draußen im Dunkeln sind. Wir wissen nicht einmal, ob die Schlüssel existieren. Ebensowenig wissen wir, ob die Dunkelheit existiert, obwohl wir ihre Existenz vermuten, denn hin und wieder beleuchtet ein kleiner Lichtstrahl einen anderen Teil von ihr. So suchen wir unter der Lampe unseres Wissens – nicht nach den Schlüsseln, sondern nach einer neuen Lichtquelle. Der Lorenz-Attraktor ist keine direkte Hilfe bei der Verbesserung der Wettervorhersagen. Seine Hauptfunktion besteht darin, die gegenwärtigen Zugänge anzuzweifeln. Es ist besser, dem ins Gesicht zu sehen, als in Unwissenheit zu verharren. Das Chaos könnte indirekt zu besseren Wettervorhersagen führen – oder wenn nicht das, dann zur besseren Kontrolle von Epidemien, zur Vermeidung von Herzkrankheiten oder nur zum Verständnis des Universums.

Wir müssen unter der Lampe suchen. Dies ist alles, was uns bleibt. Das Licht unseres Wissens verbreitet sich langsam, aber sicher. Wir haben unser ganzes Wissen auf diese Art erhalten.

Das Chaos befindet sich genau in diesem Zustand. Es ist wie ein neuer Lichtstrahl des Wissens, der eine dunkle Ecke enthüllt, von der wir kaum etwas gewußt haben. Eine Ecke, die früher von Geistern bewohnt war, den Gespenstern unausgesprochener Annahmen. Mit der Fackel in der Hand treiben wir sie hinaus in das hellere Lampenlicht und halten sie für das, was sie sind: Skelette mit gelben Knochen aus Aberglauben.

Der leuchtendste Lichtstrahl, den das Chaos verbreitet, fällt auf die Natur der Komplexität. Wir wissen heute, daß einfache Gleichungen einfache oder komplizierte Lösungen haben können. Komplizierte Gleichungen können aber auch einfache Lösungen haben. Das Verhältnis zwischen Gleichung und Lösung, zwischen Modell und Verhalten, wird nicht durch die Form, sondern durch die Bedeutung bestimmt.

Wohin wird uns die Problematik des mathematischen Chaos führen? Wir können es nicht sagen. Was ist die Zukunft der Chaologie? Sie liegt im Dunkeln. Für den Augenblick müssen wir uns damit zufrieden geben, einen besonders schädlichen Geist vertrieben zu haben. Das allein ist ein großer Triumph.

Literaturhinweise

Ein Stern neben einem Titel bezeichnet mathematisch fortgeschrittene Literatur. Je mehr Sterne ein Titel besitzt, desto anspruchsvoller ist er!

Allgemein

James Gleick: *Chaos: Making a New Science*, New York, Viking Press 1987 (deutsch: James Gleick, Chaos – die Ordnung des Universums. Vorstoß in Grenzbereiche der modernen Physik, München, Droemer Knaur Verlag 1988).

Ilya Prigogine: *From Being to Becoming*, San Francisco, W. H. Freeman 1980 (deutsch: Ilya Prigogine, Vom Sein zum Werden. Zeit und Komplexität in den Naturwissenschaften, München, Piper Verlag 1988).

Ed Regis: *Who got Einstein's Office?*, Reading, Mass., Addison-Wesley 1987 (deutsch: Ed Regis, Einstein, Gödel & Co. Genialität und Exzentrik – Die Princeton-Geschichte, Basel, Birkhäuser Verlag 1989).

Ian Stewart: *The Problems of Mathematics*, Oxford, Oxford University Press 1987 (deutsch: Ian Stewart, Mathematik. Probleme – Themen – Fragen, Basel, Birkhäuser Verlag 1990).

Kapitel 1–4: Geschichte

E. T. Bell: *The Development of Mathematics*, New York, McGraw-Hill 1945.

E. T. Bell: *Men of Mathematics* (2 Bde.), Harmondsworth, Penguin Books 1965.

Carl B. Boyer: *A History of Mathematics*, New York, John Wiley 1968.

Stillman Drake und I. E. Drabkin: *Mechanics in Sixteenth-Century Italy*, Madison, University of Wisconsin Press 1969.

Stillman Drake: *The Role of Music in Galileo's Experiments*, Scientific American, Juni 1975, 98–104.

D. L. Hurd und J. J. Kipling: *The Origins and Growth of Physical Science* (2 Bde.), Harmondsworth, Penguin Books 1964.

Morris Kline: *Mathematical Thought from Ancient to Modern Times*, Oxford, Oxford University Press 1972.
Morris Kline: *Mathematics in Western Culture*, Harmondsworth, Penguin Books 1972.
Theodore M. Porter: *The Rise of Statistical Thinking*, Princeton, Princeton University Press 1986.
Stephen M. Stigler: *The History of Statistics*, Cambridge, Mass., Belknap Press 1986.
Richard S. Westfall: *Never at Rest: a Biography of Isaac Newton*, Cambridge, Cambridge University Press 1980.

Kapitel 5–10: Mathematik

***Ralph Abraham und Jerrold E. Marsden: *Foundations of Mechanics*, Reading, Mass., Benjamin-Cummings 1987.
Ralph Abraham und Christopher D. Shaw: *Dynamics: the Geometry of Behaviour* (4 Bde.), Santa Cruz, Aerial Press 1983.
James P. Crutchfield, J. Doyne Farmer, Norman H. Packard und Robert S. Shaw: *Chaos*, Scientific American, Dezember 1986, 38–49.
*Robert L. Devaney: *An Introduction to Chaotic Dynamical Systems*, Menlo Park, Benjamin-Cummings 1986.
***John Guckenheimer und Philip Holmes: *Nonlinear Oszillations, Dynamical Systems, and Bifurkations of Vector Fields*, New York, Springer 1986.
**Hao Bai-Lin: *Chaos*, Singapur, World Scientific 1984.
Douglas Hofstadter: *Metamagical Themas: Strange Attractors*, Scientific American, November 1981, 16–29.
**Robert S. MacKay und James D. Meiss: *Hamiltonian Dynamical Systems*, Bristol, Adam Hilger 1987.
Jürgen Moser: *Is the Solar System Stable?*, Mathematical Intelligencer, Vol. 1, No. 2, 1978, 65–71.
**Heinz Georg Schuster: *Deterministic Chaos: an Introduction*, Weinheim, Physik-Verlag 1984.
Ian Stewart: *Oh! Catastrophe!*, Paris, Belin 1982.
Ian Stewart: *The Nature of Stability*, Speculations in Science and Technology, Vol. 10, 1988, 310–324.
*J. M. T. Thompson und H. B. Stewart: *Nonlinear Dynamics and Chaos*, New York, John Wiley 1986.
David Tritton: *Chaos in the Swing of a Pendulum*, New Scientist, 24. Juli 1986, 37–40.

Kapitel 11–14: Anwendungen

**G. I. Barenblatt, G. Iooss und D. D. Joseph (Hrsg.): *Nonlinear Dynamics and Turbulence*, London, Pitman 1983.

Michael V. Berry: *Quantum Physics on the Edge of Chaos*, New Scientist, 19. November 1987, 44–47.

I. R. Epstein, K. Kustin, P. De Kepper und M. Orbán: *Oscillating Chemical Reactions*, Scientific American, März 1983, 96–108.

*W. Güttinger und G. Dangelmayr (Hrsg.): *The Physics of Structure Formation*, Berlin, Springer 1987.

**Arun V. Holden (Hrsg.): *Chaos*, Manchester, Manchester University Press 1986.

*S. A. Levin (Hrsg.): *Studies in Mathematical Biology* (2 Bde.), Washington, DC, Mathematical Association of America 1978.

Benoît Mandelbrot: *The Fractal Geometry of Nature*, San Francisco, W. H. Freeman 1982 (deutsch: Benoît Mandelbrot, Die fraktale Geometrie der Natur, Basel, Birkhäuser Verlag 1987).

Heinz-Otto Peitgen und Peter H. Richter: *The Beauty of Fractals*, New York, Springer 1986.

Theodor Schwenk: *Sensitive Chaos*, New York, Schocken Books 1976.

Ian Stewart: *Les Fractals*, Paris, Belin 1982.

Abbildungsnachweis

Wir danken den nachstehend aufgeführten Personen, Institutionen und Verlagen für die freundliche Genehmigung, urheberrechtlich geschützte Materialien wiederzugeben.

Addison-Wesley Publishing Co., Reading, Mass.: Ralph Abraham und Jerrold E. Marsden, *Foundations of Mechanics* (Benjamin-Cummings imprint) – Abb. 108.

Aerial Press, Santa Cruz: Ralph Abraham und Christopher D. Shaw, *Dynamics: the Geometry of Behavior* – Abb. 79, 107, 114.

American Mathematical Society: Jürgen Moser, *Memoirs of the American Mathematical Society,* vol. 81, 1968, 1–60 – Abb. 59.

American Meteorological Society: Edward N. Lorenz, *Journal of the Atmospheric Sciences,* vol. 20, 1963, 130–141 – Abb. 54, 56.

American Philosophical Society: Derek de Solla Price, *Transactions of the American Philosophical Society,* vol. 64, 1974 – Abb. 8.

AT&T Bell Laboratories: David M. Gay, Narenda K. Karmarkar und K. G. Ramakrishnan, *Record,* März 1986, 4–10 – Abb. 35.

Belknap Press, Cambridge, Mass.: Stephen M. Stigler, *The History of Statistics* – Abb. 16, 19.

Bibliothèque Royale Albert 1er, Brüssel: Bildnis von Adolphe Quetelet, Odevaere E 3574 C – Abb. 17.

Chapman and Hall Ltd., London: D. K. Arronsmith und C. M. Place, *Ordinary Differential Equations* – Abb. 37, 38, 39, 40.

Cray Research Inc., Minneapolis – Abb. 51.

John Crutchfield – Abb. 20, 80.

Stillman Drake – Abb. 11.

W. H. Freeman, San Francisco: Morris Kline (Hrsg.), *Mathematics in the Modern World* – Abb. 2, 3, 12; Benoît Mandelbrot, *Die fraktale Geometrie der Natur* – Abb. 89, 90, 95.

The Guardian and Manchester Evening News plc. – Abb. 52.

Greg King und Harry Swinney – Abb. 73.

Longman, London: G. I. Barenblatt, G. Iooss und D. D. Joseph (Hrsg.), J. P. Gollub, *Nonlinear Dynamics and Turbulence* (Pitman imprint), 156–171 – Abb. 74.

Macmillan Magaziners Ltd., London: *Nature* – Abb. 92, 93.

Manchester University Press: Arun V. Holden (Hrsg.), *Chaos*, W. M. Schaffer und M. Kot, 158–178 – Abb. 117, 118; Leon Glass, Alvin Shrier und Jacques Bélair, 237–256 – Abb. 119.

Mathematical Association of America: S. A. Levin (Hrsg.), *Studies in Mathematical Biology*, Robert M. May, 317-366 – Abb. 115; G. Oster, 411–438 – Abb. 113, 116.

National Aeronautics and Space Administration, Washington, DC – Abb. 4, 5, 69, 81, 104.

New York Institute of Technology: Peter Oppenheimer – Abb. 96, 97.

North-Holland Publishing Co., Amsterdam: *Physica D, Nonlinear Phenomena*, vol. 6, A. Arneodo, P. Coullet, C. Tresser, A. Libchaber, J. Maurer und D. d'Humières, 385-392 – Abb. 87.

Arthur J. Olson – Abb. 91.

Penguin Books, Harmondsworth: D. L. Hurd und J. J. Kipling, *The Origins and Growth of Physical Sciences* – Abb. 9.

Royal Library, Windsor Castle: Zeichnung von Leonardo da Vinci, RL 12660V – Abb. 68.

Royal Society: *Proceedings of the Royal Society of London* Series A, vol. 413, 1987, neu herausgegeben von M. V. Berry, I. O. Percival, N. Weiss, *Dynamical Chaos*, L. Glass, A. L. Goldberger, M. Courtemance und A. Schreier, 9–26 – Abb. 120; Jack Wisdom, 109–130 – Abb. 106, 110, 111, 112; Michael Berry, 183-198 – Abb. 122, 123.

Colin Sparrow – Abb. 55.

Springer-Verlag, New York: H.-O. Peitgen und P. H. Richter, *The Beauty of Fractals* – Abb. 23, 99, 100, 101, 102 103.

John Wiley Inc., New York: Carl B. Boyer, *A History of Mathematics* – Abb. 10, 15; J. M. T. Thompson und H. B. Stewart, *Nonlinear Dynamics and Chaos* – Abb. 27, 46, 61, 65, 67, 70, 75, 78.

Index

Zu dieser Ausgabe

insel taschenbuch 1543
Ian Stewart
Spielt Gott Roulette?

Der Text folgt der Ausgabe: Ian Stewart, *Spielt Gott Roulette? Chaos in der Mathematik*, Birkhäuser Verlag AG, Basel 1990. Die englische Originalausgabe erschien unter dem Titel: *Does God Play Dice?* 1989 bei Basis Blackwell Inc., Cambridge, Massachusetts, USA und 1990 bei Penguin Books Ltd., Harmondsworth, Middlesex, England. Die deutsche Übersetzung besorgte Gisela Menzel.

Weitere Bücher zur Kosmologie im Insel Verlag:

Am Fluß des Heraklit
Neue kosmologische Perspektiven
Herausgegeben von Eberhard Sens
Kartoniert

Der Band versucht den neuen kosmologischen Denkbewegungen in vielen Bereichen nachzugehen: den Paradoxien der Physik oder der Entstehung der Zeit, den Theorien der Selbstorganisation oder der Verbindung von Bewußtsein und Materie. Erst in einer breit angelegten Suche läßt sich ein vertieftes Verständnis der Natur gewinnen.

Friedrich Cramer Der Zeitbaum
Grundlegung einer allgemeinen Zeittheorie
Gebunden

Daß die Zeit selbst eine Geschichte hat, daß sie entstanden ist und sich entwickelt, ist eine der aufregendsten Entdeckungen der letzten Jahre. Friedrich Cramer stellt hier einen neuen, umfassenden Zeitbegriff vor, der den aktuellen Erkenntnissen in Physik und Biologie, in Philosophie und Kosmologie Rechnung trägt.

Elisabet Sahtouris Gaia
Vergangenheit und Zukunft der Erde
Gebunden

Die Gaia-Theorie, die die Erde als einen einzigen großen Organismus betrachtet, steht inzwischen im Brennpunkt der ökologischen und politischen Debatten. Elisabet Sahtouris, Schülerin von James Lovelock, hat das Konzept weiterentwickelt und differenziert.

Carol Zaleski Nah-Todeserlebnisse und Jenseitsvisionen
Gebunden

Carol Zaleski vergleicht gegenwärtige Berichte von Nah-Todeserlebnissen und historisch-literarische Jenseitsvisionen. Überraschende Übereinstimmungen werden sichtbar: ein neuer Ansatz zur Deutung eines vielschichtigen Themas.

Jacob Needleman Vom Sinn des Kosmos
Moderne Wissenschaften und alte Wahrheiten
Gebunden

Auch die moderne Wissenschaft bedarf der Rückbesinnung auf alte Weisheitslehren. Needleman plädiert, bei aller nötigen Differenzierung, für eine umfassende Reintegration und damit auch für eine Humanisierung der Wissenschaften.

Michio Kaku / Jennifer Trainer Jenseits von Einstein
Die Suche nach der Theorie des Universums
Gebunden

Die Suche nach einer einheitlichen Theorie zur Erklärung des Universums ist die zentrale Aufgabe der Astrophysik und der Quantentheorie. Das Buch gibt eine Zusammenfassung der kosmologischen Grundgedanken der letzten Jahre und Einblick in neueste Erklärungsversuche.

Werner Künzel / Peter Bexte Allwissen und Absturz
Der Ursprung des Computers
Gebunden

Auch der Computer und seine Theorie haben ihre Geschichte. Sie reicht zurück bis zu kosmologischen, religiösen und sprachphilosophischen Konzepten in Mittelalter und Barock. Die alten Texte und die neuen Maschinen demonstrieren auf ihre besondere Weise die Logik des Universums.

Friedrich Cramer Chaos und Ordnung
Die komplexe Struktur des Lebendigen. Mit zahlreichen Abb.
insel taschenbuch 1496

Natur ist keineswegs nur Ordnung, die Vorstellung des durch und durch geregelten Kosmos ist erschüttert. Alles Lebendige bewegt sich auf dem schmalen Grat zwischen Chaos und Ordnung. Diese Polarität gehört heute zu den wichtigsten Fragen der Wissenschaft. Cramers Buch beschreibt das neue Paradigma in der Anwendung auf zahlreiche Disziplinen.

Richard M. Bucke Kosmisches Bewußtsein
Zur Evolution des menschlichen Geistes
insel taschenbuch 1498

R. M. Bucke hat mit diesem Buch auf dem Gebiet der Bewußtseinsforschung und Tiefenpsychologie innovativ gewirkt. Auf nüchtern-sachliche Weise beschreibt Bucke Möglichkeit und Wirklichkeit einer Bewußtseinsveränderung und untersucht zahlreiche historische Fälle.

Fred Alan Wolf Körper, Geist und neue Physik
Eine Synthese der neuesten Erkenntnisse von Medizin und moderner Naturwissenschaft
insel taschenbuch 1497

Die klassische Physik eines Galilei und Newton hat auch die Mechanik des menschlichen Körpers verständlich gemacht. Doch erst die Quantenphysik versetzt uns in die Lage, den letzten Geheimnissen des Lebens ein Stück näher zu kommen. Der amerikanische Physiker F. A. Wolf vermittelt neue Einsichten in den Zusammenhang von Geist und Materie, Seele und Körper.

Der Geist im Atom
Eine Diskussion der Geheimnisse der Quantenphysik
Herausgegeben von P. C. Davies und J. R. Brown
insel taschenbuch 1499

Anlaß dieses Buches waren die Experimente von Alain Aspect in Frankreich, die neues Licht auf die Debatte zwischen Niels Bohr und Albert Einstein warfen. Julian R. Brown und Paul C. W. Davies interviewten führende Physiker, die einen besonderen Anteil an der Entwicklung der Quantentheorie haben. Eine klare und knappe Einführung erläutert die Grundlagen der Quantentheorie, ihre Rätsel und Paradoxa sowie ihre unterschiedlichen philosophischen Deutungen.

Friedrich Cramer

Der Zeitbaum

Grundlegung einer allgemeinen Zeittheorie

Mit zahlreichen Abbildungen
Etwa 288 Seiten. Gebunden ca. DM 38,–
ISBN 3-458-16523-1

Friedrich Cramer stellt hier einen neuen umfassenden Zeitbegriff vor, der den aktuellen Erkenntnissen in Physik, Philosophie und Kosmologie Rechnung trägt, ganz besonders aber die Erkenntnisse der modernen Biologie berücksichtigt. So ist ein Handbuch entstanden, das dem Wissenschaftler wie dem Laien gleichermaßen zum Lesen und Nachschlagen dienen kann.

Es erscheint nicht mehr länger möglich, mit dem starren Newtonschen Zeitbegriff der Dauer zu operieren: Zeit ist de facto weder gleichförmig noch reversibel. In einer prozessualen Welt, wie sie die Darwinsche Theorie oder die Urknalltheorie beschreiben, durchschreitet die Zeit selber die Systeme, prägt ihnen ihren Zeitmodus, ihre jeweilige Eigenzeit auf – und doch hängen alle Eigenzeiten in einem einzigen Kosmos irgendwie zusammen.

Für diesen Zusammenhang werden Begriff und Bild des ›Zeitbaums‹ vorgeschlagen: In einem evolvierenden Weltall evolviert die Zeit selber, sie geht durch Verzweigungen, durch Bifurkationen, auch die Zeit hat ihren Stammbaum genauso wie die Elementarteilchen, die Hauptreihensterne, die Mineralien und die Lebewesen. So hat die Zeit einen zweifachen Charakter: In stabilen Systemen (sofern es solche überhaupt gibt) ist sie reversibel und zyklisch: in Planetensystemen, in stabilen Atomen, in Naturkreisläufen, im Herzrhythmus, in gesellschaftlichen Riten.

Aber diese reversibel-zyklischen Systeme sind in der Realität doch nur so etwas wie Warteschleifen, wenn auch teilweise recht langfristige. Irgendwann wird und muß ein jedes zyklisch-iterative System nach den Regeln des deterministischen Chaos über einen ›seltsamen Attraktor‹ in die Situation eines irreversiblen Sprunges, einer Bifurkation, geraten. Auf diese Weise kommt der irreversible Zeitenteil, der Zeitpfeil, zustande.

So ist der Weltprozeß zusammengesetzt aus einem fein abgestimmten Zusammenspiel von ›stabilen‹ Strukturen, Zyklen, Oszillationen, Warteschleifen mit dem reversiblen Zeitmodus tr und Instabilitäten, Sprüngen und Verzweigungen, die den irreversiblen Zeitpfeil ti etablieren. An vielen Beispielen aus Physik, Chemie, Ökologie und Biologie wird das Modell des Zeibaums erläutert.

Elisabet Sahtouris
Gaia

Mit einem Vorwort von James E. Lovelock
Aus dem Amerikanischen von Ernst Burkel
Etwa 350 Seiten. Gebunden ca. DM 48,–
ISBN 3-458-16525-8

Die sogenannte Gaia-Theorie ist längst nicht mehr als kauzig in Verruf, sondern hat, nicht zuletzt auch durch die Umweltkonferenz in Rio, wissenschaftliches Ansehen erhalten. Bei dieser Theorie geht es um das Verständnis der Erde als eines lebendigen Systems, eines lebendigen Organismus: sich selbst – nach kritischen, Anfängen – stabilisierend und sich selbst entwickelnd.
Der Name ›Gaia‹, die Bezeichnung für die griechische Erdgottheit, für eine neue Theorie der Erde stammt vom Literatur-Nobelpreisträger William Golding. James Lovelock entwickelte diese Theorie zu einem Globalkonzept: Die Erde ist nicht, wie die Geologen behaupten, eine riesige, größtenteils von Wasser bedeckte Steinkugel, sondern ein Lebewesen, ein einziger großer Organismus. Dieses Konzept, radikaler als das mancher Umweltschutzbewegungen, steht bei Ökologen ebenso wie bei Politologen und Theologen im Brennpunkt der Diskussion.
Elisabet Sahtouris, Schülerin von Lovelock, hat das Konzept fortgeführt und differenziert. Zugleich legt sie in diesem Buch die faszinierende Entwicklungsgeschichte des Planeten Erde in seiner Gesamtheit dar: eine neue Theorie der Evolution.
James Lovelock schreibt in seinem Vorwort: »Von dieser Theorie geht ein großer Impuls zur geophysiologischen Erforschung unseres Planeten aus, und sie befruchtet auch das philosophische Nachdenken darüber, was es für den Menschen heißt, Teil eines lebenden Planeten zu sein ... In der Konzeption von Elisabet Sahtouris verbindet sich der wissenschaftlichen Kriterien genügende evolutionstheoretische Aspekt des Gaia-Modells mit der dem Menschen eigentümlichen Suche nach seinen Wurzeln zu einer Synthese, die es uns ermöglicht, aus der bereits einige Milliarden Jahre bestehenden Erfahrung der Erde in der Selbstorganisation funktionstüchtiger, lebender Systeme zu lernen. Diese Synthese trägt sowohl den Bedürfnissen unseres Planeten als auch unseren eigenen, spezifisch menschlichen Interessen Rechnung, ohne allerdings den Menschen in seinem unreifen Glauben zu belassen, diesen Planeten nach seinem Gutdünken benutzen zu können. Statt dessen täten wir besser daran, uns bei der Organisation unseres Überlebens nach diesem ›gaianischen‹ System zu richten.«

Carol Zaleski

Nah-Todeserlebnisse und Jenseitsvisionen

Aus dem Amerikanischen von Ilse Davis Schauer
Etwa 460 Seiten. Gebunden ca. DM 48,–
ISBN 3-458-16526-6

Was an der Schwelle zum Tod geschieht, ist Thema dieses Buchs, das die zahlreichen neuen Berichte und Studien zu Nah-Todeserlebnissen mit Zeugnissen aus den vergangenen 2000 Jahren vergleicht und dabei auf überraschende Analogien stößt.
Mit ihrem Buch greift die Harvard-Theologin Carol Zaleski in die besonders in den USA heftig geführte Debatte über die Bedeutung der ›Nah-Todeserfahrung‹ ein – dort als ›NDE: Near-Death Experience‹ bezeichnet –, Erfahrungen also von Menschen, die nach ihrem klinischen Tod wieder reanimiert wurden und deren Berichte seither auf sehr kontroverse Reaktionen stoßen.
Auch in Deutschland gewinnt das Thema an öffentlichem Interesse, zum Teil ausgelöst durch die von Elisabeth Kübler-Ross protokollierten Berichte Sterbender und sicherlich auch, weil die Erfahrung derer, die an der Schwelle des Todes standen, vielleicht Aufschlüsse über die ewige Frage verspricht, was und ob uns etwas nach dem Tode erwartet.
Eine breitere Aufmerksamkeit erreichte das Thema mit dem Erscheinen von Raymond Moodys Buch *Leben nach dem Tod*. Die Erfahrungen von Menschen, die nach ihrem Tod ins Leben zurückkamen, entsprechen einem gemeinsamen Muster, das Kübler-Ross und Moody in zwölf bis fünfzehn Punkten beschreiben (u. a. Heraustreten aus dem Körper, Tunnel, Licht, Lebensfilm, Begegnung mit Lichtwesen, Lebensbewertung). Dieses Muster fand sich unabhängig von Alter, sozialer Stellung, ethnischer Zugehörigkeit.
Zaleski hat nachgewiesen, daß zahlreiche historische Quellen ähnliche Berichte aufweisen. So vergleicht sie in einem großen Rückgriff die ›heutigen‹ Nah-Todeserfahrungen und die sogenannten außerkörperlichen Erfahrungen mit den christlichen mittelalterlichen Berichten von Visionen und mystischen Reisen. Diese bestätigen im Prinzip das moderne Muster.
Die Autorin, die sich stets an der absoluten Authentizität des zugrundeliegenden Erlebnisses orientiert, schlägt einen neuen Ansatz vor, um die Sprache der Berichte zu interpretieren. Sie stellt die schöpferische Phantasie und die Kraft der spirituellen Suche in den Mittelpunkt, eher als daß sie die Endgültigkeit, ›Wahrheit‹ oder ›Unwahrheit‹ der Antworten bewertet.